普通高等学校"十三五"规划教材

应用工程数学

朱泰英　刘三明　郭　鹏　主编

中国铁道出版社有限公司
CHINA RAILWAY PUBLISHING HOUSE CO., LTD.

内 容 简 介

本书以优化结构、逻辑清晰、通俗易懂、注重应用为原则，采用应用型本科院校学生易于接受的方式，深入浅出地讲解“应用工程数学”课程的基本内容，以培养学生的应用能力。

全书共分 14 章，第 1～5 章是线性代数部分，内容包括行列式、矩阵、矩阵的秩与线性方程组、向量组的线性相关性与线性方程组解的结构、相似矩阵与二次型；第 6～10 章是概率论部分，内容包括随机事件与概率、一维随机变量及其分布、多维随机变量及其分布、随机变量的数字特征、大数定律与中心极限定理；第 11～14 章是复变函数和拉普拉斯变换部分，内容包括复数与复变函数、解析函数、复变函数的积分、拉普拉斯变换。每章末均附有习题，书后附有习题参考答案。

本书适合作为应用型本科院校“应用工程数学”课程教材，也可以作为一般工程技术人员的参考书。

图书在版编目(CIP)数据

应用工程数学/朱泰英，刘三明，郭鹏主编. —北京：中国铁道出版社有限公司，2019.7 (2022.7 重印)
普通高等学校“十三五”规划教材
ISBN 978-7-113-25824-5

Ⅰ.①应… Ⅱ.①朱… ②刘… ③郭… Ⅲ.①工程数学-高等学校-教材 Ⅳ.①TB11

中国版本图书馆 CIP 数据核字(2019)第 120697 号

书　　名：应用工程数学
作　　者：朱泰英　刘三明　郭　鹏

策　　划：李小军　　　　编辑部电话：(010) 83527746
责任编辑：许　璐　徐盼欣
封面设计：刘　颖
责任校对：张玉华
责任印制：樊启鹏

出版发行：中国铁道出版社有限公司(100054，北京市西城区右安门西街 8 号)
网　　址：http://www.tdpress.com/51eds/
印　　刷：三河市宏盛印务有限公司
版　　次：2019 年 7 月第 1 版　2022 年 7 月第 5 次印刷
开　　本：700 mm×1000 mm　1/16　印张：19.75　字数：386 千
书　　号：ISBN 978-7-113-25824-5
定　　价：48.00 元

前　　言

应用工程数学作为高等院校一门重要的应用性基础课程，它对提高学生的素质，优化知识结构，培养科学思维能力、分析问题和解决工程问题能力，提高创新意识，以及为后续专业课程的学习打下坚实的数学理论基础等方面具有重要的作用。

针对目前国内开展的应用型本科院校转型发展的趋势，本书着眼于对工程实践及经济问题的实际需要，注重阐明应用工程数学的基本知识和基本方法。在教材体系与内容编写安排上，充分考虑应用型本科院校的实际教学特点，以提高学生的素质能力为前提，以基本概念和基本方法为核心，适当精简结构，力图做到优化结构、逻辑清晰、通俗易懂、注重应用，保证教材的科学性、系统性和直观性，旨在培养学生把应用工程数学知识用于工程实践及经济问题的意识和能力，以适用于应用型本科人才的培养。

全书内容共分14章，第1～5章是线性代数部分，内容包括行列式、矩阵、矩阵的秩与线性方程组、向量组的线性相关性与线性方程组解的结构、相似矩阵与二次型；第6～10章是概率论部分，内容包括随机事件与概率、一维随机变量及其分布、多维随机变量及其分布、随机变量的数字特征、大数定律与中心极限定理；第11～14章是复变函数和拉普拉斯变换部分，内容包括复数与复变函数、解析函数、复变函数的积分、拉普拉斯变换。

本书由编者在多年教学实践基础上积累的教学资料和教材经过完善和整理而成，由朱泰英、刘三明、郭鹏任主编。具体编写分工如下：第1、2章由欧阳庚旭编写，第3、4章由刘三明编写，第5章由程松林编写，第6章由朱泰英编写，第7、8章由周钢编写，第9、10章由王玲编写，第11章由郭鹏编写，第12章由杨伟编写，第13章由戚建明编写，第14章由戚建明、郭鹏和杨伟编写。全书由朱泰英、刘三明、郭鹏统稿、定稿。

本书适合作为应用型本科院校“应用工程数学”课程教材，也可以作为一般工程技术人员的参考书。

在编写过程中，我们参考了大量的国内外资料及教材，在此向其作者表示衷心的感谢。

限于编者水平和时间，书中疏漏之处在所难免，恳请读者指正，以便以后完善提高。

编　者

2019年4月

目　录

第1章 行 列 式

行列式起源于线性方程组，是线性代数中的重要概念之一．它在数学的许多分支中都有非常广泛的应用，是研究线性方程组、矩阵及向量组线性相关性的一种重要工具．本章主要介绍 n 阶行列式的概念、性质和计算方法，以及用行列式解 n 元线性方程组的克拉默(Cramer)法则．

§1.1 二阶行列式与三阶行列式

1.1.1 二阶行列式的定义

考虑一般的两个未知数两个方程构成的线性方程组．

例 1 用消元法解二元线性方程组$\begin{cases} a_{11}x_1+a_{12}x_2=b_1 \\ a_{21}x_1+a_{22}x_2=b_2 \end{cases}$.

解 第 1 个方程$\times a_{22}-$第 2 个方程$\times a_{12}$，得

$$(a_{11}a_{22}-a_{12}a_{21})x_1=b_1a_{22}-b_2a_{12},$$

第 2 个方程$\times a_{11}-$第 1 个方程$\times a_{21}$，得

$$(a_{11}a_{22}-a_{12}a_{21})x_2=a_{11}b_2-a_{21}b_1,$$

若 $a_{11}a_{22}-a_{12}a_{21}\neq 0$，则方程组有唯一解

$$x_1=\frac{b_1a_{22}-b_2a_{12}}{a_{11}a_{22}-a_{12}a_{21}},\quad x_2=\frac{a_{11}b_2-a_{21}b_1}{a_{11}a_{22}-a_{12}a_{21}}.$$

为此，我们引入二阶行列式的定义．

定义 1 二阶行列式定义为

$$\begin{vmatrix} a_{11} & a_{12} \\ a_{21} & a_{22} \end{vmatrix}=a_{11}a_{22}-a_{12}a_{21}. \tag{1-1}$$

其中，数 $a_{ij}(i=1,2;j=1,2)$称为行列式(1-1)的**元素**，横排称为**行**，竖排称为**列**．元素 a_{ij} 的第一个下标 i 称为**行标**，表明该元素位于第 i 行；第二个下标 j 称为**列标**，表明该元素位于第 j 列．通常用字母 D 表示行列式，并记为 $D=\det(a_{ij})$．

若记 $D=\begin{vmatrix} a_{11} & a_{12} \\ a_{21} & a_{22} \end{vmatrix}$，$D_1=\begin{vmatrix} b_1 & a_{12} \\ b_2 & a_{22} \end{vmatrix}$，$D_2=\begin{vmatrix} a_{11} & b_1 \\ a_{21} & b_2 \end{vmatrix}$，则当 $D\neq 0$ 时例 1 中二元线性方程组的解可表示为

$$x_1=\frac{D_1}{D}=\frac{\begin{vmatrix} b_1 & a_{12} \\ b_2 & a_{22} \end{vmatrix}}{\begin{vmatrix} a_{11} & a_{12} \\ a_{21} & a_{22} \end{vmatrix}},\quad x_2=\frac{D_2}{D}=\frac{\begin{vmatrix} a_{11} & b_1 \\ a_{21} & b_2 \end{vmatrix}}{\begin{vmatrix} a_{11} & a_{12} \\ a_{21} & a_{22} \end{vmatrix}}. \tag{1-2}$$

例 2 计算下列行列式的值:

(1) $\begin{vmatrix} 2 & 5 \\ 3 & 4 \end{vmatrix}$； (2) $\begin{vmatrix} \cos\theta & \sin\theta \\ \sin\theta & -\cos\theta \end{vmatrix}$.

解 (1) $\begin{vmatrix} 2 & 5 \\ 3 & 4 \end{vmatrix}=2\times4-5\times3=-7.$

(2) $\begin{vmatrix} \cos\theta & \sin\theta \\ \sin\theta & -\cos\theta \end{vmatrix}=-\cos^2\theta-\sin^2\theta=-1.$

例 3 求解二元线性方程组$\begin{cases} 2x_1+3x_2=5 \\ 2x_1-x_2=1 \end{cases}$.

解 由于

$$D=\begin{vmatrix} 2 & 3 \\ 2 & -1 \end{vmatrix}=-2-6=-8\neq0,$$

$$D_1=\begin{vmatrix} 5 & 3 \\ 1 & -1 \end{vmatrix}=-5-3=-8,$$

$$D_2=\begin{vmatrix} 2 & 5 \\ 2 & 1 \end{vmatrix}=2-10=-8,$$

因此

$$x_1=\frac{D_1}{D}=\frac{-8}{-8}=1,\quad x_2=\frac{D_2}{D}=\frac{-8}{-8}=1.$$

1.1.2 三阶行列式的定义

1. 问题的提出

对于下面三个未知数的线性方程组,何时有唯一解?

$$\begin{cases} a_{11}x_1+a_{12}x_2+a_{13}x_3=b_1 \\ a_{21}x_1+a_{22}x_2+a_{23}x_3=b_2 \\ a_{31}x_1+a_{32}x_2+a_{33}x_3=b_3 \end{cases}. \tag{1-3}$$

用消元法可以得到“类似”式(1-2)的结论:若

$$D=a_{11}a_{22}a_{33}+a_{12}a_{23}a_{31}+a_{13}a_{21}a_{32}-a_{11}a_{23}a_{32}-a_{12}a_{21}a_{33}-a_{13}a_{22}a_{31}\neq0,$$

则线性方程组(1-3)有唯一解.

2. 三阶行列式的定义

定义 2 三阶行列式定义为

$$\begin{vmatrix} a_{11} & a_{12} & a_{13} \\ a_{21} & a_{22} & a_{23} \\ a_{31} & a_{32} & a_{33} \end{vmatrix} = a_{11}a_{22}a_{33}+a_{12}a_{23}a_{31}+a_{13}a_{21}a_{32}-a_{11}a_{23}a_{32}-a_{12}a_{21}a_{33}-a_{13}a_{22}a_{31}. \tag{1-4}$$

三阶行列式的特点：

(1) 每个乘积项中三个因子来自不同行不同列的三个数，共 6 项求和；

(2) 其运算的规律性可用对角线法则来表述：

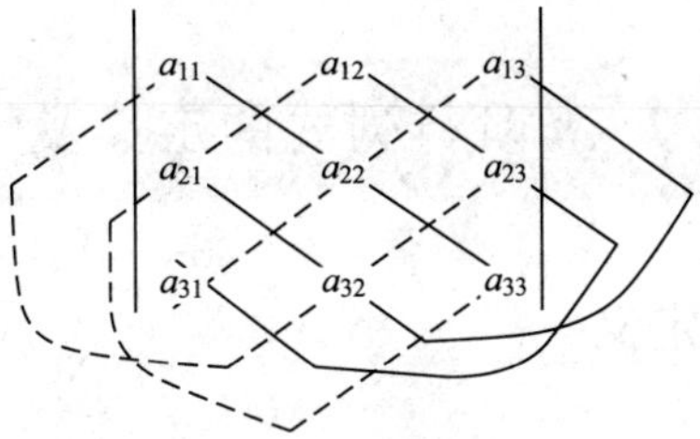

(3) 利用定义 2，线性方程组(1-3)的解有如下表示：

$$x_1=\frac{\begin{vmatrix} b_1 & a_{12} & a_{13} \\ b_2 & a_{22} & a_{23} \\ b_3 & a_{32} & a_{33} \end{vmatrix}}{\begin{vmatrix} a_{11} & a_{12} & a_{13} \\ a_{21} & a_{22} & a_{23} \\ a_{31} & a_{32} & a_{33} \end{vmatrix}},\quad x_2=\frac{\begin{vmatrix} a_{11} & b_1 & a_{13} \\ a_{21} & b_2 & a_{23} \\ a_{31} & b_3 & a_{33} \end{vmatrix}}{\begin{vmatrix} a_{11} & a_{12} & a_{13} \\ a_{21} & a_{22} & a_{23} \\ a_{31} & a_{32} & a_{33} \end{vmatrix}},\quad x_3=\frac{\begin{vmatrix} a_{11} & a_{12} & b_1 \\ a_{21} & a_{22} & b_2 \\ a_{31} & a_{32} & b_3 \end{vmatrix}}{\begin{vmatrix} a_{11} & a_{12} & a_{13} \\ a_{21} & a_{22} & a_{23} \\ a_{31} & a_{32} & a_{33} \end{vmatrix}}. \tag{1-5}$$

例 4　计算三阶行列式 $\begin{vmatrix} 2 & 1 & 2 \\ -4 & 3 & 1 \\ 2 & 3 & 5 \end{vmatrix}$.

解
$$\begin{vmatrix} 2 & 1 & 2 \\ -4 & 3 & 1 \\ 2 & 3 & 5 \end{vmatrix} = 2\times3\times5+1\times1\times2+2\times(-4)\times3-2\times3\times2-$$
$$1\times(-4)\times5-2\times3\times1$$
$$=30+2-24-12+20-6=10.$$

例 5　求证：

$$\begin{vmatrix} a_{11} & a_{12} & a_{13} \\ a_{21} & a_{22} & a_{23} \\ a_{31} & a_{32} & a_{33} \end{vmatrix} = a_{11}\begin{vmatrix} a_{22} & a_{23} \\ a_{32} & a_{33} \end{vmatrix} - a_{12}\begin{vmatrix} a_{21} & a_{23} \\ a_{31} & a_{33} \end{vmatrix} + a_{13}\begin{vmatrix} a_{21} & a_{22} \\ a_{31} & a_{32} \end{vmatrix}. \tag{1-6}$$

证明 $\begin{vmatrix} a_{11} & a_{12} & a_{13} \\ a_{21} & a_{22} & a_{23} \\ a_{31} & a_{32} & a_{33} \end{vmatrix}$

$$=a_{11}a_{22}a_{33}+a_{12}a_{23}a_{31}+a_{13}a_{21}a_{32}-a_{11}a_{23}a_{32}-a_{12}a_{21}a_{33}-a_{13}a_{22}a_{31}$$

$$=a_{11}(a_{22}a_{33}-a_{23}a_{32})+a_{12}(a_{23}a_{31}-a_{21}a_{33})+a_{13}(a_{21}a_{32}-a_{22}a_{31})$$

$$=a_{11}\begin{vmatrix} a_{22} & a_{23} \\ a_{32} & a_{33} \end{vmatrix}-a_{12}\begin{vmatrix} a_{21} & a_{23} \\ a_{31} & a_{33} \end{vmatrix}+a_{13}\begin{vmatrix} a_{21} & a_{22} \\ a_{31} & a_{32} \end{vmatrix}.$$

§1.2 *n* 阶行列式的定义及性质

1.2.1 *n* 阶行列式的定义

1. 问题的提出

从以上对二元一次方程组、三元一次方程组的讨论，我们肯定会猜想：对于下面的线性方程组

$$\begin{cases} a_{11}x_1+a_{12}x_2+\cdots+a_{1n}x_n=b_1 \\ \cdots\cdots\cdots\cdots \\ a_{i1}x_1+a_{i2}x_2+\cdots+a_{in}x_n=b_i, \\ \cdots\cdots\cdots\cdots \\ a_{n1}x_1+a_{n2}x_2+\cdots+a_{nn}x_n=b_n \end{cases} \tag{1-7}$$

是否也会有类似二元一次方程组、三元一次方程组那样的结论，即

$$x_1=\frac{D_1}{D},\quad x_2=\frac{D_2}{D},\quad \cdots,\quad x_n=\frac{D_n}{D}?$$

若有，那么相应的行列式又是如何进行运算的？

对于由 $n\times n$ 个数排列成的 n 行 n 列，且以符号

$$\begin{vmatrix} a_{11} & a_{12} & \cdots & a_{1n} \\ a_{21} & a_{22} & \cdots & a_{2n} \\ \vdots & \vdots & & \vdots \\ a_{n1} & a_{n2} & \cdots & a_{nn} \end{vmatrix}$$

记之的数式，我们称其为 n **阶行列式**，它表示了一个按照确定的运算关系所决定的数. 其中，每个数 $a_{ij}(i,j=1,2,3,\cdots,n)$ 称为**元素**，且为位于第 i 行第 j 列的元素.

2. *n* 阶行列式的递归定义

为了引入 n 阶行列式的计算式，我们把三阶行列式的计算式整理成为

$$
\begin{vmatrix} a_{11} & a_{12} & a_{13} \\ a_{21} & a_{22} & a_{23} \\ a_{31} & a_{32} & a_{33} \end{vmatrix}
$$
$$
=a_{11}(a_{22}a_{33}-a_{23}a_{32})-a_{12}(a_{21}a_{33}-a_{23}a_{31})+a_{13}(a_{21}a_{32}-a_{22}a_{31})
$$
$$
=a_{11}(-1)^{1+1}\begin{vmatrix} a_{22} & a_{23} \\ a_{32} & a_{33} \end{vmatrix}+a_{12}(-1)^{1+2}\begin{vmatrix} a_{21} & a_{23} \\ a_{31} & a_{33} \end{vmatrix}+a_{13}(-1)^{1+3}\begin{vmatrix} a_{21} & a_{22} \\ a_{31} & a_{32} \end{vmatrix}.
$$

其中，分别与 a_{11},a_{12},a_{13} 相乘的三个二阶行列式正好是在三阶行列式中划去 a_{11},a_{12},a_{13} 所在的行和列后剩下的元素组成的，我们分别称之为 a_{11},a_{12},a_{13} 的**余子式**，依次记为 M_{11},M_{12},M_{13}；它们前面的(-1)的幂指数分别是这三个元素 a_{11},a_{12},a_{13} 的两个下标之和. 我们分别称

$$
A_{11}=(-1)^{1+1}M_{11},\quad A_{12}=(-1)^{1+2}M_{12},\quad A_{13}=(-1)^{1+3}M_{13}
$$

为 a_{11},a_{12},a_{13} 的**代数余子式**. 于是得到

$$
\begin{vmatrix} a_{11} & a_{12} & a_{13} \\ a_{21} & a_{22} & a_{23} \\ a_{31} & a_{32} & a_{33} \end{vmatrix}=a_{11}A_{11}+a_{12}A_{12}+a_{13}A_{13}. \tag{1-8}
$$

这就是说，三阶行列式等于它的第一行元素与各自的代数余子式乘积之和. 简言之，可以按其第一行展开.

下面给出代数余子式的定义.

定义 1　在 n 阶行列式 D 中，把元素 $a_{ij}(i,j=1,2,3,\cdots,n)$ 所在的第 i 行和第 j 列划去后，剩下的元素按原次序构成一个 $n-1$ 阶行列式，称为元素 a_{ij} 的**余子式**，记作 M_{ij}，并称 $A_{ij}=(-1)^{i+j}M_{ij}$ 为元素 a_{ij} 的**代数余子式**.

例 1　求三阶行列式 $D=\begin{vmatrix} a_{11} & a_{12} & a_{13} \\ a_{21} & a_{22} & a_{23} \\ a_{31} & a_{32} & a_{33} \end{vmatrix}$ 的余子式 M_{12} 和代数余子式 A_{12}.

解　a_{12} 的余子式 $M_{12}=\begin{vmatrix} a_{21} & a_{23} \\ a_{31} & a_{33} \end{vmatrix}=a_{21}a_{33}-a_{23}a_{31}$；

a_{12} 的代数余子式 $A_{12}=(-1)^{1+2}M_{12}=-\begin{vmatrix} a_{21} & a_{23} \\ a_{31} & a_{33} \end{vmatrix}=a_{23}a_{31}-a_{21}a_{33}$.

例 2　求三阶行列式 $D=\begin{vmatrix} 1 & 0 & 1 \\ 1 & 2 & 0 \\ -1 & 3 & 2 \end{vmatrix}$ 的余子式 M_{12},M_{22} 及代数余子式 A_{12},A_{22}.

解　$M_{12}=\begin{vmatrix} 1 & 0 \\ -1 & 2 \end{vmatrix}=2$；$M_{22}=\begin{vmatrix} 1 & 1 \\ -1 & 2 \end{vmatrix}=3$.

$A_{12}=(-1)^{1+2}M_{12}=-2$；$A_{22}=(-1)^{2+2}M_{22}=3$.

把式(1-8)推广到一般，即得到 n 阶行列式的定义.

定义 2 我们定义 n 阶行列式的值如下：

$$D_n=\begin{vmatrix} a_{11} & a_{12} & \cdots & a_{1n} \\ a_{21} & a_{22} & \cdots & a_{2n} \\ \vdots & \vdots & & \vdots \\ a_{n1} & a_{n2} & \cdots & a_{nn} \end{vmatrix}=a_{11}A_{11}+a_{12}A_{12}+\cdots+a_{1n}A_{1n}, \tag{1-9}$$

其中，$A_{1j}=(-1)^{1+j}M_{1j}(j=1,2,\cdots,n)$. M_{1j} 称为 a_{1j} 的**余子式**，即在 D_n 中划去第一行和第 j 列后得到的 $(n-1)$ 阶行列式；A_{1j} 称为 a_{1j} 的**代数余子式**. D_n 也可简记为 D 或 $|a_{ij}|_n$.

例 3 计算下三角行列式

$$D_n=\begin{vmatrix} a_{11} & 0 & \cdots & 0 \\ a_{21} & a_{22} & \cdots & 0 \\ \vdots & \vdots & & \vdots \\ a_{n1} & a_{n2} & \cdots & a_{nn} \end{vmatrix}.$$

解 由定义 2，依次按第一行展开，得

$$\begin{aligned} D_n &=a_{11}A_{11}+0\cdot A_{12}+\cdots+0\cdot A_{1n} \\ &=a_{11}\cdot(-1)^{1+1}M_{11} \\ &=a_{11}\begin{vmatrix} a_{22} & 0 & \cdots & 0 \\ a_{32} & a_{33} & \cdots & 0 \\ \vdots & \vdots & & \vdots \\ a_{n2} & a_{n3} & \cdots & a_{nn} \end{vmatrix} \\ &=\cdots\cdots \\ &=a_{11}a_{22}\cdots\cdots a_{nn}. \end{aligned}$$

根据例 3，不难得出 n 阶对角行列式

$$\begin{vmatrix} \lambda_1 & & & \\ & \lambda_2 & & \\ & & \ddots & \\ & & & \lambda_n \end{vmatrix}=\lambda_1\lambda_2\cdots\lambda_n.$$

对角行列式一般记为 $\det[\mathrm{diag}(\lambda_1,\lambda_2,\cdots,\lambda_n)]$.

同理可得，上三角行列式亦等于其主对角线上各元素之积，即

$$\begin{vmatrix} a_{11} & a_{12} & \cdots & a_{1n} \\ 0 & a_{22} & \cdots & a_{2n} \\ \vdots & \vdots & & \vdots \\ 0 & 0 & \cdots & a_{nn} \end{vmatrix}=a_{11}a_{22}\cdots a_{nn}.$$

例 4 计算下列三角行列式：

(1) $\begin{vmatrix} 0 & \cdots & 0 & a_{1n} \\ 0 & \cdots & a_{2,n-1} & a_{2n} \\ \vdots & & \vdots & \vdots \\ a_{n1} & \cdots & a_{n,n-1} & a_{nn} \end{vmatrix}$，(2) $\begin{vmatrix} a_{11} & a_{12} & \cdots & a_{1n} \\ a_{21} & a_{22} & \cdots & 0 \\ \vdots & \vdots & & \vdots \\ a_{n1} & 0 & \cdots & 0 \end{vmatrix}$.

解 (1)

$$\begin{vmatrix} 0 & \cdots & 0 & a_{1n} \\ 0 & \cdots & a_{2,n-1} & a_{2n} \\ \vdots & & \vdots & \vdots \\ a_{n1} & \cdots & a_{n,n-1} & a_{nn} \end{vmatrix} = a_{1n}\cdot(-1)^{1+n}\cdot\begin{vmatrix} 0 & \cdots & 0 & a_{2,n-1} \\ 0 & \cdots & a_{3,n-2} & a_{3,n-1} \\ \vdots & & \vdots & \vdots \\ a_{n1} & \cdots & a_{n,n-2} & a_{n,n-1} \end{vmatrix}$$

$$\begin{aligned} &=\cdots\cdots \\ &=(-1)^{(1+n)+n+(n-1)+\cdots+2}a_{1n}a_{2,n-1}\cdots a_{n1} \\ &=(-1)^{(n-1)+n+(n-1)+\cdots+2}a_{1n}a_{2,n-1}\cdots a_{n1} \\ &=(-1)^{(n-2)+n+(n-1)+\cdots+1}a_{1n}a_{2,n-1}\cdots a_{n1} \\ &=(-1)^{n+\frac{n(n+1)}{2}}a_{1n}a_{2,n-1}\cdots a_{n1}=(-1)^{\frac{n(n+3)}{2}}a_{1n}a_{2,n-1}\cdots a_{n1} \\ &=(-1)^{\frac{n(n-1)}{2}}a_{1n}a_{2,n-1}\cdots a_{n1}. \end{aligned}$$

同理可得

(2) $\begin{vmatrix} a_{11} & a_{12} & \cdots & a_{1n} \\ a_{21} & a_{22} & \cdots & 0 \\ \vdots & \vdots & & \vdots \\ a_{n1} & 0 & \cdots & 0 \end{vmatrix} = (-1)^{\frac{n(n-1)}{2}}a_{1n}a_{2,n-1}\cdots a_{n1}.$

仅仅按定义计算行列式是比较麻烦的. 对于行列式可以证明以下定理.

定理　行列式等于它的任一行(列)的各元素与其对应的代数余子式乘积之和. 即设 n 阶行列式

$$D_n=\begin{vmatrix} a_{11} & a_{12} & \cdots & a_{1n} \\ a_{21} & a_{22} & \cdots & a_{2n} \\ \vdots & \vdots & & \vdots \\ a_{n1} & a_{n2} & \cdots & a_{nn} \end{vmatrix}, \tag{1-10}$$

D_n 的第 i 行元素 $a_{i1},a_{i2},\cdots,a_{in}$ 所对应的代数余子式为 $A_{i1},A_{i2},\cdots,A_{in}$，则

$$D=a_{i1}A_{i1}+a_{i2}A_{i2}+\cdots+a_{in}A_{in}\quad(i=1,2,\cdots,n), \tag{1-11}$$

D_n 第 j 列元素 $a_{1j},a_{2j},\cdots,a_{nj}$ 所对应的代数余子式为 $A_{1j},A_{2j},\cdots,A_{nj}$，则

$$D=a_{1j}A_{1j}+a_{2j}A_{2j}+\cdots a_{nj}A_{nj}\quad(j=1,2,\cdots,n). \tag{1-12}$$

1.2.2　n 阶行列式的性质

n 阶行列式的定义给出了用递推公式计算 n 阶行列式的方法，但在实际中，用这种方法计算三阶以上的行列式计算量是非常大的. 我们需要探讨行列式的性质，以得到化简行列式的方法.

定义 3 将行列式 D 的行与列互换后得到的行列式,称为 D 的**转置行列式**,记为 D^T,即若

$$D=\begin{vmatrix} a_{11} & a_{12} & \cdots & a_{1n} \\ a_{21} & a_{22} & \cdots & a_{2n} \\ \vdots & \vdots & & \vdots \\ a_{n1} & a_{n2} & \cdots & a_{nn} \end{vmatrix},\quad 则\ D^T=\begin{vmatrix} a_{11} & a_{21} & \cdots & a_{n1} \\ a_{12} & a_{22} & \cdots & a_{n2} \\ \vdots & \vdots & & \vdots \\ a_{1n} & a_{2n} & \cdots & a_{nn} \end{vmatrix}.$$

下面讨论 n 阶行列式的性质.

性质 1 设 D^T 是 D 的转置行列式,则 $D=D^T$.

证明 由本节行列式的定义 2 和定理知结论成立.

例如:

$$\begin{vmatrix} a_{11} & a_{12} \\ a_{21} & a_{22} \end{vmatrix}=a_{11}a_{22}-a_{12}a_{21}=\begin{vmatrix} a_{11} & a_{21} \\ a_{12} & a_{22} \end{vmatrix};$$

$$\begin{vmatrix} a & b & c \\ e & f & g \\ 3 & 4 & 5 \end{vmatrix}=\begin{vmatrix} a & e & 3 \\ b & f & 4 \\ c & g & 5 \end{vmatrix}.$$

性质 2 行列式中若有某行(列)元素全是零,则此行列式为零.

性质 3 互换行列式中两行(列),行列式变号.

例如:

$$\begin{vmatrix} a_{11} & a_{12} \\ a_{21} & a_{22} \end{vmatrix}=a_{11}a_{22}-a_{12}a_{21}=-\begin{vmatrix} a_{21} & a_{22} \\ a_{11} & a_{12} \end{vmatrix};$$

$$\begin{vmatrix} a & b & c \\ e & f & g \\ 3 & 4 & 5 \end{vmatrix}=-\begin{vmatrix} a & b & c \\ 3 & 4 & 5 \\ e & f & g \end{vmatrix}=\begin{vmatrix} 3 & 4 & 5 \\ a & b & c \\ e & f & g \end{vmatrix}.$$

性质 4 行列式中有两行元素相同,则该行列式的值为零.

证明 假设第 i,j 行元素相等,则交换第 i,j 行:$D=-D$,即 $D=0$.

例如:$\begin{vmatrix} a & b & c & d \\ e & f & g & h \\ j & k & l & m \\ a & b & c & d \end{vmatrix}=\begin{vmatrix} 19 & a & 19 & e \\ 41 & b & 41 & f \\ 2.3 & c & 2.3 & g \\ 11 & d & 11 & h \end{vmatrix}=0.$

性质 5 行列式的某一行诸元素同乘数 k,等于用数 k 乘此行列式.

$$\begin{vmatrix} a_{11} & a_{12} & \cdots & a_{1n} \\ \vdots & \vdots & & \vdots \\ ka_{i1} & ka_{i2} & \cdots & ka_{in} \\ \vdots & \vdots & & \vdots \\ a_{n1} & a_{n2} & \cdots & a_{nn} \end{vmatrix} = k\begin{vmatrix} a_{11} & a_{12} & \cdots & a_{1n} \\ \vdots & \vdots & & \vdots \\ a_{i1} & a_{i2} & \cdots & a_{in} \\ \vdots & \vdots & & \vdots \\ a_{n1} & a_{n2} & \cdots & a_{nn} \end{vmatrix}.$$

证明　只要由定义按此行展开即可.

推论 1　行列式中某一行(列)诸元素的公因子可以提到行列式符号外面.

由性质 4 及性质 5 的推论 1 立即可得:

推论 2　行列式中若有两行(列)元素成比例,则此行列式等于零.

性质 6(拆项性质)　如果行列式中某一列(行)各元素均为两项之和,则此行列式等于两个相应行列式之和.

例如:

$$\begin{vmatrix} a_{11} & a_{12} & \cdots & a_{1n} \\ \vdots & \vdots & & \vdots \\ b_1+c_1 & b_2+c_2 & \cdots & b_n+c_n \\ \vdots & \vdots & & \vdots \\ a_{n1} & a_{n2} & \cdots & a_{nn} \end{vmatrix} = \begin{vmatrix} a_{11} & a_{12} & \cdots & a_{1n} \\ \vdots & \vdots & & \vdots \\ b_1 & b_2 & \cdots & b_n \\ \vdots & \vdots & & \vdots \\ a_{n1} & a_{n2} & \cdots & a_{nn} \end{vmatrix} + \begin{vmatrix} a_{11} & a_{12} & \cdots & a_{1n} \\ \vdots & \vdots & & \vdots \\ c_1 & c_2 & \cdots & c_n \\ \vdots & \vdots & & \vdots \\ a_{n1} & a_{n2} & \cdots & a_{nn} \end{vmatrix}.$$

证明　将行列式按第 i 行展开即可证得.

又如:

$$\begin{vmatrix} a & b & c \\ \varepsilon_1+x & \varepsilon_2+y & \varepsilon_3+z \\ 3 & 4 & 5 \end{vmatrix} = \begin{vmatrix} a & b & c \\ \varepsilon_1 & \varepsilon_2 & \varepsilon_3 \\ 3 & 4 & 5 \end{vmatrix} + \begin{vmatrix} a & b & c \\ x & y & z \\ 3 & 4 & 5 \end{vmatrix}.$$

性质 7　把行列式的某一列(行)的各元素乘以同一数 k 后加到另一列(行)对应元素上,行列式的值不变.

例如:

$$\begin{vmatrix} a_{11} & a_{12} & \cdots & a_{1i} & \cdots & a_{1j} & \cdots & a_{1n} \\ a_{21} & a_{22} & \cdots & a_{2i} & \cdots & a_{2j} & \cdots & a_{2n} \\ \vdots & \vdots & & \vdots & & \vdots & & \vdots \\ a_{n1} & a_{n2} & \cdots & a_{ni} & \cdots & a_{nj} & \cdots & a_{nn} \end{vmatrix}$$

$$= \begin{vmatrix} a_{11} & a_{12} & \cdots & (a_{1i}+ka_{1j}) & \cdots & a_{1j} & \cdots & a_{1n} \\ a_{21} & a_{22} & \cdots & (a_{2i}+ka_{2j}) & \cdots & a_{2j} & \cdots & a_{2n} \\ \vdots & \vdots & & \vdots & & \vdots & & \vdots \\ a_{n1} & a_{n2} & \cdots & (a_{ni}+ka_{nj}) & \cdots & a_{nj} & \cdots & a_{nn} \end{vmatrix} \quad (i\neq j).$$

证明 由性质 6 和性质 5 即可证得.

为便于计算观察，在计算行列式时约定：

(1) r_i 和 c_i 分别表示行列式第 i 行和第 i 列；

(2) $r_i \pm kr_j$ 表示行列式的第 j 行乘以数 k 加(减)到第 i 行；

(3) $c_i \pm kc_j$ 表示行列式的第 j 列乘以数 k 加(减)到第 i 列；

(4) $r_i \leftrightarrow r_j$ 表示交换行列式的第 i 行与第 j 行；

(5) $c_i \leftrightarrow c_j$ 表示交换行列式的第 i 列与第 j 列.

性质 8 行列式某行(列)元素与另一行(列)元素的代数余子式乘积之和为零，即若 $i \neq j$，则

$$\sum_{k=1}^{n} a_{ik}A_{jk} = a_{i1}A_{j1} + a_{i2}A_{j2} + \cdots + a_{in}A_{jn} = 0,$$

$$\sum_{k=1}^{n} a_{ki}A_{kj} = a_{1i}A_{1j} + a_{2i}A_{2j} + \cdots + a_{ni}A_{nj} = 0.$$

证明 记

$$D=\begin{vmatrix} a_{11} & a_{12} & \cdots & a_{1n} \\ \vdots & \vdots & & \vdots \\ a_{i1} & a_{i2} & \cdots & a_{in} \\ \vdots & \vdots & & \vdots \\ a_{j1} & a_{j2} & \cdots & a_{jn} \\ \vdots & \vdots & & \vdots \\ a_{n1} & a_{n2} & \cdots & a_{nn} \end{vmatrix}, \quad \overline{D}=\begin{vmatrix} a_{11} & a_{12} & \cdots & a_{1n} \\ \vdots & \vdots & & \vdots \\ a_{j1} & a_{j2} & \cdots & a_{jn} \\ \vdots & \vdots & & \vdots \\ a_{j1} & a_{j2} & \cdots & a_{jn} \\ \vdots & \vdots & & \vdots \\ a_{n1} & a_{n2} & \cdots & a_{nn} \end{vmatrix},$$

其中，$\overline{D}$ 中的第 i 行与第 j 行相同，由性质 4 知 $\overline{D}=0$. 将 D 和 $\overline{D}$ 按第 i 行展开得

$$D=\begin{vmatrix} a_{11} & a_{12} & \cdots & a_{1n} \\ \vdots & \vdots & & \vdots \\ a_{i1} & a_{i2} & \cdots & a_{in} \\ \vdots & \vdots & & \vdots \\ a_{j1} & a_{j2} & \cdots & a_{jn} \\ \vdots & \vdots & & \vdots \\ a_{n1} & a_{n2} & \cdots & a_{nn} \end{vmatrix} = a_{i1}A_{i1} + a_{i2}A_{i2} + \cdots + a_{in}A_{in},$$

$$\overline{D}=\begin{vmatrix} a_{11} & a_{12} & \cdots & a_{1n} \\ \vdots & \vdots & & \vdots \\ a_{j1} & a_{j2} & \cdots & a_{jn} \\ \vdots & \vdots & & \vdots \\ a_{j1} & a_{j2} & \cdots & a_{jn} \\ \vdots & \vdots & & \vdots \\ a_{n1} & a_{n2} & \cdots & a_{nn} \end{vmatrix}=a_{j1}A'_{i1}+a_{j2}A'_{i2}+\cdots+a_{jn}A'_{in},$$

对照得

$$0=\overline{D}=a_{j1}A_{i1}+a_{j2}A_{i2}+\cdots+a_{jn}A_{in}\quad(i\neq j).$$

若与行列式的定义和性质 8 结合起来，则

$$a_{i1}A_{j1}+a_{i2}A_{j2}+\cdots+a_{in}A_{jn}=\sum_{k=1}^{n}a_{ik}A_{jk}=D\delta_{ij}=\begin{cases}D & 当\ i=j\\ 0 & 当\ i\neq j\end{cases}\tag{1-13}$$

$$a_{1i}A_{1j}+a_{2i}A_{2j}+\cdots+a_{ni}A_{nj}=\sum_{k=1}^{n}a_{ki}A_{kj}=D\delta_{ij}=\begin{cases}D & 当\ i=j\\ 0 & 当\ i\neq j\end{cases}\tag{1-14}$$

§1.3　行列式的计算

一个 n 阶行列式全部展开后，共有 $n!$ 项. 在实际应用中，几百阶几千阶的行列式计算是很常见的，所以按定义计算行列式，在实际中几乎没有可行性.

在实际应用中，行列式的计算是利用行列式的性质，将行列式简化为三角行列式，然后将对角元相乘而得到行列式的值；或者是按 0 元较多的行或列展开，化为低阶行列式计算.

用行列式的性质，把行列式化为上三角形行列式的步骤是：如果第一列第一个元素为 0，先将第一行与其他行交换使得第一列第一个元素不为 0；然后把第一行分别乘以适当的数加到其他各行，使得第一列除第一个元素外其余元素全为 0；再用同样的方法处理除去第一行和第一列后余下的低一阶行列式，如此继续下去，直至使它成为上三角形行列式，这时主对角线上元素的乘积就是所求行列式的值.

例 1　计算行列式 $D=\begin{vmatrix} 2 & 4 & 8 \\ 2 & -3 & 0 \\ 5 & 1 & 2 \end{vmatrix}$.

解　先将第一行的公因子 2 提出来：

$$\begin{vmatrix} 2 & 4 & 8 \\ 2 & -3 & 0 \\ 5 & 1 & 2 \end{vmatrix} = 2\begin{vmatrix} 1 & 2 & 4 \\ 2 & -3 & 0 \\ 5 & 1 & 2 \end{vmatrix},$$

再计算

$$D = 2\begin{vmatrix} 1 & 2 & 4 \\ 2 & -3 & 0 \\ 5 & 1 & 2 \end{vmatrix} \xlongequal[r_3+(-5)r_1]{r_2+(-2)r_1} 2\begin{vmatrix} 1 & 2 & 4 \\ 0 & -7 & -8 \\ 0 & -9 & -18 \end{vmatrix} = 18\begin{vmatrix} 1 & 2 & 4 \\ 0 & 7 & 8 \\ 0 & 1 & 2 \end{vmatrix}$$

$$= 36\begin{vmatrix} 1 & 2 & 2 \\ 0 & 7 & 4 \\ 0 & 1 & 1 \end{vmatrix} = 36\begin{vmatrix} 1 & 0 & 2 \\ 0 & 3 & 4 \\ 0 & 0 & 1 \end{vmatrix} = 36\times 3 = 108.$$

例 2 计算 $D=\begin{vmatrix} 3 & 1 & -1 & 2 \\ -5 & 1 & 3 & -4 \\ 2 & 0 & 1 & -1 \\ 1 & -5 & 3 & -3 \end{vmatrix}$.

解 $D \xlongequal{c_1\leftrightarrow c_2} -\begin{vmatrix} 1 & 3 & -1 & 2 \\ 1 & -5 & 3 & -4 \\ 0 & 2 & 1 & -1 \\ -5 & 1 & 3 & -3 \end{vmatrix} \xlongequal[r_4+5r_1]{r_2-r_1} -\begin{vmatrix} 1 & 3 & -1 & 2 \\ 0 & -8 & 4 & -6 \\ 0 & 2 & 1 & -1 \\ 0 & 16 & -2 & 7 \end{vmatrix}$

$$\xlongequal{r_2\leftrightarrow r_3} \begin{vmatrix} 1 & 3 & -1 & 2 \\ 0 & 2 & 1 & -1 \\ 0 & -8 & 4 & -6 \\ 0 & 16 & -2 & 7 \end{vmatrix} \xlongequal[r_4-8r_2]{r_3+4r_2} \begin{vmatrix} 1 & 3 & -1 & 2 \\ 0 & 2 & 1 & -1 \\ 0 & 0 & 8 & -10 \\ 0 & 0 & -10 & 15 \end{vmatrix}$$

$$= 1\times 2\begin{vmatrix} 8 & -10 \\ -10 & 15 \end{vmatrix} = 40.$$

例 3 计算 $D=\begin{vmatrix} 5 & 1 & 1 & 1 \\ 1 & 5 & 1 & 1 \\ 1 & 1 & 5 & 1 \\ 1 & 1 & 1 & 5 \end{vmatrix}$.

解 注意到行列式的各列 4 个数之和都是 8，即是行和相等的行列式. 故把第 2,3,4 行同时加到第 1 行，可提出公因子 8，再由各行减去第一行化为上三角形行列式.

$$D \xlongequal{r_1+r_2+r_3+r_4} \begin{vmatrix} 8 & 8 & 8 & 8 \\ 1 & 5 & 1 & 1 \\ 1 & 1 & 5 & 1 \\ 1 & 1 & 1 & 5 \end{vmatrix} = 8\begin{vmatrix} 1 & 1 & 1 & 1 \\ 1 & 5 & 1 & 1 \\ 1 & 1 & 5 & 1 \\ 1 & 1 & 1 & 5 \end{vmatrix} \xlongequal[\substack{r_3-r_1 \\ r_4-r_1}]{r_2-r_1} 8\begin{vmatrix} 1 & 1 & 1 & 1 \\ 0 & 4 & 0 & 0 \\ 0 & 0 & 4 & 0 \\ 0 & 0 & 0 & 4 \end{vmatrix} = 512.$$

例 4　计算 $D=\begin{vmatrix} a_1 & -a_1 & 0 & 0 \\ 0 & a_2 & -a_2 & 0 \\ 0 & 0 & a_3 & -a_3 \\ 1 & 1 & 1 & 1 \end{vmatrix}$.

解　根据行列式的特点,可将第 1 列加至第 2 列,然后将第 2 列加至第 3 列,再将第 3 列加至第 4 列,目的是使 D 中的零元素增多.

$$D \xlongequal{c_2+c_1} \begin{vmatrix} a_1 & 0 & 0 & 0 \\ 0 & a_2 & -a_2 & 0 \\ 0 & 0 & a_3 & -a_3 \\ 1 & 2 & 1 & 1 \end{vmatrix} \xlongequal{c_3+c_2} \begin{vmatrix} a_1 & 0 & 0 & 0 \\ 0 & a_2 & 0 & 0 \\ 0 & 0 & a_3 & -a_3 \\ 1 & 2 & 3 & 1 \end{vmatrix}$$

$$\xlongequal{c_4+c_3} \begin{vmatrix} a_1 & 0 & 0 & 0 \\ 0 & a_2 & 0 & 0 \\ 0 & 0 & a_3 & 0 \\ 1 & 2 & 3 & 4 \end{vmatrix} = 4a_1a_2a_3.$$

例 5　计算 $D=\begin{vmatrix} a & b & c & d \\ a & a+b & a+b+c & a+b+c+d \\ a & 2a+b & 3a+2b+c & 4a+3b+2c+d \\ a & 3a+b & 6a+3b+c & 10a+6b+3c+d \end{vmatrix}$.

解　从第 4 行开始,后一行减前一行:

$$D \xlongequal[r_2-r_1]{\substack{r_4-r_3 \\ r_3-r_2}} \begin{vmatrix} a & b & c & d \\ 0 & a & a+b & a+b+c \\ 0 & a & 2a+b & 3a+2b+c \\ 0 & a & 3a+b & 6a+3b+c \end{vmatrix} \xlongequal[r_3-r_2]{r_4-r_3} \begin{vmatrix} a & b & c & d \\ 0 & a & a+b & a+b+c \\ 0 & 0 & a & 2a+b \\ 0 & 0 & a & 3a+b \end{vmatrix}$$

$$\xlongequal{r_4-r_3} \begin{vmatrix} a & b & c & d \\ 0 & a & a+b & a+b+c \\ 0 & 0 & a & 2a+b \\ 0 & 0 & 0 & a \end{vmatrix} = a^4.$$

例 6　计算 $D=\begin{vmatrix} 1 & 1 & 1 & \cdots & 1 \\ 1 & 2 & 0 & \cdots & 0 \\ 1 & 0 & 3 & \cdots & 0 \\ \vdots & \vdots & \vdots & & \vdots \\ 1 & 0 & 0 & \cdots & n \end{vmatrix}$.

解 这是箭形行列式. 把第一列化为

$$\begin{pmatrix} a_{11} \\ 0 \\ \vdots \\ 0 \end{pmatrix}.$$

$$D=\begin{vmatrix} 1 & 1 & 1 & \cdots & 1 \\ 1 & 2 & 0 & \cdots & 0 \\ 1 & 0 & 3 & \cdots & 0 \\ \vdots & \vdots & \vdots & & \vdots \\ 1 & 0 & 0 & \cdots & n \end{vmatrix} \xlongequal{c_1-\frac{1}{2}c_2-\frac{1}{3}c_3+\cdots-\frac{1}{n}c_n} \begin{vmatrix} 1-\sum\limits_{i=2}^{n}\frac{1}{i} & 1 & 1 & \cdots & 1 \\ 0 & 2 & 0 & \cdots & 0 \\ 0 & 0 & 3 & \cdots & 0 \\ \vdots & \vdots & \vdots & & \vdots \\ 0 & 0 & 0 & \cdots & n \end{vmatrix}$$

$$=n!\left(1-\sum_{i=2}^{n}\frac{1}{i}\right).$$

例 7 计算 $D=\begin{vmatrix} 2 & 1 & 1 & 1 & 1 \\ 1 & 3 & 1 & 1 & 1 \\ 1 & 1 & 4 & 1 & 1 \\ 1 & 1 & 1 & 5 & 1 \\ 1 & 1 & 1 & 1 & 6 \end{vmatrix}$.

解 各行分别减去第一行,就能化出大量的 0:

$$D=\begin{vmatrix} 2 & 1 & 1 & 1 & 1 \\ -1 & 2 & 0 & 0 & 0 \\ -1 & 0 & 3 & 0 & 0 \\ -1 & 0 & 0 & 4 & 0 \\ -1 & 0 & 0 & 0 & 5 \end{vmatrix},$$

这是箭形行列式.分别做:$c_1+\frac{1}{2}c_2$,$c_1+\frac{1}{3}c_3$,$c_1+\frac{1}{4}c_4$,$c_1+\frac{1}{5}c_5$,得:

$$D=\begin{vmatrix} 2+\frac{1}{2}+\frac{1}{3}+\frac{1}{4}+\frac{1}{5} & 1 & 1 & 1 & 1 \\ 0 & 2 & 0 & 0 & 0 \\ 0 & 0 & 3 & 0 & 0 \\ 0 & 0 & 0 & 4 & 0 \\ 0 & 0 & 0 & 0 & 5 \end{vmatrix}=394.$$

例 8　计算$\begin{vmatrix} a & a & a & a \\ a & b & b & b \\ a & b & c & c \\ a & b & c & d \end{vmatrix}$.

解
$$\begin{vmatrix} a & a & a & a \\ a & b & b & b \\ a & b & c & c \\ a & b & c & d \end{vmatrix} \xlongequal{r_4-r_3} \begin{vmatrix} a & a & a & a \\ a & b & b & b \\ a & b & c & c \\ 0 & 0 & 0 & d-c \end{vmatrix} \xlongequal{r_3-r_2} \begin{vmatrix} a & a & a & a \\ a & b & b & b \\ 0 & 0 & c-b & c-b \\ 0 & 0 & 0 & d-c \end{vmatrix}$$
$$\xlongequal{r_2-r_1} \begin{vmatrix} a & a & a & a \\ 0 & b-a & b-a & b-a \\ 0 & 0 & c-b & c-b \\ 0 & 0 & 0 & d-c \end{vmatrix}$$
$$=a(b-a)(c-b)(d-c).$$

例 9　计算$\begin{vmatrix} a & 0 & 0 & p \\ 0 & b & q & 0 \\ 0 & r & c & 0 \\ s & 0 & 0 & d \end{vmatrix}$.

解
$$\begin{vmatrix} a & 0 & 0 & p \\ 0 & b & q & 0 \\ 0 & r & c & 0 \\ s & 0 & 0 & d \end{vmatrix} = aA_{11}+sA_{41}=a(-1)^{(1+1)}\begin{vmatrix} b & q & 0 \\ r & c & 0 \\ 0 & 0 & d \end{vmatrix}+$$
$$s(-1)^{(4+1)}\begin{vmatrix} 0 & 0 & p \\ b & q & 0 \\ r & c & 0 \end{vmatrix}$$
$$=ad(-1)^{(3+3)}\begin{vmatrix} b & q \\ r & c \end{vmatrix}-sp(-1)^{(3+1)}\begin{vmatrix} b & q \\ r & c \end{vmatrix}$$
$$=(ad-sp)(bc-qr).$$

例 10　计算下列行列式：

(1) $D=\begin{vmatrix} 1 & 2 & 2 & 2 \\ 1 & 3 & 2 & 2 \\ 1 & 2 & 5 & 2 \\ 1 & 2 & 2 & 7 \end{vmatrix}$；(2) 求 $2A_{11}+2A_{21}+2A_{31}+2A_{41}$.

解

(1) $D=\begin{vmatrix}1&2&2&2\\1&3&2&2\\1&2&5&2\\1&2&2&7\end{vmatrix}\xlongequal[r_4-r_1]{\substack{r_2-r_1\\r_3-r_1}}\begin{vmatrix}1&2&2&2\\0&1&0&0\\0&0&3&0\\0&0&0&5\end{vmatrix}=15.$

(2) $2A_{11}+2A_{21}+2A_{31}+2A_{41}=2D=30.$

例 11 证明行列式[**范德蒙德**(Vandermonde)**行列式**]

$$D_n=\begin{vmatrix}1&1&\cdots&1\\x_1&x_2&\cdots&x_n\\x_1^2&x_2^2&\cdots&x_n^2\\\vdots&\vdots&&\vdots\\x_1^{n-1}&x_2^{n-1}&\cdots&x_n^{n-1}\end{vmatrix}=\prod_{1\leqslant j<i\leqslant n}(x_i-x_j).$$

证明 (归纳法)

$n=2$, $D_2=\begin{vmatrix}1&1\\x_1&x_2\end{vmatrix}=x_2-x_1=\prod\limits_{1\leqslant j<i\leqslant 2}(x_i-x_j)$,显然成立.

现假设对于 $n-1$ 阶范德蒙德行列式结论成立.即

$$D_{n-1}=\prod_{1\leqslant j<i\leqslant n-1}(x_i-x_j),$$

则 $D_n=\begin{vmatrix}1&1&\cdots&1\\x_1&x_2&\cdots&x_n\\x_1^2&x_2^2&\cdots&x_n^2\\\vdots&\vdots&&\vdots\\x_1^{n-1}&x_2^{n-1}&\cdots&x_n^{n-1}\end{vmatrix}=\begin{vmatrix}1&1&\cdots&1\\0&x_2-x_1&\cdots&x_n-x_1\\0&x_2^2-x_1x_2&\cdots&x_n^2-x_1x_n\\\vdots&\vdots&&\vdots\\0&x_2^{n-1}-x_1x_2^{n-2}&\cdots&x_n^{n-1}-x_1x_n^{n-2}\end{vmatrix}$

$=(x_2-x_1)(x_3-x_1)\cdots(x_n-x_1)D_{n-1}$

$=\prod\limits_{1\leqslant j<i\leqslant n}(x_i-x_j).$

§1.4 克拉默法则

在引入克拉默法则之前,我们先介绍有关 n 元线性方程组的概念.

含有 n 个未知数 $x_1,x_2,\cdots,x_n$ 的线性方程组

$$\begin{cases}a_{11}x_1+a_{12}x_2+\cdots+a_{1n}x_n=b_1\\a_{21}x_1+a_{22}x_2+\cdots+a_{2n}x_n=b_2\\\cdots\cdots\cdots\cdots\\a_{n1}x_1+a_{n2}x_2+\cdots+a_{nn}x_n=b_n\end{cases}\qquad(1\text{-}15)$$

称为 n 元线性方程组. 当其右端的常数项 $b_1 , b_2 , \cdots , b_n$ 不全为零时,线性方程组 (1-15) 称为**非齐次线性方程组**,当 $b_1 , b_2 , \cdots , b_n$ 全为零时,线性方程组 (1-15) 称为 **齐次线性方程组**,即

$$\begin{cases} a_{11}x_1 + a_{12}x_2 + \cdots + a_{1n}x_n = 0 \\ a_{21}x_1 + a_{22}x_2 + \cdots + a_{2n}x_n = 0 \\ \cdots\cdots\cdots\cdots \\ a_{n1}x_1 + a_{n2}x_2 + \cdots + a_{nn}x_n = 0 \end{cases}. \qquad (1\text{-}16)$$

线性方程组 (1-15) 的系数 a_{ij} 构成的行列式称为该方程组的**系数行列式** D,即

$$D = \begin{vmatrix} a_{11} & a_{12} & \cdots & a_{1n} \\ a_{21} & a_{22} & \cdots & a_{2n} \\ \vdots & \vdots & & \vdots \\ a_{n1} & a_{n2} & \cdots & a_{nn} \end{vmatrix}.$$

对于含有 n 个未知数、n 个线性方程的方程组 (1-15),其解可以用公式给出, 即有**克拉默法则**.

定理 1(克拉默法则) 若线性方程组 (1-15) 的系数行列式

$$D = \begin{vmatrix} a_{11} & a_{12} & \cdots & a_{1n} \\ a_{21} & a_{22} & \cdots & a_{2n} \\ \vdots & \vdots & & \vdots \\ a_{n1} & a_{n2} & \cdots & a_{nn} \end{vmatrix} \neq 0,$$

则线性方程组 (1-15) 有唯一解:

$$x_1 = \frac{D_1}{D}, \quad x_2 = \frac{D_2}{D}, \quad \cdots, \quad x_n = \frac{D_n}{D}, \qquad (1\text{-}17)$$

其中,$D_k (k=1,2,\cdots,n)$ 是把系数行列式中的第 k 列用右端的常数项代替后所得的 行列式,即

$$\text{第 } k \text{ 列}$$

$$D_k = \begin{vmatrix} a_{11} & \cdots & a_{1k-1} & b_1 & a_{1k+1} & \cdots & a_{1n} \\ a_{21} & \cdots & a_{2k-1} & b_2 & a_{2k+1} & \cdots & a_{2n} \\ \vdots & & \vdots & \vdots & \vdots & & \vdots \\ a_{n1} & \cdots & a_{1k-1} & b_n & a_{nk+1} & \cdots & a_{nn} \end{vmatrix}$$

$$= b_1 A_{1k} + b_2 A_{2k} + \cdots + b_n A_{nk}.$$

证明 对方程组 (1-15) 作如下变形:用 $D(\neq 0)$ 中第 k 列元素数的代数余子式 $A_{1k}, A_{2k}, \cdots, A_{nk}$ 依次乘方程组 (1-15) 的 n 个方程,得

$$\begin{cases} a_{11}A_{1k}x_1+a_{12}A_{1k}x_2+\cdots+a_{1k}A_{1k}x_k+\cdots+a_{1n}A_{1k}x_n=b_1A_{1k} \\ a_{21}A_{2k}x_1+a_{22}A_{2k}x_2+\cdots+a_{2k}A_{2k}x_k+\cdots+a_{2n}A_{2k}x_n=b_2A_{2k} \\ \cdots\cdots\cdots\cdots \\ a_{k1}A_{kk}x_1+a_{k2}A_{kk}x_2+\cdots+a_{kk}A_{kk}x_k+\cdots+a_{kn}A_{kk}x_n=b_kA_{kk} \\ \cdots\cdots\cdots\cdots \\ a_{n1}A_{nk}x_1+a_{n2}A_{nk}x_2+\cdots+a_{nk}A_{nk}x_k+\cdots+a_{nn}A_{nk}x_n=b_nA_{nk} \end{cases}$$

再把它们相加,得

$$\left(\sum_{j=1}^{n}a_{j1}A_{jk}\right)x_1+\left(\sum_{j=1}^{n}a_{j2}A_{jk}\right)x_2+\cdots+\left(\sum_{j=1}^{n}a_{jk}A_{jk}\right)x_k+\cdots+\left(\sum_{j=1}^{n}a_{jn}A_{jk}\right)x_n=\sum_{j=1}^{n}b_jA_{jk},$$

从而有

$$Dx_k=\sum_{j=1}^{n}b_jA_{jk}=D_k,$$

故有当 $D\neq 0$ 时,得唯一解:

$$x_1=\frac{D_1}{D},\ x_2=\frac{D_2}{D},\ \cdots,\ x_n=\frac{D_n}{D}.$$

一般来说,用克拉默法则求线性方程组的解时,计算量是比较大的. 对具体的数字线性方程组,当未知数较多时往往可用计算机来求解. 用计算机求解线性方程组目前已经有了一整套成熟的方法.

克拉默法则在一定条件下给出了线性方程组解的存在性、唯一性,与其在计算方面的作用相比,克拉默法则更具有重大的理论价值. 撇开求解公式(1-17),克莱姆法则可叙述为下面的定理.

定理 2 如果线性方程组(1-15)的系数行列式 $D\neq 0$,则线性方程组(1-15)一定有解,且解是唯一的.

在解题或证明中,常用到定理 2 的逆否定理:

定理 3 如果线性方程组(1-15)无解或有两个不同的解,则它的系数行列式必为零.

对齐次线性方程组(1-16),易见 $x_1=x_2=\cdots=x_n=0$ 一定是该方程组的解,称其为齐次线性方程组(1-16)的**零解**. 把定理应用于齐次线性方程组(1-16),有 $D_k=0(k=1,2,\cdots,n)$,故当 $D\neq 0$ 时,$x_1=x_2=\cdots=x_n=0$ 是齐次方程组(1-16)的唯一解,即可得到下列结论.

定理 4 如果齐次线性方程组(1-16)的系数行列式 $D\neq 0$,则齐次线性方程组(1-16)只有零解.

定理 5 如果齐次方程组(1-16)有非零解,则它的系数行列式 $D=0$.

例 1 解三元线性方程组 $\begin{cases} x_1+x_2+x_3=1 \\ x_1-x_2+x_3=9 \\ 4x_1+2x_2+x_3=3 \end{cases}$.

解　由于方程组的系数行列式

$$D=\begin{vmatrix}1&1&1\\1&-1&1\\4&2&1\end{vmatrix}=6\neq 0;$$

$$D_1=\begin{vmatrix}1&1&1\\9&-1&1\\3&2&1\end{vmatrix}=12;\quad D_2=\begin{vmatrix}1&1&1\\1&9&1\\4&3&1\end{vmatrix}=-24;\quad D_3=\begin{vmatrix}1&1&1\\1&-1&9\\4&2&3\end{vmatrix}=18.$$

故所求方程组的解为：

$$x_1=\frac{D_1}{D}=2;\quad x_2=\frac{D_2}{D}=-4;\quad x_3=\frac{D_3}{D}=3.$$

例 2　解线性方程组$\begin{cases}x_1-x_2+x_3-2x_4=2\\2x_1-x_3+4x_4=4\\3x_1+2x_2+x_3=-1\\-x_1+2x_2-x_3+2x_4=-4\end{cases}$.

解　注意方程中缺少的未知数其系数为零，则

$$D=\begin{vmatrix}1&-1&1&-2\\2&0&-1&4\\3&2&1&0\\-1&2&-1&2\end{vmatrix}=-2\neq 0;$$

$$D_1=\begin{vmatrix}2&-1&1&-2\\4&0&-1&4\\-1&2&1&0\\-4&2&-1&2\end{vmatrix}=-2;\quad D_2=\begin{vmatrix}1&2&1&-2\\2&4&-1&4\\3&-1&1&0\\-1&-4&-1&2\end{vmatrix}=4;$$

$$D_3=\begin{vmatrix}1&-1&2&-2\\2&0&4&4\\3&2&-1&0\\-1&2&-4&2\end{vmatrix}=0;\quad D_4=\begin{vmatrix}1&-1&1&2\\2&0&-1&4\\3&2&1&-1\\-1&2&-1&-4\end{vmatrix}=-1.$$

所以

$$x_1=\frac{D_1}{D}=1;\quad x_2=\frac{D_2}{D}=-2;\quad x_3=\frac{D_3}{D}=0;\quad x_4=\frac{D_4}{D}=\frac{1}{2}.$$

例 3　当λ为何值时，齐次线性方程组

$$\begin{cases}\lambda x_1+x_2+2x_3=0\\x_1+\lambda x_2-x_3=0\\\lambda x_3=0\end{cases}$$

只有零解？

解 $D=\begin{vmatrix}\lambda & 1 & 2\\1 & \lambda & -1\\0 & 0 & \lambda\end{vmatrix}=\lambda(\lambda^2-1)=\lambda(\lambda+1)(\lambda-1)$，

故当 $\lambda\neq0,\lambda\neq\pm1$ 时，方程组只有零解.

例 4 λ 为何值时，齐次方程组

$$\begin{cases}(1-\lambda)x_1-2x_2+4x_3=0\\2x_1+(3-\lambda)x_2+x_3=0\\x_1+x_2+(1-\lambda)x_3=0\end{cases}$$

有非零解？

解 $D=\begin{vmatrix}1-\lambda & -2 & 4\\2 & 3-\lambda & 1\\1 & 1 & 1-\lambda\end{vmatrix}=\begin{vmatrix}1-\lambda & -3+\lambda & 4\\2 & 1-\lambda & 1\\1 & 0 & 1-\lambda\end{vmatrix}$

$=(1-\lambda)^3+(\lambda-3)-4(1-\lambda)-2(1-\lambda)(-3+\lambda)$

$=(1-\lambda)^3+2(1-\lambda)^2+\lambda-3=\lambda(\lambda-2)(3-\lambda)$.

齐次线性方程组有非零解，则 $D=0$，所以 $\lambda=0,\lambda=2$ 或 $\lambda=3$ 时齐次线性方程组有非零解.

习 题 1

1. 计算下列二阶行列式：

(1) $\begin{vmatrix}1 & 3\\1 & 4\end{vmatrix}$；　(2) $\begin{vmatrix}2 & 1\\-1 & 2\end{vmatrix}$；　(3) $\begin{vmatrix}a & b\\a^2 & b^2\end{vmatrix}$.

2. 用对角线法则计算下列三阶行列式：

(1) $\begin{vmatrix}-2 & -4 & 1\\3 & 0 & 3\\5 & 4 & -2\end{vmatrix}$；　(2) $\begin{vmatrix}1 & -1 & 0\\4 & -5 & -3\\2 & 3 & 6\end{vmatrix}$；　(3) $\begin{vmatrix}1 & 1 & 1\\x & y & z\\x^2 & y^2 & z^2\end{vmatrix}$.

3. 当 x 为何值时，$\begin{vmatrix}3 & 1 & x\\4 & x & 0\\1 & 0 & x\end{vmatrix}=0$？

4. 求行列式 $\begin{vmatrix} -3 & 0 & 4 \\ 5 & 0 & 3 \\ 2 & -2 & 1 \end{vmatrix}$ 中元素 2 和 -2 的代数余子式.

5. 写出行列式 $\begin{vmatrix} 5 & -3 & 0 & 1 \\ 0 & -2 & -1 & 0 \\ 1 & 0 & 4 & 7 \\ 0 & 3 & 0 & 2 \end{vmatrix}$ 中元素 $a_{23}=-1$，$a_{33}=4$ 的代数余子式.

6. 已知行列式 D 中第 3 列元素依次为 $-1,2,0,1$，它们的余子式依次为 $5,3,-7,4$，求 D.

7. 按第 3 列展开计算行列式 $\begin{vmatrix} 1 & 0 & a & 1 \\ 0 & -1 & b & -1 \\ -1 & -1 & c & -1 \\ -1 & 1 & d & 0 \end{vmatrix}$ 的值.

8. 利用行列式的性质计算下列行列式：

(1) $\begin{vmatrix} 34\,215 & 35\,215 \\ 28\,092 & 29\,092 \end{vmatrix}$；　(2) $\begin{vmatrix} 103 & 100 & 204 \\ 199 & 200 & 395 \\ 301 & 300 & 600 \end{vmatrix}$；　(3) $\begin{vmatrix} -ab & ac & ae \\ bd & -cd & de \\ bf & cf & -ef \end{vmatrix}$；

(4) $\begin{vmatrix} a & 1 & 0 & 0 \\ -1 & b & 1 & 0 \\ 0 & -1 & c & 1 \\ 0 & 0 & -1 & d \end{vmatrix}$；(5) $\begin{vmatrix} 4 & 1 & 2 & 4 \\ 1 & 2 & 0 & 2 \\ 10 & 5 & 2 & 0 \\ 0 & 1 & 1 & 7 \end{vmatrix}$；　(6) $\begin{vmatrix} 1 & 1 & 1 & 1 \\ -1 & 1 & 1 & 1 \\ -1 & -1 & 1 & 1 \\ -1 & -1 & -1 & 1 \end{vmatrix}$.

9. 证明：

(1) $\begin{vmatrix} ax+by & ay+bz & az+bx \\ ay+bz & az+bx & ax+by \\ az+bx & ax+by & ay+bz \end{vmatrix}=(a^3+b^3)\begin{vmatrix} x & y & z \\ y & z & x \\ z & x & y \end{vmatrix}$；

(2) $\begin{vmatrix} 1 & 1 & 1 & 1 \\ a & b & c & d \\ a^2 & b^2 & c^2 & d^2 \\ a^3 & b^3 & c^3 & d^3 \end{vmatrix}=(a-b)(a-c)(a-d)(b-c)(b-d)(c-d)(a+b+c+d)$.

10. 把下列行列式化为上三角行列式，并计算其值：

(1) $\begin{vmatrix} -2 & 2 & -4 & 0 \\ 4 & -1 & 3 & 5 \\ 3 & 1 & -2 & -3 \\ 2 & 0 & 5 & 1 \end{vmatrix}$；(2) $\begin{vmatrix} 1 & 2 & 3 & 4 \\ 2 & 3 & 4 & 1 \\ 3 & 4 & 1 & 2 \\ 4 & 1 & 2 & 3 \end{vmatrix}$；(3) $\begin{vmatrix} 2 & 1 & 0 & 0 & 0 \\ 1 & 2 & 1 & 0 & 0 \\ 0 & 1 & 2 & 1 & 0 \\ 0 & 0 & 1 & 2 & 1 \\ 0 & 0 & 0 & 1 & 2 \end{vmatrix}$.

11. 计算行列式$\begin{vmatrix}1&1&1&1\\1&2&4&8\\1&3&9&27\\1&4&16&64\end{vmatrix}$的值.

12. 设4阶行列式$\begin{vmatrix}2&-3&1&5\\-1&5&7&-8\\2&2&2&2\\0&1&-1&0\end{vmatrix}$,计算:

(1) $A_{11}+A_{12}+A_{13}+A_{14}$; (2) $2A_{31}-3A_{32}+A_{33}+5A_{34}$;

(3) $M_{14}+M_{24}+M_{34}+M_{44}$.

13. 用克拉默法则解下列线性方程组:

(1) $\begin{cases}2x+5y=1\\3x+7y=2\end{cases}$; (2) $\begin{cases}bx-ay+2ab=0\\-2cy+3bz-bc=0\\cx+az=0\end{cases}$, 其中 $abc\neq0$;

(3) $\begin{cases}x_1+x_2+x_3+x_4=5\\x_1+2x_2-x_3+4x_4=-2\\2x_1-3x_2-x_3-5x_4=-2\\3x_1+x_2+2x_3+11x_4=-2\end{cases}$.

14. 设有方程组

$$\begin{cases}x+y+z=a+b+c\\ax+by+cz=a^2+b^2+c^2\\bcx+cay+abz=3abc\end{cases}.$$

试问 a,b,c 满足什么条件时,方程组有唯一解,并求出唯一解.

15. λ,μ 取何值时,齐次线性方程组$\begin{cases}\lambda x_1+x_2+x_3=0\\x_1+\mu x_2+x_3=0\\x_1+2\mu x_2+x_3=0\end{cases}$有非零解?

16. 若齐次线性方程组$\begin{cases}\lambda x_1+x_2+x_3=0\\x_1+\lambda x_2+x_3=0\\\lambda^2x_1+2x_2+x_3=0\end{cases}$有非零解,则 λ 应为何值?

17. 问 k 取何值时,齐次线性方程组$\begin{cases}(k-3)x_1-x_2+x_4=0\\-x_1+(k-3)x_2+x_3=0\\x_2+(k-3)x_3-x_4=0\\x_1-x_3+(k-3)x_4=0\end{cases}$有非零解.

第 2 章　矩　　阵

矩阵是线性代数的主要研究对象.它是研究社会及自然现象中各种线性问题的重要数学工具,在线性代数与数学的许多分支中都有重要的应用,许多实际问题可以用矩阵表达并结合有关理论得到解决.在本章中,我们首先引入矩阵的概念,然后讨论矩阵的运算、逆矩阵,以及分块矩阵的有关知识.

§2.1　矩阵及特殊矩阵

2.1.1　矩阵的概念

矩阵作为一种常用的数学工具,能够简洁地存储信息,通过矩阵运算,可以方便地处理信息.下面通过实际例子引入矩阵的概念.

实例　某超市公司的Ⅰ、Ⅱ、Ⅲ、Ⅳ四个部门都销售甲、乙、丙、丁四种小包装食品,其某一天的销售量(单位:包)可由表 2-1 表示.

表　2-1

部门＼食品	甲	乙	丙	丁
Ⅰ	80	58	75	78
Ⅱ	98	70	85	84
Ⅲ	90	75	90	90
Ⅳ	88	70	82	80

如果我们每一天都做这样的统计,就没必要像上表那样烦琐,只要把表中的 4×4 个数排成一个数表

$$\begin{pmatrix} 80 & 58 & 75 & 78 \\ 98 & 70 & 85 & 84 \\ 90 & 75 & 90 & 90 \\ 88 & 70 & 82 & 80 \end{pmatrix},$$

这个数表具体描述了这家超市公司的四个部门一天销售各种食品的销售量.

实际上,在我们生命活动中的许多方面,都可以用数表来表达一些量以及量与

量之间的关系.这类数表,我们统称为**矩阵**.

定义 1 由 $m\times n$ 个数 a_{ij} $(i=1,2,\cdots,m;j=1,2,\cdots,n)$ 排成的 m 行 n 列的数表

$$\begin{matrix} a_{11} & a_{12} & \cdots & a_{1n} \\ a_{21} & a_{22} & \cdots & a_{2n} \\ \vdots & \vdots & & \vdots \\ a_{m1} & a_{m2} & \cdots & a_{mn} \end{matrix}$$

称为 m 行 n 列**矩阵**,简称 $m\times n$ **矩阵**.为表示它是一个整体,总是加一个括弧,并用大写黑体字母表示它,记为

$$\boldsymbol{A}=\begin{pmatrix} a_{11} & a_{12} & \cdots & a_{1n} \\ a_{21} & a_{22} & \cdots & a_{2n} \\ \vdots & \vdots & & \vdots \\ a_{m1} & a_{m2} & \cdots & a_{mn} \end{pmatrix}. \tag{2-1}$$

其中,这 $m\times n$ 个数称为矩阵 $\boldsymbol{A}$ 的**元素**,a_{ij} 称为矩阵 $\boldsymbol{A}$ 的第 i 行第 j 列**元素**.一个 $m\times n$ 矩阵 $\boldsymbol{A}$ 也可简记为

$$\boldsymbol{A}=(a_{ij})_{m\times n} \quad 或 \quad \boldsymbol{A}=(a_{ij}).$$

元素是实数的矩阵称为**实矩阵**,元素是复数的矩阵称为**复矩阵**.

本书中的矩阵都指实矩阵(除非有特殊说明).通常用大写字母 $\boldsymbol{A},\boldsymbol{B},\boldsymbol{C},\cdots$ 表示矩阵.为了更清楚地表明矩阵的行、列数,有时也记作 $\boldsymbol{A}_{m\times n}$.当 $m=n$ 时,矩阵 $\boldsymbol{A}=\boldsymbol{A}_{m\times n}$ 称为 n **阶方阵**,n 称为 $\boldsymbol{A}$ 的**阶数**.一个数可以看成一个一阶方阵.

如果两个矩阵具有相同的行数与相同的列数,则称这两个矩阵为**同型矩阵**.

定义 2 如果矩阵 $\boldsymbol{A},\boldsymbol{B}$ 是同型矩阵,且对应元素均相等,则称矩阵 $\boldsymbol{A}$ 与矩阵 $\boldsymbol{B}$ **相等**,记为 $\boldsymbol{A}=\boldsymbol{B}$.

例 设

$$\boldsymbol{A}=\begin{pmatrix} 1 & 2-x & 3 \\ 2 & 6 & 5z \end{pmatrix},\quad \boldsymbol{B}=\begin{pmatrix} 1 & x & 3 \\ y & 6 & z-8 \end{pmatrix},$$

已知 $\boldsymbol{A}=\boldsymbol{B}$,求 x,y,z.

解 因为 $2-x=x,2=y,5z=z-8$,所以 $x=1,y=2,z=-2$.

2.1.2 几种特殊矩阵

1. 对角阵

主对角线以外的元素全为零的矩阵,即形如

$$\begin{pmatrix} \lambda_1 & 0 & \cdots & 0 \\ 0 & \lambda_2 & \cdots & 0 \\ \vdots & \vdots & & \vdots \\ 0 & 0 & \cdots & \lambda_n \end{pmatrix}$$

的矩阵称为 n 阶**对角矩阵**，记为 $\mathrm{diag}(\lambda_1,\lambda_2,\cdots,\lambda_n)$.

2. 数量矩阵

形如

$$\begin{pmatrix} \lambda & 0 & \cdots & 0 \\ 0 & \lambda & \cdots & 0 \\ \vdots & \vdots & & \vdots \\ 0 & 0 & \cdots & \lambda \end{pmatrix}_{n\times n}$$

的对角矩阵，称为 n 阶**数量矩阵**.

3. 单位矩阵

形如

$$\begin{pmatrix} 1 & 0 & \cdots & 0 \\ 0 & 1 & \cdots & 0 \\ \vdots & \vdots & & \vdots \\ 0 & 0 & \cdots & 1 \end{pmatrix}_{n\times n}$$

的数量矩阵，称为 n 阶**单位矩阵**，记为 $\boldsymbol{E}_n$ 或 $\boldsymbol{I}_n$.

4. 行矩阵与列矩阵

只有一行的矩阵

$$\boldsymbol{A}=(a_1,a_2,\cdots,a_n)$$

称为**行矩阵**或**行向量**，行矩阵即是 $1\times n$ 矩阵.

只有一列的矩阵

$$\boldsymbol{B}=\begin{pmatrix} b_1 \\ b_2 \\ \vdots \\ b_m \end{pmatrix}$$

称为**列矩阵**或**列向量**，列矩阵即是 $n\times 1$ 矩阵.

5. 上三角矩阵

主对角线以下的元素全为零的 n 阶方阵

$$\boldsymbol{A}=\begin{pmatrix} a_{11} & a_{12} & \cdots & a_{1n} \\ 0 & a_{22} & \cdots & a_{2n} \\ \vdots & \vdots & & \vdots \\ 0 & 0 & \cdots & a_{nn} \end{pmatrix}$$

称为**上三角矩阵**.

6. 下三角矩阵

主对角线以上的元素全为零的 n 阶方阵

$$A=\begin{pmatrix} a_{11} & 0 & \cdots & 0 \\ a_{21} & a_{22} & \cdots & 0 \\ \vdots & \vdots & & \vdots \\ a_{n1} & a_{n2} & \cdots & a_{nn} \end{pmatrix}$$

称为**下三角矩阵**.

7. 零矩阵

所有元素均为零的矩阵称为**零矩阵**,记为 $\boldsymbol{O}$.

例如:

$$\begin{pmatrix} 0 & 0 \\ 0 & 0 \end{pmatrix},\quad \begin{pmatrix} 0 & 0 & 0 \\ 0 & 0 & 0 \end{pmatrix},\quad \begin{pmatrix} 0 & 0 & 0 \\ 0 & 0 & 0 \\ 0 & 0 & 0 \end{pmatrix}$$

均是零矩阵. 有时,加下标指明其阶数. 例如,上述零矩阵分别可以记为:$\boldsymbol{O}_2$,$\boldsymbol{O}_{2\times 3}$,$\boldsymbol{O}_3$.

§2.2　矩阵的运算

2.2.1　矩阵的线性运算

1. 矩阵的加法

定义 1　设有两个 $m\times n$ 矩阵 $\boldsymbol{A}=(a_{ij})$ 和 $\boldsymbol{B}=(b_{ij})$,矩阵 $\boldsymbol{A}$ 与 $\boldsymbol{B}$ 的和记作 $\boldsymbol{A}+\boldsymbol{B}$,规定为

$$\boldsymbol{A}+\boldsymbol{B}=\begin{pmatrix} a_{11}+b_{11} & a_{12}+b_{12} & \cdots & a_{1n}+b_{1n} \\ a_{21}+b_{21} & a_{22}+b_{22} & \cdots & a_{2n}+b_{2n} \\ \vdots & \vdots & & \vdots \\ a_{m1}+b_{m1} & a_{m2}+b_{m2} & \cdots & a_{mn}+b_{mn} \end{pmatrix}.$$

只有两个矩阵是同型矩阵时,才能进行矩阵的加法运算. 两个同型矩阵的和,即为两个矩阵对应位置元素相加得到的矩阵.

设矩阵 $\boldsymbol{A}=(a_{ij})$,记

$$-\boldsymbol{A}=(-a_{ij}),$$

称 $-\boldsymbol{A}$ 为矩阵 $\boldsymbol{A}$ 的**负矩阵**,显然有

$$\boldsymbol{A}+(-\boldsymbol{A})=\boldsymbol{O}.$$

由此规定矩阵的**减法**为

$$\boldsymbol{A}-\boldsymbol{B}=\boldsymbol{A}+(-\boldsymbol{B}).$$

矩阵的加法满足下列运算规律($\boldsymbol{A},\boldsymbol{B},\boldsymbol{C}$ 都是 $m\times n$ 矩阵):

(1) $\boldsymbol{A}+\boldsymbol{B}=\boldsymbol{B}+\boldsymbol{A}$(交换律);

(2) $(\boldsymbol{A}+\boldsymbol{B})+\boldsymbol{C}=\boldsymbol{A}+(\boldsymbol{B}+\boldsymbol{C})$(结合律)；

(3) $\boldsymbol{A}+\boldsymbol{O}=\boldsymbol{O}+\boldsymbol{A}=\boldsymbol{A}$(零矩阵的特性).

2. 数与矩阵相乘——数乘

定义 2　数 k 与矩阵 $\boldsymbol{A}$ 的**乘积**规定为 k 乘 $\boldsymbol{A}$ 的每一个元素 a_{ij} 所得到的矩阵，记作 $k\boldsymbol{A}$ 或 $\boldsymbol{A}k$，即规定为

$$k\boldsymbol{A}=\boldsymbol{A}k=(ka_{ij})=\begin{pmatrix} ka_{11} & ka_{12} & \cdots & ka_{1n} \\ ka_{21} & ka_{22} & \cdots & ka_{2n} \\ \vdots & \vdots & & \vdots \\ ka_{m1} & ka_{m2} & \cdots & ka_{mn} \end{pmatrix}. \tag{2-2}$$

数与矩阵的乘积运算称为**数乘运算**. 公式(2-2)也可以倒过来应用，即可以从矩阵 $\boldsymbol{A}$ 中提取公因子 k(理解为 $\boldsymbol{A}$ 的每一个元素都除以数 k，而将 k 写在矩阵前面).

数乘矩阵运算满足下列运算规律($\boldsymbol{A},\boldsymbol{B}$ 为 $m\times n$ 矩阵；λ,μ 为数)：

(1) $\lambda(\boldsymbol{A}+\boldsymbol{B})=\lambda\boldsymbol{A}+\lambda\boldsymbol{B}$；

(2) $(\lambda+\mu)\boldsymbol{A}=\lambda\boldsymbol{A}+\mu\boldsymbol{A}$；

(3) $(\lambda\mu)\boldsymbol{A}=\lambda(\mu\boldsymbol{A})$；

(4) $1\boldsymbol{A}=\boldsymbol{A}$；

(5) $(-1)\boldsymbol{A}=-\boldsymbol{A}$.

例 1　已知

$$\boldsymbol{A}=\begin{pmatrix} -1 & 2 & 3 & 1 \\ 0 & 3 & -2 & 1 \\ 4 & 0 & 3 & 2 \end{pmatrix},\quad \boldsymbol{B}=\begin{pmatrix} 4 & 3 & 2 & -1 \\ 5 & -3 & 0 & 1 \\ 1 & 2 & -5 & 0 \end{pmatrix},$$

求 $3\boldsymbol{A}-2\boldsymbol{B}$.

解　$$3\boldsymbol{A}-2\boldsymbol{B}=3\begin{pmatrix} -1 & 2 & 3 & 1 \\ 0 & 3 & -2 & 1 \\ 4 & 0 & 3 & 2 \end{pmatrix}-2\begin{pmatrix} 4 & 3 & 2 & -1 \\ 5 & -3 & 0 & 1 \\ 1 & 2 & -5 & 0 \end{pmatrix}$$

$$=\begin{pmatrix} -3-8 & 6-6 & 9-4 & 3+2 \\ 0-10 & 9+6 & -6-0 & 3-2 \\ 12-2 & 0-4 & 9+10 & 6-0 \end{pmatrix}=\begin{pmatrix} -11 & 0 & 5 & 5 \\ -10 & 15 & -6 & 1 \\ 10 & -4 & 19 & 6 \end{pmatrix}.$$

例 2　已知 $\boldsymbol{A}=\begin{pmatrix} 3 & -1 & 2 & 0 \\ 1 & 5 & 7 & 9 \\ 2 & 4 & 6 & 8 \end{pmatrix}$，$\boldsymbol{B}=\begin{pmatrix} 7 & 5 & -2 & 4 \\ 5 & 1 & 9 & 7 \\ 3 & 2 & -1 & 6 \end{pmatrix}$，且 $\boldsymbol{A}+2\boldsymbol{X}=\boldsymbol{B}$，求 $\boldsymbol{X}$.

解　$$\boldsymbol{X}=\frac{1}{2}(\boldsymbol{B}-\boldsymbol{A})=\frac{1}{2}\begin{pmatrix} 4 & 6 & -4 & 4 \\ 4 & -4 & 2 & -2 \\ 1 & -2 & -7 & -2 \end{pmatrix}=\begin{pmatrix} 2 & 3 & -2 & 2 \\ 2 & -2 & 1 & -1 \\ \frac{1}{2} & -1 & -\frac{7}{2} & -1 \end{pmatrix}.$$

2.2.2 矩阵与矩阵相乘

定义 3 设

$$\boldsymbol{A}=(a_{ij})_{m\times s}=\begin{pmatrix} a_{11} & a_{12} & \cdots & a_{1s} \\ a_{21} & a_{22} & & a_{2s} \\ \vdots & \vdots & & \vdots \\ a_{m1} & a_{m2} & \cdots & a_{ms} \end{pmatrix},\quad \boldsymbol{B}=(b_{ij})_{s\times n}=\begin{pmatrix} b_{11} & b_{12} & \cdots & b_{1n} \\ b_{21} & b_{22} & \cdots & b_{2n} \\ \vdots & \vdots & & \vdots \\ b_{s1} & b_{s2} & \cdots & b_{sn} \end{pmatrix}.$$

矩阵 $\boldsymbol{A}$ 与矩阵 $\boldsymbol{B}$ 的乘积记作 $\boldsymbol{AB}$，规定为

$$\boldsymbol{AB}=(c_{ij})_{m\times n}=\begin{pmatrix} c_{11} & c_{12} & \cdots & c_{1n} \\ c_{21} & c_{22} & \cdots & c_{2n} \\ \vdots & \vdots & & \vdots \\ c_{m1} & c_{m2} & \cdots & c_{mn} \end{pmatrix}.$$

其中，$c_{ij}=a_{i1}b_{1j}+a_{i2}b_{2j}+\cdots+a_{is}b_{sj}=\sum\limits_{k=1}^{s}a_{ik}b_{kj}\quad(i=1,2,\cdots,m;j=1,2,\cdots,n)$.

记号 $\boldsymbol{AB}$ 常读作 $\boldsymbol{A}$ 左乘 $\boldsymbol{B}$ 或 $\boldsymbol{B}$ 右乘 $\boldsymbol{A}$.

矩阵的乘法应注意以下几点：

(1) 只有当左边矩阵 $\boldsymbol{A}$ 的列数等于右边矩阵 $\boldsymbol{B}$ 的行数时，两个矩阵才能进行乘法运算. 否则 $\boldsymbol{A}$ 与 $\boldsymbol{B}$ 不能相乘(即 $\boldsymbol{AB}$ 无意义)；

(2) 乘积矩阵 $\boldsymbol{C}(=\boldsymbol{AB})$的行数等于左矩阵 $\boldsymbol{A}$ 的行数，$\boldsymbol{C}$ 的列数等于右矩阵 $\boldsymbol{B}$ 的列数；

(3) 若 $\boldsymbol{C}=\boldsymbol{AB}$，则矩阵 $\boldsymbol{C}$ 的元素 c_{ij} 即为矩阵 $\boldsymbol{A}$ 的第 i 行元素与矩阵 $\boldsymbol{B}$ 的第 j 列对应元素乘积的和. 即

$$c_{ij}=(a_{i1},a_{i2},\cdots,a_{is})\begin{pmatrix} b_{1j} \\ b_{2j} \\ \vdots \\ b_{sj} \end{pmatrix}=a_{i1}b_{1j}+a_{i2}b_{2j}+\cdots+a_{is}b_{sj}.$$

例 3 若 $\boldsymbol{A}=\begin{pmatrix} 2 & 3 \\ 1 & -2 \\ 3 & 1 \end{pmatrix}$，$\boldsymbol{B}=\begin{pmatrix} 1 & -2 & -3 \\ 2 & -1 & 0 \end{pmatrix}$，求 $\boldsymbol{AB}$，$\boldsymbol{BA}$.

解
$$\boldsymbol{AB}=\begin{pmatrix} 2 & 3 \\ 1 & -2 \\ 3 & 1 \end{pmatrix}\begin{pmatrix} 1 & -2 & -3 \\ 2 & -1 & 0 \end{pmatrix}$$
$$=\begin{pmatrix} 2\times1+3\times2 & 2\times(-2)+3\times(-1) & 2\times(-3)+3\times0 \\ 1\times1+(-2)\times2 & 1\times(-2)+(-2)\times(-1) & 1\times(-3)+(-2)\times0 \\ 3\times1+1\times2 & 3\times(-2)+1\times(-1) & 3\times(-3)+1\times0 \end{pmatrix}$$
$$=\begin{pmatrix} 8 & -7 & -6 \\ -3 & 0 & -3 \\ 5 & -7 & -9 \end{pmatrix}.$$

$$\boldsymbol{BA}=\begin{pmatrix}1 & -2 & -3\\ 2 & -1 & 0\end{pmatrix}\begin{pmatrix}2 & 3\\ 1 & -2\\ 3 & 1\end{pmatrix}$$

$$=\begin{pmatrix}1\times2+(-2)\times1+(-3)\times3 & 1\times3+(-2)\times(-2)+(-3)\times1\\ 2\times2+(-1)\times1+0\times3 & 2\times3+(-1)\times(-2)+0\times1\end{pmatrix}$$

$$=\begin{pmatrix}-9 & 4\\ 3 & 8\end{pmatrix}.$$

显然 $\boldsymbol{AB}\neq\boldsymbol{BA}$.

由例 3 知，矩阵的乘法不满足交换律，即在一般情况下，$\boldsymbol{AB}\neq\boldsymbol{BA}$. 由此例还可得知矩阵乘法的消去律不成立，即当 $\boldsymbol{AB}=\boldsymbol{AC}$ 时不一定有 $\boldsymbol{B}=\boldsymbol{C}$（如 $\boldsymbol{A},\boldsymbol{B}$ 同上，取 $\boldsymbol{C}=\boldsymbol{O}$ 即可）. 但矩阵的乘法仍满足以下运算规律（假设运算都是可行的）：

(1) $(\boldsymbol{AB})\boldsymbol{C}=\boldsymbol{A}(\boldsymbol{BC})$；

(2) $\boldsymbol{A}(\boldsymbol{B}+\boldsymbol{C})=\boldsymbol{AB}+\boldsymbol{AC},(\boldsymbol{B}+\boldsymbol{C})\boldsymbol{A}=\boldsymbol{BA}+\boldsymbol{CA}$；

(3) $\lambda(\boldsymbol{AB})=(\lambda\boldsymbol{A})\boldsymbol{B}=\boldsymbol{A}(\lambda\boldsymbol{B})$（其中 λ 是数）.

定义 4　如果两矩阵 $\boldsymbol{A},\boldsymbol{B}$ 相乘，有

$$\boldsymbol{AB}=\boldsymbol{BA},$$

则称矩阵 $\boldsymbol{A}$ 与矩阵 $\boldsymbol{B}$ **可交换**，简称 $\boldsymbol{A}$ 与 $\boldsymbol{B}$ **可换**.

有了矩阵的乘法，就可以定义矩阵的幂.

定义 5　设 $\boldsymbol{A}$ 是 n 阶方阵，定义方阵的幂

$$\boldsymbol{A}^0=\boldsymbol{E},\boldsymbol{A}^1=\boldsymbol{A},\boldsymbol{A}^2=\boldsymbol{A}^1\boldsymbol{A}^1,\cdots,\boldsymbol{A}^{k+1}=\boldsymbol{A}^k\boldsymbol{A},$$

其中 k 为正整数. 显然只有方阵的幂才有意义.

容易验证：$\boldsymbol{A}^{k+l}=\boldsymbol{A}^k\boldsymbol{A}^l,(\boldsymbol{A}^k)^l=\boldsymbol{A}^{kl}$（$k,l$ 为正整数）.

但值得注意的是，对于一般的 n 阶方阵 $\boldsymbol{A},\boldsymbol{B},(\boldsymbol{AB})^k\neq\boldsymbol{A}^k\boldsymbol{B}^k$.

例如：$\boldsymbol{A}=\begin{pmatrix}1 & 1\\ 0 & 0\end{pmatrix},\boldsymbol{B}=\begin{pmatrix}1 & 0\\ 1 & 0\end{pmatrix}$，则

$$\boldsymbol{AB}=\begin{pmatrix}2 & 0\\ 0 & 0\end{pmatrix},\quad \boldsymbol{BA}=\begin{pmatrix}1 & 1\\ 1 & 1\end{pmatrix},\quad \boldsymbol{A}^2=\begin{pmatrix}1 & 1\\ 0 & 0\end{pmatrix}=\boldsymbol{A},$$

$$\boldsymbol{B}^2=\begin{pmatrix}1 & 0\\ 1 & 0\end{pmatrix}=\boldsymbol{B},\quad (\boldsymbol{AB})^2=\begin{pmatrix}4 & 0\\ 0 & 0\end{pmatrix},\quad \boldsymbol{A}^2\boldsymbol{B}^2=\boldsymbol{AB}=\begin{pmatrix}2 & 0\\ 0 & 0\end{pmatrix}.$$

显然，$\boldsymbol{AB}\neq\boldsymbol{BA},(\boldsymbol{AB})^k\neq(\boldsymbol{BA})^k$.

注：只有当 $\boldsymbol{A}$ 与 $\boldsymbol{B}$ 可交换，即 $\boldsymbol{AB}=\boldsymbol{BA}$ 时，才有 $(\boldsymbol{AB})^k=\boldsymbol{A}^k\boldsymbol{B}^k$.

例 4　设 $\boldsymbol{A}=\boldsymbol{BC}$，其中

$$\boldsymbol{B}=\begin{pmatrix}1\\ 2\\ 3\end{pmatrix},\quad \boldsymbol{C}=(1,2,3).$$

则

$$A=\begin{pmatrix}1&2&3\\2&4&6\\3&6&9\end{pmatrix}.$$

求 A^{100}.

解 先算出

$$CB=(1\ 2\ 3)\begin{pmatrix}1\\2\\3\end{pmatrix}=1\times1+2\times2+3\times3=14.$$

则

$$\begin{aligned}A^{100}&=(BC)(BC)(BC)\cdots(BC)(BC)(BC)\\&=B(CB)(CB)(CB)\cdots(CB)(CB)C\\&=(CB)^{99}BC\\&=14^{99}A.\end{aligned}$$

进一步有：

命题1 设 B 是一个 n 阶矩阵，则 B 是一个数量矩阵的充分必要条件是 B 与任何 n 阶矩阵 A 可换.

命题2 设 A,B 均为 n 阶矩阵，则下列命题等价：

(1) $AB=BA$;

(2) $(A+B)^2=A^2+2AB+B^2$;

(3) $(A-B)^2=A^2-2AB+B^2$;

(4) $(A+B)(A-B)=(A-B)(A+B)=A^2-B^2$.

2.2.3 矩阵的转置

定义6 把矩阵 A 的行换成同序数的列得到的新矩阵，称为 A 的**转置矩阵**，记作 A^{T}（或 A'），简称为矩阵 A 的**转置**. 即若

$$A=\begin{pmatrix}a_{11}&a_{12}&\cdots&a_{1n}\\a_{21}&a_{22}&\cdots&a_{2n}\\\vdots&\vdots&&\vdots\\a_{m1}&a_{m2}&\cdots&a_{mn}\end{pmatrix},$$

则

$$A^{\mathrm{T}}=\begin{pmatrix}a_{11}&a_{21}&\cdots&a_{m1}\\a_{12}&a_{22}&\cdots&a_{m2}\\\vdots&\vdots&&\vdots\\a_{1n}&a_{2n}&\cdots&a_{mn}\end{pmatrix}.$$

例如：$\boldsymbol{A}=\begin{pmatrix}2 & -1 & 0\\ 3 & \pi & \sqrt{2}\end{pmatrix}$，则 $\boldsymbol{A}^{\mathrm{T}}=\begin{pmatrix}2 & 3\\ -1 & \pi\\ 0 & \sqrt{2}\end{pmatrix}$.

矩阵的转置满足以下运算规律(假设运算都是可行的)：

(1) $(\boldsymbol{A}^{\mathrm{T}})^{\mathrm{T}}=\boldsymbol{A}$；

(2) $(\boldsymbol{A}+\boldsymbol{B})^{\mathrm{T}}=\boldsymbol{A}^{\mathrm{T}}+\boldsymbol{B}^{\mathrm{T}}$；

(3) $(k\boldsymbol{A})^{\mathrm{T}}=k\boldsymbol{A}^{\mathrm{T}}$；

(4) $(\boldsymbol{AB})^{\mathrm{T}}=\boldsymbol{B}^{\mathrm{T}}\boldsymbol{A}^{\mathrm{T}}$.

例 5　已知

$$\boldsymbol{A}=\begin{pmatrix}0 & -1\\ 3 & 2\end{pmatrix},\quad \boldsymbol{B}=\begin{pmatrix}1 & 7 & 2\\ 4 & 2 & 0\end{pmatrix}.$$

求$(\boldsymbol{AB})^{\mathrm{T}}$.

解法 1　直接相乘.因为

$$\boldsymbol{AB}=\begin{pmatrix}0 & -1\\ 3 & 2\end{pmatrix}\begin{pmatrix}1 & 7 & 2\\ 4 & 2 & 0\end{pmatrix}=\begin{pmatrix}-4 & -2 & 0\\ 11 & 25 & 6\end{pmatrix},$$

所以

$$(\boldsymbol{AB})^{\mathrm{T}}=\begin{pmatrix}-4 & 11\\ -2 & 25\\ 0 & 6\end{pmatrix}.$$

解法 2　利用$(\boldsymbol{AB})^{\mathrm{T}}=\boldsymbol{B}^{\mathrm{T}}\boldsymbol{A}^{\mathrm{T}}$ 计算：

$$(\boldsymbol{AB})^{\mathrm{T}}=\boldsymbol{B}^{\mathrm{T}}\boldsymbol{A}^{\mathrm{T}}=\begin{pmatrix}1 & 4\\ 7 & 2\\ 2 & 0\end{pmatrix}\begin{pmatrix}0 & 3\\ -1 & 2\end{pmatrix}=\begin{pmatrix}-4 & 11\\ -2 & 25\\ 0 & 6\end{pmatrix}.$$

定义 7　设 $\boldsymbol{A}$ 为 n 阶方阵，如果 $\boldsymbol{A}^{\mathrm{T}}=\boldsymbol{A}$，即

$$a_{ij}=a_{ji}\quad (i,j=1,2,\cdots,n),$$

则称 $\boldsymbol{A}$ 为**对称矩阵**.

显然，对称矩阵 $\boldsymbol{A}$ 的元素关于主对角线对称.例如：

$$\begin{pmatrix}0 & -1\\ -1 & 0\end{pmatrix},\quad \begin{pmatrix}8 & 6 & 1\\ 6 & 9 & 0\\ 1 & 0 & 5\end{pmatrix}$$

均为对称矩阵.

定义 8　设 $\boldsymbol{A}$ 为 n 阶方阵，如果 $\boldsymbol{A}^{\mathrm{T}}=-\boldsymbol{A}$，则称 $\boldsymbol{A}$ 为**反对称矩阵**.

如果 $\boldsymbol{A}$ 是反对称矩阵，那么 $\boldsymbol{A}$ 的对角元一定是零.事实上，由 $a_{ii}=-a_{ii}$ 得 $a_{ii}=0$.

例 6　试证：任意一个方阵都可以表示为对称矩阵和反对称矩阵之和.

证明 $A=\frac{A+A^{\mathrm{T}}}{2}+\frac{A-A^{\mathrm{T}}}{2}$，不难验证，$\frac{A+A^{\mathrm{T}}}{2}$为对称矩阵，$\frac{A-A^{\mathrm{T}}}{2}$为反对称矩阵.

2.2.4 方阵的行列式

定义 9 由 n 阶方阵 $\boldsymbol{A}$ 的元素所构成的行列式(各元素的位置不变)，称为**方阵 $\boldsymbol{A}$ 的行列式**，记作 $|\boldsymbol{A}|$ 或 $\det(\boldsymbol{A})$.

对方阵取行列式，是施加于方阵的一种运算，且满足下列运算律($\boldsymbol{A},\boldsymbol{B}$ 为 n 阶方阵，λ 为数)：

(1) $|\boldsymbol{A}^{\mathrm{T}}|=|\boldsymbol{A}|$；

(2) $|\lambda\boldsymbol{A}|=\lambda^n|\boldsymbol{A}|$；

(3) $|\boldsymbol{AB}|=|\boldsymbol{A}||\boldsymbol{B}|$；

(4) $|\boldsymbol{A}^k|=|\boldsymbol{A}|^k$.

例 7 设 $\boldsymbol{A}$ 是 n 阶方阵，且满足 $\boldsymbol{AA}^{\mathrm{T}}=\boldsymbol{E}$，$|\boldsymbol{A}|=-1$，则 $|\boldsymbol{E}+\boldsymbol{A}|=0$.

证明 因为 $\boldsymbol{AA}^{\mathrm{T}}=\boldsymbol{E}$，所以

$$\begin{aligned}|\boldsymbol{E}+\boldsymbol{A}|&=|\boldsymbol{AA}^{\mathrm{T}}+\boldsymbol{A}|=|\boldsymbol{A}(\boldsymbol{A}^{\mathrm{T}}+\boldsymbol{E})|=|\boldsymbol{A}||\boldsymbol{A}^{\mathrm{T}}+\boldsymbol{E}|=|\boldsymbol{A}||(\boldsymbol{A}+\boldsymbol{E})^{\mathrm{T}}|\\&=-|\boldsymbol{A}+\boldsymbol{E}|=-|\boldsymbol{E}+\boldsymbol{A}|,\end{aligned}$$

$2|\boldsymbol{E}+\boldsymbol{A}|=0$，故 $|\boldsymbol{E}+\boldsymbol{A}|=0$.

§2.3 矩阵的逆

解一元线性方程 $ax=b$，当 $a\neq 0$ 时，存在一个数 a^{-1}，使得 $x=a^{-1}b$ 为方程的解.那么在解矩阵方程 $\boldsymbol{Ax}=\boldsymbol{b}$ 时，是否也存在一个矩阵，使这个矩阵乘以 $\boldsymbol{b}$ 等于 $\boldsymbol{x}$ 呢？这就是我们要讨论的逆矩阵问题.

2.3.1 逆矩阵的概念

1. n 阶方阵逆矩阵的定义

定义 1 对于 n 阶矩阵 $\boldsymbol{A}$，如果存在一个 n 阶矩阵 $\boldsymbol{B}$，使得

$$\boldsymbol{AB}=\boldsymbol{BA}=\boldsymbol{E},$$

则称矩阵 $\boldsymbol{A}$ 为**可逆矩阵**，而矩阵 $\boldsymbol{B}$ 称为 $\boldsymbol{A}$ 的**逆矩阵**，记为 $\boldsymbol{A}^{-1}$，即 $\boldsymbol{B}=\boldsymbol{A}^{-1}$.

按照定义，显然若 $\boldsymbol{AB}=\boldsymbol{BA}=\boldsymbol{E}$，则 $\boldsymbol{A}$ 也是 $\boldsymbol{B}$ 的逆阵，即方阵 $\boldsymbol{A}$ 和 $\boldsymbol{B}$ 互为逆矩阵.

定理 1 若矩阵 $\boldsymbol{A}$ 是可逆的，则 $\boldsymbol{A}$ 的逆矩阵是唯一的.

证明 假定 $\boldsymbol{A}$ 有两个逆矩阵 $\boldsymbol{B},\boldsymbol{C}$，则有

$$\boldsymbol{AB}=\boldsymbol{BA}=\boldsymbol{E},\quad \boldsymbol{AC}=\boldsymbol{CA}=\boldsymbol{E}.$$

于是

$$\boldsymbol{B}=\boldsymbol{BE}=\boldsymbol{B}(\boldsymbol{AC})=(\boldsymbol{BA})\boldsymbol{C}=\boldsymbol{EC}=\boldsymbol{C}.$$

定理 2　若矩阵 $\boldsymbol{A}$ 为可逆矩阵，则 $|\boldsymbol{A}|\neq 0$.

证明　$\boldsymbol{A}$ 为可逆矩阵，则存在 $\boldsymbol{A}^{-1}$，使得 $\boldsymbol{A}\boldsymbol{A}^{-1}=\boldsymbol{E}$，故

$$|\boldsymbol{A}|\cdot|\boldsymbol{A}^{-1}|=|\boldsymbol{E}|=1,$$

所以 $|\boldsymbol{A}|\neq 0$，且 $|\boldsymbol{A}^{-1}|=\dfrac{1}{|\boldsymbol{A}|}$.

当 $|\boldsymbol{A}|\neq 0$ 时，称 $\boldsymbol{A}$ 为**非奇异矩阵**，否则称 $\boldsymbol{A}$ 为**奇异矩阵**.

定义 2　设 n 阶方阵 $\boldsymbol{A}=\begin{pmatrix} a_{11} & a_{12} & \cdots & a_{1n} \\ a_{21} & a_{22} & \cdots & a_{2n} \\ \vdots & \vdots & & \vdots \\ a_{n1} & a_{n2} & \cdots & a_{nn} \end{pmatrix}$，其行列式 $|\boldsymbol{A}|$ 的元素 a_{ij} 的代数余子式 A_{ij} 所构成的矩阵 $\boldsymbol{A}^*=\begin{pmatrix} A_{11} & A_{21} & \cdots & A_{n1} \\ A_{12} & A_{22} & \cdots & A_{n2} \\ \vdots & \vdots & & \vdots \\ A_{1n} & A_{2n} & \cdots & A_{nn} \end{pmatrix}$ 称为 $\boldsymbol{A}$ 的**伴随矩阵**.

定理 3　$\boldsymbol{A}\boldsymbol{A}^*=\boldsymbol{A}^*\boldsymbol{A}=|\boldsymbol{A}|\boldsymbol{E}$.

证明　设 $\boldsymbol{A}=(a_{ij})_{n\times n}$，则

$$\boldsymbol{A}\boldsymbol{A}^*=\begin{pmatrix} a_{11} & a_{12} & \cdots & a_{1n} \\ a_{21} & a_{22} & \cdots & a_{2n} \\ \vdots & \vdots & & \vdots \\ a_{n1} & a_{n2} & \cdots & a_{nn} \end{pmatrix}\begin{pmatrix} A_{11} & A_{21} & \cdots & A_{n1} \\ A_{12} & A_{22} & \cdots & A_{n2} \\ \vdots & \vdots & & \vdots \\ A_{1n} & A_{2n} & \cdots & A_{nn} \end{pmatrix}=\begin{pmatrix} |\boldsymbol{A}| & 0 & \cdots & 0 \\ 0 & |\boldsymbol{A}| & \cdots & 0 \\ \vdots & \vdots & & \vdots \\ 0 & 0 & \cdots & |\boldsymbol{A}| \end{pmatrix}=|\boldsymbol{A}|\boldsymbol{E}.$$

类似地，可得 $\boldsymbol{A}^*\boldsymbol{A}=|\boldsymbol{A}|\boldsymbol{E}$.

定理 4　若 $|\boldsymbol{A}|\neq 0$，则矩阵 $\boldsymbol{A}$ 可逆，且 $\boldsymbol{A}^{-1}=\dfrac{\boldsymbol{A}^*}{|\boldsymbol{A}|}$.

证明　由定理 3 有

$$\boldsymbol{A}\boldsymbol{A}^*=\boldsymbol{A}^*\boldsymbol{A}=|\boldsymbol{A}|\boldsymbol{E},$$

当 $|\boldsymbol{A}|\neq 0$ 时，有

$$\boldsymbol{A}\left(\frac{\boldsymbol{A}^*}{|\boldsymbol{A}|}\right)=\left(\frac{\boldsymbol{A}^*}{|\boldsymbol{A}|}\right)\boldsymbol{A}=\boldsymbol{E}.$$

由逆矩阵的定义知 $\boldsymbol{A}$ 可逆，且有

$$\boldsymbol{A}^{-1}=\frac{\boldsymbol{A}^*}{|\boldsymbol{A}|}.$$

注：如果 $\boldsymbol{A}\boldsymbol{B}=\boldsymbol{E}$，则 $|\boldsymbol{A}|\neq 0$，$|\boldsymbol{B}|\neq 0$，于是 $\boldsymbol{A},\boldsymbol{B}$ 均可逆，又因为 $\boldsymbol{A}^{-1},\boldsymbol{B}^{-1}$ 是唯一的，所以

$$\boldsymbol{B}\boldsymbol{A}=(\boldsymbol{A}\boldsymbol{A}^{-1})\boldsymbol{B}\boldsymbol{A}=\boldsymbol{A}^{-1}(\boldsymbol{A}\boldsymbol{B})\boldsymbol{A}=\boldsymbol{A}^{-1}\boldsymbol{E}\boldsymbol{A}=\boldsymbol{A}^{-1}\boldsymbol{A}=\boldsymbol{E}.$$

即由 $\boldsymbol{A}\boldsymbol{B}=\boldsymbol{E}$ 必得 $\boldsymbol{B}\boldsymbol{A}=\boldsymbol{E}$，反之也一样，因此有 $\boldsymbol{B}=\boldsymbol{A}^{-1}$. 于是今后用定义证明 $\boldsymbol{B}=\boldsymbol{A}^{-1}$ 时，只需证明 $\boldsymbol{A}\boldsymbol{B}=\boldsymbol{E}$ 或 $\boldsymbol{B}\boldsymbol{A}=\boldsymbol{E}$ 之一成立就可以了.

例 1　当 $ad-bc\neq 0$ 时，求二阶矩阵 $\boldsymbol{A}=\begin{pmatrix} a & b \\ c & d \end{pmatrix}$ 的逆矩阵.

解 $|\boldsymbol{A}|=ad-bc\neq 0$,$\boldsymbol{A}^*=\begin{pmatrix} d & -b \\ -c & a \end{pmatrix}$,由逆矩阵公式可得

$$\boldsymbol{A}^{-1}=\frac{\boldsymbol{A}^*}{|\boldsymbol{A}|}=\frac{1}{ad-bc}\begin{pmatrix} d & -b \\ -c & a \end{pmatrix}.$$

例 2 求方阵 $\boldsymbol{A}=\begin{pmatrix} 1 & 2 & 3 \\ 2 & 2 & 1 \\ 3 & 4 & 3 \end{pmatrix}$ 的逆矩阵.

解 计算$|\boldsymbol{A}|$的各元素的代数余子式:

$$A_{11}=2,\quad A_{12}=-3,\quad A_{13}=2,$$
$$A_{21}=6,\quad A_{22}=-6,\quad A_{23}=2,$$
$$A_{31}=-4,\quad A_{32}=5,\quad A_{33}=-2,$$

由行列式的定义知

$$|\boldsymbol{A}|=1\cdot A_{11}+2\cdot A_{12}+3\cdot A_{13}=2\neq 0,$$

因此 A 可逆,且

$$\boldsymbol{A}^*=\begin{pmatrix} 2 & 6 & -4 \\ -3 & -6 & 5 \\ 2 & 2 & -2 \end{pmatrix},$$

$$\boldsymbol{A}^{-1}=\frac{\boldsymbol{A}^*}{|\boldsymbol{A}|}=\frac{1}{2}\begin{pmatrix} 2 & 6 & -4 \\ -3 & -6 & 5 \\ 2 & 2 & -2 \end{pmatrix}=\begin{pmatrix} 1 & 3 & -2 \\ -\frac{3}{2} & -3 & \frac{5}{2} \\ 1 & 1 & -1 \end{pmatrix}.$$

2.3.2 逆矩阵的运算性质

(1) 若矩阵 $\boldsymbol{A}$ 可逆,则 $\boldsymbol{A}^{-1}$ 也可逆,且$(\boldsymbol{A}^{-1})^{-1}=\boldsymbol{A}$;

(2) 若矩阵 $\boldsymbol{A}$ 可逆,数 $k\neq 0$,则$(k\boldsymbol{A})^{-1}=\frac{1}{k}\boldsymbol{A}^{-1}$;

(3) 两个同阶矩阵可逆矩阵 $\boldsymbol{A},\boldsymbol{B}$ 的乘积是可逆矩阵,且

$$(\boldsymbol{AB})^{-1}=\boldsymbol{B}^{-1}\boldsymbol{A}^{-1}.$$

证明 $(\boldsymbol{AB})(\boldsymbol{B}^{-1}\boldsymbol{A}^{-1})=\boldsymbol{A}(\boldsymbol{BB}^{-1})\boldsymbol{A}^{-1}=\boldsymbol{AEA}^{-1}=\boldsymbol{AA}^{-1}=\boldsymbol{E}.$

同理
$$(\boldsymbol{B}^{-1}\boldsymbol{A}^{-1})(\boldsymbol{AB})=\boldsymbol{E}.$$

即有
$$(\boldsymbol{AB})^{-1}=\boldsymbol{B}^{-1}\boldsymbol{A}^{-1}.$$

(4) 若矩阵 $\boldsymbol{A}$ 可逆,则 $\boldsymbol{A}^{\mathrm{T}}$ 也可逆,且有$(\boldsymbol{A}^{\mathrm{T}})^{-1}=(\boldsymbol{A}^{-1})^{\mathrm{T}}$.

证明 $\boldsymbol{A}^{\mathrm{T}}(\boldsymbol{A}^{-1})^{\mathrm{T}}=(\boldsymbol{A}^{-1}\boldsymbol{A})^{\mathrm{T}}=\boldsymbol{E}^{\mathrm{T}}=\boldsymbol{E}$. 同理$(\boldsymbol{A}^{-1})^{\mathrm{T}}\boldsymbol{A}^{\mathrm{T}}=\boldsymbol{E}$.

故
$$(\boldsymbol{A}^{\mathrm{T}})^{-1}=(\boldsymbol{A}^{-1})^{\mathrm{T}}.$$

例 3 设 $\boldsymbol{A}$ 是三阶方阵,$\boldsymbol{A}^*$ 为 $\boldsymbol{A}$ 的伴随矩阵,$|\boldsymbol{A}|=\frac{1}{2}$.求行列式$|(3\boldsymbol{A})^{-1}-2\boldsymbol{A}^*|$.

解　由逆矩阵公式及逆矩阵的性质可得：

$$|A^{-1}|=\frac{1}{|A|}=2,\quad (3A)^{-1}=\frac{1}{3}A^{-1},\quad A^*=|A|A^{-1}=\frac{1}{2}A^{-1}.$$

于是

$$\begin{aligned}|(3A)^{-1}-2A^*|&=\left|\frac{1}{3}A^{-1}-2\times\frac{1}{2}A^{-1}\right|=\left|-\frac{2}{3}A^{-1}\right|=\left(-\frac{2}{3}\right)^3|A^{-1}|\\&=-\frac{8}{27}\times 2=-\frac{16}{27}.\end{aligned}$$

2.3.3　矩阵方程

对标准矩阵方程

$$AX=B, \tag{2-3}$$

$$XA=B, \tag{2-4}$$

$$AXB=C, \tag{2-5}$$

利用矩阵乘法的运算规律和逆矩阵的运算性质，通过在方程两边左乘或右乘相应的矩阵的逆矩阵，可求出其解分别为

$$X=A^{-1}B, \tag{2-3$'$}$$

$$X=BA^{-1}, \tag{2-4$'$}$$

$$X=A^{-1}CB^{-1}. \tag{2-5$'$}$$

而其他形式的矩阵方程，则可通过矩阵的有关运算性质转化为标准矩阵方程后进行求解.

例 4　求矩阵 X，使 $AX=B$，其中 $A=\begin{pmatrix}1&2&3\\2&2&1\\3&4&3\end{pmatrix}$，$B=\begin{pmatrix}2&5\\3&1\\4&3\end{pmatrix}$.

解　由例 2 可知 A 可逆，且 $A^{-1}=\begin{pmatrix}1&3&-2\\-\frac{3}{2}&-3&\frac{5}{2}\\1&1&-1\end{pmatrix}$，则

$$X=A^{-1}B=\begin{pmatrix}1&3&-2\\-\frac{3}{2}&-3&\frac{5}{2}\\1&1&-1\end{pmatrix}\begin{pmatrix}2&5\\3&1\\4&3\end{pmatrix}=\begin{pmatrix}3&2\\-2&-3\\1&3\end{pmatrix}.$$

例 5　设三阶矩阵 A,B 满足关系：$A^{-1}BA=6A+BA$，且

$$A=\begin{pmatrix}\frac{1}{2}&0&0\\0&\frac{1}{4}&0\\0&0&\frac{1}{7}\end{pmatrix},$$

求 $\boldsymbol{B}$.

解 因为 $\boldsymbol{A}^{-1}\boldsymbol{B}\boldsymbol{A}=6\boldsymbol{A}+\boldsymbol{B}\boldsymbol{A}$,所以$(\boldsymbol{A}^{-1}-\boldsymbol{E})\boldsymbol{B}\boldsymbol{A}=6\boldsymbol{A}$,两边右乘 $\boldsymbol{A}^{-1}$得

$$(\boldsymbol{A}^{-1}-\boldsymbol{E})\boldsymbol{B}=6\boldsymbol{E}.$$

上式两边再左乘$(\boldsymbol{A}^{-1}-\boldsymbol{E})^{-1}$得:

$$\boldsymbol{B}=6(\boldsymbol{A}^{-1}-\boldsymbol{E})^{-1}=6\left[\begin{pmatrix}2&0&0\\0&4&0\\0&0&7\end{pmatrix}-\begin{pmatrix}1&0&0\\0&1&0\\0&0&1\end{pmatrix}\right]^{-1}=6\begin{pmatrix}1&0&0\\0&3&0\\0&0&6\end{pmatrix}^{-1}$$

$$=6\begin{pmatrix}1&0&0\\0&\frac{1}{3}&0\\0&0&\frac{1}{6}\end{pmatrix}=\begin{pmatrix}6&0&0\\0&2&0\\0&0&1\end{pmatrix}.$$

2.3.4 矩阵多项式及其运算

设 $\varphi(x)=a_0+a_1x+\cdots+a_mx^m$ 为 x 的 m 次多项式,$\boldsymbol{A}$ 为 n 阶矩阵,记

$$\varphi(\boldsymbol{A})=a_0\boldsymbol{E}+a_1\boldsymbol{A}+\cdots+a_m\boldsymbol{A}^m,$$

$\varphi(\boldsymbol{A})$称为矩阵 $\boldsymbol{A}$ 的 **m 次多项式**.

因为矩阵 $\boldsymbol{A}^k,\boldsymbol{A}^l$ 和 $\boldsymbol{E}$ 都是可交换的,所以矩阵 $\boldsymbol{A}$ 的两个多项式 $\varphi(\boldsymbol{A})$和 $f(\boldsymbol{A})$总是可交换的,即总有

$$\varphi(\boldsymbol{A})f(\boldsymbol{A})=f(\boldsymbol{A})\varphi(\boldsymbol{A}),$$

从而 $\boldsymbol{A}$ 的几个多项式可以像数 x 的多项式一样相乘或分解因式.例如:

$$(\boldsymbol{E}+\boldsymbol{A})(2\boldsymbol{E}-\boldsymbol{A})=2\boldsymbol{E}+\boldsymbol{A}-\boldsymbol{A}^2;$$

$$(\boldsymbol{E}-\boldsymbol{A})^3=\boldsymbol{E}-3\boldsymbol{A}+3\boldsymbol{A}^2-\boldsymbol{A}^3.$$

(1) 如果 $\boldsymbol{A}=\boldsymbol{P}\boldsymbol{\Lambda}\boldsymbol{P}^{-1}$,则 $\boldsymbol{A}^k=\boldsymbol{P}\boldsymbol{\Lambda}^k\boldsymbol{P}^{-1}$,从而

$$\begin{aligned}\varphi(\boldsymbol{A})&=a_0\boldsymbol{E}+a_1\boldsymbol{A}+\cdots+a_m\boldsymbol{A}^m\\&=\boldsymbol{P}a_0\boldsymbol{E}\boldsymbol{P}^{-1}+\boldsymbol{P}a_1\boldsymbol{\Lambda}\boldsymbol{P}^{-1}+\cdots+\boldsymbol{P}a_m\boldsymbol{\Lambda}^m\boldsymbol{P}^{-1}\\&=\boldsymbol{P}\varphi(\boldsymbol{\Lambda})\boldsymbol{P}^{-1}.\end{aligned}$$

(2) 如果 $\boldsymbol{\Lambda}=\mathrm{diag}(\lambda_1,\lambda_2,\cdots,\lambda_n)$为对角阵,则

$$\boldsymbol{\Lambda}^k=\mathrm{diag}(\lambda_1^k,\lambda_2^k,\cdots,\lambda_n^k),$$

从而

$$\varphi(\boldsymbol{\Lambda})=a_0\boldsymbol{E}+a_1\boldsymbol{\Lambda}+\cdots+a_m\boldsymbol{\Lambda}^m$$

$$=a_0\begin{pmatrix}1&&&\\&1&&\\&&\ddots&\\&&&1\end{pmatrix}+a_1\begin{pmatrix}\lambda_1&&&\\&\lambda_2&&\\&&\ddots&\\&&&\lambda_n\end{pmatrix}+\cdots+a_m\begin{pmatrix}\lambda_1^m&&&\\&\lambda_2^m&&\\&&\ddots&\\&&&\lambda_n^m\end{pmatrix}$$

$$=\begin{pmatrix}\varphi(\lambda_1) & & & \\ & \varphi(\lambda_2) & & \\ & & \ddots & \\ & & & \varphi(\lambda_n)\end{pmatrix}.$$

例 6 设 $\boldsymbol{P}=\begin{pmatrix}1 & 2\\1 & 4\end{pmatrix}$, $\boldsymbol{\Lambda}=\begin{pmatrix}1 & 0\\0 & 2\end{pmatrix}$, $\boldsymbol{AP}=\boldsymbol{P\Lambda}$, 求 $\boldsymbol{A}^n$.

解 因为 $\boldsymbol{AP}=\boldsymbol{P\Lambda}$,所以

$$\boldsymbol{A}=\boldsymbol{P\Lambda P}^{-1},\quad \boldsymbol{A}^2=\boldsymbol{P\Lambda P}^{-1}\boldsymbol{P\Lambda P}^{-1}=\boldsymbol{P\Lambda}^2\boldsymbol{P}^{-1},\quad \cdots,\quad \boldsymbol{A}^n=\boldsymbol{P\Lambda}^n\boldsymbol{P}^{-1}.$$

而

$$\boldsymbol{P}^{-1}=\frac{1}{2}\begin{pmatrix}4 & -2\\-1 & 1\end{pmatrix},\quad \boldsymbol{\Lambda}^2=\begin{pmatrix}1 & 0\\0 & 2\end{pmatrix}\begin{pmatrix}1 & 0\\0 & 2\end{pmatrix}=\begin{pmatrix}1 & 0\\0 & 2^2\end{pmatrix},\quad \cdots,\quad \boldsymbol{\Lambda}^n=\begin{pmatrix}1 & 0\\0 & 2^n\end{pmatrix}.$$

故

$$\begin{aligned}\boldsymbol{A}^n &=\begin{pmatrix}1 & 2\\1 & 4\end{pmatrix}\begin{pmatrix}1 & 0\\0 & 2^n\end{pmatrix}\frac{1}{2}\begin{pmatrix}4 & -2\\-1 & 1\end{pmatrix}=\frac{1}{2}\begin{pmatrix}1 & 2^{n+1}\\1 & 2^{n+2}\end{pmatrix}\begin{pmatrix}4 & -2\\-1 & 1\end{pmatrix}\\ &=\frac{1}{2}\begin{pmatrix}4-2^{n+1} & 2^{n+1}-2\\4-2^{n+2} & 2^{n+2}-2\end{pmatrix}=\begin{pmatrix}2-2^n & 2^n-1\\2-2^{n+1} & 2^{n+1}-1\end{pmatrix}.\end{aligned}$$

例 7 若方阵 $\boldsymbol{A}$ 满足 $\boldsymbol{A}^2-\boldsymbol{A}-2\boldsymbol{E}=\boldsymbol{O}$,证明 $\boldsymbol{A}+2\boldsymbol{E}$ 可逆,并求其逆.

证明 由 $\boldsymbol{A}^2-\boldsymbol{A}-2\boldsymbol{E}=\boldsymbol{O}$ 及 $\boldsymbol{A}$ 与 $\boldsymbol{E}$ 可交换得

$$(\boldsymbol{A}-3\boldsymbol{E})(\boldsymbol{A}+2\boldsymbol{E})=-4\boldsymbol{E},$$

即

$$\frac{(\boldsymbol{A}-3\boldsymbol{E})}{-4}(\boldsymbol{A}+2\boldsymbol{E})=\boldsymbol{E},$$

因此 $\boldsymbol{A}+2\boldsymbol{E}$ 可逆,且有 $(\boldsymbol{A}+2\boldsymbol{E})^{-1}=\dfrac{3\boldsymbol{E}-\boldsymbol{A}}{4}$.

§2.4 分块矩阵

2.4.1 分块矩阵的概念

对于行数和列数较高的矩阵,为了简化运算,经常采用分块法,使大矩阵的运算化成若干小矩阵间的运算,同时也使原矩阵的结构显得简单而清晰. 具体做法是:用若干条纵线和横线把矩阵 $\boldsymbol{A}$ 分为若干小矩阵,每个小矩阵称为 $\boldsymbol{A}$ 的一个**子块**,以这些子块为元素的矩阵称为**分块矩阵**. 矩阵的分块有多种方式,可根据具体需要而定.

例 1 设 $A=\left(\begin{array}{cc:cc:c} 1 & 1 & 0 & 0 & 0 \\ -1 & 1 & 0 & 0 & 0 \\ \hdashline 0 & 0 & 1 & 0 & 0 \\ 0 & 0 & 1 & 1 & 0 \\ \hdashline 0 & 0 & 0 & 0 & 1 \end{array}\right)$,则 A 就是一个分块矩阵.若记

$$A_1=\begin{pmatrix} 1 & 1 \\ -1 & 1 \end{pmatrix},\quad A_2=\begin{pmatrix} 1 & 0 \\ 1 & 1 \end{pmatrix},\quad A_3=(1).$$

则

$$A=\begin{pmatrix} A_1 & O & O \\ O & A_2 & O \\ O & O & A_3 \end{pmatrix},$$

这是一个分成了 9 块的分块矩阵. A 作为分块矩阵来看,除了主对角线上的块外,其余各块都是零矩阵.以后我们会看到这种分块成对角形状的矩阵在运算上是比较简便的.

2.4.2 分块矩阵的运算

分块矩阵的运算与普通矩阵的运算规则相似,这时把每个子块当成矩阵的一个元素处理,即运算的两个分块矩阵按块能运算,同时注意到子块本身还是矩阵,因此在分块矩阵运算中,子块间的运算还必须符合矩阵运算的法则,即内外都能运算.

1. 分块矩阵的加法

设矩阵 A 与 B 为同型矩阵,我们采用相同的分块法对它们进行分块,所得分块矩阵为

$$A=\begin{pmatrix} A_{11} & \cdots & A_{1r} \\ \vdots & & \vdots \\ A_{s1} & \cdots & A_{sr} \end{pmatrix},\quad B=\begin{pmatrix} B_{11} & \cdots & B_{1r} \\ \vdots & & \vdots \\ B_{s1} & \cdots & B_{sr} \end{pmatrix}.$$

那么

$$A+B=\begin{pmatrix} A_{11}+B_{11} & \cdots & A_{1r}+B_{1r} \\ \vdots & & \vdots \\ A_{s1}+B_{s1} & \cdots & A_{sr}+B_{sr} \end{pmatrix}.$$

2. 数乘分块矩阵

设 λ 为任意数,用任意分块法将 A 分为分块矩阵:

$$A=\begin{pmatrix} A_{11} & \cdots & A_{1r} \\ \vdots & & \vdots \\ A_{s1} & \cdots & A_{sr} \end{pmatrix}.$$

则

$$\lambda\boldsymbol{A}=\begin{pmatrix}\lambda\boldsymbol{A}_{11} & \cdots & \lambda\boldsymbol{A}_{1r}\\ \vdots & & \vdots\\ \lambda\boldsymbol{A}_{s1} & \cdots & \lambda\boldsymbol{A}_{sr}\end{pmatrix}.$$

例 2 设矩阵 $\boldsymbol{A}=\begin{pmatrix}1 & 0 & 1 & 3\\ 0 & 1 & 2 & 4\\ 0 & 0 & -1 & 0\\ 0 & 0 & 0 & -1\end{pmatrix}$，$\boldsymbol{B}=\begin{pmatrix}1 & 2 & 0 & 0\\ 2 & 0 & 0 & 0\\ 6 & 3 & 1 & 0\\ 0 & -2 & 0 & 1\end{pmatrix}$，用分块矩阵计算 $k\boldsymbol{A}$，$\boldsymbol{A}+\boldsymbol{B}$.

解 将矩阵计算 $\boldsymbol{A}$，$\boldsymbol{B}$ 分块如下：

$$\boldsymbol{A}=\left(\begin{array}{cc:cc}1 & 0 & 1 & 3\\ 0 & 1 & 2 & 4\\ \hdashline 0 & 0 & -1 & 0\\ 0 & 0 & 0 & -1\end{array}\right)=\begin{pmatrix}\boldsymbol{E} & \boldsymbol{C}\\ \boldsymbol{O} & -\boldsymbol{E}\end{pmatrix},\quad \boldsymbol{B}=\left(\begin{array}{cc:cc}1 & 2 & 0 & 0\\ 2 & 0 & 0 & 0\\ \hdashline 6 & 3 & 1 & 0\\ 0 & -2 & 0 & 1\end{array}\right)=\begin{pmatrix}\boldsymbol{D} & \boldsymbol{O}\\ \boldsymbol{F} & \boldsymbol{E}\end{pmatrix}.$$

则

$$k\boldsymbol{A}=k\begin{pmatrix}\boldsymbol{E} & \boldsymbol{C}\\ \boldsymbol{O} & -\boldsymbol{E}\end{pmatrix}=\begin{pmatrix}k\boldsymbol{E} & k\boldsymbol{C}\\ \boldsymbol{O} & -k\boldsymbol{E}\end{pmatrix}=\begin{pmatrix}k & 0 & k & 3k\\ 0 & k & 2k & 4k\\ 0 & 0 & -k & 0\\ 0 & 0 & 0 & -k\end{pmatrix};$$

$$\boldsymbol{A}+\boldsymbol{B}=\begin{pmatrix}\boldsymbol{E} & \boldsymbol{C}\\ \boldsymbol{O} & -\boldsymbol{E}\end{pmatrix}+\begin{pmatrix}\boldsymbol{D} & \boldsymbol{O}\\ \boldsymbol{F} & \boldsymbol{E}\end{pmatrix}=\begin{pmatrix}\boldsymbol{E}+\boldsymbol{D} & \boldsymbol{C}\\ \boldsymbol{F} & \boldsymbol{O}\end{pmatrix}=\begin{pmatrix}2 & 2 & 1 & 3\\ 2 & 1 & 2 & 4\\ 6 & 3 & 0 & 0\\ 0 & -2 & 0 & 0\end{pmatrix}.$$

3. 分块矩阵的乘法

设 $\boldsymbol{A}$ 为 $m\times l$ 矩阵，$\boldsymbol{B}$ 为 $l\times n$ 矩阵，把它们分成如下的分块矩阵：

$$\boldsymbol{A}=\begin{pmatrix}\boldsymbol{A}_{11} & \cdots & \boldsymbol{A}_{1r}\\ \vdots & & \vdots\\ \boldsymbol{A}_{s1} & \cdots & \boldsymbol{A}_{sr}\end{pmatrix},\quad \boldsymbol{B}=\begin{pmatrix}\boldsymbol{B}_{11} & \cdots & \boldsymbol{B}_{1t}\\ \vdots & & \vdots\\ \boldsymbol{B}_{s1} & \cdots & \boldsymbol{B}_{st}\end{pmatrix}.$$

其中 $\boldsymbol{A}_{i1},\boldsymbol{A}_{i2},\cdots,\boldsymbol{A}_{is}(i=1,2,\cdots,r)$ 的列数分别等于 $\boldsymbol{B}_{1j},\boldsymbol{B}_{2j},\cdots,\boldsymbol{B}_{sj}(j=1,2,\cdots,t)$ 的行数. 那么，有

$$\boldsymbol{C}=\boldsymbol{A}\boldsymbol{B}=\begin{pmatrix}\boldsymbol{C}_{11} & \cdots & \boldsymbol{C}_{1t}\\ \vdots & & \vdots\\ \boldsymbol{C}_{r1} & \cdots & \boldsymbol{C}_{rt}\end{pmatrix}$$

其中 $C_{ij}=\sum_{k=1}^{s}A_{ik}B_{kj}\quad(i=1,2,\cdots,r;j=1,2,\cdots,t)$.

简言之,两个本来就可以进行乘法运算的矩阵,当前一个矩阵的列的分法与后一个矩阵的行的分法相同时,就可以将子块看成元素而按普通矩阵乘法法则进行运算.实际计算时,常常是采取很简单的分法就能满足上述要求,从而可使运算顺利进行.

例 3 已知 $\boldsymbol{A}=\begin{pmatrix}1&0&0&1&2\\0&1&0&3&4\\0&0&1&5&6\end{pmatrix}$,$\boldsymbol{B}=\begin{pmatrix}6&5\\4&3\\2&1\\1&0\\0&1\end{pmatrix}$,用分块求 $\boldsymbol{AB}$.

解 将 $\boldsymbol{A},\boldsymbol{B}$ 分块为

$$\boldsymbol{A}=(\boldsymbol{E}_3,\boldsymbol{A}_1);\quad \boldsymbol{B}=\begin{pmatrix}\boldsymbol{B}_1\\\boldsymbol{E}_2\end{pmatrix},$$

其中 $\boldsymbol{E}_3=\begin{pmatrix}1&0&0\\0&1&0\\0&0&1\end{pmatrix}$;$\boldsymbol{E}_2=\begin{pmatrix}1&0\\0&1\end{pmatrix}$;$\boldsymbol{A}_1=\begin{pmatrix}1&2\\3&4\\5&6\end{pmatrix}$;$\boldsymbol{B}_1=\begin{pmatrix}6&5\\4&3\\2&1\end{pmatrix}$.

则

$$\boldsymbol{AB}=(\boldsymbol{E}_3,\boldsymbol{A}_1)\begin{pmatrix}\boldsymbol{B}_1\\\boldsymbol{E}_2\end{pmatrix}=(\boldsymbol{E}_3\boldsymbol{B}_1+\boldsymbol{A}_1\boldsymbol{E}_2)=(\boldsymbol{B}_1+\boldsymbol{A}_1)=\begin{pmatrix}7&7\\7&7\\7&7\end{pmatrix}.$$

例 4 设 $\boldsymbol{A}=\begin{pmatrix}1&0&0&0\\0&1&0&0\\-1&2&1&0\\1&1&0&1\end{pmatrix}$,$\boldsymbol{B}=\begin{pmatrix}1&0&1&0\\-1&2&0&1\\1&0&4&1\\-1&-1&2&0\end{pmatrix}$,求 $\boldsymbol{AB}$.

解 把 $\boldsymbol{A},\boldsymbol{B}$ 分块成

$$\boldsymbol{A}=\begin{pmatrix}\boldsymbol{E}&\boldsymbol{O}\\\boldsymbol{A}_1&\boldsymbol{E}\end{pmatrix};\quad \boldsymbol{B}=\begin{pmatrix}\boldsymbol{B}_{11}&\boldsymbol{E}\\\boldsymbol{B}_{21}&\boldsymbol{B}_{22}\end{pmatrix}.$$

则

$$\boldsymbol{AB}=\begin{pmatrix}\boldsymbol{E}&\boldsymbol{O}\\\boldsymbol{A}_1&\boldsymbol{E}\end{pmatrix}\begin{pmatrix}\boldsymbol{B}_{11}&\boldsymbol{E}\\\boldsymbol{B}_{21}&\boldsymbol{B}_{22}\end{pmatrix}=\begin{pmatrix}\boldsymbol{B}_{11}&\boldsymbol{E}\\\boldsymbol{A}_1\boldsymbol{B}_{11}+\boldsymbol{B}_{21}&\boldsymbol{A}_1+\boldsymbol{B}_{22}\end{pmatrix}.$$

又

$$\boldsymbol{A}_1\boldsymbol{B}_{11}+\boldsymbol{B}_{21}=\begin{pmatrix}-1&2\\1&1\end{pmatrix}\begin{pmatrix}1&0\\-1&2\end{pmatrix}+\begin{pmatrix}1&0\\-1&-1\end{pmatrix}$$

$$=\begin{pmatrix}-3&4\\0&2\end{pmatrix}+\begin{pmatrix}1&0\\-1&-1\end{pmatrix}=\begin{pmatrix}-2&4\\-1&1\end{pmatrix};$$

$$\boldsymbol{A}_1+\boldsymbol{B}_{22}=\begin{pmatrix}-1&2\\1&1\end{pmatrix}+\begin{pmatrix}4&1\\2&0\end{pmatrix}=\begin{pmatrix}3&3\\3&1\end{pmatrix}.$$

于是
$$\boldsymbol{AB}=\begin{pmatrix}\boldsymbol{B}_{11}&\boldsymbol{E}\\\boldsymbol{A}_1\boldsymbol{B}_{11}+\boldsymbol{B}_{21}&\boldsymbol{A}_1+\boldsymbol{B}_{22}\end{pmatrix}=\begin{pmatrix}1&0&1&0\\-1&2&0&1\\-2&4&3&3\\-1&1&3&1\end{pmatrix}.$$

4. 分块矩阵的转置

设矩阵 $\boldsymbol{A}$ 用任意分法化为分块矩阵

$$\boldsymbol{A}=\begin{pmatrix}\boldsymbol{A}_{11}&\cdots&\boldsymbol{A}_{1r}\\\vdots&&\vdots\\\boldsymbol{A}_{s1}&\cdots&\boldsymbol{A}_{sr}\end{pmatrix},$$

则
$$\boldsymbol{A}^{\mathrm{T}}=\begin{pmatrix}\boldsymbol{A}_{11}^{\mathrm{T}}&\cdots&\boldsymbol{A}_{s1}^{\mathrm{T}}\\\vdots&&\vdots\\\boldsymbol{A}_{1r}^{\mathrm{T}}&\cdots&\boldsymbol{A}_{sr}^{\mathrm{T}}\end{pmatrix}.$$

例如:设

$$\boldsymbol{A}=\begin{pmatrix}1&0&0&0\\0&1&0&0\\-1&2&1&0\\1&1&0&1\end{pmatrix},$$

把 $\boldsymbol{A}$ 分块成 $\boldsymbol{A}=\begin{pmatrix}\boldsymbol{E}&\boldsymbol{O}\\\boldsymbol{A}_1&\boldsymbol{E}\end{pmatrix}$,则

$$\boldsymbol{A}^{\mathrm{T}}=\begin{pmatrix}\boldsymbol{E}&\boldsymbol{O}\\\boldsymbol{A}_1&\boldsymbol{E}\end{pmatrix}^{\mathrm{T}}=\begin{pmatrix}\boldsymbol{E}^{\mathrm{T}}&\boldsymbol{A}_1^{\mathrm{T}}\\\boldsymbol{O}^{\mathrm{T}}&\boldsymbol{E}^{\mathrm{T}}\end{pmatrix}=\begin{pmatrix}\boldsymbol{E}&\boldsymbol{A}_1^{\mathrm{T}}\\\boldsymbol{O}&\boldsymbol{E}\end{pmatrix}.$$

2.4.3　常用的分块法

1. 矩阵的按列(行)分块

矩阵按行分块和按列分块是两种十分常见的分块法. 设

$$\boldsymbol{A}=(a_{ij})_{m\times n}=\begin{pmatrix}a_{11}&a_{12}&\cdots&a_{1n}\\\vdots&\vdots&&\vdots\\a_{m1}&a_{m2}&\cdots&a_{mn}\end{pmatrix}.$$

(1) 若 $\boldsymbol{A}$ 的第 i 个行向量记作

$$\boldsymbol{a}_i^{\mathrm{T}}=(a_{i1},a_{i2},\cdots,a_{in}),$$

则

$$\boldsymbol{A}=\begin{pmatrix}\boldsymbol{a}_1^{\mathrm{T}}\\\boldsymbol{a}_2^{\mathrm{T}}\\\vdots\\\boldsymbol{a}_m^{\mathrm{T}}\end{pmatrix}.$$

(2) 若 $\boldsymbol{A}$ 的第 j 个列向量记作

$$\boldsymbol{\alpha}_j=\begin{pmatrix}a_{1j}\\\vdots\\a_{mj}\end{pmatrix},$$

则

$$\boldsymbol{A}=(\boldsymbol{\alpha}_1,\boldsymbol{\alpha}_2,\cdots,\boldsymbol{\alpha}_n).$$

矩阵的乘法可先将矩阵按行、列分块后再相乘，如计算 $\boldsymbol{AB}$，先将 $\boldsymbol{A},\boldsymbol{B}$ 分块：

$$\boldsymbol{A}=(a_{ij})_{m\times s}=\begin{pmatrix}a_{11}&a_{12}&\cdots&a_{1s}\\\vdots&\vdots&&\vdots\\a_{m1}&a_{m2}&\cdots&a_{ms}\end{pmatrix}=\begin{pmatrix}\boldsymbol{a}_1^{\mathrm{T}}\\\boldsymbol{a}_2^{\mathrm{T}}\\\vdots\\\boldsymbol{a}_m^{\mathrm{T}}\end{pmatrix};\quad \boldsymbol{B}=(b_{ij})_{s\times n}=(\boldsymbol{b}_1,\boldsymbol{b}_2,\cdots,\boldsymbol{b}_n).$$

则

$$\boldsymbol{AB}=\begin{pmatrix}\boldsymbol{a}_1^{\mathrm{T}}\\\boldsymbol{a}_2^{\mathrm{T}}\\\vdots\\\boldsymbol{a}_m^{\mathrm{T}}\end{pmatrix}(\boldsymbol{b}_1,\boldsymbol{b}_2,\cdots,\boldsymbol{b}_n)=\begin{pmatrix}\boldsymbol{a}_1^{\mathrm{T}}\boldsymbol{b}_1&\boldsymbol{a}_1^{\mathrm{T}}\boldsymbol{b}_2&\cdots&\boldsymbol{a}_1^{\mathrm{T}}\boldsymbol{b}_n\\\boldsymbol{a}_2^{\mathrm{T}}\boldsymbol{b}_1&\boldsymbol{a}_2^{\mathrm{T}}\boldsymbol{b}_2&\cdots&\boldsymbol{a}_2^{\mathrm{T}}\boldsymbol{b}_n\\\vdots&\vdots&&\vdots\\\boldsymbol{a}_m^{\mathrm{T}}\boldsymbol{b}_1&\boldsymbol{a}_m^{\mathrm{T}}\boldsymbol{b}_2&\cdots&\boldsymbol{a}_m^{\mathrm{T}}\boldsymbol{b}_n\end{pmatrix}=(c_{ij})_{m\times n}.$$

其中

$$c_{ij}=\boldsymbol{a}_i^{\mathrm{T}}\boldsymbol{b}_j=(a_{i1},a_{i2},\cdots,a_{is})\begin{pmatrix}b_{1j}\\b_{2j}\\\vdots\\b_{sj}\end{pmatrix}=\sum_{k=1}^{s}a_{ik}b_{kj}.$$

设 $\boldsymbol{A}$ 是一个 $m\times n$ 矩阵，$\boldsymbol{B}$ 是一个 $n\times l$ 矩阵，同样，可对 $\boldsymbol{A}$ 作行分块，即将 $\boldsymbol{A}$ 的每一行作为一块，则

$$\boldsymbol{A}=\begin{pmatrix}\boldsymbol{a}_1\\\boldsymbol{a}_2\\\vdots\\\boldsymbol{a}_m\end{pmatrix}.$$

其中，$\boldsymbol{a}_i=(a_{i1},a_{i2},\cdots,a_{in})(i=1,2,\cdots,m)$ 是 $\boldsymbol{A}$ 的第 i 行. 这时也将 $\boldsymbol{B}$ 看成 1×1 分

块矩阵，则有

$$AB=\begin{pmatrix} a_1B \\ a_2B \\ a_3B \\ a_4B \end{pmatrix}.$$

2. 分块对角阵

一个矩阵 A，若用某种分块法化为分块矩阵后，不在主对角线上的子块都是零子块，在主对角线上的子块都是方阵，即

$$A=\begin{pmatrix} A_1 & O & \cdots & O \\ O & A_2 & \cdots & O \\ \vdots & \vdots & & \vdots \\ O & O & \cdots & A_k \end{pmatrix}.$$

其中，$A_i(i=1,2,\cdots,k)$都是方阵，那么称 A 为**分块对角矩阵**. 不难证明，分块对角阵有以下很有用的性质：

性质 1　设有两个分块对角矩阵：

$$A=\begin{pmatrix} A_1 & O & \cdots & O \\ O & A_2 & \cdots & O \\ \vdots & \vdots & & \vdots \\ O & O & \cdots & A_k \end{pmatrix};\quad B=\begin{pmatrix} B_1 & O & \cdots & O \\ O & B_2 & \cdots & O \\ \vdots & \vdots & & \vdots \\ O & O & \cdots & B_k \end{pmatrix}.$$

其中，矩阵 A_i 与 B_i 都是 n_i 阶方阵(因此 A,B 是同阶方阵)，因此 A_i 与 B_i 可以相乘，则

$$AB=\begin{pmatrix} A_1B_1 & O & \cdots & O \\ O & A_2B_2 & \cdots & O \\ \vdots & \vdots & & \vdots \\ O & O & \cdots & A_kB_k \end{pmatrix},$$

即分块对角阵相乘时只需将主对角线上的块乘起来即可.

性质 2　若分块对角矩阵

$$A=\begin{pmatrix} A_1 & O & \cdots & O \\ O & A_2 & \cdots & O \\ \vdots & \vdots & & \vdots \\ O & O & \cdots & A_r \end{pmatrix}$$

中各 $A_i(i=1,2,\cdots,r)$可逆，则 A 也可逆，且 A 的逆阵为

$$A^{-1}=\begin{pmatrix} A_1^{-1} & O & \cdots & O \\ O & A_2^{-1} & \cdots & O \\ \vdots & \vdots & & \vdots \\ O & O & \cdots & A_r^{-1} \end{pmatrix}.$$

证明　由性质1知

$$AA^{-1}=\begin{pmatrix} A_1A_1^{-1} & O & \cdots & O \\ O & A_2A_2^{-1} & & O \\ \vdots & \vdots & & \vdots \\ O & O & \cdots & A_kA_k^{-1} \end{pmatrix}=\begin{pmatrix} E_{n_1} & O & \cdots & O \\ O & E_{n_2} & \cdots & O \\ \vdots & \vdots & & \vdots \\ O & O & \cdots & E_{n_k} \end{pmatrix}.$$

其中，E_{n_i} 表示与 A_i 同阶的单位矩阵.一个分块对角阵主对角线上的块都是单位矩阵，则它自己也是一个单位矩阵，故 $AA^{-1}=E$.

例5　设 $A=\begin{pmatrix} 5 & 0 & 0 \\ 0 & 3 & 1 \\ 0 & 2 & 1 \end{pmatrix}$，求 A^{-1}.

解　$A=\begin{pmatrix} 5 & 0 & 0 \\ 0 & 3 & 1 \\ 0 & 2 & 1 \end{pmatrix}=\begin{pmatrix} A_1 & O \\ O & A_2 \end{pmatrix}$，　$A_1=(5)$，　$A_2=\begin{pmatrix} 3 & 1 \\ 2 & 1 \end{pmatrix}$，　$A_1^{-1}=\left(\frac{1}{5}\right)$，

$A_2^{-1}=\begin{pmatrix} 1 & -1 \\ -2 & 3 \end{pmatrix}$.

所以
$$A^{-1}=\begin{pmatrix} A_1^{-1} & O \\ O & A_2^{-1} \end{pmatrix}=\begin{pmatrix} 1/5 & 0 & 0 \\ 0 & 1 & -1 \\ 0 & -2 & 3 \end{pmatrix}.$$

习　题　2

1.（二人零和对策游戏问题）　两个儿童玩石头—剪刀—布的游戏，每人的出法只能在{石头，剪刀，布}中任意选择一种，当他们各自选定一种出法（亦称策略）时，就确定了一个“局势”，也就得出了各自的输赢.若规定胜者得1分，负者得−1分，平手各得0分，则对于各种可能出现的局势（每一局势得分之和为零，即零和），试用矩阵表示他们的输赢情况.

2. 计算下列各题：

(1) $3\begin{pmatrix} 1 & 2 \\ -1 & 3 \\ 5 & -2 \end{pmatrix}+2\begin{pmatrix} 2 & 3 \\ 7 & -1 \\ -6 & 4 \end{pmatrix}$；　　(2) $\begin{pmatrix} 1 & 2 & 3 \\ 2 & 4 & 6 \\ 3 & 6 & 9 \end{pmatrix}\begin{pmatrix} -1 & -2 & -4 \\ -1 & -2 & -4 \\ 1 & 2 & 4 \end{pmatrix}$；

(3) $(x_1,x_2,x_3)\begin{pmatrix}a_{11}&a_{12}&a_{13}\\a_{12}&a_{22}&a_{23}\\a_{13}&a_{23}&a_{33}\end{pmatrix}\begin{pmatrix}x_1\\x_2\\x_3\end{pmatrix}$.

3. 设 $\boldsymbol{A}=\begin{pmatrix}1&2&1&2\\2&1&2&1\\1&2&3&4\end{pmatrix}$，$\boldsymbol{B}=\begin{pmatrix}4&3&2&1\\-2&1&-2&1\\0&-1&0&-1\end{pmatrix}$. 求：(1) $3\boldsymbol{A}-\boldsymbol{B}$；(2) $2\boldsymbol{A}+3\boldsymbol{B}$；(3) $\boldsymbol{A}+2\boldsymbol{X}=\boldsymbol{B}$，求矩阵 $\boldsymbol{X}$.

4. 设 $\boldsymbol{A}=\begin{pmatrix}1&2&1&2\\2&1&2&1\\1&2&3&4\end{pmatrix}$，$\boldsymbol{B}=\begin{pmatrix}4&3&2&1\\-2&1&-2&1\\0&-1&0&-1\end{pmatrix}$，求 $\boldsymbol{A}^{\mathrm{T}}$，$\boldsymbol{B}^{\mathrm{T}}$，$(\boldsymbol{A}+\boldsymbol{B})^{\mathrm{T}}$，$(2\boldsymbol{B})^{\mathrm{T}}$.

5. (1) 已知 $\boldsymbol{A}=\begin{pmatrix}3\\2\\1\end{pmatrix}(1,-4,6)$，求 $\boldsymbol{A}^n$.

(2) 已知 $\boldsymbol{A}=\begin{pmatrix}a&0&0\\0&b&0\\0&0&c\end{pmatrix}$，求 $\boldsymbol{A}^n$.

(3) 已知 $\boldsymbol{B}=\begin{pmatrix}\lambda&1&0\\0&\lambda&1\\0&0&\lambda\end{pmatrix}$，求 $\boldsymbol{B}^n$.

6. 设 $\boldsymbol{A}$，$\boldsymbol{B}$ 为 n 阶矩阵，且 $\boldsymbol{A}$ 为对称矩阵，证明 $\boldsymbol{B}^{\mathrm{T}}\boldsymbol{A}\boldsymbol{B}$ 也是对称矩阵.

7. 设 $\boldsymbol{A}$，$\boldsymbol{B}$ 都是 n 阶对称矩阵，证明 $\boldsymbol{A}\boldsymbol{B}$ 是对称矩阵的充分必要条件是 $\boldsymbol{A}\boldsymbol{B}=\boldsymbol{B}\boldsymbol{A}$.

8. 设矩阵 A 为三阶矩阵，且已知 $|\boldsymbol{A}|=m$，求 $|-m\boldsymbol{A}|$.

9. 求下列矩阵的逆矩阵：

(1) $\begin{pmatrix}1&2\\2&5\end{pmatrix}$；　　(2) $\begin{pmatrix}1&2&-1\\3&4&-2\\5&-4&1\end{pmatrix}$；

(3) $\begin{pmatrix}1&2&3&4\\0&1&2&3\\0&0&1&2\\0&0&0&1\end{pmatrix}$.

10. 用逆矩阵求解下列矩阵方程：

(1) $\begin{pmatrix}2&5\\1&3\end{pmatrix}\boldsymbol{X}=\begin{pmatrix}4&-6\\2&1\end{pmatrix}$；　　(2) $\boldsymbol{X}\begin{pmatrix}1&2\\2&5\end{pmatrix}=\begin{pmatrix}3&2\\1&4\end{pmatrix}$；

(3) $\begin{pmatrix}1&4\\-1&2\end{pmatrix}\boldsymbol{X}\begin{pmatrix}2&0\\-1&1\end{pmatrix}=\begin{pmatrix}3&1\\0&-1\end{pmatrix}$.

11. 设 $\boldsymbol{A}=\begin{pmatrix}0&3&3\\1&1&0\\-1&2&3\end{pmatrix}$，且 $\boldsymbol{AB}=\boldsymbol{A}+2\boldsymbol{B}$，求 $\boldsymbol{B}$.

12. 设 $\boldsymbol{A}$ 为三阶方阵，且 $|\boldsymbol{A}|=3$，$\boldsymbol{A}^*$ 为 $\boldsymbol{A}$ 的伴随矩阵，求下列行列式的值：

(1) $|3\boldsymbol{A}^{-1}|$；　　(2) $|\boldsymbol{A}^*|$；

(3) $|3\boldsymbol{A}^*-7\boldsymbol{A}^{-1}|$.

13. 设矩阵 $\boldsymbol{A}$ 满足方程 $2\boldsymbol{A}^2+\boldsymbol{A}-3\boldsymbol{E}=\boldsymbol{O}$. 证明：

(1) $\boldsymbol{A}$ 可逆，并求 $\boldsymbol{A}^{-1}$；

(2) $3\boldsymbol{E}-\boldsymbol{A}$ 可逆，并求 $(3\boldsymbol{E}-\boldsymbol{A})^{-1}$.

14. 证明：如果矩阵 $\boldsymbol{A}$ 满足 $\boldsymbol{A}^2=\boldsymbol{A}$，且 $\boldsymbol{A}$ 不是单位矩阵，则矩阵 $\boldsymbol{A}$ 必不可逆.

15. 若矩阵 $\boldsymbol{A}$ 满足 $\boldsymbol{A}^k=\boldsymbol{O}$($k$ 是正整数)，证明：$(\boldsymbol{E}-\boldsymbol{A})^{-1}=\boldsymbol{E}+\boldsymbol{A}+\boldsymbol{A}^2+\cdots+\boldsymbol{A}^{k-1}$.

16. 设 $\boldsymbol{P}^{-1}\boldsymbol{AP}=\boldsymbol{\Lambda}$，其中 $\boldsymbol{P}=\begin{pmatrix}-1&-4\\1&1\end{pmatrix}$，$\boldsymbol{\Lambda}=\begin{pmatrix}-1&0\\0&2\end{pmatrix}$，求 $\boldsymbol{A}^{11}$.

17. 假设 $\boldsymbol{A}$ 和 $\boldsymbol{B}$ 都可逆.

(1) 验证分块矩阵 $\begin{pmatrix}\boldsymbol{A}&\boldsymbol{O}\\\boldsymbol{O}&\boldsymbol{B}\end{pmatrix}$ 可逆，且 $\begin{pmatrix}\boldsymbol{A}&\boldsymbol{O}\\\boldsymbol{O}&\boldsymbol{B}\end{pmatrix}^{-1}=\begin{pmatrix}\boldsymbol{A}^{-1}&\boldsymbol{O}\\\boldsymbol{O}&\boldsymbol{B}^{-1}\end{pmatrix}$；

(2) 验证分块矩阵 $\begin{pmatrix}\boldsymbol{O}&\boldsymbol{A}\\\boldsymbol{B}&\boldsymbol{O}\end{pmatrix}$ 可逆，且 $\begin{pmatrix}\boldsymbol{O}&\boldsymbol{A}\\\boldsymbol{B}&\boldsymbol{O}\end{pmatrix}^{-1}=\begin{pmatrix}\boldsymbol{O}&\boldsymbol{B}^{-1}\\\boldsymbol{A}^{-1}&\boldsymbol{O}\end{pmatrix}$.

18. 用分块矩阵求下列矩阵的逆矩阵：

(1) $\begin{pmatrix}3&-2&0&0\\5&-3&0&0\\0&0&3&4\\0&0&1&1\end{pmatrix}$；　　(2) $\begin{pmatrix}0&1&2\\0&1&3\\2&0&0\end{pmatrix}$.

19. 按指定分块的方法，用分块矩阵乘法求下列矩阵的乘积：

(1) $\left(\begin{array}{ccc}2&1&-1\\\hline 3&0&-2\\\hline 1&-1&1\end{array}\right)\left(\begin{array}{c|c|c}1&1&0\\0&0&-1\\-1&2&1\end{array}\right)$；

(2) $\left(\begin{array}{cc|cc}a&0&0&0\\0&a&0&0\\\hline 1&0&b&0\\0&1&0&b\end{array}\right)\left(\begin{array}{cc|cc}1&0&c&0\\0&1&0&c\\\hline 0&0&d&0\\0&0&0&d\end{array}\right)$.

第3章　矩阵的秩与线性方程组

线性方程组是线性代数的核心.在第1章中,我们给出了方程个数与未知量个数相等时,求解线性方程组的克拉默法则:当方程组的系数行列式不等于零时,线性方程组有唯一解,并且解可以用行列式之比表示;对齐次线性方程组,当系数行列式等于零时,齐次线性方程组有无穷多解.

克拉默法则在理论上是一个非常完美的结果,但它只对方程个数与未知量个数相等且系数行列式不为零的线性方程组有效,所以应用范围有局限性,鉴于此,在本章中我们要讨论如何解一般的线性方程组.

本章将介绍矩阵的初等变换和矩阵的秩,利用矩阵的秩研究线性方程组有解的充分必要条件;当线性方程组有解时有多少个解,以及如何求解.

§3.1　矩阵的初等变换及其标准形

3.1.1　矩阵的初等变换

定义1　下面三种操作称为矩阵的**初等行变换**(elementary row operations):

(1) 对调第 i 行和第 j 行,记为 $r_i \leftrightarrow r_j$;

(2) 用非零数乘以矩阵的某一行,如用非零数 k 乘以矩阵的第 i 行,记为 kr_i;

(3) 某一行元素的 k 倍加到另一行对应元素上,如第 j 行元素的 k 倍加到第 i 行,记为 $r_i + kr_j$.

注:① 将上述定义中的"行"换成"列",r 换成 c,得到**初等列变换**(elementary column operations)的定义;

② 矩阵的初等行变换和列变换通称为矩阵的**初等变换**;

③ 注意符号表示中对于一个矩阵 $r_i + kr_j \neq r_j + kr_i$,因两种操作的效果不同;

矩阵的初等变换可以化简矩阵(零元素越多越简单).

例如:

$$\boldsymbol{B} = \begin{pmatrix} 2 & -1 & -1 & 1 & 2 \\ 1 & 1 & -2 & 1 & 4 \\ 2 & -3 & 1 & -1 & 2 \\ 6 & 12 & -18 & 14 & 18 \end{pmatrix} \xrightarrow[r_4 \div 2]{r_1 \leftrightarrow r_2} \begin{pmatrix} 1 & 1 & -2 & 1 & 4 \\ 2 & -1 & -1 & 1 & 2 \\ 2 & -3 & 1 & -1 & 2 \\ 3 & 6 & -9 & 7 & 9 \end{pmatrix} = \boldsymbol{B}_1$$

$$\xrightarrow[r_4-3r_1]{\substack{r_2-r_3\\ r_3-2r_1}}\begin{pmatrix}1&1&-2&1&4\\0&2&-2&2&0\\0&-5&5&-3&-6\\0&3&-3&4&-3\end{pmatrix}=\boldsymbol{B}_2\xrightarrow[\substack{r_3+5r_2\\ r_4-3r_2}]{r_2\times\frac{1}{2}}\begin{pmatrix}1&1&-2&1&4\\0&1&-1&1&0\\0&0&0&2&-6\\0&0&0&1&-3\end{pmatrix}=\boldsymbol{B}_3$$

$$\xrightarrow[r_4-2r_3]{r_3\leftrightarrow r_4}\begin{pmatrix}1&1&-2&1&4\\0&1&-1&1&0\\0&0&0&1&-3\\0&0&0&0&0\end{pmatrix}=\boldsymbol{B}_4\xrightarrow[r_2-r_3]{r_1-r_2}\begin{pmatrix}1&0&-1&0&4\\0&1&-1&0&3\\0&0&0&1&-3\\0&0&0&0&0\end{pmatrix}=\boldsymbol{B}_5.$$

3.1.2 矩阵的标准形

1. 行阶梯形矩阵与行最简形矩阵

定义 2 **行阶梯形矩阵**是指满足下列两个条件的矩阵：

(1) 若有零行(元素全为零的行)，则零行全部位于非零行的下方；

(2) 各非零行的首个非零元素(从左至右的一个不为零的元素)前面零元素的个数随着行标的增大而严格增加.

例如：如下两个矩阵

$$\begin{pmatrix}1&2&1&0\\0&0&-1&3\\0&0&0&5\end{pmatrix}\qquad\begin{pmatrix}1&3&1&0&0&1\\0&-2&4&0&1&0\\0&0&0&3&3&0\\0&0&0&0&0&0\end{pmatrix}$$

均为行阶梯形矩阵，但矩阵 $\begin{pmatrix}1&1&0&0&4\\0&1&0&2&-2\\0&2&0&-2&3\\0&0&0&0&4\end{pmatrix}$ 不是行阶梯形矩阵.

行阶梯形矩阵的特点：阶梯线下方的元素全为零；每个台阶只有一行，台阶数即是非零行的行数，阶梯线的竖线(每段竖线的长度为一行)后面的第一个元素为非零元，也就是非零行的第一个非零元.

结论：① 矩阵的行阶梯形矩阵可能不唯一.

② 矩阵的不同行阶梯形矩阵的非零行的行数相等.

由初等行变换的定义可得：

定理 1 任一矩阵经过有限次初等行变换可以化成行阶梯形矩阵.

证明 略.

例 1 试用初等行变换化矩阵 $\boldsymbol{A}$ 为行阶梯形矩阵，其中 $\boldsymbol{A}=\begin{pmatrix}1&-2&-1&0&2\\-2&4&2&6&-6\\2&-1&0&2&3\\3&3&3&3&4\end{pmatrix}$.

解 $A \xrightarrow[r_4-3r_1]{\substack{r_2+2r_1\\ r_3-2r_1}} \begin{pmatrix} 1 & -2 & -1 & 0 & 2 \\ 0 & 0 & 0 & 6 & -2 \\ 0 & 3 & 2 & 2 & -1 \\ 0 & 9 & 6 & 3 & -2 \end{pmatrix} \xrightarrow{r_2 \leftrightarrow r_3} \begin{pmatrix} 1 & -2 & -1 & 0 & 2 \\ 0 & 3 & 2 & 2 & -1 \\ 0 & 0 & 0 & 6 & -2 \\ 0 & 9 & 6 & 3 & -2 \end{pmatrix} \xrightarrow{r_4-3r_2}$

$$\begin{pmatrix} 1 & -2 & -1 & 0 & 2 \\ 0 & 3 & 2 & 2 & -1 \\ 0 & 0 & 0 & 6 & -2 \\ 0 & 0 & 0 & -3 & 1 \end{pmatrix} \xrightarrow{r_4+\frac{1}{2}r_3} \begin{pmatrix} 1 & -2 & -1 & 0 & 2 \\ 0 & 3 & 2 & 2 & -1 \\ 0 & 0 & 0 & 6 & -2 \\ 0 & 0 & 0 & 0 & 0 \end{pmatrix} = \boldsymbol{B},$$

则 $\boldsymbol{B}$ 即为所求的阶梯形矩阵.

注:在此需要说明矩阵与行列式的以下几点区别.

① 行列式 $D=|a_{ij}|_n$ 是一个数,而矩阵 $\boldsymbol{A}=(a_{ij})_{m\times n}$ 是张数表;行列式必须是方的($n\times n$ 个元素构成),而矩阵可以不是方的($m\times n$ 个元素构成);行列式的记号用两条竖线| |,而矩阵的记号用括号()或[].

② 行列式的运算都用"="表示,其含意是"数=数",而矩阵现在介绍的初等变换,是将一个矩阵变到另一个不同的矩阵,不能用"="表示,用记号"→"或记号"～"表示.

定义 3　一个行阶梯形矩阵若满足下列两个条件,则称之为**行最简形矩阵**(reduced row echelon form,rref):

(1) 每个非零行第一个非零元素为 1;

(2) 每个非零行第一个非零元素所在列的其他元素都为 0.

例如:矩阵 $\begin{pmatrix} 1 & 0 & -1 & 0 & 4 \\ 0 & 1 & -1 & 0 & 3 \\ 0 & 0 & 0 & 1 & -3 \\ 0 & 0 & 0 & 0 & 0 \end{pmatrix}$ 为行最简形矩阵.

行阶梯形矩阵再经过初等行变换,可化成行最简形矩阵.

例如:将矩阵 $\boldsymbol{A}=\begin{pmatrix} 3 & -9 & -9 & 6 \\ 0 & 1 & 2 & 1 \\ 0 & 0 & 0 & 1 \end{pmatrix}$ 化成行最简形矩阵.

$$\boldsymbol{A}=\underset{\text{行阶梯形}}{\begin{pmatrix} 3 & -9 & -9 & 6 \\ 0 & 1 & 2 & 1 \\ 0 & 0 & 0 & 1 \end{pmatrix}} \xrightarrow{\frac{1}{3}r_1} \underset{\text{行阶梯形}}{\begin{pmatrix} 1 & -3 & -3 & 2 \\ 0 & 1 & 2 & 1 \\ 0 & 0 & 0 & 1 \end{pmatrix}} \xrightarrow[r_2-r_3]{r_1-2r_3} \begin{pmatrix} 1 & -3 & -3 & 0 \\ 0 & 1 & 2 & 0 \\ 0 & 0 & 0 & 1 \end{pmatrix}$$

$$\xrightarrow{r_1+3r_2} \underset{\text{行最简形}}{\begin{pmatrix} 1 & 0 & 3 & 0 \\ 0 & 1 & 2 & 0 \\ 0 & 0 & 0 & 1 \end{pmatrix}} = \boldsymbol{B}.$$

矩阵 $\boldsymbol{B}$ 是矩阵 $\boldsymbol{A}$ 的行最简形矩阵.

用数学归纳法可以证明:任何一个矩阵都可以经过有限次初等行变换化为行最简形矩阵,即如下结论:

定理 2 任一矩阵 $\boldsymbol{A}$ 总可以经过有限次初等行变换化为行最简形矩阵.

证明 略.

2. 矩阵的标准形

定义 4 如果一个矩阵的左上角是一个单位矩阵,其他位置的元素都为零,则称这个矩阵为**标准形**(canonical form)矩阵.

用分块矩阵表示,形如

$$\begin{pmatrix} \boldsymbol{E}_r & \boldsymbol{O}_{r\times(n-r)} \\ \boldsymbol{O}_{(m-r)\times r} & \boldsymbol{O}_{(m-r)\times(n-r)} \end{pmatrix},\quad (\boldsymbol{E}_m, \boldsymbol{O}_{m\times(n-m)}),\quad \begin{pmatrix} \boldsymbol{E}_n \\ \boldsymbol{O}_{(m-n)\times n} \end{pmatrix}\quad (1\leqslant r\leqslant \min\{m,n\})$$

的矩阵都是标准形矩阵.

行最简形矩阵再经过初等列变换,可化成标准形. 例如:

$$\boldsymbol{B}=\underset{\text{行最简形}}{\begin{pmatrix} 1 & 0 & 3 & 0 \\ 0 & 1 & 2 & 0 \\ 0 & 0 & 0 & 1 \end{pmatrix}} \xrightarrow{c_3\leftrightarrow c_4} \begin{pmatrix} 1 & 0 & 0 & 3 \\ 0 & 1 & 0 & 2 \\ 0 & 0 & 1 & 0 \end{pmatrix} \xrightarrow[c_4+(-3)c_1]{c_4+(-2)c_2} \underset{\text{标准形}}{\begin{pmatrix} 1 & 0 & 0 & 0 \\ 0 & 1 & 0 & 0 \\ 0 & 0 & 1 & 0 \end{pmatrix}}=\boldsymbol{F}.$$

矩阵 $\boldsymbol{F}$ 是矩阵 $\boldsymbol{B}$ 的标准形.

定理 3 任意一个矩阵 $\boldsymbol{A}=(a_{ij})_{m\times n}$ 经过有限次初等变换,可以化为下列标准形矩阵

$$\boldsymbol{A}=\underset{r\text{ 列}}{\begin{pmatrix} 1 & & & & & \\ & \ddots & & & & \\ & & 1 & & & \\ & & & 0 & & \\ & & & & \ddots & \\ & & & & & 0 \end{pmatrix}} r\text{ 行} = \begin{pmatrix} \boldsymbol{E}_r & \boldsymbol{O}_{r\times(n-r)} \\ \boldsymbol{O}_{(m-r)\times r} & \boldsymbol{O}_{(m-r)\times(n-r)} \end{pmatrix} = \boldsymbol{F}_{m\times n}.$$

证明 略.

注:① 一个矩阵的行阶梯形矩阵是不唯一的;

② 一个矩阵的标准形是唯一的;

③ 行阶梯形矩阵、行最简形矩阵由一个矩阵只经过初等行变换便可得到.

例 2 设 $\boldsymbol{A}=\begin{pmatrix} 0 & 2 & 1 & 2 \\ 1 & 4 & 3 & 5 \\ 1 & 2 & 2 & 3 \end{pmatrix}$,将 $\boldsymbol{A}$ 化为标准形矩阵.

解

$$\boldsymbol{A}=\begin{pmatrix}0&2&1&2\\1&4&3&5\\1&2&2&3\end{pmatrix}\xrightarrow{r_1\leftrightarrow r_3}\begin{pmatrix}1&2&2&3\\1&4&3&5\\0&2&1&2\end{pmatrix}\xrightarrow{r_2+(-1)\times r_1}\begin{pmatrix}1&2&2&3\\0&2&1&2\\0&2&1&2\end{pmatrix}$$

$$\xrightarrow[r_3+(-1)\times r_2]{r_1+(-1)\times r_2}\begin{pmatrix}1&0&1&1\\0&2&1&2\\0&0&0&0\end{pmatrix}\xrightarrow{r_2\times\frac{1}{2}}\begin{pmatrix}1&0&1&1\\0&1&\frac{1}{2}&1\\0&0&0&0\end{pmatrix}$$

$$\xrightarrow[c_4-c_1]{c_3-c_1}\begin{pmatrix}1&0&0&0\\0&1&\frac{1}{2}&1\\0&0&0&0\end{pmatrix}\xrightarrow[c_4-c_2]{c_3-\frac{1}{2}c_2}\begin{pmatrix}1&0&0&0\\0&1&0&0\\0&0&0&0\end{pmatrix},$$

所以 $\boldsymbol{A}$ 的标准形为 $\begin{pmatrix}1&0&0&0\\0&1&0&0\\0&0&0&0\end{pmatrix}$.

本节的最后，我们再给出矩阵等价的概念.

定义 5　如果矩阵 $\boldsymbol{A}$ 经过有限次初等变换后化为矩阵 $\boldsymbol{B}$，则称 $\boldsymbol{A}$ **等价**于矩阵 $\boldsymbol{B}$，简记为

$$\boldsymbol{A}\sim\boldsymbol{B}.$$

矩阵等价的一些简单性质：

(1) 反身性：$\boldsymbol{A}\sim\boldsymbol{A}$；

(2) 对称性：若 $\boldsymbol{A}\sim\boldsymbol{B}$，则 $\boldsymbol{B}\sim\boldsymbol{A}$；

(3) 传递性：若 $\boldsymbol{A}\sim\boldsymbol{B}$ 且 $\boldsymbol{B}\sim\boldsymbol{C}$，则 $\boldsymbol{A}\sim\boldsymbol{C}$.

§3.2　初等矩阵

3.2.1　初等矩阵的定义及性质

1. 初等矩阵的定义

定义　对单位矩阵 $\boldsymbol{E}$ 施以一次初等变换得到的矩阵称为**初等矩阵**(elementary reduction matrices).

三种初等变换分别对应着三种初等矩阵.

(1) 对换阵

n 阶单位矩阵 $\boldsymbol{E}$(即 $\boldsymbol{E}_n$)的某两行(列)互换得到的矩阵，如 $\boldsymbol{E}$ 的第 i,j 行(列)互换得到的初等矩阵记为 $\boldsymbol{E}(i,j)$或 $\boldsymbol{E}_n(i,j)$，即

$$
\boldsymbol{E}(i,j)=\begin{pmatrix}
1 & & & & & & & & \\
 & \ddots & & & & & & & \\
 & & 1 & & & & & & \\
 & & & 0 & \cdots & 1 & & & \\
 & & & & 1 & & & & \\
 & & & \vdots & \ddots & \vdots & & & \\
 & & & & & 1 & & & \\
 & & & 1 & \cdots & 0 & & & \\
 & & & & & & 1 & & \\
 & & & & & & & \ddots & \\
 & & & & & & & & 1
\end{pmatrix}
\begin{matrix} \\ \\ \\ i\text{ 行} \\ \\ \\ \\ j\text{ 行} \\ \\ \\ \\ \end{matrix}.
$$

$$\qquad\qquad i\text{ 列} \qquad\qquad j\text{ 列}$$

(2) 倍乘阵

n 阶单位矩阵 $\boldsymbol{E}$(即 $\boldsymbol{E}_n$)的某一行(列)乘以非零数 k 得到的矩阵,如 $\boldsymbol{E}$ 的第 i 行(列)乘以非零数 k 得到的初等矩阵记为 $\boldsymbol{E}(i(k))$ 或 $\boldsymbol{E}_n(i(k))$,即

$$
\boldsymbol{E}(i(k))=\begin{pmatrix}
1 & & & & \\
 & \ddots & & & \\
 & & k & & \\
 & & & \ddots & \\
 & & & & 1
\end{pmatrix}
\begin{matrix} \\ \\ i\text{ 行}. \\ \\ \\ \end{matrix}
$$

$$i\text{ 列}$$

(3) 倍加阵

n 阶单位矩阵 $\boldsymbol{E}$(即 $\boldsymbol{E}_n$)的某一行(列)乘以非零数 k 加到第另一行(列)上得到的矩阵,如 $\boldsymbol{E}$ 的第 j 行乘以数 k 加到第 i 行上,或 E 的第 i 列乘以数 k 加到第 j 列上得到的初等矩阵记为 $\boldsymbol{E}(i,j(k))$ 或 $\boldsymbol{E}_n(i,j(k))$,即

$$
\boldsymbol{E}(i,j(k))=\begin{pmatrix}
1 & & & & & \\
 & \ddots & & & & \\
 & & 1 & \cdots & k & & \\
 & & & \ddots & \vdots & & \\
 & & & & 1 & & \\
 & & & & & \ddots & \\
 & & & & & & 1
\end{pmatrix}
\begin{matrix} \\ \\ i\text{ 行} \\ \\ j\text{ 列} \\ \\ \\ \end{matrix}.
$$

$$i\text{ 列} \qquad j\text{ 列}$$

例如:

$$\begin{pmatrix}0&0&1\\0&1&0\\1&0&0\end{pmatrix},\quad \begin{pmatrix}1&0&-1\\0&1&0\\0&0&1\end{pmatrix},\quad \begin{pmatrix}1&0&0\\0&\frac{1}{2}&0\\0&0&1\end{pmatrix}.$$

$$\boldsymbol{E}(1,3)\qquad \boldsymbol{E}(1,3(-1))\qquad \boldsymbol{E}\left(2\left(\frac{1}{2}\right)\right)$$

2. 初等矩阵的性质

命题　初等矩阵都是可逆矩阵,其逆矩阵仍是初等矩阵,且

(1) $\boldsymbol{E}(i,j)^{-1}=\boldsymbol{E}(i,j)$;$\boldsymbol{E}(i(k))^{-1}=\boldsymbol{E}(i(k^{-1}))$;$\boldsymbol{E}(i,j(k))^{-1}=\boldsymbol{E}(i,j(-k))$;

(2) $|\boldsymbol{E}(i,j)|=-1$;$|\boldsymbol{E}(i(k))|=k$;$|\boldsymbol{E}(i,j(k))|=1$;

(3) 初等矩阵的乘积仍然可逆.

3. 初等变换用矩阵乘法实现

先考察初等变换与初等矩阵的关系.

例如:

$$\boldsymbol{A}=\begin{pmatrix}0&1&2&3\\3&-7&-5&8\\3&-9&-9&6\end{pmatrix}\xrightarrow{\boldsymbol{E}(1,3)\boldsymbol{A}=\begin{pmatrix}0&0&1\\0&1&0\\1&0&0\end{pmatrix}\boldsymbol{A}}\boldsymbol{A}_1=\begin{pmatrix}3&-9&-9&6\\3&-7&-5&8\\0&1&2&3\end{pmatrix}$$

$$\xrightarrow{\boldsymbol{E}(2,1(-1))\boldsymbol{A}_1=\begin{pmatrix}1&0&0\\-1&1&0\\0&0&1\end{pmatrix}\boldsymbol{A}_1}\boldsymbol{A}_2=\begin{pmatrix}3&-9&-9&6\\0&2&4&2\\0&1&2&3\end{pmatrix}$$

$$\xrightarrow{\boldsymbol{E}\left(2\left(\frac{1}{2}\right)\right)\boldsymbol{A}_2=\begin{pmatrix}1&0&0\\0&\frac{1}{2}&0\\0&0&1\end{pmatrix}\boldsymbol{A}_2}\boldsymbol{A}_3=\begin{pmatrix}3&-9&-9&6\\0&1&2&1\\0&1&2&3\end{pmatrix}.$$

显然,$\boldsymbol{A}_3=\boldsymbol{E}\left(2\left(\frac{1}{2}\right)\right)\boldsymbol{A}_2=\boldsymbol{E}\left(2\left(\frac{1}{2}\right)\right)\boldsymbol{E}(2,1(-1))\boldsymbol{A}_1=\boldsymbol{E}\left(2\left(\frac{1}{2}\right)\right)\boldsymbol{E}(2,1(-1))\boldsymbol{E}(1,3)\boldsymbol{A}$.

即对 $\boldsymbol{A}$ 施行一次初等行变换,相当于在 A 的左边乘相应的 m 阶初等矩阵.

又如:

$$\boldsymbol{B}=\begin{pmatrix}1&0&2&0\\0&1&3&0\\0&0&0&1\end{pmatrix}\xrightarrow{c_3\leftrightarrow c_4}\begin{pmatrix}1&0&0&2\\0&1&0&3\\0&0&1&0\end{pmatrix}=\begin{pmatrix}1&0&2&0\\0&1&3&0\\0&0&0&1\end{pmatrix}\begin{pmatrix}1&0&0&0\\0&1&0&0\\0&0&0&1\\0&0&1&0\end{pmatrix}=\boldsymbol{B}_1,$$

即
$$\boldsymbol{B}\boldsymbol{E}(3,4)=\boldsymbol{B}_1.$$

再如：

$$\boldsymbol{B}_1=\begin{pmatrix}1&0&0&2\\0&1&0&3\\0&0&1&0\end{pmatrix}\xrightarrow{c_4+(-2)c_1}\begin{pmatrix}1&0&0&0\\0&1&0&3\\0&0&1&0\end{pmatrix}=\begin{pmatrix}1&0&0&2\\0&1&0&3\\0&0&1&0\end{pmatrix}\begin{pmatrix}1&0&0&-2\\0&1&0&0\\0&0&1&0\\0&0&0&1\end{pmatrix}=\boldsymbol{B}_2,$$

即

$$\boldsymbol{B}_1\boldsymbol{E}(1,4(-2))=\boldsymbol{B}_2.$$

显然：对 $\boldsymbol{B}$ 施行一次初等列变换，相当于在 $\boldsymbol{A}$ 的右边乘相应的 n 阶初等矩阵.

由此可得：

定理 1（初等变换和初等矩阵的关系） 设 $\boldsymbol{A}$ 是一个 $m\times n$ 矩阵，对 $\boldsymbol{A}$ 施行一次初等行变换，相当于在 $\boldsymbol{A}$ 的左边乘相应的 m 阶初等矩阵；对 $\boldsymbol{A}$ 施行一次初等列变换，相当于在 $\boldsymbol{A}$ 的右边乘相应的 n 阶初等矩阵. 即：

(1) $\boldsymbol{A}_{m\times n}\xrightarrow{r_i\leftrightarrow r_j}\boldsymbol{E}_m(i,j)\boldsymbol{A}_{m\times n}$；

(2) $\boldsymbol{A}_{m\times n}\xrightarrow{c_i\leftrightarrow c_j}\boldsymbol{A}_{m\times n}\boldsymbol{E}_n(i,j)$；

(3) $\boldsymbol{A}_{m\times n}\xrightarrow{kr_i}\boldsymbol{E}_m(i(k))\boldsymbol{A}_{m\times n}$；

(4) $\boldsymbol{A}_{m\times n}\xrightarrow{kc_i}\boldsymbol{A}_{m\times n}\boldsymbol{E}_n(i(\mathrm{k}))$；

(5) $\boldsymbol{A}_{m\times n}\xrightarrow{r_i+kr_j}\boldsymbol{E}_m(i,j(k))\boldsymbol{A}_{m\times n}$.

证明 将矩阵 $\boldsymbol{A}_{m\times n}$ 表示成按行分块的分块矩阵

$$\boldsymbol{A}=\begin{pmatrix}\boldsymbol{a}_1^{\mathrm{T}}\\\boldsymbol{a}_2^{\mathrm{T}}\\\vdots\\\boldsymbol{a}_m^{\mathrm{T}}\end{pmatrix},$$

其中，$\boldsymbol{a}_i^{\mathrm{T}}=(a_{i1},a_{i2},\cdots,a_{in})(i=1,2,\cdots,m)$. 于是

$$\boldsymbol{E}_m(i,j)\boldsymbol{A}=\begin{pmatrix}1&&&&&\\&\ddots&&&&\\&&0&&1&\\&&&\ddots&&\\&&1&&0&\\&&&&&\ddots&\\&&&&&&1\end{pmatrix}\begin{pmatrix}\boldsymbol{a}_1^{\mathrm{T}}\\\vdots\\\boldsymbol{a}_i^{\mathrm{T}}\\\vdots\\\boldsymbol{a}_j^{\mathrm{T}}\\\vdots\\\boldsymbol{a}_m^{\mathrm{T}}\end{pmatrix}=\begin{pmatrix}\boldsymbol{a}_1^{\mathrm{T}}\\\vdots\\\boldsymbol{a}_j^{\mathrm{T}}\\\vdots\\\boldsymbol{a}_i^{\mathrm{T}}\\\vdots\\\boldsymbol{a}_m^{\mathrm{T}}\end{pmatrix}.$$

其结果相当于矩阵 $\boldsymbol{A}$ 进行一次第一种初等行变换，即交换矩阵的第 i,j 两行. 又

$$E_m(i(k))A=\begin{pmatrix}1&&&&\\&\ddots&&&\\&&k&&\\&&&\ddots&\\&&&&1\end{pmatrix}\begin{pmatrix}a_1^{\mathrm{T}}\\\vdots\\a_i^{\mathrm{T}}\\\vdots\\a_m^{\mathrm{T}}\end{pmatrix}=\begin{pmatrix}a_1^{\mathrm{T}}\\\vdots\\ka_i^{\mathrm{T}}\\\vdots\\a_m^{\mathrm{T}}\end{pmatrix},$$

其结果相当于矩阵 A 进行一次第二种初等行变换,即用数 k 乘矩阵 A 的第 i 行各元素. 又

$$E_m(i,j(k))A=\begin{pmatrix}1&&&&&&\\&\ddots&&&&&\\&&1&\cdots&k&&\\&&&\ddots&\vdots&&\\&&&&1&&\\&&&&&\ddots&\\&&&&&&1\end{pmatrix}\begin{pmatrix}a_1^{\mathrm{T}}\\\vdots\\a_i^{\mathrm{T}}\\\vdots\\a_j^{\mathrm{T}}\\\vdots\\a_m^{\mathrm{T}}\end{pmatrix}=\begin{pmatrix}a_1^{\mathrm{T}}\\\vdots\\a_i^{\mathrm{T}}+ka_j^{\mathrm{T}}\\\vdots\\a_j^{\mathrm{T}}\\\vdots\\a_m^{\mathrm{T}}\end{pmatrix},$$

其结果相当于矩阵 A 进行一次第三种初等行变换,即用数 k 乘矩阵 A 的第 j 行加到第 i 行.

利用等价矩阵的定义及 3.1 节的定理 3 和本节的定理 1 可得定理 2.

定理 2　对于任一 $m\times n$ 矩阵 $A=(a_{ij})_{m\times n}$,一定存在有限个 m 阶初等矩阵 $P_1,\cdots,P_s$ 和 n 阶初等方阵 $P_{s+1},\cdots,P_k$ 使

$$P_1\cdots P_sAP_{s+1}\cdots P_k=\begin{pmatrix}E_r&O\\O&O\end{pmatrix}_{m\times n}=F_{m\times n}.$$

3.2.2　用初等变换求逆矩阵及解矩阵方程

1. 求方阵 A 的逆矩阵 A^{-1}.

在 2.3 节中,给出了矩阵 A 可逆的条件,同时也给出了利用伴随矩阵求逆矩阵 A^{-1} 的一种方法——伴随矩阵法,即

$$A^{-1}=\frac{1}{|A|}A^*.$$

对于阶数较高的矩阵,用伴随矩阵法求逆矩阵计算量太大,下面介绍一种较为简便的方法——初等变换法.

定理 3　n 阶矩阵 A 可逆的充分必要条件是 A 可以表示为有限个初等矩阵的乘积.

证明　充分性:设 $A=P_1\cdots P_k$. 其中 $P_1,\cdots,P_k$ 为初等矩阵. 因初等矩阵可逆,有限个可逆矩阵的乘积仍可逆,故 A 可逆.

必要性：由3.1节的定理3知，对 n 阶矩阵 $\boldsymbol{A}$ 存在 n 阶初等矩阵 $\boldsymbol{P}_1,\cdots,\boldsymbol{P}_s,\boldsymbol{P}_{s+1},\cdots,\boldsymbol{P}_k$，使

$$\boldsymbol{P}_1\cdots\boldsymbol{P}_s\boldsymbol{A}\boldsymbol{P}_{s+1}\cdots\boldsymbol{P}_k=\boldsymbol{F}_{n\times n}. \tag{3-1}$$

下面证明：如果矩阵 $\boldsymbol{A}$ 可逆，则 $\boldsymbol{F}_{n\times n}=\boldsymbol{E}$.

若 $\boldsymbol{F}_{n\times n}\neq\boldsymbol{E}$，则 $\boldsymbol{F}_{n\times n}$ 的对角线上必有零元素，在式(3-1)的两端取行列式，并利用方阵的行列式性质，有

$$|\boldsymbol{P}_1|\cdots|\boldsymbol{P}_s||\boldsymbol{A}||\boldsymbol{P}_{s+1}|\cdots|\boldsymbol{P}_k|=|\boldsymbol{F}_{n\times n}|=0. \tag{3-2}$$

于是，$|\boldsymbol{P}_1|,\cdots,|\boldsymbol{P}_s|,|\boldsymbol{A}|,|\boldsymbol{P}_{s+1}|,\cdots,|\boldsymbol{P}_k|$ 中必至少有一个是零，这与 $\boldsymbol{P}_1,\cdots,\boldsymbol{P}_s,\boldsymbol{A},\boldsymbol{P}_{s+1},\cdots,\boldsymbol{P}_k$ 均为可逆矩阵相矛盾. 故 $\boldsymbol{F}_{n\times n}=\boldsymbol{E}$，即

$$\boldsymbol{P}_1\cdots\boldsymbol{P}_s\boldsymbol{A}\boldsymbol{P}_{s+1}\cdots\boldsymbol{P}_k=\boldsymbol{E}. \tag{3-3}$$

式(3-3)两边左乘 $(\boldsymbol{P}_1\cdots\boldsymbol{P}_s)^{-1}$，右乘 $(\boldsymbol{P}_{s+1}\cdots\boldsymbol{P}_k)^{-1}$，可得

$$\boldsymbol{A}=(\boldsymbol{P}_1\cdots\boldsymbol{P}_s)^{-1}(\boldsymbol{P}_{s+1}\cdots\boldsymbol{P}_k)^{-1}=\boldsymbol{P}_s^{-1}\cdots\boldsymbol{P}_1^{-1}\boldsymbol{P}_k^{-1}\cdots\boldsymbol{P}_{s+1}^{-1},$$

而初等矩阵的逆矩阵仍是初等矩阵，所以 n 阶可逆矩阵 $\boldsymbol{A}$ 可表示初等矩阵的乘积.

推论1 n 阶矩阵 $\boldsymbol{A}$ 可逆的充要条件是 $\boldsymbol{A}$ 与单位矩阵等价：$\boldsymbol{A}\sim\boldsymbol{E}_n$.

推论2 $m\times n$ 矩阵 $\boldsymbol{A}$ 与 $\boldsymbol{B}$ 等价的充要条件是存在 m 阶可逆矩阵 $\boldsymbol{P}$ 和 n 阶可逆矩阵 $\boldsymbol{Q}$，使 $\boldsymbol{PAQ}=\boldsymbol{B}$.

由本节定理3，可以得到另一种求逆阵的方法.

当 $|\boldsymbol{A}|\neq0$ 时，由本节定理3知存在有限个初等阵 $\boldsymbol{P}_1,\boldsymbol{P}_2,\cdots,\boldsymbol{P}_l$ 使得 $\boldsymbol{A}=\boldsymbol{P}_1\boldsymbol{P}_2\cdots\boldsymbol{P}_l$. 在此式两边左乘以矩阵 $(\boldsymbol{P}_1\boldsymbol{P}_2\cdots\boldsymbol{P}_l)^{-1}=\boldsymbol{P}_l^{-1}\cdots\boldsymbol{P}_2^{-1}\boldsymbol{P}_1^{-1}$ 得

$$\boldsymbol{P}_l^{-1}\cdots\boldsymbol{P}_2^{-1}\boldsymbol{P}_1^{-1}\boldsymbol{A}=\boldsymbol{E}. \tag{3-4}$$

另一方面，由于 $\boldsymbol{A}=\boldsymbol{P}_1\boldsymbol{P}_2\cdots\boldsymbol{P}_l$，故得 $\boldsymbol{A}^{-1}=(\boldsymbol{P}_1\boldsymbol{P}_2\cdots\boldsymbol{P}_l)^{-1}=\boldsymbol{P}_l^{-1}\cdots\boldsymbol{P}_2^{-1}\boldsymbol{P}_1^{-1}\boldsymbol{E}$，即

$$\boldsymbol{P}_l^{-1}\cdots\boldsymbol{P}_2^{-1}\boldsymbol{P}_1^{-1}\boldsymbol{E}=\boldsymbol{A}^{-1}. \tag{3-5}$$

式(3-4)和式(3-5)表明：同一组初等变换可把 $\boldsymbol{A}$ 变为 $\boldsymbol{E}$，把 $\boldsymbol{E}$ 变为 $\boldsymbol{A}^{-1}$. 那么，式(3-4)和式(3-5)可以合并为

$$\boldsymbol{P}_l^{-1}\boldsymbol{P}_{l-1}^{-1}\cdots\boldsymbol{P}_2^{-1}\boldsymbol{P}_1^{-1}(\boldsymbol{A},\boldsymbol{E})=(\boldsymbol{E},\boldsymbol{A}^{-1}). \tag{3-6}$$

因此，求矩阵 $\boldsymbol{A}$ 的逆矩阵 $\boldsymbol{A}^{-1}$ 时，可构造 $n\times2n$ 矩阵

$$(\boldsymbol{A},\boldsymbol{E}),$$

然后对其施以初等行变换将矩阵 $\boldsymbol{A}$ 化为单位矩阵 $\boldsymbol{E}$，则上述初等变换同时也将其中的单位矩阵 $\boldsymbol{E}$ 化为 $\boldsymbol{A}^{-1}$，即

$$(\boldsymbol{A},\boldsymbol{E})\xrightarrow{\text{初等行变换}}(\boldsymbol{E},\boldsymbol{A}^{-1}),$$

这就是求逆矩阵的初等变换法. 这种用矩阵的初等变换求逆阵的方法，常常比前面介绍的伴随矩阵法要简便一些，特别是当矩阵的阶数较高时更是这样.

同理，可以得到用初等列变换计算逆矩阵的方法：

$$\begin{pmatrix}\boldsymbol{A}\\\boldsymbol{E}\end{pmatrix}\xrightarrow{\text{初等列变换}}\begin{pmatrix}\boldsymbol{E}\\\boldsymbol{A}^{-1}\end{pmatrix}.$$

读者可以自己证明.

例1 设$A=\begin{pmatrix}1&2&3\\2&1&2\\1&3&4\end{pmatrix}$,用初等变换法求$A^{-1}$.

解
$$(A\vdots E)=\left(\begin{array}{ccc:ccc}1&2&3&1&0&0\\2&1&2&0&1&0\\1&3&4&0&0&1\end{array}\right)\xrightarrow[r_3-r_1]{r_2-2r_1}\left(\begin{array}{ccc:ccc}1&2&3&1&0&0\\0&-3&-4&-2&1&0\\0&1&1&-1&0&1\end{array}\right)$$
$$\xrightarrow{r_2\leftrightarrow r_3}\left(\begin{array}{ccc:ccc}1&2&3&1&0&0\\0&1&1&-1&0&1\\0&-3&-4&-2&1&0\end{array}\right)\xrightarrow{r_3+3r_2}\left(\begin{array}{ccc:ccc}1&2&3&1&0&0\\0&1&1&-1&0&1\\0&0&-1&-5&1&3\end{array}\right)$$
$$\xrightarrow{r_1-2r_2}\left(\begin{array}{ccc:ccc}1&0&1&3&0&-2\\0&1&1&-1&0&1\\0&0&-1&-5&1&3\end{array}\right)\xrightarrow{r_3\times(-1)}\left(\begin{array}{ccc:ccc}1&0&1&3&0&-2\\0&1&1&-1&0&1\\0&0&1&5&-1&-3\end{array}\right)$$
$$\xrightarrow[r_2-r_3]{r_1-r_3}\left(\begin{array}{ccc:ccc}1&0&0&-2&1&1\\0&1&0&-6&1&4\\0&0&1&5&-1&-3\end{array}\right).$$

所以
$$A^{-1}=\begin{pmatrix}-2&1&1\\-6&1&4\\5&-1&-3\end{pmatrix}.$$

对于任意给定的n阶矩阵A,即使不知道A是否可逆,也可以按上述方法做.对矩阵(A,E)进行初等行变换的过程中,若出现左边子块的行列式等于零的情形,则矩阵A不可逆.所以,初等行变换法也能判定方阵A是否可逆;在矩阵A可逆的情况下,则可以求出A^{-1}.

2. 用初等变换求解矩阵方程$AX=B$

对于矩阵方程$AX=B$,若A可逆,方程两边分别左乘A^{-1}得
$$X=A^{-1}B.$$
因为A可逆,所以存在初等矩阵$P_1,P_2,\cdots,P_l$使得
$$A=P_1P_2\cdots P_l.$$
从而有
$$A^{-1}=(P_1P_2\cdots P_l)^{-1}=P_l^{-1}P_{l-1}^{-1}\cdots P_2^{-1}P_1^{-1}.$$
$$X=(P_1P_2\cdots P_l)^{-1}B=P_l^{-1}P_{l-1}^{-1}\cdots P_2^{-1}P_1^{-1}B.$$
将两式合并有
$$(P_l^{-1}P_{l-1}^{-1}\cdots P_2^{-1}P_1^{-1})(A,B)=(E,A^{-1}B).$$
即对(A,B)作初等行变换,当把A化成E时,B变为$A^{-1}B$.
$$(A,B)\xrightarrow{\text{初等行变换}}(E,A^{-1}B)=(E,X).$$

同理，对于矩阵方程 $\boldsymbol{XA}=\boldsymbol{B}$，若 $\boldsymbol{A}$ 可逆，有

$$\begin{pmatrix}\boldsymbol{A}\\\boldsymbol{B}\end{pmatrix}\xrightarrow{\text{初等列变换}}\begin{pmatrix}\boldsymbol{E}\\\boldsymbol{BA}^{-1}\end{pmatrix}=\begin{pmatrix}\boldsymbol{E}\\\boldsymbol{X}\end{pmatrix}.$$

例 2 设 $\boldsymbol{AX}=\boldsymbol{B}$，其中 $\boldsymbol{A}=\begin{pmatrix}1&0\\1&1\end{pmatrix}$，$\boldsymbol{B}=\begin{pmatrix}1&-9&-8\\1&2&2\end{pmatrix}$，试求 $\boldsymbol{X}$.

解 因为 $|\boldsymbol{A}|=1\neq0$，所以 $\boldsymbol{A}$ 可逆，构造矩阵：

$$(\boldsymbol{A}\mid\boldsymbol{B})=\left(\begin{array}{cc:ccc}1&0&1&-9&-8\\1&1&1&2&2\end{array}\right)\xrightarrow{r_2-r_1}\left(\begin{array}{cc:ccc}1&0&1&-9&-8\\0&1&0&11&10\end{array}\right),$$

所以

$$\boldsymbol{X}=\begin{pmatrix}1&-9&-8\\0&11&10\end{pmatrix}.$$

例 3 求解矩阵方程 $\boldsymbol{AX}=\boldsymbol{A}+\boldsymbol{X}$，其中 $\boldsymbol{A}=\begin{pmatrix}2&2&0\\2&1&3\\0&1&0\end{pmatrix}$.

解 把所给方程变形为 $(\boldsymbol{A}-\boldsymbol{E})\boldsymbol{X}=\boldsymbol{A}$，则 $\boldsymbol{X}=(\boldsymbol{A}-\boldsymbol{E})^{-1}\boldsymbol{A}$.

$$(\boldsymbol{A}-\boldsymbol{E},\boldsymbol{A})=\left(\begin{array}{ccc:ccc}1&2&0&2&2&0\\2&0&3&2&1&3\\0&1&-1&0&1&0\end{array}\right)\xrightarrow{r_2-2r_1}\left(\begin{array}{ccc:ccc}1&2&0&2&2&0\\0&-4&3&-2&-3&3\\0&1&-1&0&1&0\end{array}\right)$$

$$\xrightarrow{r_2\leftrightarrow r_3}\left(\begin{array}{ccc:ccc}1&2&0&2&2&0\\0&1&-1&0&1&0\\0&-4&3&-2&-3&3\end{array}\right)\xrightarrow{r_3+4r_2}\left(\begin{array}{ccc:ccc}1&2&0&2&2&0\\0&1&-1&0&1&0\\0&0&-1&-2&1&3\end{array}\right)$$

$$\xrightarrow{r_3\times(-1)}\left(\begin{array}{ccc:ccc}1&2&0&2&2&0\\0&1&-1&0&1&0\\0&0&1&2&-1&-3\end{array}\right)\xrightarrow{r_2+r_3}\left(\begin{array}{ccc:ccc}1&2&0&2&2&0\\0&1&0&2&0&-3\\0&0&1&2&-1&-3\end{array}\right)$$

$$\xrightarrow{r_1-2r_2}\left(\begin{array}{ccc:ccc}1&0&0&-2&2&6\\0&1&0&2&0&-3\\0&0&1&2&-1&-3\end{array}\right),$$

即得

$$\boldsymbol{X}=\begin{pmatrix}-2&2&6\\2&0&-3\\2&-1&-3\end{pmatrix}.$$

例 4 求解矩阵方程 $\boldsymbol{XA}=\boldsymbol{A}+2\boldsymbol{X}$，其中 $\boldsymbol{A}=\begin{pmatrix}4&2&3\\1&1&0\\-1&2&3\end{pmatrix}$.

解 先将原方程作恒等变形：

$$\boldsymbol{XA}=\boldsymbol{A}+2\boldsymbol{X}\Leftrightarrow\boldsymbol{XA}-2\boldsymbol{X}=\boldsymbol{A}\Leftrightarrow\boldsymbol{X}(\boldsymbol{A}-2\boldsymbol{E})=\boldsymbol{A}.$$

由于 $\boldsymbol{A}-2\boldsymbol{E}=\begin{pmatrix}2&2&3\\1&-1&0\\-1&2&1\end{pmatrix}$，而 $|\boldsymbol{A}-2\boldsymbol{E}|=-1\neq0$，故 $\boldsymbol{A}-2\boldsymbol{E}$ 可逆. 从

而$X=A(A-2E)^{-1}$.

$$
\begin{pmatrix} A-2E \\ A \end{pmatrix}=\begin{pmatrix} 2 & 2 & 3 \\ 1 & -1 & 0 \\ -1 & 2 & 1 \\ 4 & 2 & 3 \\ 1 & 1 & 0 \\ -1 & 2 & 3 \end{pmatrix} \xrightarrow{c_1-c_3} \begin{pmatrix} -1 & 2 & 3 \\ 1 & -1 & 0 \\ -2 & 2 & 1 \\ 1 & 2 & 3 \\ 1 & 1 & 0 \\ -4 & 2 & 3 \end{pmatrix} \xrightarrow[c_3+3c_1]{c_2+2c_1} \begin{pmatrix} -1 & 0 & 0 \\ 1 & 1 & 3 \\ -2 & -2 & -5 \\ 1 & 4 & 6 \\ 1 & 3 & 3 \\ -4 & -6 & -9 \end{pmatrix}
$$

$$
\xrightarrow{c_1\times(-1)} \begin{pmatrix} 1 & 0 & 0 \\ -1 & 1 & 3 \\ 2 & -2 & -5 \\ -1 & 4 & 6 \\ -1 & 3 & 3 \\ 4 & -6 & -9 \end{pmatrix} \xrightarrow{c_3-3c_2} \begin{pmatrix} 1 & 0 & 0 \\ -1 & 1 & 0 \\ 2 & -2 & 1 \\ -1 & 4 & -6 \\ -1 & 3 & -6 \\ 4 & -6 & 9 \end{pmatrix}
$$

$$
\xrightarrow[c_2+2c_3]{c_1-2c_3} \begin{pmatrix} 1 & 0 & 0 \\ -1 & 1 & 0 \\ 0 & 0 & 1 \\ 11 & -8 & -6 \\ 11 & -9 & -6 \\ -14 & 12 & 9 \end{pmatrix} \xrightarrow{c_1+c_2} \begin{pmatrix} 1 & 0 & 0 \\ 0 & 1 & 0 \\ 0 & 0 & 1 \\ 3 & -8 & -6 \\ 2 & -9 & -6 \\ -2 & 12 & 9 \end{pmatrix}.
$$

所以
$$
X=A(A-2E)^{-1}=\begin{pmatrix} 3 & -8 & -6 \\ 2 & -9 & -6 \\ -2 & 12 & 9 \end{pmatrix}.
$$

§3.3　矩阵的秩

3.3.1　矩阵的秩的概念

给定矩阵$A_{m\times n}$，它的标准形为

$$
F=\begin{pmatrix} E_r & O \\ O & O \end{pmatrix}_{m\times n}.
$$

我们知道矩阵$A_{m\times n}$，它的标准形中数r由矩阵$A_{m\times n}$唯一确定，事实上这个数r就是行阶梯形矩阵的非零行的行数，这便是本节要讨论的矩阵A的秩.

1. k 阶子式

定义 1 在 $m\times n$ 矩阵 $\mathbf{A}$ 中,任取 k 行 k 列($1\leqslant k\leqslant m,1\leqslant k\leqslant n$),位于这些行列交叉处的 k^2 个元素,不改变它们在 $\mathbf{A}$ 中所处的位置次序而得到的 k 阶行列式,称为矩阵 A 的 k **阶子式**.

例如:设有矩阵 $\mathbf{A}=\begin{pmatrix}1 & 3 & 1 & 4\\2 & 12 & -2 & 12\\2 & -3 & 8 & 2\end{pmatrix}$,选取第一行和第三行、第二列和第三列,其交叉处的元素按原来位置构成的二阶行列式

$$\begin{vmatrix}3 & 1\\-3 & 8\end{vmatrix}=27$$

就是矩阵 $\mathbf{A}$ 的一个二阶子式.

事实上,矩阵 $\mathbf{A}=\begin{pmatrix}1 & 3 & 1 & 4\\2 & 12 & -2 & 12\\2 & -3 & 8 & 2\end{pmatrix}$ 的一阶子式有 $C_3^1\times C_4^1=3\times 4$ 个;二阶子式有 $C_3^2\times C_4^2=3\times 6$ 个;三阶子式有 $C_3^3\times C_4^3=1\times 4$ 个.

注:$m\times n$ 矩阵 $\mathbf{A}$ 的 k 阶子式共有 $C_m^k\cdot C_n^k$ 个,其中不为零的子式称为**非零子式**.

2. 矩阵的秩

定义 2 设 $\mathbf{A}$ 为 $m\times n$ 矩阵,如果在矩阵 $\mathbf{A}$ 中有一个不等于 0 的 r 阶子式 D,而所有的 $r+1$ 阶子式(如果存在)皆为零,那么 D 称为矩阵 $\mathbf{A}$ 的**最高阶非零子式**,数 r 为矩阵 $\mathbf{A}$ 的**秩**(rank),记为 $R(\mathbf{A})$,即 $R(\mathbf{A})=r$. 特别地,规定零矩阵的秩等于零.

注:设 $\mathbf{A}$ 为 n 阶非奇异矩阵,即 $|\mathbf{A}|\neq 0$,从而可知 n 阶非奇异方阵的秩等于它的阶数 n,故又称非奇异矩阵为**满秩方阵**,奇异方阵又称**降秩方阵**.

由矩阵秩的定义知矩阵的秩具有下列性质:

(1) 若矩阵 $\mathbf{A}$ 中有某个 s 阶子式不为 0,则 $R(\mathbf{A})\geqslant s$;

(2) 若 $\mathbf{A}$ 中所有 t 阶子式全为 0,则 $R(\mathbf{A})<t$;

(3) 若 $\mathbf{A}$ 为 $m\times n$ 矩阵,则 $0\leqslant R(\mathbf{A})\leqslant \min\{m,n\}$;

(4) $R(\mathbf{A})=R(\mathbf{A}^{\mathrm{T}})$.

例 1 求矩阵 $\mathbf{A}=\begin{pmatrix}1 & 2 & 1 & -4\\0 & 0 & 1 & 9\\0 & 0 & -2 & -18\end{pmatrix}$ 的秩.

解 易知矩阵 $\mathbf{A}$ 的所有三阶子式共 4 个,全都是零子式. 再考察二阶子式:显然 $\begin{vmatrix}2 & 1\\0 & 1\end{vmatrix}=2\neq 0$,所以 $R(\mathbf{A})=2$.

下面求行阶梯形矩阵的秩. 所谓的行阶梯形矩阵,其特点是:可画出一条阶梯

线，线的下方全为 0；每个台阶只有一行，台阶数就是非零行的行数；阶梯线的竖线后的第一个元素为非零元. 比如：$\boldsymbol{A}=\begin{pmatrix}1&1&2&5&4\\0&0&1&0&-1\\0&0&0&3&-1\end{pmatrix}$，$\boldsymbol{B}=\begin{pmatrix}1&1&1&6\\0&-2&0&9\\0&0&-1&0\\0&0&0&0\end{pmatrix}$

都是行阶梯形矩阵，其非零行都为 3 行.

易见 $\boldsymbol{A}$ 有一个三阶子式 $\begin{vmatrix}1&2&5\\0&1&0\\0&0&3\end{vmatrix}=3\neq0$，所以 $R(\boldsymbol{A})=3$；

而 $\boldsymbol{B}$ 有三阶子式 $\begin{vmatrix}1&1&1\\0&-2&0\\0&0&-1\end{vmatrix}=2\neq0$，其四阶子式只有一个，其值等于 0，所以 $R(\boldsymbol{B})=3$.

结论：行阶梯形矩阵的秩为其非零行的行数.

定理 1　行阶梯形矩阵的秩等于它的非零行的行数.

证明　略.

3.3.2　利用初等变换求矩阵的秩

利用定义计算矩阵的秩，需要由高阶到低阶考虑矩阵的子式，当矩阵的行数与列数较高时，按定义求秩是非常麻烦的. 由于行阶梯形矩阵的秩很容易判断，它的秩就等于非零行的行数，一看便知，毋需计算. 而任意矩阵都可以经过初等变换化为行阶梯形矩阵. 因此，自然想到用初等变换把矩阵化行阶梯形矩阵. 但两个等价矩阵的秩是否相等呢？下面的定理对此作出了肯定的回答.

定理 2　初等变换不改变矩阵的秩.

证明　略.

总之，若矩阵 $\boldsymbol{A}$ 经过有限次初等变换变为 $\boldsymbol{B}$，则 $R(\boldsymbol{A})=R(\boldsymbol{B})$，即矩阵等价就等秩.

根据这一定理，为求矩阵的秩，只要把矩阵用初等行变换化为行阶梯形矩阵，则其非零行的行数就是该矩阵的秩.

例 2　求矩阵 $\boldsymbol{A}=\begin{pmatrix}1&0&1\\2&1&0\\-3&2&-5\end{pmatrix}$ 的秩.

解　$\boldsymbol{A}=\begin{pmatrix}1&0&1\\2&1&0\\-3&2&-5\end{pmatrix}\xrightarrow[r_3+3r_1]{r_2-2r_1}\begin{pmatrix}1&0&1\\0&1&-2\\0&2&-2\end{pmatrix}\xrightarrow{r_3-2r_2}\begin{pmatrix}1&0&1\\0&1&-2\\0&0&2\end{pmatrix}$.

这是行阶梯形矩阵，知 $R(\boldsymbol{A})=3$. 由于 $\boldsymbol{A}$ 是方阵，且它的秩等于它的阶数，所以 $\boldsymbol{A}$ 为**满秩方阵**.

例 3 求矩阵 $A=\begin{pmatrix}1 & 2 & 3 & 4\\ -1 & -1 & -4 & -2\\ 3 & 4 & 11 & 8\end{pmatrix}$ 的秩,并求 A 的一个最高阶非零子式.

解 $\begin{pmatrix}1 & 2 & 3 & 4\\ -1 & -1 & -4 & -2\\ 3 & 4 & 11 & 8\end{pmatrix}\xrightarrow[r_3-3r_1]{r_2+r_1}\begin{pmatrix}1 & 2 & 3 & 4\\ 0 & 1 & -1 & 2\\ 0 & -2 & 2 & -4\end{pmatrix}\xrightarrow{r_3+2r_2}\begin{pmatrix}1 & 2 & 3 & 4\\ 0 & 1 & -1 & 2\\ 0 & 0 & 0 & 0\end{pmatrix}$.

由行阶梯形矩阵有两个非零行知 $R(A)=2$.

再求 A 的一个最高阶非零子式. 由 $R(A)=2$ 知,A 的最高阶非零子式为二阶. A 的二阶子式共有 $C_3^2\cdot C_4^2=18$ 个.

考察 A 的行阶梯形矩阵,记 $A=(a_1,a_2,a_3,a_4)$,则矩阵 $B=(a_1,a_2)$ 的行阶梯形矩阵为 $\begin{pmatrix}1 & 2\\ 0 & 1\\ 0 & 0\end{pmatrix}$,$R(B)=2$,故 B 中必有二阶非零子式,且共有 3 个.

计算 B 中前二行构成的子式

$$\begin{vmatrix}1 & 2\\ -1 & -1\end{vmatrix}=1\neq 0,$$

则这个子式便是 A 的一个最高阶非零子式.

例 4 设 $A=\begin{pmatrix}1 & -2 & 1 & 2\\ 3 & \lambda & -1 & 2\\ 5 & 3 & \mu & 6\end{pmatrix}$,已知 $R(A)=2$,求 λ 与 μ 的值.

解 $A=\begin{pmatrix}1 & -2 & 1 & 2\\ 3 & \lambda & -1 & 2\\ 5 & 3 & \mu & 6\end{pmatrix}\xrightarrow[r_3-5r_1]{r_2-3r_1}\begin{pmatrix}1 & -2 & 1 & 2\\ 0 & \lambda+6 & -4 & -4\\ 0 & 13 & \mu-5 & -4\end{pmatrix}$

$\xrightarrow{r_3-r_2}\begin{pmatrix}1 & -2 & 1 & 2\\ 0 & \lambda+6 & -4 & -4\\ 0 & 7-\lambda & \mu-1 & 0\end{pmatrix}$.

因为 $R(A)=2$,故 $\begin{cases}7-\lambda=0\\ \mu-1=0\end{cases}$,$\lambda=7,\mu=1$.

§3.4 线性方程组的解

本节,我们首先利用消元法给出线性方程组 $Ax=b$ 有解的条件. 进一步,我们利用系数矩阵 A 和增广矩阵 $B=(A,b)$ 的秩讨论线性方程组 $Ax=b$ 是否有解以及有解时解是否唯一等问题.

3.4.1 问题的提出

例 1 判断下列线性方程组是否有解:

(1) $\begin{cases}x_1-x_2+3x_3=1\\3x_2+2x_3=-1\\4x_3=4\end{cases}$；　(2) $\begin{cases}x_1-x_2-x_3=3\\x_3+2x_4=-2\end{cases}$；　(3) $\begin{cases}x_1-x_2+3x_3=1\\0x_3=4\end{cases}$.

解　(1) 方程组有解，且只有一个解：$x_1=-3, x_2=-1, x_3=1$.

(2) 显然，若令 $x_4=a, x_2=b, a, b$ 为任意实数，则方程组的解为：

$$x_1=(3+b)-2(1+a),\quad x_2=b,\quad x_3=-2(1+a),\quad x_4=a.$$

所以该方程组有解，且有无穷多个解.

(3) 该方程组无解，因为对任意 x_1, x_2, x_3 来说，$0x_3=4$ 都是不可能成立的. 也称这样的方程组为**“不相容的”**.

总结：线性方程组的解的情况：①无解；②有唯一解；③有无数多个解.

从例 1 可以看到，有的线性方程组无解，有的有唯一解，有的有无穷多个解. 自然要问：是否还有其他情况出现？一个线性方程组在什么条件下一定有解？在什么条件下有唯一解？

3.4.2　线性方程组解的判定

先介绍用 Gauss 消元法求解一般线性方程组：

$$\begin{cases}a_{11}x_1+a_{12}x_2+\cdots+a_{1n}x_n=b_1\\a_{21}x_1+a_{22}x_2+\cdots+a_{2n}x_n=b_2\\\cdots\cdots\cdots\cdots\\a_{m1}x_1+a_{m2}x_2+\cdots+a_{mn}x_n=b_m\end{cases}.\tag{3-7}$$

线性方程组(3-7)是含有 m 个方程、n 个未知量的线性方程组.

若记

$$\boldsymbol{A}=\boldsymbol{A}_{m\times n}=\begin{pmatrix}a_{11}&a_{12}&\cdots&a_{1n}\\a_{21}&a_{22}&\cdots&a_{2n}\\\vdots&\vdots&&\vdots\\a_{m1}&a_{m2}&\cdots&a_{mn}\end{pmatrix},\quad \boldsymbol{x}=\begin{pmatrix}x_1\\x_2\\\vdots\\x_n\end{pmatrix},\quad \boldsymbol{b}=\begin{pmatrix}b_1\\b_2\\\vdots\\b_m\end{pmatrix}.$$

则线性方程组(3-7)可写为矩阵方程

$$\boldsymbol{A}_{m\times n}\boldsymbol{x}=\boldsymbol{b}\quad 或\quad \boldsymbol{A}\boldsymbol{x}=\boldsymbol{b}.\tag{3-8}$$

其中，$\boldsymbol{A}=\boldsymbol{A}_{m\times n}$ 称为线性方程组(3-7)的**系数矩阵**，$\boldsymbol{B}=(\boldsymbol{A},\boldsymbol{b})$ 称为其**增广矩阵**. 当 $\boldsymbol{b}\neq\boldsymbol{0}$ 时，称线性方程组(3-7)为**非齐次线性方程组**；当 $\boldsymbol{b}=\boldsymbol{0}$ 时，称线性方程组(3-7)为**齐次线性方程组**.

下面就来介绍如何用消元法解一般的线性方程组(3-7). 对于线性方程组(3-7)，则其消元过程如下：

首先检查 x_1 的系数，如果 x_1 的系数 $a_{11}, a_{21}, \cdots, a_{m1}$ 全为零，那么线性方程

组(3-7)对x_1没有任何限制，x_1就可以取任何值，而线性方程组(3-7)可以看作 x_2，x_3，…，x_n的线性方程组来解. 如果 x_1 的系数不全为零，那么利用初等变换 1，可以设 $a_{11}\neq 0$，利用初等变换 3，分别把第一个方程的$-\frac{a_{i1}}{a_{11}}$倍加到第 i 个方程($i=2,\cdots,n$). 于是线性方程组(3-7)就变成

$$\begin{cases} a_{11}x_1+a_{12}x_2+\cdots+a_{1n}x_n=b_1 \\ a'_{22}x_2+\cdots+a'_{2n}x_n=b'_2 \\ \cdots\cdots\cdots\cdots \\ a'_{m2}x_2+\cdots+a'_{mn}x_n=b'_m \end{cases}, \tag{3-9}$$

其中，$a'_{ij}=a_{ij}-\frac{a_{i1}}{a_{11}}\cdot a_{1j}(i=2,\cdots,m;j=2,\cdots,n)$.

对线性方程组(3-9)的后 $m-1$ 个方程构成的线性方程组重复以上过程，如此不断进行下去，最后得到如下与线性方程组(3-7)同解的阶梯形(echelon form)方程组.

$$\begin{cases} c_{11}x_1+c_{12}x_2+\cdots+c_{1r}x_r+\cdots+c_{1n}x_n=d_1 \\ c_{22}x_2+\cdots+c_{2r}x_r+\cdots+c_{2n}x_n=d_2 \\ \cdots\cdots\cdots\cdots \\ c_{rr}x_r+\cdots+c_{rn}x_n=d_r \\ 0=d_{r+1} \\ 0=0 \\ \cdots\cdots\cdots\cdots \\ 0=0 \end{cases}. \tag{3-10}$$

其中，$c_{ii}\neq 0(i=1,\cdots,r)$. 此时，相应地经矩阵的初等行变换将方程组(3-7)的系数矩阵 $\boldsymbol{A}$ 和增广矩阵 $\boldsymbol{B}$ 分别化成

$$\overline{\boldsymbol{A}}=\begin{pmatrix} c_{11} & c_{12} & \cdots & c_{1r} & \cdots & c_{1n} \\ 0 & c_{22} & \cdots & c_{2r} & \cdots & c_{2n} \\ \vdots & \vdots & & \vdots & & \vdots \\ 0 & 0 & \cdots & c_{rr} & \cdots & c_{rn} \\ 0 & 0 & \cdots & 0 & \cdots & 0 \\ 0 & 0 & \cdots & 0 & \cdots & 0 \\ \vdots & \vdots & & \vdots & & \vdots \\ 0 & 0 & \cdots & 0 & \cdots & 0 \end{pmatrix}, \quad \overline{\boldsymbol{B}}=\begin{pmatrix} c_{11} & c_{12} & \cdots & c_{1r} & \cdots & c_{1n} & d_1 \\ 0 & c_{22} & \cdots & c_{2r} & \cdots & c_{2n} & d_2 \\ \vdots & \vdots & & \vdots & & \vdots & \vdots \\ 0 & 0 & \cdots & c_{rr} & \cdots & c_{rn} & d_r \\ 0 & 0 & \cdots & 0 & \cdots & 0 & d_{r+1} \\ 0 & 0 & \cdots & 0 & \cdots & 0 & 0 \\ \vdots & \vdots & & \vdots & & \vdots & \vdots \\ 0 & 0 & \cdots & 0 & \cdots & 0 & 0 \end{pmatrix}. \tag{3-11}$$

因为 $\overline{\mathbf{A}},\overline{\boldsymbol{B}}$ 都是阶梯形矩阵，所以 $R(\overline{\mathbf{A}})=r$，而

$$R(\overline{\boldsymbol{B}})=\begin{cases} r+1 & 当\ d_{r+1}\neq 0 \\ r & 当\ d_{r+1}=0 \end{cases}.$$

而初等变换不改变矩阵的秩，所以

$$R(\mathbf{A})=R(\overline{\mathbf{A}})=r,\quad R(\boldsymbol{B})=R(\overline{\boldsymbol{B}})=\begin{cases} r+1 & 当\ d_{r+1}\neq 0 \\ r & 当\ d_{r+1}=0 \end{cases}.$$

显然，当 $d_{r+1}\neq 0$ 时，$R(\mathbf{A})=r,R(\boldsymbol{B})=r+1$，此时 $R(\mathbf{A})\neq R(\boldsymbol{B})$，当 $d_{r+1}=0$ 时，$R(\mathbf{A})=R(\boldsymbol{B})=r$.

综上可得：当方程组(3-10)中的 $d_{r+1}\neq 0$ 时，第 $r+1$ 个方程是矛盾方程，则方程组无解，此时 $R(\mathbf{A})=r,R(\boldsymbol{B})=r+1,R(\mathbf{A})\neq R(\boldsymbol{B})$.

当方程组(3-10)中的 $d_{r+1}=0$ 时，$R(\mathbf{A})=R(\boldsymbol{B})=r$，线性方程组(3-9)有解. 下面进一步讨论解的情况如下：

对式(3-11)中的矩阵 $\overline{\boldsymbol{B}}$ 继续实施初等行变换，将其化为行最简形矩阵：

$$\boldsymbol{B}=(\mathbf{A},\boldsymbol{b})\xrightarrow{\text{初等行变换}}\overline{\boldsymbol{B}}\xrightarrow{\text{初等行变换}}\begin{pmatrix} 1 & 0 & \cdots & 0 & d_{1,r+1} & \cdots & d_{1n} & c_1 \\ 0 & 1 & \cdots & 0 & d_{2,r+1} & \cdots & d_{2n} & c_2 \\ \vdots & \vdots & & \vdots & \vdots & & \vdots & \vdots \\ 0 & 0 & \cdots & 1 & d_{r,r+1} & \cdots & d_{rn} & c_r \\ 0 & 0 & \cdots & 0 & 0 & \cdots & 0 & 0 \\ 0 & 0 & \cdots & 0 & 0 & \cdots & 0 & 0 \\ \vdots & \vdots & & \vdots & \vdots & & \vdots & \vdots \\ 0 & 0 & \cdots & 0 & 0 & \cdots & 0 & 0 \end{pmatrix}=\boldsymbol{C}.$$

(1) 当 $r=n$ 时，上面的矩阵 $\boldsymbol{C}$ 对应的方程组为

$$\begin{cases} x_1=c_1 \\ x_2=c_2 \\ \cdots\cdots\cdots\cdots \\ x_n=c_n \end{cases},$$

即方程组有唯一解.

(2) 当 $r<n$ 时，上面的矩阵 $\boldsymbol{C}$ 对应的方程组为

$$\begin{cases} x_1+d_{1,r+1}x_{r+1}+\cdots+d_{1n}x_n=c_1 \\ x_2+d_{2,r+1}x_{r+1}+\cdots+d_{2n}x_n=c_2 \\ \cdots\cdots\cdots\cdots \\ x_r+d_{r,r+1}x_{r+1}+\cdots+d_{rn}x_n=c_r \end{cases},\tag{3-12}$$

移项得与方程组(3-12)同解的方程组

$$\begin{cases} x_1=c_1-d_{1,r+1}x_{r+1}-\cdots-d_{1n}x_n \\ x_2=c_2-d_{2,r+1}x_{r+1}-\cdots-d_{2n}x_n \\ \cdots\cdots\cdots\cdots \\ x_r=c_r-d_{r,r+1}x_{r+1}-\cdots-d_{rn}x_n \end{cases}. \tag{3-13}$$

方程组(3-13)右端的未知量 $x_{r+1},\cdots,x_n$ 称为**自由未知量**.当 $x_{r+1},\cdots,x_n$ 任意取定一组值时,由方程组(3-13)可求出 $x_1,\cdots,x_r$ 的值,从而得到原方程组(3-7)的一个解.此时,方程组(3-7)有无穷多个解.若令 $x_{r+1}=k_1,\cdots,x_n=k_{n-r}$($k_1,k_2,\cdots,k_{n-r}$ 为任意常数),则得方程组(3-7)含有 $n-r$ 个参数的解为

$$\begin{cases} x_1=c_1-d_{1,r+1}k_1-\cdots-d_{1n}k_{n-r} \\ x_2=c_2-d_{2,r+1}k_1-\cdots-d_{2n}k_{n-r} \\ \cdots\cdots\cdots\cdots \\ x_r=c_r-d_{r,r+1}k_1-\cdots-d_{rn}k_{n-r}. \\ x_{r+1}=k_1 \\ \cdots\cdots\cdots\cdots \\ x_n=k_{n-r} \end{cases} \tag{3-14}$$

即

$$\boldsymbol{x}=\begin{pmatrix} x_1 \\ \vdots \\ x_r \\ x_{r+1} \\ \vdots \\ x_n \end{pmatrix}=k_1\begin{pmatrix} -d_{1,r+1} \\ \vdots \\ -d_{2,r+1} \\ 1 \\ \vdots \\ 0 \end{pmatrix}+\cdots+k_{n-r}\begin{pmatrix} -d_{1n} \\ \vdots \\ -d_{rn} \\ 0 \\ \vdots \\ 1 \end{pmatrix}+\begin{pmatrix} c_1 \\ \vdots \\ c_r \\ 0 \\ \vdots \\ 0 \end{pmatrix}.$$

由于参数 $k_1,\cdots,k_{n-r}$ 可任意取值,故方程组(3-7)有无穷多个解.通常称式(3-14)为方程组(3-7)的一般解.

由以上讨论不难得到下述定理.

定理 1 n 元非齐次线性方程组(3-7)有解的充分必要条件是 $R(\mathbf{A})=R(\boldsymbol{B})=r$.并且

(1) 当 $R(\mathbf{A})=R(\boldsymbol{B})=r=n$ 时,线性方程组(3-7)有唯一解;

(2) 当 $R(\mathbf{A})=R(\boldsymbol{B})=r<n$ 时,线性方程组(3-7)有无穷多个解.

当线性方程组(3-7)右端常数项均为 0 时,得到齐次线性方程组

$$\begin{cases} a_{11}x_1+a_{12}x_2+\cdots+a_{1n}x_n=0 \\ a_{21}x_1+a_{22}x_2+\cdots+a_{2n}x_n=0 \\ \cdots\cdots\cdots\cdots \\ a_{m1}x_1+a_{m2}x_2+\cdots+a_{mn}x_n=0 \end{cases}. \tag{3-15}$$

即

$$\boldsymbol{A}\boldsymbol{x}=\boldsymbol{0}$$

由于齐次线性方程组(3-15)的系数矩阵 $\boldsymbol{A}$ 和增广矩阵 $\boldsymbol{B}=(\boldsymbol{A},\boldsymbol{0})$ 的秩总是相等的，所以齐次线性方程组(3-15)恒有解，至少有零解. 由定理 1 知，当 $R(\boldsymbol{A})=r=n$ 时，n 元齐次线性方程组(3-15)只有零解；当 $R(\boldsymbol{A})=r<n$ 时，n 元齐次线性方程组(3-15)有无穷多个解，即除了零解之外还有非零解. 由以上讨论不难得到下述定理.

定理 2　n 元齐次线性方程组 $\boldsymbol{A}\boldsymbol{x}=\boldsymbol{0}$ 有非零解的充分必要条件是 $R(\boldsymbol{A})<n$.

由定理 2 易得以下两个推论：

推论 1　若 $m<n$，则 $\boldsymbol{A}_{m\times n}\boldsymbol{x}=\boldsymbol{0}$ 有非零解.

推论 2　$\boldsymbol{A}_{n\times n}\boldsymbol{x}=\boldsymbol{0}$ 有非零解的充分必要条件是 $|\boldsymbol{A}_{n\times n}|=0$.

3.4.3　用初等行变换求解线性方程组

根据上面的讨论，可以给出 n 元线性方程组 $\boldsymbol{A}\boldsymbol{x}=\boldsymbol{b}$ 的求解步骤：

(1) 对于非齐次线性方程组 $\boldsymbol{A}\boldsymbol{x}=\boldsymbol{b}$，用初等行变换把它的增广矩阵 $\boldsymbol{B}$ 化成行阶梯形矩阵，从中可同时看出 $R(\boldsymbol{A})$ 和 $R(\boldsymbol{B})$. 若 $R(\boldsymbol{A})<R(\boldsymbol{B})$，则方程组无解.

(2) 若 $R(\boldsymbol{A})=R(\boldsymbol{B})$，则进一步用初等行变换把 $\boldsymbol{B}$ 化成行最简形矩阵. 而对于齐次线性方程组，则把系数矩阵 $\boldsymbol{A}$ 化成行最简形矩阵.

(3) 设 $R(\boldsymbol{A})=R(\boldsymbol{B})=r$，把行最简形矩阵中 r 个非零行的非零首元所对应的未知量取作非自由未知量，其余 $n-r$ 个未知量取作自由未知量，并令自由未知量分别等于 $k_1,k_2,\cdots,k_{n-r}$，由 $\boldsymbol{B}$(或 $\boldsymbol{A}$)的行最简形矩阵，即可写出含 $n-r$ 个参数的一般解.

例 2　求如下线性方程组的一般解：

$$\begin{cases} x_1-x_2+x_3+x_4=1 \\ 2x_1+x_2+4x_3+5x_4=6 \\ x_1+2x_2+3x_3+4x_4=5 \end{cases}.$$

解　对增广矩阵作初等行变换得

$$\boldsymbol{B}=(\boldsymbol{A},\boldsymbol{b})=\begin{pmatrix} 1 & -1 & 1 & 1 & 1 \\ 2 & 1 & 4 & 5 & 6 \\ 1 & 2 & 3 & 4 & 5 \end{pmatrix} \xrightarrow[r_3-r_1]{r_2-2r_1} \begin{pmatrix} 1 & -1 & 1 & 1 & 1 \\ 0 & 3 & 2 & 3 & 4 \\ 0 & 3 & 2 & 3 & 4 \end{pmatrix} \xrightarrow{r_3-r_2} \begin{pmatrix} 1 & -1 & 1 & 1 & 1 \\ 0 & 3 & 2 & 3 & 4 \\ 0 & 0 & 0 & 0 & 0 \end{pmatrix}$$

$$\xrightarrow{r_2 \div 3}\begin{pmatrix}1 & -1 & 1 & 1 & 1\\0 & 1 & \frac{2}{3} & 1 & \frac{4}{3}\\0 & 0 & 0 & 0 & 0\end{pmatrix}\xrightarrow{r_1+r_2}\begin{pmatrix}1 & 0 & \frac{5}{3} & 2 & \frac{7}{3}\\0 & 1 & \frac{2}{3} & 1 & \frac{4}{3}\\0 & 0 & 0 & 0 & 0\end{pmatrix}.$$

由于 $R(\boldsymbol{A})=R(\boldsymbol{B})=2<4=n$，所以，原方程组有无穷多个解. 原方程组的同解方程组为

$$\begin{cases}x_1=\frac{7}{3}-\frac{5}{3}x_3-2x_4\\x_2=\frac{4}{3}-\frac{2}{3}x_3-x_4\end{cases},$$

其中，x_3，x_4 为自由未知量.

令 $x_3=k_1$，$x_4=k_2$，得原方程组的一般解为

$$\begin{cases}x_1=\frac{7}{3}-\frac{5}{3}k_1-2k_2\\x_2=\frac{4}{3}-\frac{2}{3}k_1-k_2\\x_3=k_1\\x_4=k_2\end{cases},$$

其中，k_1，k_2 为任意实数.

例 3 设有线性方程组

$$\begin{cases}x_1+x_2+kx_3=4\\-x_1+kx_2+x_3=k^2\\x_1-x_2+2x_3=-4\end{cases}.$$

问该线性方程组什么时候有解？什么时候无解？有解时，求出相应的解.

解 方程组的系数行列式

$$|\boldsymbol{A}|=\begin{vmatrix}1 & 1 & k\\-1 & k & 1\\1 & -1 & 2\end{vmatrix}=(1+k)(4-k).$$

当 $|\boldsymbol{A}|=(1+k)(4-k)\neq 0$ 即 $k\neq -1,4$ 时，方程组有唯一解，且唯一解为（按克拉默法则）

$$x_1=\frac{k^2+2k}{k+1},\quad x_2=\frac{k^2+2k+4}{k+1},\quad x_3=\frac{-2k}{k+1}.$$

当 $k=-1$ 时，方程组为

$$\begin{cases} x_1+x_2-x_3=4 \\ -x_1-x_2+x_3=1 \\ x_1-x_2+2x_3=-4 \end{cases},$$

此时

$$(\boldsymbol{A},\boldsymbol{b})=\begin{pmatrix} 1 & 1 & -1 & 4 \\ -1 & -1 & 1 & 1 \\ 1 & -1 & 2 & -4 \end{pmatrix} \xrightarrow[r_3-r_1]{r_2+r_1} \begin{pmatrix} 1 & 1 & -1 & 4 \\ 0 & 0 & 0 & 5 \\ 0 & -2 & 3 & -8 \end{pmatrix} \xrightarrow{r_2\leftrightarrow r_3} \begin{pmatrix} 1 & 1 & -1 & 4 \\ 0 & -2 & 3 & -8 \\ 0 & 0 & 0 & 5 \end{pmatrix},$$

$R(\boldsymbol{A})=2<R(\boldsymbol{A},\boldsymbol{b})=3$，方程组无解.

当 $k=4$ 时，方程组为

$$\begin{cases} x_1+x_2+4x_3=4 \\ -x_1+4x_2+x_3=16. \\ x_1-x_2+2x_3=-4 \end{cases}$$

此时

$$(\boldsymbol{A},\boldsymbol{b})=\begin{pmatrix} 1 & 1 & 4 & 4 \\ -1 & 4 & 1 & 16 \\ 1 & -1 & 2 & -4 \end{pmatrix} \xrightarrow[r_3-r_1]{r_2+r_1} \begin{pmatrix} 1 & 1 & 4 & 4 \\ 0 & 5 & 5 & 20 \\ 0 & -2 & -2 & -8 \end{pmatrix}$$

$$\xrightarrow[r_3\div(-2)]{r_2\div 5} \begin{pmatrix} 1 & 1 & 4 & 4 \\ 0 & 1 & 1 & 4 \\ 0 & 1 & 1 & 4 \end{pmatrix} \xrightarrow{r_3-r_2} \begin{pmatrix} 1 & 1 & 4 & 4 \\ 0 & 1 & 1 & 4 \\ 0 & 0 & 0 & 0 \end{pmatrix} \xrightarrow{r_1-r_2} \begin{pmatrix} 1 & 0 & 3 & 0 \\ 0 & 1 & 1 & 4 \\ 0 & 0 & 0 & 0 \end{pmatrix}.$$

$R(\boldsymbol{A})=R(\boldsymbol{A},\boldsymbol{b})=2<3$，故方程组有无穷多个解，其同解方程组为 $\begin{cases} x_1+3x_3=0 \\ x_2+x_3=4 \end{cases}$，一般解为

$$\begin{cases} x_1=-3k \\ x_2=4-k, \\ x_3=k \end{cases}$$

其中，k 为任意实数.

$$\boldsymbol{x}=\begin{pmatrix} x_1 \\ x_2 \\ x_3 \end{pmatrix}=\begin{pmatrix} 0 \\ 4 \\ 0 \end{pmatrix}+k\begin{pmatrix} -3 \\ -1 \\ 1 \end{pmatrix},$$

其中，k 为任意实数.

例 4　求解齐次线性方程组

$$\begin{cases}x_1-x_2-x_3+x_4=0\\x_1-x_2+x_3-3x_4=0\\x_1-x_2-2x_3+3x_4=0\end{cases}.$$

解 对系数矩阵作初等行变换得

$$\boldsymbol{A}=\begin{pmatrix}1&-1&-1&1\\1&-1&1&-3\\1&-1&-2&3\end{pmatrix}\xrightarrow[r_3-r_1]{r_2-r_1}\begin{pmatrix}1&-1&-1&1\\0&0&2&-4\\0&0&-1&2\end{pmatrix}\xrightarrow[r_3\times(-1)]{r_2\div 2}\begin{pmatrix}1&-1&-1&1\\0&0&1&-2\\0&0&1&-2\end{pmatrix}$$

$$\xrightarrow{r_3-r_2}\begin{pmatrix}1&-1&-1&1\\0&0&1&-2\\0&0&0&0\end{pmatrix}\xrightarrow{r_1+r_2}\begin{pmatrix}1&-1&0&-1\\0&0&1&-2\\0&0&0&0\end{pmatrix}.$$

原方程组对应的同解方程组为

$$\begin{cases}x_1-x_2-x_4=0\\x_3-2x_4=0\end{cases},$$

其中,x_2,x_4 为自由未知量,故方程组的一般解为

$$\begin{cases}x_1=k_1+k_2\\x_2=k_1\\x_3=2k_2\\x_4=k_2\end{cases},$$

其中,k_1,k_2 为任意实数.

习 题 3

1. 用初等行变换把下列矩阵化为行最简形矩阵:

(1) $\begin{pmatrix}1&0&2&-1\\2&0&3&1\\3&4&4&-3\end{pmatrix}$;　　(2) $\begin{pmatrix}0&2&-3&1\\0&3&-4&3\\0&4&-7&-1\end{pmatrix}$;

(3) $\begin{pmatrix}1&-1&3&-4&3\\3&-3&5&-4&1\\2&-2&3&-2&0\\3&-3&4&-2&-1\end{pmatrix}$.

2. 用初等变换把矩阵 $\boldsymbol{A}$ 化为标准形,其中:

(1) $\boldsymbol{A}=\begin{pmatrix}1&1&1\\1&2&3\\2&4&6\end{pmatrix}$;　　(2) $\boldsymbol{A}=\begin{pmatrix}2&2&2\\1&2&3\\2&4&7\end{pmatrix}$;

(3) $A=\begin{pmatrix}2&-1&5&-1&-3\\1&-1&3&-2&-1\\2&1&3&5&-5\\3&1&5&6&-7\end{pmatrix}$.

3. $A=\begin{pmatrix}a_{11}&a_{12}&a_{13}\\a_{21}&a_{22}&a_{23}\\a_{31}&a_{32}&a_{33}\end{pmatrix}$, $B=\begin{pmatrix}a_{21}&a_{22}&a_{23}\\a_{11}&a_{12}&a_{13}\\a_{11}+a_{31}&a_{12}+a_{32}&a_{13}+a_{33}\end{pmatrix}$，试求初等矩阵 P_1,P_2，使得 $P_2P_1A=B$.

4. 可逆矩阵 A 的第 i 行与第 j 行对换变为 B，则逆阵 B^{-1} 与 A^{-1} 的关系如何?

5. 求下列矩阵的逆矩阵：

(1) $A=\begin{pmatrix}1&0&0\\2&3&0\\4&5&6\end{pmatrix}$;　　(2) $A=\begin{pmatrix}1&1&1\\0&1&1\\0&0&1\end{pmatrix}$;

(3) $A=\begin{pmatrix}1&2&1\\1&1&0\\-1&2&1\end{pmatrix}$.

6. 试利用矩阵的初等变换，求下列方阵的逆矩阵：

(1) $\begin{pmatrix}3&2&1\\3&1&5\\3&2&3\end{pmatrix}$;　　(2) $\begin{pmatrix}3&-2&0&-1\\0&2&2&1\\1&-2&-3&-2\\0&1&2&1\end{pmatrix}$.

7. 试利用矩阵的初等变换，求解下列矩阵方程：

(1) 设 $A=\begin{pmatrix}4&1&-2\\2&2&1\\3&1&-1\end{pmatrix}$, $B=\begin{pmatrix}1&-3\\2&2\\3&-1\end{pmatrix}$，求 X 使 $AX=B$;

(2) 设 $A=\begin{pmatrix}0&2&1\\2&-1&3\\-3&3&-4\end{pmatrix}$, $B=\begin{pmatrix}1&2&3\\2&-3&1\end{pmatrix}$，求 X 使 $XA=B$.

8. 设 $A=\begin{pmatrix}1&-1&0\\0&1&-1\\-1&0&1\end{pmatrix}$, $AX=2X+A$，求 X.

9. 求一个秩是 4 的方阵，它的两个行向量是 $(1,0,1,0,0)$，$(1,-1,0,0,0)$

10. 求下列矩阵的秩，并求一个最高阶非零子式：

(1) $\begin{pmatrix}3&1&0&2\\1&-1&2&-1\\1&3&-4&4\end{pmatrix}$;　　(2) $\begin{pmatrix}3&2&-1&-3&-1\\2&-1&3&1&-3\\7&0&5&-1&-8\end{pmatrix}$;

(3) $\begin{pmatrix} 2 & 1 & 8 & 3 & 7 \\ 2 & -3 & 0 & 7 & -5 \\ 3 & -2 & 5 & 8 & 0 \\ 1 & 0 & 3 & 2 & 0 \end{pmatrix}$.

11. 设 $\boldsymbol{A}=\begin{pmatrix} 1 & 0 & 0 & 1 \\ 3 & 1 & 1 & 4 \\ 1 & 1 & \lambda & 2 \\ 0 & 1 & 1 & \lambda \end{pmatrix}$，讨论矩阵 $\boldsymbol{A}$ 的秩.

12. 设 $\boldsymbol{A}=\begin{pmatrix} 1 & -2 & 3k \\ -1 & 2k & -3 \\ k & -2 & 3 \end{pmatrix}$，问 k 为何值时，可使：

(1) $R(\boldsymbol{A})=1$；　　(2) $R(\boldsymbol{A})=2$；　　(3) $R(\boldsymbol{A})=3$.

13. (1) $\boldsymbol{A}=\begin{pmatrix} 1 & 4 & 5 \\ 0 & 1 & 2 \\ 2 & 3 & 1 \end{pmatrix}$，$\boldsymbol{B}_{3\times 3}$ 的秩为 2，求 $R(\boldsymbol{AB})$.

(2) $\boldsymbol{A}=\begin{pmatrix} 1 & 1 & 1 \\ 1 & 2 & 3 \\ 1 & 3 & t \end{pmatrix}$ 的秩为 2，求 t.

14. 设 $\boldsymbol{A},\boldsymbol{B}$ 都是 $m\times n$ 矩阵，证明 $\boldsymbol{A}$ 与 $\boldsymbol{B}$ 等价的充分必要条件是 $R(\boldsymbol{A})=R(\boldsymbol{B})$.

15. 设有方程组 $\begin{cases} (1+\lambda)x_1+x_2+x_3=0 \\ x_1+(1+\lambda)x_2+x_3=3 \\ x_1+x_2+(1+\lambda)x_3=\lambda \end{cases}$，问 λ 为何值时，方程组有唯一解；无解；有无穷多个解，并求解.

16. λ 取何值时，非齐次线性方程组 $\begin{cases} \lambda x_1+x_2+x_3=1 \\ x_1+\lambda x_2+x_3=\lambda \\ x_1+x_2+\lambda x_3=\lambda^2 \end{cases}$ (1)有唯一解；(2)无解；(3)有无穷多个解.

17. 求解下列齐次线性方程组：

(1) $\begin{cases} x_1+x_2+2x_3-x_4=0 \\ 2x_1+x_2+x_3-x_4=0 \\ 2x_1+2x_2+x_3+2x_4=0 \end{cases}$；　　(2) $\begin{cases} x_1+2x_2+x_3-x_4=0 \\ 3x_1+6x_2-x_3-3x_4=0 \\ 5x_1+10x_2+x_3-5x_4=0 \end{cases}$；

(3) $\begin{cases} 2x_1+3x_2-x_3+5x_4=0 \\ 3x_1+x_2+2x_3-7x_4=0 \\ 4x_1+x_2-3x_3+6x_4=0 \\ x_1-2x_2+4x_3-7x_4=0 \end{cases}$；　　(4) $\begin{cases} 3x_1+4x_2-5x_3+7x_4=0 \\ 2x_1-3x_2+3x_3-2x_4=0 \\ 4x_1+11x_2-13x_3+16x_4=0 \\ 7x_1-2x_2+x_3+3x_4=0 \end{cases}$.

18. 求解下列非齐次线性方程组：

(1) $\begin{cases} 4x_1+2x_2-x_3=2 \\ 3x_1-x_2+2x_3=10 \\ 11x_1+3x_2=8 \end{cases}$；　　(2) $\begin{cases} 2x+3y+z=4 \\ x-2y+4z=-5 \\ 3x+8y-2z=13 \\ 4x-y+9z=-6 \end{cases}$；

(3) $\begin{cases} 2x+y-z+w=1 \\ 4x+2y-2z+w=2 \\ 2x+y-z-w=1 \end{cases}$；　　(4) $\begin{cases} 2x+y-z+w=1 \\ 3x-2y+z-3w=4 \\ x+4y-3z+5w=-2 \end{cases}$.

19. 写出一个以 $\boldsymbol{x}=c_1\begin{pmatrix} 2 \\ -3 \\ 1 \\ 0 \end{pmatrix}+c_2\begin{pmatrix} -2 \\ 4 \\ 0 \\ 1 \end{pmatrix}$ 为通解的齐次线性方程组.

第 4 章　向量组的线性相关性与线性方程组解的结构

在高等数学的空间解析几何中研究了空间向量，而在本书的前面几章讨论了矩阵的概念和运算以及矩阵的秩的概念，并利用矩阵的秩的概念讨论了线性方程组有解的条件. 为了进一步研究矩阵中每一行(列)之间的关系，以及线性方程组解的结构，本章将介绍 n 维向量的概念、线性运算、向量组的线性相关性、向量组的最大线性无关组和向量组的秩等内容；最后给出线性方程组解的结构，即当线性方程组的解不唯一时，解与解之间的关系怎么样，以及如何表示它的所有解.

§4.1　n 维向量及其线性组合

4.1.1　n 维向量的概念

在解析几何中，我们讨论过二维、三维空间中的向量(既有大小，又有方向的量)，以及向量的加减法和向量与数的乘法. 将其推广，我们可以得到 n 维向量的概念及其线性运算.

1. n 维向量的定义

定义 1　n 个有次序的数 $a_1,a_2,\cdots,a_n$ 所组成的数组称为 n **维向量**(vector)，n 维向量一般用粗体 $\boldsymbol{\alpha},\boldsymbol{\beta},\boldsymbol{\gamma},\boldsymbol{a},\boldsymbol{o},\boldsymbol{x},\boldsymbol{y}$ 等表示. 记为 $\boldsymbol{\alpha}=(a_1,a_2,\cdots,a_n)$，其中 a_i 为向量的第 i 个分量.

所有的分量均为实数的向量称为**实向量**；所有的分量均为复数的向量称为**复向量**. 今后除特别指明外，一般我们只讨论实向量.

向量的分类：n 维向量写成一行 $\boldsymbol{\alpha}=(a_1,a_2,\cdots,a_n)$，称为**行向量**，也就是 $1\times n$ 行矩阵. n 维向量写成一列 $\boldsymbol{\alpha}=\begin{pmatrix}a_1\\a_2\\\vdots\\a_n\end{pmatrix}$，称为**列向量**，也就是 $n\times 1$ 矩阵(列矩阵).

例如：$(2,1,3)$，$(a_1,a_2,\cdots,a_n)$，$\begin{pmatrix}0\\2\\1\\3\end{pmatrix}$，$\begin{pmatrix}x_1\\x_2\\\vdots\\x_n\end{pmatrix}$ 分别称为 3 维行向量、n 维行向量、4

维列向量、n 维列向量.

2. 向量与矩阵的关系

设 $\boldsymbol{A}=\begin{pmatrix} a_{11} & a_{12} & \cdots & a_{1n} \\ a_{21} & a_{22} & \cdots & a_{2n} \\ \vdots & \vdots & & \vdots \\ a_{m1} & a_{m2} & \cdots & a_{mn} \end{pmatrix}$,若记 $\boldsymbol{\alpha}_j=\begin{pmatrix} a_{1j} \\ a_{2j} \\ \vdots \\ a_{mj} \end{pmatrix}$,则 $\boldsymbol{A}=(\boldsymbol{\alpha}_1,\boldsymbol{\alpha}_2,\cdots,\boldsymbol{\alpha}_n)$.

若记 $\boldsymbol{\beta}_i=(a_{i1},a_{i2},\cdots,a_{in})$,则 $\boldsymbol{A}=\begin{pmatrix} \boldsymbol{\beta}_1 \\ \boldsymbol{\beta}_2 \\ \vdots \\ \boldsymbol{\beta}_m \end{pmatrix}$.

由此说明矩阵可以用行向量表示,也可以用列向量表示.

称矩阵 $\boldsymbol{A}$ 的每一列

$$\boldsymbol{\alpha}_j=\begin{pmatrix} a_{1j} \\ a_{2j} \\ \vdots \\ a_{mj} \end{pmatrix} \quad (j=1,2,\cdots n)$$

组成的向量组 $\boldsymbol{\alpha}_1,\boldsymbol{\alpha}_2,\cdots,\boldsymbol{\alpha}_n$ 为矩阵 $\boldsymbol{A}$ 的**列向量组**.

称矩阵 $\boldsymbol{A}$ 的每一行

$$\boldsymbol{\beta}_i=(a_{i1},a_{i2},\cdots,a_{in}) \quad (i=1,2,\cdots,m)$$

组成的向量组 $\boldsymbol{\beta}_1,\boldsymbol{\beta}_2,\cdots,\boldsymbol{\beta}_m$ 为矩阵 $\boldsymbol{A}$ 的**行向量组**.

3. 特殊的向量

(1) 零向量:所有分量均为零的向量称为**零向量**,记为 $\boldsymbol{O}=(0,0,\cdots,0)^{\mathrm{T}}$.

(2) 单位向量:$\boldsymbol{\varepsilon}_1=(1,0,0,\cdots,0)^{\mathrm{T}}$, $\boldsymbol{\varepsilon}_2=(0,1,0,\cdots,0)^{\mathrm{T}}$, $\cdots$, $\boldsymbol{\varepsilon}_n=(0,0,0,\cdots,1)^{\mathrm{T}}$ 称为**单位向量**,$\boldsymbol{\varepsilon}_1,\boldsymbol{\varepsilon}_2,\cdots,\boldsymbol{\varepsilon}_n$ 为**单位向量组**.

例 1　一个 n 元线性方程 $a_1x_1+a_2x_2+\cdots+a_nx_n=b$,可以用 $n+1$ 维向量$(a_1,a_2,\cdots,a_n,b)$来表示. 从而线性方程组

$$\begin{cases} a_{11}x_1+a_{12}x_2+\cdots+a_{1n}x_n=b_1 \\ \cdots\cdots\cdots\cdots \\ a_{m1}x_1+a_{m2}x_2+\cdots+a_{mn}x_n=b_m \end{cases}$$

就可以用 m 个 $n+1$ 维行向量

$$(a_{11},a_{12},\cdots,a_{1n},b_1)$$
$$\cdots\cdots\cdots\cdots$$
$$(a_{m1},a_{m2},\cdots,a_{mn},b_m)$$

来表示.

注意:将一个 n 维行向量 $\boldsymbol{\alpha}=(a_1,a_2,\cdots,a_n)$ 看成一个 $1\times n$ 矩阵;一个 n 维列向量 $\boldsymbol{\alpha}=\begin{pmatrix}a_1\\a_2\\\vdots\\a_n\end{pmatrix}$ 看成一个 $n\times 1$ 矩阵,那么,向量就是特殊的矩阵.因此,矩阵的所有运算都适应于向量.例如同维向量的加、减法、数与向量的乘法、转置等.

例 2 设 $\boldsymbol{\alpha}=\begin{pmatrix}1\\0\\-2\end{pmatrix}$,$\boldsymbol{\beta}=\begin{pmatrix}4\\-1\\-2\end{pmatrix}$,求满足 $2\boldsymbol{\alpha}+\boldsymbol{\beta}+6\boldsymbol{\gamma}=\boldsymbol{0}$ 的向量 $\boldsymbol{\gamma}$.

解 由 $2\boldsymbol{\alpha}+\boldsymbol{\beta}+6\boldsymbol{\gamma}=\boldsymbol{0}$ 得

$$\boldsymbol{\gamma}=-\frac{1}{6}(2\boldsymbol{\alpha}+\boldsymbol{\beta})=-\frac{1}{6}\left[2\begin{pmatrix}1\\0\\-2\end{pmatrix}+\begin{pmatrix}4\\-1\\-2\end{pmatrix}\right]=-\frac{1}{6}\begin{pmatrix}6\\-1\\-6\end{pmatrix}=\begin{pmatrix}-1\\\frac{1}{6}\\1\end{pmatrix}.$$

4.1.2 向量组及其线性组合

1. 向量组线性组合的概念

定义 2 由若干(可以是有限个,也可以是无穷多个)维数相同的一些向量构成的集合,称为**向量组**.

例 3 线性方程组的另一种表示形式——向量表示形式:设有线性方程组

$$\begin{cases}a_{11}x_1+a_{12}x_2+\cdots+a_{1n}x_n=b_1\\a_{21}x_1+a_{22}x_2+\cdots+a_{2n}x_n=b_2\\\cdots\cdots\cdots\cdots\\a_{m1}x_1+a_{m2}x_2+\cdots+a_{mn}x_n=b_m\end{cases},$$

用矩阵表示即为 $\boldsymbol{A}\boldsymbol{x}=\boldsymbol{b}$,其中,$\boldsymbol{A}$ 为系数矩阵,$\boldsymbol{x}$ 为未知数矩阵,$\boldsymbol{b}$ 为常数项矩阵,即

$$\underset{\boldsymbol{\alpha}_1\quad\ \boldsymbol{\alpha}_2\quad\ \cdots\quad\ \boldsymbol{\alpha}_n}{\begin{pmatrix}a_{11}&a_{12}&\cdots&a_{1n}\\\vdots&\vdots&&\vdots\\a_{m1}&a_{m2}&\cdots&a_{mn}\end{pmatrix}}\begin{pmatrix}x_1\\x_2\\\vdots\\x_n\end{pmatrix}=\underset{\boldsymbol{b}}{\begin{pmatrix}b_1\\\vdots\\b_m\end{pmatrix}},$$

其中

$$\boldsymbol{b}=\begin{pmatrix}b_1\\b_2\\\vdots\\b_m\end{pmatrix},\quad\boldsymbol{\alpha}_j=\begin{pmatrix}a_{1j}\\a_{2j}\\\vdots\\a_{mj}\end{pmatrix}\quad(j=1,2,\cdots,n).$$

由分块矩阵乘法知线性方程组可以表示为

$$x_1\boldsymbol{\alpha}_1+x_2\boldsymbol{\alpha}_2+\cdots+x_n\boldsymbol{\alpha}_n=\boldsymbol{b}.$$

于是，线性方程组是否有解的问题转变成能否找到一组数 $x_1,x_2,\cdots,x_n$ 使

$$x_1\boldsymbol{\alpha}_1+x_2\boldsymbol{\alpha}_2+\cdots+x_n\boldsymbol{\alpha}_n=\boldsymbol{b}$$

的问题.

定义 3　设 $\boldsymbol{\alpha}_1,\boldsymbol{\alpha}_2,\cdots,\boldsymbol{\alpha}_n$ 是一组 m 维向量，$k_1,k_2,\cdots,k_n$ 是 n 个实数，则称

$$k_1\boldsymbol{\alpha}_1+k_2\boldsymbol{\alpha}_2+\cdots+k_n\boldsymbol{\alpha}_n$$

为向量组 $\boldsymbol{\alpha}_1,\boldsymbol{\alpha}_2,\cdots,\boldsymbol{\alpha}_n$ 的一个**线性组合**，实数 $k_1,k_2,\cdots,k_n$ 称为该线性组合的**线性系数**.

定义 4　设有 m 维向量组(A)：$\boldsymbol{\alpha}_1,\boldsymbol{\alpha}_2,\cdots,\boldsymbol{\alpha}_n$ 和 m 维向量 $\boldsymbol{\beta}$，如果存在一组实数 $k_1,k_2,\cdots,k_n$ 使得 $\boldsymbol{\beta}=k_1\boldsymbol{\alpha}_1+k_2\boldsymbol{\alpha}_2+\cdots+k_n\boldsymbol{\alpha}_n$，则称 $\boldsymbol{\beta}$ 可以由向量组(A)：$\boldsymbol{\alpha}_1,\boldsymbol{\alpha}_2,\cdots,\boldsymbol{\alpha}_n$ **线性表示**(linear representation)，或者称 $\boldsymbol{\beta}$ 是向量组 $\boldsymbol{\alpha}_1,\boldsymbol{\alpha}_2,\cdots,\boldsymbol{\alpha}_n$ 的**线性组合**.（注意：$k_1,k_2,\cdots,k_n$ 可以为任意实数，甚至全为 0）

例 4　设 $\boldsymbol{\alpha}_1=\begin{pmatrix}1\\-2\\-5\end{pmatrix}$，$\boldsymbol{\alpha}_2=\begin{pmatrix}2\\5\\6\end{pmatrix}$，$\boldsymbol{\beta}=\begin{pmatrix}7\\4\\-3\end{pmatrix}$. 问 $\boldsymbol{\beta}$ 可否由 $\boldsymbol{\alpha}_1,\boldsymbol{\alpha}_2$ 线性表示.

解　设 $\boldsymbol{\beta}$ 可由 $\boldsymbol{\alpha}_1,\boldsymbol{\alpha}_2$ 线性表示，令 $\boldsymbol{\beta}=k_1\boldsymbol{\alpha}_1+k_2\boldsymbol{\alpha}_2$，即

$$k_1\begin{pmatrix}1\\-2\\-5\end{pmatrix}+k_2\begin{pmatrix}2\\5\\6\end{pmatrix}=\begin{pmatrix}7\\4\\-3\end{pmatrix},$$

这是以 $\boldsymbol{B}=(\boldsymbol{\alpha}_1\quad\boldsymbol{\alpha}_2\ \vdots\ \boldsymbol{\beta})$ 为增广矩阵的线性方程组.

将增广矩阵施以初等行变换有

$$\boldsymbol{B}=(\boldsymbol{\alpha}_1\quad\boldsymbol{\alpha}_2\ \vdots\ \boldsymbol{\beta})=\left(\begin{array}{cc:c}1&2&7\\-2&5&4\\-5&6&-3\end{array}\right)\xrightarrow[r_3+5r_1]{r_2+2r_1}\left(\begin{array}{cc:c}1&2&7\\0&9&18\\0&16&32\end{array}\right)\xrightarrow{r}\begin{array}{c}\begin{array}{ccc}\tilde{\boldsymbol{\alpha}}_1&\tilde{\boldsymbol{\alpha}}_2&\tilde{\boldsymbol{\beta}}\end{array}\\\left(\begin{array}{cc:c}1&0&3\\0&1&2\\0&0&0\end{array}\right)\end{array}$$

故该线性方程组有唯一解：$k_1=3,k_2=2$，即 $\boldsymbol{\beta}$ 可由 $\boldsymbol{\alpha}_1,\boldsymbol{\alpha}_2$ 线性表示，且可以唯一表示为 $\boldsymbol{\beta}=3\boldsymbol{\alpha}_1+2\boldsymbol{\alpha}_2$.

由上面的例子看出，线性表示的问题可以归结为求解一个线性方程组的问题. 反过来，由前面的例 3 知判断一个线性方程组是否有解也可以归结为向量的线性组合问题.

2. 向量线性表示的判定

设 $\boldsymbol{\beta},\boldsymbol{\alpha}_1,\boldsymbol{\alpha}_2,\cdots,\boldsymbol{\alpha}_n$ 为 m 维列向量，若 $\boldsymbol{\beta}$ 能由 $\boldsymbol{\alpha}_1,\boldsymbol{\alpha}_2,\cdots,\boldsymbol{\alpha}_n$ 线性表示，则存在 $k_1,k_2,\cdots,k_n$ 使得 $\boldsymbol{\beta}=k_1\boldsymbol{\alpha}_1+k_2\boldsymbol{\alpha}_2+\cdots+k_n\boldsymbol{\alpha}_n$ 成立. 我们的目的是寻找使等式成立的 $k_1,k_2,\cdots,k_n$，这便转化成求线性方程组解的问题：

$$\begin{cases} a_{11}k_1+a_{12}k_2+\cdots+a_{1n}k_n=b_1 \\ a_{21}k_1+a_{22}x_2+\cdots+a_{2n}x_n=b_2 \\ \cdots\cdots\cdots\cdots \\ a_{m1}k_1+a_{m2}k_2+\cdots+a_{mn}k_n=b_m \end{cases}.$$

记 $\boldsymbol{A}=(\boldsymbol{\alpha}_1,\boldsymbol{\alpha}_2,\cdots,\boldsymbol{\alpha}_n)$，$(\boldsymbol{A}\mid\boldsymbol{\beta})=(\boldsymbol{\alpha}_1,\boldsymbol{\alpha}_2,\cdots,\boldsymbol{\alpha}_n,\boldsymbol{\beta})$，由非齐次线性方程组有解的条件，我们有：

定理 向量 $\boldsymbol{\beta}$ 能由向量组 (A)：$\boldsymbol{\alpha}_1,\boldsymbol{\alpha}_2,\cdots,\boldsymbol{\alpha}_n$ 线性表示的充分必要条件为

$$R(\boldsymbol{A})=R(\boldsymbol{A}\mid\boldsymbol{\beta}).$$

推论 1 向量 $\boldsymbol{\beta}$ 可由向量组 (A)：$\boldsymbol{\alpha}_1,\boldsymbol{\alpha}_2,\cdots,\boldsymbol{\alpha}_n$ 唯一线性表示的充分必要条件为

$$R(\boldsymbol{A})=R(\boldsymbol{A}\mid\boldsymbol{\beta})=n.$$

推论 2 向量 $\boldsymbol{\beta}$ 可由向量组 A：$\boldsymbol{\alpha}_1,\boldsymbol{\alpha}_2,\cdots,\boldsymbol{\alpha}_n$ 线性表示且表示法不唯一的充分必要条件为 $R(\boldsymbol{A})=R(\boldsymbol{A}\mid\boldsymbol{\beta})<n$.

以上讨论的是列向量，若要处理行向量组的问题，只需将其转置成列向量即可.

例 5 判定向量 $\boldsymbol{\beta}$ 能否由向量组 $\boldsymbol{\alpha}_1,\boldsymbol{\alpha}_2,\boldsymbol{\alpha}_3$ 线性表示. 若能，表示法是否唯一？

(1) $\boldsymbol{\beta}=(3,-3,-3)^{\mathrm{T}}$，$\boldsymbol{\alpha}_1=(1,-1,2)^{\mathrm{T}}$，$\boldsymbol{\alpha}_2=(0,1,2)^{\mathrm{T}}$，$\boldsymbol{\alpha}_3=(2,1,10)^{\mathrm{T}}$；

(2) $\boldsymbol{\beta}=(3,5,-6)^{\mathrm{T}}$，$\boldsymbol{\alpha}_1=(1,0,1)^{\mathrm{T}}$，$\boldsymbol{\alpha}_2=(1,1,1)^{\mathrm{T}}$，$\boldsymbol{\alpha}_3=(0,-1,-1)^{\mathrm{T}}$；

(3) $\boldsymbol{\beta}=(0,0,0)^{\mathrm{T}}$，$\boldsymbol{\alpha}_1=(1,2,3)^{\mathrm{T}}$，$\boldsymbol{\alpha}_2=(2,3,4)^{\mathrm{T}}$，$\boldsymbol{\alpha}_3=(3,2,1)^{\mathrm{T}}$.

解 (1) 记 $\boldsymbol{A}=(\boldsymbol{\alpha}_1,\boldsymbol{\alpha}_2,\boldsymbol{\alpha}_3)$，$(\boldsymbol{A}\mid\boldsymbol{\beta})=(\boldsymbol{\alpha}_1,\boldsymbol{\alpha}_2,\boldsymbol{\alpha}_3\mid\boldsymbol{\beta})$，对矩阵

$$(\boldsymbol{A}\mid\boldsymbol{\beta})=(\boldsymbol{\alpha}_1,\boldsymbol{\alpha}_2,\boldsymbol{\alpha}_3\mid\boldsymbol{\beta})=\begin{pmatrix} 1 & 0 & 2 & 3 \\ -1 & 1 & 1 & -3 \\ 2 & 2 & 10 & -3 \end{pmatrix}$$

实施初等行变换将其化为行阶梯形矩阵：

$$(\boldsymbol{\alpha}_1,\boldsymbol{\alpha}_2,\boldsymbol{\alpha}_3\mid\boldsymbol{\beta})=\begin{pmatrix} 1 & 0 & 2 & 3 \\ -1 & 1 & 1 & -3 \\ 2 & 2 & 10 & -3 \end{pmatrix}\xrightarrow[r_3-2r_1]{r_2+r_1}\begin{pmatrix} 1 & 0 & 2 & 3 \\ 0 & 1 & 3 & 0 \\ 0 & 2 & 6 & -9 \end{pmatrix}$$

$$\xrightarrow{r_3-2r_2}\begin{pmatrix} 1 & 0 & 2 & 3 \\ 0 & 1 & 3 & 0 \\ 0 & 0 & 0 & -9 \end{pmatrix}.$$

可见 $R(\boldsymbol{A})=2\neq R(\boldsymbol{A}\mid\boldsymbol{\beta})=3$. 所以向量 $\boldsymbol{\beta}$ 不能由向量组 $\boldsymbol{\alpha}_1,\boldsymbol{\alpha}_2,\boldsymbol{\alpha}_3$ 线性表示.

(2) 记 $\boldsymbol{A}=(\boldsymbol{\alpha}_1,\boldsymbol{\alpha}_2,\boldsymbol{\alpha}_3)$，$(\boldsymbol{A}\mid\boldsymbol{\beta})=(\boldsymbol{\alpha}_1,\boldsymbol{\alpha}_2,\boldsymbol{\alpha}_3\mid\boldsymbol{\beta})$，对矩阵

$$(\boldsymbol{A}\mid\boldsymbol{\beta})=(\boldsymbol{\alpha}_1,\boldsymbol{\alpha}_2,\boldsymbol{\alpha}_3\mid\boldsymbol{\beta})=\begin{pmatrix} 1 & 1 & 0 & 3 \\ 0 & 1 & -1 & 5 \\ 1 & 1 & -1 & -6 \end{pmatrix}$$

实施初等行变换将其化为行最简形：

$$(\boldsymbol{\alpha}_1,\boldsymbol{\alpha}_2,\boldsymbol{\alpha}_3\ \vdots\ \boldsymbol{\beta})=\begin{pmatrix}1&1&0&3\\0&1&-1&5\\1&1&-1&-6\end{pmatrix}\xrightarrow{r_3-r_1}\begin{pmatrix}1&1&0&3\\0&1&-1&5\\0&0&-1&-9\end{pmatrix}$$

$$\xrightarrow{r_2-r_3}\begin{pmatrix}1&1&0&3\\0&1&0&14\\0&0&-1&-9\end{pmatrix}\xrightarrow[r_3\times(-1)]{r_1-r_2}\begin{pmatrix}1&0&0&-11\\0&1&0&14\\0&0&1&9\end{pmatrix}.$$

可见 $R(\boldsymbol{A})=R(\boldsymbol{A}\ \vdots\ \boldsymbol{\beta})=3=n$. 所以向量 $\boldsymbol{\beta}$ 能由向量组 $\boldsymbol{\alpha}_1,\boldsymbol{\alpha}_2,\boldsymbol{\alpha}_3$ 线性表示，且表示法是唯一的，其表达式为：

$$\boldsymbol{\beta}=-11\boldsymbol{\alpha}_1+14\boldsymbol{\alpha}_2+9\boldsymbol{\alpha}_3.$$

(3) 记 $\boldsymbol{A}=(\boldsymbol{\alpha}_1,\boldsymbol{\alpha}_2,\boldsymbol{\alpha}_3)$，$(\boldsymbol{A}\ \vdots\ \boldsymbol{\beta})=(\boldsymbol{\alpha}_1,\boldsymbol{\alpha}_2,\boldsymbol{\alpha}_3\ \vdots\ \boldsymbol{\beta})$，对矩阵

$$(\boldsymbol{A}\ \vdots\ \boldsymbol{\beta})=(\boldsymbol{\alpha}_1,\boldsymbol{\alpha}_2,\boldsymbol{\alpha}_3\ \vdots\ \boldsymbol{\beta})=\begin{pmatrix}1&2&3&0\\2&3&2&0\\3&4&1&0\end{pmatrix}$$

实施初等行变换将其化为行最简形：

$$(\boldsymbol{\alpha}_1,\boldsymbol{\alpha}_2,\boldsymbol{\alpha}_3\ \vdots\ \boldsymbol{\beta})=\begin{pmatrix}1&2&3&0\\2&3&2&0\\3&4&1&0\end{pmatrix}\xrightarrow[r_3-3r_1]{r_2-2r_1}\begin{pmatrix}1&2&3&0\\0&-1&-4&0\\0&-2&-8&0\end{pmatrix}$$

$$\xrightarrow{r_3-2r_2}\begin{pmatrix}1&2&3&0\\0&-1&-4&0\\0&0&0&0\end{pmatrix}\xrightarrow[r_2\times(-1)]{r_1+2r_2}\begin{pmatrix}1&0&-5&0\\0&1&4&0\\0&0&0&0\end{pmatrix}.$$

可见 $R(\boldsymbol{A})=R(\boldsymbol{A}\ \vdots\ \boldsymbol{\beta})=2<n=3$. 所以向量 $\boldsymbol{\beta}$ 能由向量组 $\boldsymbol{\alpha}_1,\boldsymbol{\alpha}_2,\boldsymbol{\alpha}_3$ 线性表示，且表示法不是唯一的，其表达式为：

$$\boldsymbol{\beta}=0\boldsymbol{\alpha}_1+0\boldsymbol{\alpha}_2+0\boldsymbol{\alpha}_3=-5\boldsymbol{\alpha}_1+4\boldsymbol{\alpha}_2-\boldsymbol{\alpha}_3.$$

4.1.3　向量组的等价

定义 5　设有两组同维向量组

$$(A):\boldsymbol{\alpha}_1,\boldsymbol{\alpha}_2,\cdots,\boldsymbol{\alpha}_s;\quad (B):\boldsymbol{\beta}_1,\boldsymbol{\beta}_2,\cdots,\boldsymbol{\beta}_t,$$

若向量组(B)中的每一个向量都能由向量组(A)线性表示，则称**向量组(B)能由向量组(A)线性表示**. 若向量组(A)与向量组(B)能相互线性表示，则称这两个**向量组等价**. 记为$(A)\sim(B)$.

例如：向量组(Ⅰ)：$\boldsymbol{\alpha}_1=\begin{pmatrix}2\\0\end{pmatrix}$，$\boldsymbol{\alpha}_2=\begin{pmatrix}3\\0\end{pmatrix}$能由向量组(Ⅱ)：$\boldsymbol{\beta}_1=\begin{pmatrix}1\\0\end{pmatrix}$，$\boldsymbol{\beta}_2=\begin{pmatrix}0\\1\end{pmatrix}$线性表示，但向量组(Ⅱ)：$\boldsymbol{\beta}_1=\begin{pmatrix}1\\0\end{pmatrix}$，$\boldsymbol{\beta}_2=\begin{pmatrix}0\\1\end{pmatrix}$不能由向量组(Ⅰ)：$\boldsymbol{\alpha}_1=\begin{pmatrix}2\\0\end{pmatrix}$，$\boldsymbol{\alpha}_2=\begin{pmatrix}3\\0\end{pmatrix}$线性

表示,故向量组(Ⅰ)与(Ⅱ)不等价.

又如:设有向量组(Ⅲ):$\boldsymbol{\alpha}_1=\begin{pmatrix}1\\1\end{pmatrix}$,$\boldsymbol{\alpha}_2=\begin{pmatrix}1\\-1\end{pmatrix}$,$\boldsymbol{\alpha}_3=\begin{pmatrix}2\\1\end{pmatrix}$与向量组(Ⅳ):$\boldsymbol{\beta}_1=\begin{pmatrix}1\\0\end{pmatrix}$,$\boldsymbol{\beta}_2=\begin{pmatrix}2\\2\end{pmatrix}$,则 $\boldsymbol{\alpha}_1=0\boldsymbol{\beta}_1+\frac{1}{2}\boldsymbol{\beta}_2$,$\boldsymbol{\alpha}_2=2\boldsymbol{\beta}_1-\frac{1}{2}\boldsymbol{\beta}_2$,$\boldsymbol{\alpha}_3=\boldsymbol{\beta}_1+\frac{1}{2}\boldsymbol{\beta}_2$,即向量组(Ⅲ)可以由向量组(Ⅳ)线性表示.又 $\boldsymbol{\beta}_1=\frac{1}{2}\boldsymbol{\alpha}_1+\frac{1}{2}\boldsymbol{\alpha}_2+0\boldsymbol{\alpha}_3$,$\boldsymbol{\beta}_2=2\boldsymbol{\alpha}_1+0\boldsymbol{\alpha}_2+0\boldsymbol{\alpha}_3$,即向量组(Ⅳ)可以由向量组(Ⅲ)线性表示.故向量组(Ⅲ)与(Ⅳ)等价.

注意:

(1) 若向量组$(A)\subset(B)$,则向量组(A)可由向量组(B)线性表示.

(2) 由等价的定义可得下面三个结论成立:

① $(A)\sim(A)$;

② $(A)\sim(B)\Rightarrow(B)\sim(A)$;

③ $(A)\sim(B),(B)\sim(C)\Rightarrow(A)\sim(C)$.

证明 略.

§4.2 向量组的线性相关性

向量之间除了线性关系外,还存在着各种关系,其中最主要的关系是向量组的线性相关与线性无关.

4.2.1 线性相关性的概念

定义 设有向量组(A):$\boldsymbol{\alpha}_1,\boldsymbol{\alpha}_2,\cdots,\boldsymbol{\alpha}_n$,若存在一组不全为零的数 $k_1,k_2,\cdots,k_n$,使 $k_1\boldsymbol{\alpha}_1+k_2\boldsymbol{\alpha}_2+\cdots+k_n\boldsymbol{\alpha}_n=0$,则称向量组$(A)$:$\boldsymbol{\alpha}_1,\boldsymbol{\alpha}_2,\cdots,\boldsymbol{\alpha}_n$ **线性相关**(linearly dependent)(注意:此处要求是一组不全为零的数),否则称向量组(A):$\boldsymbol{\alpha}_1,\boldsymbol{\alpha}_2,\cdots,\boldsymbol{\alpha}_n$ **线性无关**(linearly independent).

注意:

(1) 一个向量 $\boldsymbol{\alpha}$ 构成的向量组线性相关的充分必要条件是 $\boldsymbol{\alpha}=\mathbf{0}$;

(2) 若向量组(A)线性无关,而 $\boldsymbol{\beta}$ 可由向量组(A)线性表示,则表示唯一;

(3) 两个向量 $\boldsymbol{\alpha},\boldsymbol{\beta}$ 线性相关当且仅当 $\boldsymbol{\alpha},\boldsymbol{\beta}$ 对应的分量成比例;

(4) 含有零向量的向量组必定线性相关.

例 1 设

$$\boldsymbol{\varepsilon}_1=\begin{pmatrix}1\\0\\\vdots\\0\end{pmatrix},\quad \boldsymbol{\varepsilon}_2=\begin{pmatrix}0\\1\\\vdots\\0\end{pmatrix},\quad \cdots,\quad \boldsymbol{\varepsilon}_n=\begin{pmatrix}0\\\vdots\\0\\1\end{pmatrix}\in\mathbf{R}^n,$$

而
$$\boldsymbol{\alpha}=\begin{pmatrix}a_1\\a_2\\\vdots\\a_n\end{pmatrix}\in\mathbf{R}^n$$
为任一 n 维向量，证明：$\boldsymbol{\varepsilon}_1,\boldsymbol{\varepsilon}_2,\cdots,\boldsymbol{\varepsilon}_n$ 线性无关，而 $\boldsymbol{\varepsilon}_1,\boldsymbol{\varepsilon}_2,\cdots,\boldsymbol{\varepsilon}_n,\boldsymbol{\alpha}$ 线性相关.

证明　令 $k_1\boldsymbol{\varepsilon}_1+k_2\boldsymbol{\varepsilon}_2\cdots+k_n\boldsymbol{\varepsilon}_n=0$，即得
$$\begin{pmatrix}k_1\\0\\\vdots\\0\end{pmatrix}+\begin{pmatrix}0\\k_2\\\vdots\\0\end{pmatrix}+\cdots+\begin{pmatrix}0\\\vdots\\0\\k_n\end{pmatrix}=\begin{pmatrix}0\\0\\\vdots\\0\end{pmatrix},$$
因为
$$\begin{vmatrix}1&0&\cdots&0\\0&1&\cdots&0\\\vdots&\vdots&&\vdots\\0&0&\cdots&1\end{vmatrix}=1\neq0,$$
据克拉默法则的推论，此方程唯有零解 $k_1=k_2=\cdots=k_n=0$，可知 $\boldsymbol{\varepsilon}_1,\boldsymbol{\varepsilon}_2,\cdots,\boldsymbol{\varepsilon}_n$ 线性无关. 又可直接验证 $\boldsymbol{\alpha}=a_1\boldsymbol{\varepsilon}_1+a_2\boldsymbol{\varepsilon}_2+\cdots+a_n\boldsymbol{\varepsilon}_n$，知 $\boldsymbol{\varepsilon}_1,\boldsymbol{\varepsilon}_2,\cdots,\boldsymbol{\varepsilon}_n,\boldsymbol{\alpha}$ 线性相关.

向量组 $\boldsymbol{\varepsilon}_1,\boldsymbol{\varepsilon}_2,\cdots,\boldsymbol{\varepsilon}_n$ 具有很好的性质：形式上十分简单、线性无关，任一 n 维向量总可以由它们线性表示，且表示系数就是该向量的各分量.

例 2　假设向量组 $\boldsymbol{\alpha}_1,\boldsymbol{\alpha}_2,\boldsymbol{\alpha}_3$ 线性无关，而 $\boldsymbol{\beta}_1=\boldsymbol{\alpha}_1+\boldsymbol{\alpha}_2,\boldsymbol{\beta}_2=\boldsymbol{\alpha}_2+\boldsymbol{\alpha}_3,\boldsymbol{\beta}_3=\boldsymbol{\alpha}_3+\boldsymbol{\alpha}_1$，试判定 $\boldsymbol{\beta}_1,\boldsymbol{\beta}_2,\boldsymbol{\beta}_3$ 的线性相关性.

解　令
$$k_1\boldsymbol{\beta}_1+k_2\boldsymbol{\beta}_2+k_3\boldsymbol{\beta}_3=\mathbf{0}.$$
由条件得
$$k_1(\boldsymbol{\alpha}_1+\boldsymbol{\alpha}_2)+k_2(\boldsymbol{\alpha}_2+\boldsymbol{\alpha}_3)+k_3(\boldsymbol{\alpha}_3+\boldsymbol{\alpha}_1)=\mathbf{0}.$$
整理得
$$(k_1+k_3)\boldsymbol{\alpha}_1+(k_1+k_2)\boldsymbol{\alpha}_2+(k_2+k_3)\boldsymbol{\alpha}_3=\mathbf{0}.$$
由于 $\boldsymbol{\alpha}_1,\boldsymbol{\alpha}_2,\boldsymbol{\alpha}_3$ 线性无关，可得
$$\begin{cases}k_1+k_3=0\\k_1+k_2=0.\\k_2+k_3=0\end{cases}$$
而
$$\begin{vmatrix}1&0&1\\1&1&0\\0&1&1\end{vmatrix}=2\neq0,$$

据克拉默法则的推论，知方程组唯有零解 $k_1=k_2=k_3=0$，故 $\boldsymbol{\beta}_1,\boldsymbol{\beta}_2,\boldsymbol{\beta}_3$ 线性无关.

4.2.2 向量组线性相关性的判定

定理 1 设 $\boldsymbol{\alpha}_1,\boldsymbol{\alpha}_2,\cdots,\boldsymbol{\alpha}_s$ 为 $\mathbf{R}^n$ 中的一组 n 维向量($s>1$)，则它们线性相关的充分必要条件为其中至少存在一个向量可以由其余的 $s-1$ 个向量线性表示.

证明 必要性. 若 $\boldsymbol{\alpha}_1,\boldsymbol{\alpha}_2,\cdots,\boldsymbol{\alpha}_s$ 线性相关，则存在一组不全为零的数 k_1，$k_2,\cdots,k_s$，使

$$k_1\boldsymbol{\alpha}_1+k_2\boldsymbol{\alpha}_2+\cdots+k_s\boldsymbol{\alpha}_s=\mathbf{0}.$$

不妨设 k_i 不为零，则可得

$$\boldsymbol{\alpha}_i=-\frac{k_1}{k_i}\boldsymbol{\alpha}_1-\frac{k_2}{k_i}\boldsymbol{\alpha}_2-\cdots-\frac{k_{i-1}}{k_i}\boldsymbol{\alpha}_{i-1}-\frac{k_{i+1}}{k_i}\boldsymbol{\alpha}_{i+1}-\cdots-\frac{k_s}{k_i}\boldsymbol{\alpha}_s,$$

即 $\boldsymbol{\alpha}_i$ 可表示成 $\boldsymbol{\alpha}_1,\boldsymbol{\alpha}_2,\cdots,\boldsymbol{\alpha}_{i-1},\boldsymbol{\alpha}_{i+1},\cdots,\boldsymbol{\alpha}_s$ 的线性组合.

充分性. 设 $\boldsymbol{\alpha}_i$ 可由 $\boldsymbol{\alpha}_1,\boldsymbol{\alpha}_2,\cdots,\boldsymbol{\alpha}_{i-1},\boldsymbol{\alpha}_{i+1},\cdots,\boldsymbol{\alpha}_s$ 线性表示，即存在数 $c_1,c_2,\cdots,c_{i-1},c_{i+1},\cdots,c_s$ 使得

$$\boldsymbol{\alpha}_i=c_1\boldsymbol{\alpha}_1+c_2\boldsymbol{\alpha}_2+\cdots+c_{i-1}\boldsymbol{\alpha}_{i-1}+c_{i+1}\boldsymbol{\alpha}_{i+1}+\cdots+c_s\boldsymbol{\alpha}_s.$$

可见，存在不全为 0 的数 $c_1,c_2,\cdots,c_{i-1},(-1),c_{i+1},\cdots,c_s$ 使得

$$c_1\boldsymbol{\alpha}_1+c_2\boldsymbol{\alpha}_2+\cdots+c_{i-1}\boldsymbol{\alpha}_{i-1}+(-1)\boldsymbol{\alpha}_i+c_{i+1}\boldsymbol{\alpha}_{i+1}+\cdots+c_s\boldsymbol{\alpha}_s=\mathbf{0},$$

所以 $\boldsymbol{\alpha}_1,\boldsymbol{\alpha}_2,\cdots,\boldsymbol{\alpha}_s$ 线性相关.

定理 2 给定向量组(A)：$\boldsymbol{\alpha}_1,\boldsymbol{\alpha}_2,\cdots,\boldsymbol{\alpha}_m$，记矩阵 $\mathbf{A}=(\boldsymbol{\alpha}_1,\boldsymbol{\alpha}_2,\cdots,\boldsymbol{\alpha}_m)$，则：

(1) 向量组(A)：$\boldsymbol{\alpha}_1,\boldsymbol{\alpha}_2,\cdots,\boldsymbol{\alpha}_m$ 线性相关的充分必要条件是它所构成的矩阵 $\mathbf{A}=(\boldsymbol{\alpha}_1,\boldsymbol{\alpha}_2,\cdots,\boldsymbol{\alpha}_m)$的秩小于向量的个数 m，即 $R(\mathbf{A})<m$；

(2) 向量组(A)：$\boldsymbol{\alpha}_1,\boldsymbol{\alpha}_2,\cdots,\boldsymbol{\alpha}_m$ 线性无关的充分必要条件是它所构成的矩阵 $\mathbf{A}=(\boldsymbol{\alpha}_1,\boldsymbol{\alpha}_2,\cdots,\boldsymbol{\alpha}_m)$的秩等于向量的个数 m，即 $R(\mathbf{A})=m$.

推论 1 向量个数大于向量维数，则向量组线性相关. 即当 $s>n$ 时，任意 s 个 n 维向量都线性相关.

推论 2 当向量组中所含向量的个数等于向量的维数时，这组向量线性无关的充分必要条件是由它们组成的方阵可逆(行列式非零).

例 3 判断下列向量组的相关性：

$$\boldsymbol{\alpha}_1=\begin{pmatrix}-2\\2\end{pmatrix},\quad \boldsymbol{\alpha}_2=\begin{pmatrix}2\\1\end{pmatrix},\quad \boldsymbol{\alpha}_3=\begin{pmatrix}8\\7\end{pmatrix}.$$

解 由定理 2 的推论 1 知，向量组 $\boldsymbol{\alpha}_1,\boldsymbol{\alpha}_2,\boldsymbol{\alpha}_3$ 线性相关.

例 4 判定下列向量组是否线性相关：

(1) $\boldsymbol{\alpha}_1=(1,-1,2)^{\mathrm{T}},\boldsymbol{\alpha}_2=(0,1,3)^{\mathrm{T}},\boldsymbol{\alpha}_3=(2,1,4)^{\mathrm{T}}$；

(2) $\boldsymbol{\alpha}_1=(1,2,-1,5)^{\mathrm{T}},\boldsymbol{\alpha}_2=(2,-1,1,1)^{\mathrm{T}},\boldsymbol{\alpha}_3=(4,3,-1,11)^{\mathrm{T}}$.

解　(1) 记 $\boldsymbol{A}=(\boldsymbol{\alpha}_1,\boldsymbol{\alpha}_2,\boldsymbol{\alpha}_3)=\begin{pmatrix}1&0&2\\-1&1&1\\2&3&4\end{pmatrix}$,因为

$|\boldsymbol{A}|=\begin{vmatrix}1&0&2\\-1&1&1\\2&3&4\end{vmatrix}=-9\neq 0$,知 $R(\boldsymbol{A})=3$,所以三个向量 $\boldsymbol{\alpha}_1,\boldsymbol{\alpha}_2,\boldsymbol{\alpha}_3$ 线性无关.

(2) 记 $\boldsymbol{A}=(\boldsymbol{\alpha}_1,\boldsymbol{\alpha}_2,\boldsymbol{\alpha}_3)=\begin{pmatrix}1&2&4\\2&-1&3\\-1&1&-1\\5&1&11\end{pmatrix}$,下面求矩阵 $\boldsymbol{A}$ 的秩:

$$\boldsymbol{A}=(\boldsymbol{\alpha}_1,\boldsymbol{\alpha}_2,\boldsymbol{\alpha}_3)=\begin{pmatrix}1&2&4\\2&-1&3\\-1&1&-1\\5&1&11\end{pmatrix}\xrightarrow[r_4-5r_1]{\substack{r_2-2r_1\\r_3+r_1}}\begin{pmatrix}1&2&4\\0&-5&-5\\0&3&3\\0&-9&-9\end{pmatrix}$$

$$\xrightarrow[r_4-\frac{9}{5}r_2]{r_3+\frac{3}{5}r_2}\begin{pmatrix}1&2&4\\0&-5&-5\\0&0&0\\0&0&0\end{pmatrix},$$

知 $R(\boldsymbol{A})=2<n=3$,所以三个向量 $\boldsymbol{\alpha}_1,\boldsymbol{\alpha}_2,\boldsymbol{\alpha}_3$ 线性相关.

定理 3　设向量组 $\boldsymbol{\alpha}_1,\boldsymbol{\alpha}_2,\cdots,\boldsymbol{\alpha}_s$ 线性无关,而向量组 $\boldsymbol{\alpha}_1,\boldsymbol{\alpha}_2,\cdots,\boldsymbol{\alpha}_s,\boldsymbol{\beta}$ 线性相关,则向量 $\boldsymbol{\beta}$ 可以由向量组 $\boldsymbol{\alpha}_1,\boldsymbol{\alpha}_2,\cdots,\boldsymbol{\alpha}_s$ 唯一地线性表示.(证明留给读者作为练习)

推论　若 $\boldsymbol{\beta}$ 可以由向量组 $\boldsymbol{\alpha}_1,\boldsymbol{\alpha}_2,\cdots,\boldsymbol{\alpha}_s$ 线性表示,则表示式唯一当且仅当向量组 $\boldsymbol{\alpha}_1,\boldsymbol{\alpha}_2,\cdots,\boldsymbol{\alpha}_s$ 线性无关.(证明留给读者作为练习)

定理 4　设 $\boldsymbol{\alpha}_1,\boldsymbol{\alpha}_2,\cdots,\boldsymbol{\alpha}_s$ 为一组 n 维向量且线性相关,则添加任何 n 维向量 $\boldsymbol{\beta}$ 之后向量组 $\boldsymbol{\alpha}_1,\boldsymbol{\alpha}_2,\cdots,\boldsymbol{\alpha}_s,\boldsymbol{\beta}$ 仍线性相关.即"**部分相关,整体相关**".

证明　略.

推论　线性无关向量组的任一部分组必无关,即"**整体无关,部分无关**".

证明　这是定理 4 的逆否命题,因而是等价命题.

下面的定理可称为"**接长定理**":设

$$\boldsymbol{\alpha}_1=\begin{pmatrix}a_{11}\\\vdots\\a_{t1}\end{pmatrix},\quad \boldsymbol{\alpha}_2=\begin{pmatrix}a_{12}\\\vdots\\a_{t2}\end{pmatrix},\quad \cdots,\quad \boldsymbol{\alpha}_s=\begin{pmatrix}a_{1s}\\\vdots\\a_{ts}\end{pmatrix}$$

是 s 个 t 维向量,在每个向量后面各添加一个分量,记作

$$\boldsymbol{\beta}_1=\begin{pmatrix}a_{11}\\ \vdots\\ a_{t1}\\ a_{t+1,1}\end{pmatrix},\quad \boldsymbol{\beta}_2=\begin{pmatrix}a_{12}\\ \vdots\\ a_{t2}\\ a_{t+1,2}\end{pmatrix},\quad \cdots,\quad \boldsymbol{\beta}_s=\begin{pmatrix}a_{1s}\\ \vdots\\ a_{ts}\\ a_{t+1,s}\end{pmatrix},$$

称后者为前者的“**接长向量组**”，前者为后者的“**截短向量组**”，则有：

定理 5 线性无关的向量组接长后仍无关.

证明 略.

4.2.3 向量组有限时等价的矩阵表示

设有向量组(A)：$\boldsymbol{\alpha}_1,\boldsymbol{\alpha}_2,\cdots,\boldsymbol{\alpha}_s$ 和向量组(B)：$\boldsymbol{\beta}_1,\boldsymbol{\beta}_2,\cdots,\boldsymbol{\beta}_t$，按定义，若向量组$(B)$能由向量组$(A)$线性表示，则存在 $k_{1j},k_{2j},\cdots,k_{sj}\ (j=1,2,\cdots,t)$使

$$\boldsymbol{\beta}_j=k_{1j}\boldsymbol{\alpha}_1+k_{2j}\boldsymbol{\alpha}_2+\cdots+k_{sj}\boldsymbol{\alpha}_s=(\boldsymbol{\alpha}_1,\boldsymbol{\alpha}_2,\cdots,\boldsymbol{\alpha}_s)\begin{pmatrix}k_{1j}\\ k_{2j}\\ \vdots\\ k_{sj}\end{pmatrix}\quad (j=1,2,\cdots,t),$$

合起来就有

$$(\boldsymbol{\beta}_1,\boldsymbol{\beta}_2,\cdots,\boldsymbol{\beta}_t)=(\boldsymbol{\alpha}_1,\boldsymbol{\alpha}_2,\cdots,\boldsymbol{\alpha}_s)\begin{pmatrix}k_{11}&k_{12}&\cdots&k_{1t}\\ k_{21}&k_{22}&\cdots&k_{2t}\\ \vdots&\vdots&&\vdots\\ k_{s1}&k_{s2}&\cdots&k_{st}\end{pmatrix},$$

其中，矩阵 $\boldsymbol{K}_{s\times t}=(k_{ij})_{s\times t}$称为这一线性表示的**系数矩阵**(或**表示矩阵**). 或更简洁地记为 $\boldsymbol{B}=\boldsymbol{AK}$，$\boldsymbol{B}$ 和 $\boldsymbol{A}$ 分别是由向量组(B)和(A)作为列向量组所组成的矩阵. 如果两个向量组都是行向量组，则可将上式转置得 $\boldsymbol{B}^{\mathrm{T}}=\boldsymbol{K}^{\mathrm{T}}\boldsymbol{A}^{\mathrm{T}}$.

进一步，如果两个向量组等价，则应同时成立另一个表示式 $\boldsymbol{A}=\boldsymbol{BL}$，其中 $\boldsymbol{L}$ 是向量组(A)由(B)线性表示的 $t\times s$ 表示矩阵. 在讨论向量组之间的表示关系时，表示矩阵扮演着重要角色.

例如：

$$\begin{aligned}\boldsymbol{\beta}_1&=2\boldsymbol{\alpha}_1-3\boldsymbol{\alpha}_2+\boldsymbol{\alpha}_3-\boldsymbol{\alpha}_4,\\ \boldsymbol{\beta}_2&=\boldsymbol{\alpha}_1-2\boldsymbol{\alpha}_2-3\boldsymbol{\alpha}_3+2\boldsymbol{\alpha}_4,\\ \boldsymbol{\beta}_3&=-\boldsymbol{\alpha}_1+3\boldsymbol{\alpha}_2-2\boldsymbol{\alpha}_3-\boldsymbol{\alpha}_4\end{aligned}$$

可表示为

$$(\boldsymbol{\beta}_1,\boldsymbol{\beta}_2,\boldsymbol{\beta}_3)=(\boldsymbol{\alpha}_1,\boldsymbol{\alpha}_2,\boldsymbol{\alpha}_3,\boldsymbol{\alpha}_4)\begin{pmatrix}2&1&-1\\ -3&-2&3\\ 1&-3&-2\\ -1&2&-1\end{pmatrix}.$$

这一线性表示的表示矩阵为

$$K=\begin{pmatrix} 2 & 1 & -1 \\ -3 & -2 & 3 \\ 1 & -3 & -2 \\ -1 & 2 & -1 \end{pmatrix}.$$

定理 6　设有同维向量组(A)：$\boldsymbol{\alpha}_1,\boldsymbol{\alpha}_2,\cdots,\boldsymbol{\alpha}_s$ 和(B)：$\boldsymbol{\beta}_1,\boldsymbol{\beta}_2,\cdots,\boldsymbol{\beta}_t$，若向量组(A)线性无关，且向量组(A)可以由向量组(B)线性表示，则 $s\leqslant t$.

证明　略.

推论　两个等价的线性无关向量组所含的向量个数必相同.

§4.3　向量组的最大线性无关组与向量组的秩

秩(rank)是线性代数中最深刻的概念之一. 本节将要揭示向量组的线性相关性的本质不变量——秩，用它来刻画一个向量组中最多含多少个线性无关的向量.

4.3.1　最大线性无关组

由前面的讨论知，由于单独一个非零向量是线性无关的，因此一个向量组只要不全是零向量，就必定含有无关的部分组. 问题在于：它最多可以含有几个线性无关的向量？

定义 1　设有向量组(T)，若存在向量组(A)：$\boldsymbol{\alpha}_1,\boldsymbol{\alpha}_2,\cdots,\boldsymbol{\alpha}_r$，($\boldsymbol{\alpha}_1,\boldsymbol{\alpha}_2,\cdots,\boldsymbol{\alpha}_r\in$ (T))满足：

(1) (A)：$\boldsymbol{\alpha}_1,\boldsymbol{\alpha}_2,\cdots,\boldsymbol{\alpha}_r$ 线性无关；

(2) 向量(T)中任意 $r+1$ 个向量(如果有)都线性相关.

则称向量组(A)：$\boldsymbol{\alpha}_1,\boldsymbol{\alpha}_2,\cdots,\boldsymbol{\alpha}_r$ 是向量组(T)的**最大线性无关组**(maximal linearly independent subset).

定理 1　最大线性无关组有以下性质：

(1) 一个向量组的最大线性无关组可以有多个；

(2) 一个向量组与它的任一最大线性无关组等价，它的不同最大线性无关组之间亦彼此等价；

(3) 等量性：一个向量组的所有最大线性无关组所含的向量个数必相等.

证明　略.

由此可知，一个向量组的最大线性无关组可以不唯一，但最多可以有几个向量线性无关却是唯一的，这是向量组本身所固有的性质.

4.3.2　向量组的秩

定义 2　向量组(T)的任一最大线性无关组所含向量的个数称为向量组(T)的

秩,记作 $R(T)$.

例如:向量组

$$\boldsymbol{\alpha}_1=\begin{pmatrix}1\\1\end{pmatrix},\quad \boldsymbol{\alpha}_2=\begin{pmatrix}2\\2\end{pmatrix},\quad \boldsymbol{\alpha}_3=\begin{pmatrix}1\\2\end{pmatrix}$$

的秩为 2.

根据定义 2,求一个向量组的秩,关键在于求它的一个最大线性无关组.首先介绍几个与秩有关的定理.

如果向量组(T)含有 s 个向量,则显然有 $R(T)\leqslant s$.因而有:

定理 2 含有 s 个向量的向量组(T)是线性无关组当且仅当 $R(T)=s$.

这个命题等价于"向量组(T)是线性相关组当且仅当 $R(T)<s$".因此,称无关组是**满秩**的,而相关组是**降秩**的.满秩向量组只有唯一的最大线性无关组,即其本身;但反之未必然.

定理 3 若向量组(A)可以由向量组(B)表示,则 $R(A)\leqslant R(B)$.

证明 分别取(A),(B)的一个最大线性无关组$(\hat{A})$,$(\hat{B})$,则$(\hat{A})$与(A)等价、$(\hat{B})$与(B)等价,从而$(\hat{A})$可由$(\hat{B})$表示,根据定理 1,可知$(\hat{A})$所含的向量个数不会超过$(\hat{B})$,而$(\hat{A})$,$(\hat{B})$所含的向量个数分别就是(A),(B)的秩,因此 $R(A)\leqslant R(B)$.

推论 设向量组(A)和向量组(B)等价,则 $R(A)=R(B)$,即等价的向量组等秩.

证明 这是因为等价向量组可以互相线性表示,由定理 3 可知结论成立.

4.3.3 向量组的秩与矩阵秩的关系

定义 3 设 $\boldsymbol{A}$ 为 $m\times n$ 实矩阵,记作 $\boldsymbol{A}\in\mathbf{R}^{m\times n}$,分别按列、按行分块,记作

$$\boldsymbol{A}=(\boldsymbol{\alpha}_1,\cdots,\boldsymbol{\alpha}_n),\quad \boldsymbol{A}=\begin{pmatrix}\boldsymbol{\omega}_1\\\vdots\\\boldsymbol{\omega}_m\end{pmatrix},$$

n 个 m 维列向量组成的向量组 $\boldsymbol{\alpha}_1,\cdots,\boldsymbol{\alpha}_n$ 的秩称为 $\boldsymbol{A}$ 的**列秩**,记作 $R_L(\boldsymbol{A})$;m 个 n 维行向量组成的向量组 $\boldsymbol{\omega}_1,\cdots,\boldsymbol{\omega}_m$ 的秩称为 $\boldsymbol{A}$ 的**行秩**,记作 $R_H(\boldsymbol{A})$.

定理 4 矩阵的秩等于它的**行向量组**的秩,也等于它的**列向量组**的秩.

证明 以行向量组为例加以证明.假设

$$\boldsymbol{A}_{m\times n}=\begin{pmatrix}a_{11}&a_{12}&\cdots&a_{1n}\\a_{21}&a_{22}&\cdots&a_{2n}\\\vdots&\vdots&&\vdots\\a_{m1}&a_{m2}&\cdots&a_{mn}\end{pmatrix}=\begin{pmatrix}\boldsymbol{\alpha}_1\\\boldsymbol{\alpha}_2\\\vdots\\\boldsymbol{\alpha}_m\end{pmatrix},且\ R(\boldsymbol{A}_{m\times n})=r.$$

根据 $R(\boldsymbol{A}_{m\times n})=r$ 的定义知，$\boldsymbol{A}_{m\times n}$ 的最高阶非零子式 D_r 所在的 r 个行向量 $\boldsymbol{\alpha}_1,\cdots,\boldsymbol{\alpha}_r$ 线性无关，而 $\boldsymbol{A}_{m\times n}$ 的所有 $r+1$ 个行向量线性相关，因此 $\boldsymbol{\alpha}_1,\boldsymbol{\alpha}_2,\cdots,\boldsymbol{\alpha}_r$ 是 $\boldsymbol{A}_{m\times n}$ 行向量组 $\boldsymbol{\alpha}_1,\boldsymbol{\alpha}_2,\cdots,\boldsymbol{\alpha}_m$ 的最大无关组，因此

$$R\{\text{行向量组}\}=\boldsymbol{R}(\boldsymbol{A}_{m\times n})=r.$$

推论 1　给定向量组(A)：$\boldsymbol{\alpha}_1,\boldsymbol{\alpha}_2,\cdots,\boldsymbol{\alpha}_n$，记 $\boldsymbol{A}_{m\times n}=(\boldsymbol{\alpha}_1,\boldsymbol{\alpha}_2,\cdots,\boldsymbol{\alpha}_n)$，则

$$\boldsymbol{R}(\boldsymbol{\alpha}_1,\boldsymbol{\alpha}_2,\cdots,\boldsymbol{\alpha}_n)=R(\boldsymbol{A}_{m\times n}).$$

即看成向量组与看成矩阵有相同的秩.

推论 2　设 $R(\boldsymbol{A}_{m\times n})=r$，$D_r$ 为 $\boldsymbol{A}_{m\times n}$ 的最高阶非零子式，则

(1) D_r 所在的 r 行构成矩阵 $\boldsymbol{A}_{m\times n}$ 的行向量组的最大线性无关组；

(2) D_r 所在的 r 列构成矩阵 $\boldsymbol{A}_{m\times n}$ 的列向量组的最大线性无关组.

4.3.4　向量组的秩及其最大线性无关组的求法

我们通常用矩阵的秩来讨论有关向量组的秩、求最大线性无关组、求线性表示式等问题.

已给向量组 $\boldsymbol{\alpha}_1,\boldsymbol{\alpha}_2,\cdots,\boldsymbol{\alpha}_n$，求向量组 $\boldsymbol{\alpha}_1,\boldsymbol{\alpha}_2,\cdots,\boldsymbol{\alpha}_n$ 的最大线性无关组的方法如下：

对矩阵 $\boldsymbol{A}=(\boldsymbol{\alpha}_1,\boldsymbol{\alpha}_2,\cdots,\boldsymbol{\alpha}_n)$施以初等行变换，直到变成行最简形矩阵，此时，单位向量所对应的向量就是最大线性无关组.

例 5　求向量组

$\boldsymbol{\alpha}_1=(1,4,1,0)^{\mathrm{T}}$，　$\boldsymbol{\alpha}_2=(2,1,-1,-3)^{\mathrm{T}}$，　$\boldsymbol{\alpha}_3=(1,0,-3,-1)^{\mathrm{T}}$，　$\boldsymbol{\alpha}_4=(0,2,-6,3)^{\mathrm{T}}$

的秩和一个最大线性无关组，并将其余向量用该最大线性无关组线性表示.

解　用初等行变换求秩. 将所给向量组成矩阵，并施以行变换.

$$\boldsymbol{A}=(\boldsymbol{\alpha}_1,\boldsymbol{\alpha}_2,\boldsymbol{\alpha}_3,\boldsymbol{\alpha}_4)=\begin{pmatrix}1&2&1&0\\4&1&0&2\\1&-1&-3&-6\\0&-3&-1&3\end{pmatrix}\xrightarrow[r_3-r_1]{r_2-4r_1}\begin{pmatrix}1&2&1&0\\0&-7&-4&2\\0&-3&-4&-6\\0&-3&-1&3\end{pmatrix}$$

$$\xrightarrow[r_3-r_4]{r_2-2r_4}\begin{pmatrix}1&2&1&0\\0&-1&-2&-4\\0&0&-3&-9\\0&-3&-1&3\end{pmatrix}\xrightarrow[\substack{r_2\times(-1)\\ r_3\times\left(-\frac{1}{3}\right)}]{\substack{r_1+2r_2\\ r_4-3r_2}}\begin{pmatrix}1&0&-3&-8\\0&1&2&4\\0&0&1&3\\0&0&5&15\end{pmatrix}$$

$$\xrightarrow[r_4-5r_3]{\substack{r_1+3r_3\\ r_2-2r_3}}\begin{pmatrix}1&0&0&1\\0&1&0&-2\\0&0&1&3\\0&0&0&0\end{pmatrix},$$

可得 $$\boldsymbol{\alpha}_4=\boldsymbol{\alpha}_1-2\boldsymbol{\alpha}_2+3\boldsymbol{\alpha}_3,$$

可见秩为 3,可取 $\boldsymbol{\alpha}_1,\boldsymbol{\alpha}_2,\boldsymbol{\alpha}_3$ 为一个最大线性无关组.注意到方程 $x_1\boldsymbol{\alpha}_1+x_2\boldsymbol{\alpha}_2+x_3\boldsymbol{\alpha}_3=\boldsymbol{\alpha}_4$ 的增广矩阵正好就是 $\boldsymbol{A}$,就可以理解这个做法的原理和结果了.

§4.4 线性方程组解的结构

在第 3 章中我们已经介绍了线性方程组有解的充分必要条件,并在线性方程组有无穷多个解时,给出了其解的一般表达式.本节将讨论线性方程组的解之间的线性关系,即线性方程组解的结构.

4.4.1 齐次线性方程组解的结构

设有 n 元齐次线性方程组

$$\begin{cases}a_{11}x_1+a_{12}x_2+\cdots+a_{1n}x_n=0\\a_{21}x_1+a_{22}x_2+\cdots+a_{2n}x_n=0\\\cdots\cdots\cdots\cdots\\a_{m1}x_1+a_{m2}x_2+\cdots+a_{mn}x_n=0\end{cases}. \tag{4-1}$$

记 $\boldsymbol{A}=(\boldsymbol{a}_{ij})_{m\times n}$,$\boldsymbol{x}=(x_1,x_2,\cdots,x_n)^{\mathrm{T}}$,则方程组(4-1)可写成

$$\boldsymbol{Ax}=\boldsymbol{0}. \tag{4-2}$$

如果 $x_1=\xi_{11},x_2=\xi_{21},\cdots,x_n=\xi_{n1}$ 是方程组(4-2)的解,则

$$\boldsymbol{x}=\boldsymbol{\xi}_1=(\xi_{11},\xi_{21},\cdots,\xi_{n1})^{\mathrm{T}}$$

称为方程组(4-1)的**解向量**,自然它也是方程组(4-2)的解.根据方程组(4-2),容易验证解向量有下列性质:

性质 1 若 $\boldsymbol{\xi}_1,\boldsymbol{\xi}_2$ 是方程组(4-2)的解,则 $\boldsymbol{\xi}_1+\boldsymbol{\xi}_2$ 也是方程组(4-2)的解.

证明 只要验证 $\boldsymbol{x}=\boldsymbol{\xi}_1+\boldsymbol{\xi}_2$ 满足方程组(4-2):

$$\boldsymbol{A}(\boldsymbol{\xi}_1+\boldsymbol{\xi}_2)=\boldsymbol{A\xi}_1+\boldsymbol{A\xi}_2=\boldsymbol{0}+\boldsymbol{0}=\boldsymbol{0}.$$

性质 2 若 $\boldsymbol{\xi}$ 是方程组(4-2)的解,k 是任意实数,则 $k\boldsymbol{\xi}$ 是方程组(4-2)的解.

证明 $\boldsymbol{A}(k\boldsymbol{\xi})=k\boldsymbol{A\xi}=k\boldsymbol{0}=\boldsymbol{0}$.

定义 1 设 $\boldsymbol{A}$ 为 $m\times n$ 矩阵,齐次线性方程组 $\boldsymbol{Ax}=\boldsymbol{0}$ 的全体解所组成的集合 $N(\boldsymbol{A})=\{\boldsymbol{x}\in\mathbf{R}^n\,|\,\boldsymbol{Ax}=\boldsymbol{0}\}$,称为齐次线性方程组(4-1)的**解空间**.

如果能求得解空间 $N(\boldsymbol{A})=\{\boldsymbol{x}\in\mathbf{R}^n\,|\,\boldsymbol{Ax}=\boldsymbol{0}\}$ 的一个最大线性无关组 $S_0:\boldsymbol{\xi}_1,\boldsymbol{\xi}_2,\cdots,\boldsymbol{\xi}_t$,那么齐次线性方程组 $\boldsymbol{Ax}=\boldsymbol{0}$ 的任一解都可由最大线性无关组 $S_0:\boldsymbol{\xi}_1,\boldsymbol{\xi}_2,\cdots,\boldsymbol{\xi}_t$ 线性表示;另外,由上述性质 1、性质 2 可知,最大线性无关组 $S_0:\boldsymbol{\xi}_1,\boldsymbol{\xi}_2,\cdots,\boldsymbol{\xi}_t$ 的任何线性组合

$$\boldsymbol{x}=k_1\boldsymbol{\xi}_1+k_2\boldsymbol{\xi}_2+\cdots+k_t\boldsymbol{\xi}_t\quad(\text{其中 }k_1,k_2,\cdots,k_t\text{ 为任意实数})$$

都是方程组 $\boldsymbol{Ax}=\boldsymbol{0}$ 的解,因此上式便是方程组 $\boldsymbol{Ax}=\boldsymbol{0}$ 的通解.

定义 2　设 $\boldsymbol{A}$ 为 $m\times n$ 矩阵，齐次线性方程组 $\boldsymbol{Ax}=\boldsymbol{0}$ 解集 $N(\boldsymbol{A})=\{\boldsymbol{x}\in\mathbf{R}^n \mid \boldsymbol{Ax}=\boldsymbol{0}\}$ 的最大线性无关组 $\boldsymbol{\xi}_1,\boldsymbol{\xi}_2,\cdots,\boldsymbol{\xi}_t$ 称为齐次线性方程组 $\boldsymbol{Ax}=\boldsymbol{0}$ 的**基础解系**.

显然，只有当齐次线性方程组 $\boldsymbol{Ax}=\boldsymbol{0}$ 存在非零解时，才会存在基础解系. 要求齐次线性方程组的通解，只需求出它的基础解系.

关于基础解系，有以下定理.

定理 1　设 $\boldsymbol{A}$ 为 $m\times n$ 矩阵，$R(\boldsymbol{A})=r<n$，则 n 元齐次线性方程组 $\boldsymbol{Ax}=\boldsymbol{0}$ 存在基础解系，并且它的任一个基础解系均由 $n-r$ 个解组成.

证明　不妨设 $\boldsymbol{A}$ 左上角的 r 阶子方阵非奇异，则方程组(4-1)可以改写成

$$\begin{cases} a_{11}x_1+\cdots+a_{1r}x_r=-a_{1r+1}x_{r+1}-\cdots-a_{1n}x_n \\ \cdots\cdots\cdots\cdots \\ a_{r1}x_1+\cdots+a_{rr}x_r=-a_{rr+1}x_{r+1}-\cdots-a_{rn}x_n \end{cases}. \tag{4-3}$$

把 $x_{r+1},\cdots,x_n$ 的任意一组值代入方程组(4-3)，根据克拉默法则就唯一地确定了方程组(4-3)的一个解 $x_1,\cdots,x_r$. 把它同取定的 $x_{r+1},\cdots,x_n$ 合在一起，就确定了方程组(4-2)的一个解向量. 换言之，对于方程组(4-1)的任意两个解向量，只要它们的后 $n-r$ 各分量相同，则前 r 个分量也相同，从而两个解向量就完全一样.

在方程组(4-3)中分别取

$$(x_{r+1},\cdots,x_n)^{\mathrm{T}}=(1,0,\cdots,0)^{\mathrm{T}},(0,1,\cdots,0)^{\mathrm{T}},\cdots,(0,0,\cdots,1)^{\mathrm{T}} \tag{4-4}$$

这样 $n-r$ 组值，就得到了方程组(4-2)的 $n-r$ 个解向量.

$$\begin{cases} \boldsymbol{\eta}_1=(c_{11},\cdots,c_{1r},1,0,\cdots,0)^{\mathrm{T}}, \\ \boldsymbol{\eta}_2=(c_{21},\cdots,c_{2r},0,1,\cdots,0)^{\mathrm{T}}, \\ \cdots\cdots\cdots\cdots \\ \boldsymbol{\eta}_{n-r}=(c_{n-r1},\cdots,c_{n-rr},0,0,\cdots,1)^{\mathrm{T}}. \end{cases} \tag{4-5}$$

现在来证明式(4-5)就是方程组(4-2)解集的基础解系.

首先，由向量组(4-4)的线性无关及线性无关的向量组接长后仍线性无关知向量组(4-5)线性无关.

其次，证方程组(4-2)的任一组解向量可由向量组(4-5)线性表示. 设

$$\boldsymbol{\eta}=(c_1,\cdots,c_r,c_{r+1},\cdots,c_n)$$

是方程组(4-2)的任一解向量，由于 $\boldsymbol{\eta}_1,\boldsymbol{\eta}_2,\cdots.,\boldsymbol{\eta}_{n-r}$ 是方程组(4-2)的解向量，所以它们的线性组合

$$c_{r+1}\boldsymbol{\eta}_1+c_{r+2}\boldsymbol{\eta}_2+\cdots+c_n\boldsymbol{\eta}_{n-r}$$

也是方程组(4-2)的解向量，并且它的后 $n-r$ 个分量同 $\boldsymbol{\eta}$ 的后 $n-r$ 分量相同，由前面的分析知

$$\boldsymbol{\eta}=c_{r+1}\boldsymbol{\eta}_1+c_{r+2}\boldsymbol{\eta}_2+\cdots+c_n\boldsymbol{\eta}_{n-r},$$

这就证明了式(4-5)是方程组(4-2)解集的基础解系.

在求得基础解系 $\boldsymbol{\eta}_1,\boldsymbol{\eta}_2,\cdots,\boldsymbol{\eta}_{n-r}$ 后，解集为

$$\boldsymbol{S}=\{\boldsymbol{x}=k_1\boldsymbol{\eta}_1+k_2\boldsymbol{\eta}_2+\cdots+k_{n-r}\boldsymbol{\eta}_{n-r}\,|\,k_i\in\mathbf{R},i=1,2,\cdots,n-r\},$$

而形如 $\boldsymbol{x}=k_1\boldsymbol{\eta}_1+k_2\boldsymbol{\eta}_2+\cdots+k_{n-r}\boldsymbol{\eta}_{n-r}$ 的解称为方程组(4-2)的**通解**.

推论 设 $\mathbf{A}$ 为 $m\times n$ 矩阵，$R(\mathbf{A})=r<n$，n 元齐次线性方程组 $\mathbf{A}\boldsymbol{x}=\mathbf{0}$ 基础解系中所含解向量的个数记为 $R(\boldsymbol{S})$，则 $R(\mathbf{A})+R(\boldsymbol{S})=n$.

小结：对齐次线性方程组 $\mathbf{A}_{m\times n}\boldsymbol{x}=\mathbf{0}$ 有如下结论：

(1) 若 $R(\mathbf{A})=r=n$，则方程组只有零解，没有非零解，没有基础解系；

(2) 若 $R(\mathbf{A})=r<n$，则方程组有无穷多个解，基础解系由 $n-r$ 个向量构成. 若设 $\boldsymbol{\eta}_1,\boldsymbol{\eta}_2,\cdots.,\boldsymbol{\eta}_{n-r}$ 为解集 S 的一个基础解系，则通解为

$$\boldsymbol{x}=k_1\boldsymbol{\eta}_1+k_2\boldsymbol{\eta}_2+\cdots+k_{n-r}\boldsymbol{\eta}_{n-r},$$

其中，$k_1,k_2,\cdots,k_{n-r}$ 为任意常数.

下面给出求解齐次线性方程组 $\mathbf{A}_{m\times n}\boldsymbol{x}=\mathbf{0}$ 的步骤：

(1) 利用初等行变换将齐次线性方程组的系数矩阵化为行阶梯形矩阵，判定系数矩阵的秩. 当其秩等于方程组中未知数的个数 n 时，齐次线性方程组仅有零解；当其秩 r 小于方程组中未知数的个数 n 时，齐次线性方程组有非零解.

(2) 在有非零解时，继续对行阶梯形矩阵作初等行变换得到行最简形，写出以该行最简形为系数矩阵的齐次线性方程组.

(3) 让 $n-r$ 个自由未知数构成的 $n-r$ 维向量依次取：

$$(x_{r+1},\cdots,x_n)^{\mathrm{T}}=(1,0,\cdots,0)^{\mathrm{T}},(0,1,\cdots,0)^{\mathrm{T}},\cdots,(0,0,\cdots,1)^{\mathrm{T}},$$

得到基础解系.

例 1 求下面齐次线性方程组的基础解系和通解：

$$\begin{cases}x_1+2x_2+2x_3+x_4=0\\2x_1+x_2-2x_3-2x_4=0\\2x_1-2x_2-8x_3-6x_4=0\end{cases}.$$

解 对系数矩阵进行初等行变换化为行阶梯形矩阵：

$$\mathbf{A}=\begin{pmatrix}1&2&2&1\\2&1&-2&-2\\2&-2&-8&-6\end{pmatrix}\xrightarrow[r_3-2r_1]{r_2-2r_1}\begin{pmatrix}1&2&2&1\\0&-3&-6&-4\\0&-6&-12&-8\end{pmatrix}\xrightarrow{r_3-2r_2}\begin{pmatrix}1&2&2&1\\0&-3&-6&-4\\0&0&0&0\end{pmatrix}.$$

由于 $R(\mathbf{A})=2<3$，所以该齐次线性方程组有无穷多个解，继续作初等行变换化为行最简形矩阵：

$$\xrightarrow{r_3\times\left(-\frac{1}{3}\right)}\begin{pmatrix}1&2&2&1\\0&1&2&\frac{4}{3}\\0&0&0&0\end{pmatrix}\xrightarrow{r_1-2r_2}\begin{pmatrix}1&0&-2&-\frac{5}{3}\\0&1&2&\frac{4}{3}\\0&0&0&0\end{pmatrix},$$

于是得到与原方程组同解的方程组

$$\begin{cases} x_1=2x_3+\frac{5}{3}x_4 \\ x_2=-2x_3-\frac{4}{3}x_4. \\ x_3=x_3 \\ x_4=x_4 \end{cases}$$

分别取 $\begin{pmatrix} x_3 \\ x_4 \end{pmatrix}=\begin{pmatrix} 1 \\ 0 \end{pmatrix},\begin{pmatrix} 0 \\ 1 \end{pmatrix}$,得到基础解系

$$\boldsymbol{\xi}_1=\begin{pmatrix} 2 \\ -2 \\ 1 \\ 0 \end{pmatrix},\quad \boldsymbol{\xi}_2=\begin{pmatrix} \frac{5}{3} \\ -\frac{4}{3} \\ 0 \\ 1 \end{pmatrix},$$

则通解为

$$x=k_1\boldsymbol{\xi}_1+k_2\boldsymbol{\xi}_2=k_1\begin{pmatrix} 2 \\ -2 \\ 1 \\ 0 \end{pmatrix}+k_2\begin{pmatrix} \frac{5}{3} \\ -\frac{4}{3} \\ 0 \\ 1 \end{pmatrix},$$

其中,k_1,k_2 为任意实数.

例 2　求 λ 的值,使齐次线性方程组

$$\begin{cases} (\lambda+3)x_1+x_2+2x_3=0 \\ \lambda x_1+(\lambda-1)x_2+x_3=0 \\ 3(\lambda+1)x_1+\lambda x_2+(\lambda+3)x_3=0 \end{cases}$$

有非零解,并在其有非零解时求出它的基础解系和通解.

解　方程组的系数矩阵的行列式为:

$$D=\begin{vmatrix} \lambda+3 & 1 & 2 \\ \lambda & \lambda-1 & 1 \\ 3(\lambda+1) & \lambda & \lambda+3 \end{vmatrix}=\lambda^2(\lambda-1),$$

当 $D=0$,即 $\lambda=0$ 或 $\lambda=1$ 时,方程组有非零解.

当 $\lambda=0$ 时,

$$\begin{pmatrix}3&1&2\\0&-1&1\\3&0&3\end{pmatrix}\xrightarrow{r_3-r_1}\begin{pmatrix}3&1&2\\0&-1&1\\0&-1&1\end{pmatrix}\xrightarrow{r_3-r_2}\begin{pmatrix}3&1&2\\0&-1&1\\0&0&0\end{pmatrix}\xrightarrow{r_1+r_2}\begin{pmatrix}3&0&3\\0&-1&1\\0&0&0\end{pmatrix}$$

$$\xrightarrow[r_2\times(-1)]{r_1\times\frac{1}{3}}\begin{pmatrix}1&0&1\\0&1&-1\\0&0&0\end{pmatrix}$$

于是同解方程组为

$$\begin{cases}x_1=-x_3\\x_2=x_3\end{cases}.$$

取 $x_3=1$,得到基础解系

$$\boldsymbol{\xi}=\begin{pmatrix}-1\\1\\1\end{pmatrix},$$

则通解为

$$\boldsymbol{x}=k\boldsymbol{\xi}=k\begin{pmatrix}-1\\1\\1\end{pmatrix},\text{其中 } k \text{ 为任意实数}.$$

当 $\lambda=1$ 时,

$$\begin{pmatrix}4&1&2\\1&0&1\\6&1&4\end{pmatrix}\xrightarrow{r_1\leftrightarrow r_2}\begin{pmatrix}1&0&1\\4&1&2\\6&1&4\end{pmatrix}\xrightarrow[r_3-6r_1]{r_2-4r_1}\begin{pmatrix}1&0&1\\0&1&-2\\0&1&-2\end{pmatrix}\xrightarrow{r_3-r_2}\begin{pmatrix}1&0&1\\0&1&-2\\0&0&0\end{pmatrix},$$

于是同解方程组为

$$\begin{cases}x_1=-x_3\\x_2=2x_3\end{cases},$$

取 $x_3=1$,得到基础解系

$$\boldsymbol{\xi}=\begin{pmatrix}-1\\2\\1\end{pmatrix},$$

则通解为

$$\boldsymbol{x}=k\boldsymbol{\xi}=k\begin{pmatrix}-1\\2\\1\end{pmatrix},\text{其中 } k \text{ 为任意实数}.$$

4.4.2 非齐次线性方程组解的结构

设有非齐次线性方程组

$$\begin{cases} a_{11}x_1+a_{12}x_2+\cdots+a_{1n}x_n=b_1 \\ a_{21}x_1+a_{22}x_2+\cdots+a_{2n}x_n=b_2 \\ \cdots\cdots\cdots\cdots \\ a_{m1}x_1+a_{m2}x_2+\cdots+a_{mn}x_n=b_m \end{cases}. \tag{4-6}$$

若记 $\boldsymbol{\alpha}_j=(a_{1j},a_{2j},\cdots,a_{mj})^{\mathrm{T}}$，$j=1,2,\cdots,n$，$\boldsymbol{b}=(b_1,b_2,\cdots,b_m)^{\mathrm{T}}$，$\boldsymbol{x}=(x_1,x_2,\cdots,x_n)^{\mathrm{T}}$，$\boldsymbol{A}=(\boldsymbol{\alpha}_1,\boldsymbol{\alpha}_2,\cdots,\boldsymbol{\alpha}_n)$，则方程组(4-6)可写成

$$\boldsymbol{Ax}=\boldsymbol{b} \tag{4-7}$$

和

$$x_1\boldsymbol{\alpha}_1+x_2\boldsymbol{\alpha}_2+\cdots+x_n\boldsymbol{\alpha}_n=\boldsymbol{b} \tag{4-8}$$

齐次线性方程组

$$\boldsymbol{Ax}=\boldsymbol{0}$$

称为非齐次线性方程组 $\boldsymbol{Ax}=\boldsymbol{b}$ 的**导出组**. 非齐次线性方程组 $\boldsymbol{Ax}=\boldsymbol{b}$ 的解具有下列性质：

性质 3 设 $\boldsymbol{\eta}_1,\boldsymbol{\eta}_2$ 是 $\boldsymbol{Ax}=\boldsymbol{b}$ 的解，则 $\boldsymbol{x}=\boldsymbol{\eta}_1-\boldsymbol{\eta}_2$ 是其对应齐次方程组（也称 $\boldsymbol{Ax}=\boldsymbol{b}$ 的导出组）$\boldsymbol{Ax}=\boldsymbol{0}$ 的解.

证明 因为 $\boldsymbol{\eta}_1,\boldsymbol{\eta}_2$ 为 $\boldsymbol{Ax}=\boldsymbol{b}$ 的任两个解，则 $\boldsymbol{A\eta}_i=\boldsymbol{\beta}(i=1,2)$，由于

$$\boldsymbol{A}(\boldsymbol{\eta}_1-\boldsymbol{\eta}_2)=\boldsymbol{A\eta}_1-\boldsymbol{A\eta}_2=\boldsymbol{\beta}-\boldsymbol{\beta}=\boldsymbol{0},$$

故 $\boldsymbol{\eta}_1-\boldsymbol{\eta}_2$ 是 $\boldsymbol{Ax}=\boldsymbol{0}$ 的解.

性质 4 若 $\boldsymbol{\eta}^*$ 是 $\boldsymbol{Ax}=\boldsymbol{b}$ 的一个解，$\boldsymbol{\xi}$ 是导出组 $\boldsymbol{Ax}=\boldsymbol{0}$ 的一个解，则 $\boldsymbol{x}=\boldsymbol{\eta}^*+\boldsymbol{\xi}$ 为 $\boldsymbol{Ax}=\boldsymbol{b}$ 的解.

证明 由已知条件知 $\boldsymbol{\eta}^*,\boldsymbol{\xi}$ 满足 $\boldsymbol{A\eta}^*=\boldsymbol{b}$，$\boldsymbol{A\xi}=\boldsymbol{0}$，则

$$\boldsymbol{A}(\boldsymbol{\eta}^*+\boldsymbol{\xi})=\boldsymbol{A\eta}^*+\boldsymbol{A\xi}=\boldsymbol{b}+\boldsymbol{0}=\boldsymbol{b},$$

知 $\boldsymbol{\eta}^*+\boldsymbol{\xi}$ 是 $\boldsymbol{Ax}=\boldsymbol{b}$ 的解.

定理 2 设 $\boldsymbol{A}$ 为 $m\times n$ 矩阵，线性方程组 $\boldsymbol{Ax}=\boldsymbol{b}$ 有解，$R(\boldsymbol{A}\,\vdots\,\boldsymbol{b})=R(\boldsymbol{A})=r$，$\boldsymbol{\eta}$ 是其任一解. 又设 $\boldsymbol{Ax}=\boldsymbol{b}$ 的导出组为 $\boldsymbol{Ax}=\boldsymbol{0}$，其基础解系为 $\boldsymbol{\xi}_1,\cdots,\boldsymbol{\xi}_{n-r}$，则 $\boldsymbol{Ax}=\boldsymbol{b}$ 的通解为

$$\boldsymbol{x}=\boldsymbol{\eta}+k_1\boldsymbol{\xi}_1+\cdots+k_{n-r}\boldsymbol{\xi}_{n-r}\quad(k_i\in\mathbf{R},i=1,\cdots,n-r). \tag{4-9}$$

证明 首先，易见所有满足式(4-9)的向量 $\boldsymbol{x}$ 均满足方程组：

$$\boldsymbol{Ax}=\boldsymbol{A}\left(\boldsymbol{\eta}+\sum_{i=1}^{n-r}k_i\boldsymbol{\xi}_i\right)=\boldsymbol{A\eta}+\sum_{i=1}^{n-r}k_i(\boldsymbol{A\xi}_i)=\boldsymbol{b}+\sum_{i=1}^{n-r}k_i\boldsymbol{0}=\boldsymbol{b}.$$

其次，设 $\boldsymbol{x}$ 为 $\boldsymbol{Ax}=\boldsymbol{b}$ 的任一解，则 $\boldsymbol{x}-\boldsymbol{\eta}$ 为 $\boldsymbol{Ax}=\boldsymbol{0}$ 的解，故可由基础解系表示为 $\boldsymbol{x}-\boldsymbol{\eta}=k_1\boldsymbol{\xi}_1+\cdots+k_{n-r}\boldsymbol{\xi}_{n-r}$，移项便得式(4-9).

特别地，若 $R(\boldsymbol{A} \vdots \boldsymbol{b})=R(\boldsymbol{A})=n$，则 $\boldsymbol{Ax}=\boldsymbol{b}$ 的导出组 $\boldsymbol{Ax}=\boldsymbol{0}$ 只有唯一零解，故 $\boldsymbol{Ax}=\boldsymbol{b}$ 也只有唯一解 $\boldsymbol{x}=\boldsymbol{\eta}+\boldsymbol{0}=\boldsymbol{\eta}$.

下面给出求解非齐次线性方程组 $\boldsymbol{A}_{m\times n}\boldsymbol{x}=\boldsymbol{b}$ 通解的步骤：

(1) 利用初等行变换将非齐次线性方程组的增广矩阵 $\boldsymbol{B}=(\boldsymbol{A}_{m\times n},\boldsymbol{b})$ 化为行阶梯形矩阵，判定 $R(\boldsymbol{B})=R(\boldsymbol{A}_{m\times n})$ 是否成立；

(2) 当 $R(\boldsymbol{B})=R(\boldsymbol{A}_{m\times n})<n$ 时，方程组有无穷多个解，继续对其行阶梯形矩阵作初等行变换，使其变成行最简形矩阵；

(3) 写出其同解方程组，求出一个特解，并对其导出的齐次线性方程组求通解；

(4) 写出非齐次线性方程组 $\boldsymbol{A}_{m\times n}\boldsymbol{x}=\boldsymbol{b}$ 的通解.

例 3 求以下非齐次线性方程组的通解：

$$\begin{cases}2x_1+x_2-x_3+x_4=1\\4x_1+2x_2-2x_3+x_4=2.\\2x_1+x_2-x_3-x_4=1\end{cases}$$

解 将增广矩阵化简为行阶梯形矩阵

$$\boldsymbol{B}=(\boldsymbol{A} \vdots \boldsymbol{b})=\left(\begin{array}{cccc:c}2&1&-1&1&1\\4&2&-2&1&2\\2&1&-1&-1&1\end{array}\right)\xrightarrow[r_3-r_1]{r_2-2r_1}\left(\begin{array}{cccc:c}2&1&-1&1&1\\0&0&0&-1&0\\0&0&0&-2&0\end{array}\right)$$

$$\xrightarrow[r_3\times(-1)]{r_2\times(-1)}\left(\begin{array}{cccc:c}2&1&-1&1&1\\0&0&0&1&0\\0&0&0&2&0\end{array}\right)\xrightarrow[r_3-2r_2]{r_1-r_2}\left(\begin{array}{cccc:c}2&1&-1&0&1\\0&0&0&1&0\\0&0&0&0&0\end{array}\right)$$

$$\quad x_1\quad x_2\quad x_3\quad x_4$$

$$\xrightarrow{r_1\times\frac{1}{2}}\left(\begin{array}{cccc:c}1&\frac{1}{2}&\frac{-1}{2}&0&\frac{1}{2}\\0&0&0&1&0\\0&0&0&0&0\end{array}\right).$$

由 $R(\boldsymbol{A})=R(\boldsymbol{B})$，知方程组有解. 又 $R(\boldsymbol{A})=2$，$n-r=2$，所以方程组有无穷多解.

写出同解方程组：$\begin{cases}x_1=\dfrac{-1}{2}x_2+\dfrac{1}{2}x_3+\dfrac{1}{2}\\x_2=x_2\\x_3=x_3\\x_4=0\end{cases}$.

令 $x_2=x_3=0$，得到非齐次线性方程组的一个特解

$$\boldsymbol{\eta}=\begin{pmatrix}\frac{1}{2}\\0\\0\\0\end{pmatrix},$$

写出与对齐次线性方程组同解方程组

$$\begin{cases}x_1=\frac{-1}{2}x_2+\frac{1}{2}x_3\\x_2=x_2\\x_3=x_3\\x_4=0\end{cases}.$$

分别令 $\begin{pmatrix}x_2\\x_3\end{pmatrix}=\begin{pmatrix}1\\0\end{pmatrix}$，$\begin{pmatrix}x_2\\x_3\end{pmatrix}=\begin{pmatrix}0\\1\end{pmatrix}$ 得基础解系

$$\boldsymbol{\xi}_1=\begin{pmatrix}-\frac{1}{2}\\1\\0\\0\end{pmatrix},\quad \boldsymbol{\xi}_2=\begin{pmatrix}\frac{1}{2}\\0\\1\\0\end{pmatrix},$$

非齐次线性方程组的通解为

$$\boldsymbol{x}=\begin{pmatrix}x_1\\x_2\\x_3\\x_4\end{pmatrix}=k_1\boldsymbol{\xi}_1+k_2\boldsymbol{\xi}_2+\boldsymbol{\eta}=k_1\begin{pmatrix}\frac{-1}{2}\\1\\0\\0\end{pmatrix}+k_2\begin{pmatrix}\frac{1}{2}\\0\\1\\0\end{pmatrix}+\begin{pmatrix}\frac{1}{2}\\0\\0\\0\end{pmatrix},\quad k_1,k_2\in\mathbf{R}.$$

注：设有非齐次线性方程组 $\boldsymbol{Ax}=\boldsymbol{b}$，而 $\boldsymbol{\alpha}_1,\boldsymbol{\alpha}_2,\cdots,\boldsymbol{\alpha}_n$ 是系数矩阵 $\boldsymbol{A}$ 的列向量组，则下列四个命题等价：

(1) 非齐次线性方程组 $\boldsymbol{Ax}=\boldsymbol{b}$ 有解；

(2) 向量 $\boldsymbol{b}$ 能由向量组 $\boldsymbol{\alpha}_1,\boldsymbol{\alpha}_2,\cdots,\boldsymbol{\alpha}_n$ 线性表示；

(3) 向量组 $\boldsymbol{\alpha}_1,\boldsymbol{\alpha}_2,\cdots,\boldsymbol{\alpha}_n$ 与向量组 $\boldsymbol{\alpha}_1,\boldsymbol{\alpha}_2,\cdots,\boldsymbol{\alpha}_n,\boldsymbol{b}$ 等价；

(4) $R(\boldsymbol{A})=R(\boldsymbol{A},\boldsymbol{b})$.

习　题　4

1. 设 $\boldsymbol{v}_1=(1,1,0)^{\mathrm{T}}$，$\boldsymbol{v}_2=(0,1,1)^{\mathrm{T}}$，$\boldsymbol{v}_3=(3,4,0)^{\mathrm{T}}$，求 $\boldsymbol{v}_1-\boldsymbol{v}_2$ 及 $3\boldsymbol{v}_1+2\boldsymbol{v}_2-\boldsymbol{v}_3$.

2. 设 $3(\boldsymbol{a}_1-\boldsymbol{a})+2(\boldsymbol{a}_2+\boldsymbol{a})=5(\boldsymbol{a}_3+\boldsymbol{a})$，其中

$$\boldsymbol{a}_1=(2,5,1,3)^{\mathrm{T}},\quad \boldsymbol{a}_2=(10,1,5,10)^{\mathrm{T}},\quad \boldsymbol{a}_3=(4,1,-1,1)^{\mathrm{T}},$$

求 $\boldsymbol{a}$.

3. 求解下列向量方程：

(1) $3\boldsymbol{X}+\boldsymbol{\alpha}=\boldsymbol{\beta}$，其中，$\boldsymbol{\alpha}=(1,0,1)^{\mathrm{T}}$，$\boldsymbol{\beta}=(1,1,-1)^{\mathrm{T}}$.

(2) $2\boldsymbol{X}+3\boldsymbol{\alpha}=3\boldsymbol{X}+\boldsymbol{\beta}$，其中，$\boldsymbol{\alpha}=(2,0,1)^{\mathrm{T}}$，$\boldsymbol{\beta}=(3,1,-1)^{\mathrm{T}}$.

4. 判定下列向量组是线性相关还是线性无关：

(1) $(-1,3,1)^{\mathrm{T}},(2,1,0)^{\mathrm{T}},(1,4,1)^{\mathrm{T}}$；

(2) $(2,3,0)^{\mathrm{T}},(-1,4,0)^{\mathrm{T}},(0,0,2)^{\mathrm{T}}$.

5. 试问向量 $\boldsymbol{\beta}$ 可否由向量组 $\boldsymbol{\alpha}_1,\boldsymbol{\alpha}_2,\boldsymbol{\alpha}_3,\boldsymbol{\alpha}_4$ 线性表示. 若能，求出 $\boldsymbol{\beta}$ 由 $\boldsymbol{\alpha}_1,\boldsymbol{\alpha}_2,\boldsymbol{\alpha}_3,\boldsymbol{\alpha}_4$ 线性表示的表达式.

(1) $\boldsymbol{\beta}=\begin{pmatrix}1\\2\\1\\1\end{pmatrix}$；$\boldsymbol{\alpha}_1=\begin{pmatrix}1\\1\\1\\1\end{pmatrix}$，$\boldsymbol{\alpha}_2=\begin{pmatrix}1\\1\\-1\\-1\end{pmatrix}$，$\boldsymbol{\alpha}_3=\begin{pmatrix}1\\-1\\1\\-1\end{pmatrix}$，$\boldsymbol{\alpha}_4=\begin{pmatrix}1\\-1\\-1\\1\end{pmatrix}$.

(2) $\boldsymbol{\beta}=\begin{pmatrix}0\\2\\0\\-1\end{pmatrix}$；$\boldsymbol{\alpha}_1=\begin{pmatrix}1\\1\\1\\1\end{pmatrix}$，$\boldsymbol{\alpha}_2=\begin{pmatrix}1\\1\\1\\0\end{pmatrix}$，$\boldsymbol{\alpha}_3=\begin{pmatrix}1\\1\\0\\0\end{pmatrix}$，$\boldsymbol{\alpha}_4=\begin{pmatrix}1\\0\\0\\0\end{pmatrix}$.

6. 讨论下列向量组的线性相关性：

(1) $\boldsymbol{\alpha}_1=\begin{pmatrix}3\\2\\4\end{pmatrix}$，$\boldsymbol{\alpha}_2=\begin{pmatrix}2\\-1\\5\end{pmatrix}$，$\boldsymbol{\alpha}_3=\begin{pmatrix}-1\\3\\-5\end{pmatrix}$，$\boldsymbol{\alpha}_4=\begin{pmatrix}-3\\1\\-7\end{pmatrix}$，$\boldsymbol{\alpha}_5=\begin{pmatrix}-2\\-3\\-1\end{pmatrix}$.

(2) $\boldsymbol{\alpha}_1=\begin{pmatrix}ax\\bx\\cx\end{pmatrix}$，$\boldsymbol{\alpha}_2=\begin{pmatrix}ay\\by\\cy\end{pmatrix}$，$\boldsymbol{\alpha}_3=\begin{pmatrix}az\\bz\\cz\end{pmatrix}$，其中，$a,b,c,x,y,z$ 全不为零.

(3) $\boldsymbol{\alpha}_1=\begin{pmatrix}1\\0\\-1\\2\end{pmatrix}$，$\boldsymbol{\alpha}_2=\begin{pmatrix}-1\\-1\\2\\-4\end{pmatrix}$，$\boldsymbol{\alpha}_3=\begin{pmatrix}2\\3\\1\\0\end{pmatrix}$.

(4) $\boldsymbol{\alpha}_1=\begin{pmatrix}1\\2\\3\\0\end{pmatrix}$，$\boldsymbol{\alpha}_2=\begin{pmatrix}-1\\-2\\0\\3\end{pmatrix}$，$\boldsymbol{\alpha}_3=\begin{pmatrix}1\\-2\\-1\\0\end{pmatrix}$，$\boldsymbol{\alpha}_4=\begin{pmatrix}0\\0\\1\\1\end{pmatrix}$.

7. 设向量

$$\boldsymbol{\alpha}_1=(1,1,2)^{\mathrm{T}},\quad \boldsymbol{\alpha}_2=(3,t,1)^{\mathrm{T}},\quad \boldsymbol{\alpha}_3=(0,2,-t)^{\mathrm{T}}$$

线性相关，求 t 的值.

8. 证明下列各题：

(1) 设向量组 $\boldsymbol{\alpha}_1,\boldsymbol{\alpha}_2,\boldsymbol{\alpha}_3$ 线性无关，证明向量组 $\boldsymbol{\alpha}_1+\boldsymbol{\alpha}_2,\boldsymbol{\alpha}_2+\boldsymbol{\alpha}_3,\boldsymbol{\alpha}_1+2\boldsymbol{\alpha}_2+\boldsymbol{\alpha}_3$ 线性相关.

(2) 向量组 $\boldsymbol{\alpha}_1,\boldsymbol{\alpha}_2,\boldsymbol{\alpha}_3$ 线性无关，且 $\boldsymbol{\beta}_1=4\boldsymbol{\alpha}_1-4\boldsymbol{\alpha}_2,\boldsymbol{\beta}_2=\boldsymbol{\alpha}_1-2\boldsymbol{\alpha}_2+\boldsymbol{\alpha}_3,\boldsymbol{\beta}_3=\boldsymbol{\alpha}_2-\boldsymbol{\alpha}_3$，证明向量组 $\boldsymbol{\beta}_1,\boldsymbol{\beta}_2,\boldsymbol{\beta}_3$ 线性相关.

(3) 设非零向量 $\boldsymbol{\beta}$ 可由向量组 $\boldsymbol{\alpha}_1,\boldsymbol{\alpha}_2,\cdots,\boldsymbol{\alpha}_s$ 线性表示，证明表示法唯一当且仅当向量组 $\boldsymbol{\alpha}_1,\boldsymbol{\alpha}_2,\cdots,\boldsymbol{\alpha}_s$ 线性无关.

(4) 设 $\boldsymbol{\alpha}_1,\boldsymbol{\alpha}_2,\cdots,\boldsymbol{\alpha}_n$ 一组 n 维向量，如果 n 维单位向量 $\boldsymbol{\varepsilon}_1,\boldsymbol{\varepsilon}_2,\cdots,\boldsymbol{\varepsilon}_n$ 可被它们线性表出，证明 $\boldsymbol{\alpha}_1,\boldsymbol{\alpha}_2,\cdots,\boldsymbol{\alpha}_n$ 线性无关.

9. 求下列向量组的秩，并求一个最大线性无关组：

$$\boldsymbol{\alpha}_1=(1,2,-1,4)^{\mathrm{T}},\quad \boldsymbol{\alpha}_2=(9,100,10,4)^{\mathrm{T}},\quad \boldsymbol{\alpha}_3=(-2,-4,2,-8)^{\mathrm{T}}.$$

10. 利用初等行变换求下列矩阵的列向量组的一个最大线性无关组：

$$(1)\begin{pmatrix}25&31&17&43\\75&94&53&132\\75&94&54&134\\25&32&20&48\end{pmatrix};\qquad (2)\begin{pmatrix}1&1&2&2&1\\0&2&1&5&-1\\2&0&3&-1&3\\1&1&0&4&-1\end{pmatrix}.$$

11. 设向量组 $(a,3,1)^{\mathrm{T}},(2,b,3)^{\mathrm{T}},(1,2,1)^{\mathrm{T}},(2,3,1)^{\mathrm{T}}$ 的秩为 2，求 a,b.

12. 设有向量组：

$$\boldsymbol{\alpha}_1=(1,2,3,-1)^{\mathrm{T}},\quad \boldsymbol{\alpha}_2=(3,2,1,-1)^{\mathrm{T}},\quad \boldsymbol{\alpha}_3=(2,3,1,1)^{\mathrm{T}},\quad \boldsymbol{\alpha}_4=(5,5,2,0)^{\mathrm{T}},$$

求此向量组的秩及一个最大线性无关组，并将向量组中的其他向量用该最大线性无关组线性表示.

13. 求下列齐次线性方程组的基础解系：

$$(1)\begin{cases}x_1-8x_2+10x_3+2x_4=0\\2x_1+4x_2+5x_3-x_4=0\\3x_1+8x_2+6x_3-2x_4=0\end{cases};\qquad (2)\begin{cases}2x_1-3x_2-2x_3+x_4=0\\3x_1+5x_2+4x_3-2x_4=0\\8x_1+7x_2+6x_3-3x_4=0\end{cases};$$

(3) $nx_1+(n-1)x_2+\cdots+2x_{n-1}+x_n=0$.

14. 求一个齐次线性方程组，使它的基础解系为

$$\boldsymbol{\xi}_1=(0,1,2,3)^{\mathrm{T}},\quad \boldsymbol{\xi}_2=(3,2,1,0)^{\mathrm{T}}.$$

15. 设四元非齐次线性方程组的系数矩阵的秩为 3，已知 $\boldsymbol{\eta}_1,\boldsymbol{\eta}_2,\boldsymbol{\eta}_3$ 是它的三个解向量. 且 $\boldsymbol{\eta}_1=\begin{pmatrix}2\\3\\4\\5\end{pmatrix},\boldsymbol{\eta}_2+\boldsymbol{\eta}_3=\begin{pmatrix}1\\2\\3\\4\end{pmatrix}$，求该方程组的通解.

16. 求下列非齐次线性方程组的一个解及对应的齐次线性方程组的基础解系，并写出非齐次线性方程组通解：

(1) $\begin{cases} x_1+x_2=5 \\ 2x_1+x_2+x_3+2x_4=1 \\ 5x_1+3x_2+2x_3+2x_4=3 \end{cases}$;　　(2) $\begin{cases} x_1-5x_2+2x_3-3x_4=11 \\ 5x_1+3x_2+6x_3-x_4=-1 \\ 2x_1+4x_2+2x_3+x_4=-6 \end{cases}$.

17. 证明下列各题：

(1) 设 $\boldsymbol{\eta}^*$ 是非齐次线性方程组 $\boldsymbol{Ax}=\boldsymbol{b}$ 的一个解，$\boldsymbol{\xi}_1,\cdots,\boldsymbol{\xi}_{n-r}$ 是对应的齐次线性方程组的一个基础解系，证明：① $\boldsymbol{\eta}^*,\boldsymbol{\xi}_1,\cdots,\boldsymbol{\xi}_{n-r}$ 线性无关；② $\boldsymbol{\eta}^*,\boldsymbol{\eta}^*+\boldsymbol{\xi}_1,\cdots,\boldsymbol{\eta}^*+\boldsymbol{\xi}_{n-r}$ 线性无关.

(2) 设 $\boldsymbol{\eta}_1,\cdots,\boldsymbol{\eta}_s$ 是非齐次线性方程组 $\boldsymbol{Ax}=\boldsymbol{b}$ 的 s 个解，$k_1,\cdots,k_s$ 为实数，满足 $k_1+k_2+\cdots+k_s=1$. 证明 $\boldsymbol{x}=k_1\boldsymbol{\eta}_1+k_2\boldsymbol{\eta}_2+\cdots+k_s\boldsymbol{\eta}_s$ 也是它的解.

(3) 若 $\boldsymbol{\xi}_1$ 和 $\boldsymbol{\xi}_2$ 是齐次线性方程组 $\boldsymbol{Ax}=\boldsymbol{0}$ 的基础解系，$\boldsymbol{\eta}_1=\boldsymbol{\xi}_1+\boldsymbol{\xi}_2$，$\boldsymbol{\eta}_2=\boldsymbol{\xi}_1-\boldsymbol{\xi}_2$，证明 $\boldsymbol{\eta}_1,\boldsymbol{\eta}_2$ 也是 $\boldsymbol{Ax}=\boldsymbol{0}$ 的基础解系.

第 5 章　相似矩阵与二次型

本章主要讨论方阵的特征值与特征向量、方阵的对角化和二次型的化简等问题，为矩阵特征值理论在工程技术和经济管理中的定量分析应用做好知识准备.

§5.1　方阵的特征值和特征向量

工程技术中的振动问题、稳定性问题、最值问题，往往可以归结为求一个方阵的特征值和特征向量问题. 另外，数学中的主成分分析和机器学习等方法，都是以特征值的相关计算为基础的. 本节先介绍方阵特征值和特征向量的计算.

5.1.1　特征值与特征向量的概念

定义　设 $\boldsymbol{A}=(a_{ij})$ 是 n 阶方阵，若存在数 λ 和 n 维非零列向量 $\boldsymbol{x}$，满足等式

$$\boldsymbol{A}\boldsymbol{x}=\lambda\boldsymbol{x}, \tag{5-1}$$

则称 λ 为方阵 $\boldsymbol{A}$ 的一个**特征值**(eigenvalue)，$\boldsymbol{x}$ 为方阵 $\boldsymbol{A}$ 的对应于特征值 λ 的一个**特征向量**(eigenvector).

例如：

$$\boldsymbol{A}\boldsymbol{x}=\begin{pmatrix}2&0&0\\0&2&0\\0&0&2\end{pmatrix}\begin{pmatrix}1\\0\\2\end{pmatrix}=2\begin{pmatrix}1\\0\\2\end{pmatrix}.$$

此时 2 称为方阵 $\boldsymbol{A}$ 的特征值，而 $\begin{pmatrix}1\\0\\2\end{pmatrix}$ 称为对应于特征值 2 的特征向量.

注：(1) 特征向量是非零向量；

(2) 若 $\boldsymbol{x}$ 为方阵 $\boldsymbol{A}_{n\times n}$ 的对应于特征值 λ 的特征向量，则 k 倍的 $\boldsymbol{x}$ 亦是特征值 λ 的特征向量；

(3) 一个特征值可以对应多个特征向量；

(4) 一个特征向量只能是对应一个特征值的特征向量.

例 1　已知矩阵 $\begin{pmatrix}20&30\\-12&x\end{pmatrix}$ 有一个特征向量 $\begin{pmatrix}-5\\3\end{pmatrix}$，求 $\boldsymbol{x}$ 的值.

解　由题意得

$$\begin{pmatrix} 20 & 30 \\ -12 & x \end{pmatrix}\begin{pmatrix} -5 \\ 3 \end{pmatrix}=\lambda\begin{pmatrix} -5 \\ 3 \end{pmatrix},$$

即$\begin{pmatrix} -10 \\ 60+3x \end{pmatrix}=\begin{pmatrix} -5\lambda \\ 3\lambda \end{pmatrix}$,得$\begin{cases} \lambda=2 \\ x=-18 \end{cases}$.

例 2 设 $\boldsymbol{A}_{n\times n}\boldsymbol{x}=\lambda_0\boldsymbol{x},\boldsymbol{x}\neq\boldsymbol{0}$,证明:

(1) $(l\boldsymbol{A})\boldsymbol{x}=(l\lambda_0)\boldsymbol{x}$;(2) $\boldsymbol{A}^k\boldsymbol{x}=\lambda_0^k\boldsymbol{x}$;(3) 若$|\boldsymbol{A}|\neq 0$,则 $\boldsymbol{A}^{-1}\boldsymbol{x}=\frac{1}{\lambda_0}\boldsymbol{x}$.

解 基于特征值定义易得.这里只证(3):若$|\boldsymbol{A}|\neq 0$,有 $\lambda_0\neq 0$,否则 $\boldsymbol{A}_{n\times n}\boldsymbol{x}=\boldsymbol{0}$ 只有零解,这与已知 $\boldsymbol{x}\neq\boldsymbol{0}$ 矛盾.

$$\boldsymbol{A}_{n\times n}^{-1}(\boldsymbol{A}_{n\times n}\boldsymbol{x})=\boldsymbol{A}_{n\times n}^{-1}(\lambda_0\boldsymbol{x})\Rightarrow\boldsymbol{x}=\lambda_0\boldsymbol{A}_{n\times n}^{-1}\boldsymbol{x}\Rightarrow\boldsymbol{A}_{n\times n}^{-1}\boldsymbol{x}=\frac{1}{\lambda_0}\boldsymbol{x}.$$

5.1.2 特征值和特征向量的求法

为了求得方阵 $\boldsymbol{A}$ 的特征值和特征向量,将式(5-1)变形为

$$(\boldsymbol{A}-\lambda\boldsymbol{E})\boldsymbol{x}=\boldsymbol{0}, \tag{5-2}$$

这是关于 $\boldsymbol{x}$ 的齐次线性方程组,它有非零解 $\boldsymbol{x}$ 当且仅当其系数行列式为零,即

$$|\boldsymbol{A}-\lambda\boldsymbol{E}|=\boldsymbol{0}, \tag{5-3}$$

等价于

$$\begin{vmatrix} a_{11}-\lambda & a_{12} & \cdots & a_{1n} \\ a_{21} & a_{22}-\lambda & \cdots & a_{2n} \\ \vdots & \vdots & & \vdots \\ a_{n1} & a_{n2} & \cdots & a_{nn}-\lambda \end{vmatrix}=0 \tag{5-4}$$

式(5-4)的左端展开是一个关于 λ 的 n 次多项式,称为方阵 $\boldsymbol{A}$ 的**特征多项式**(characteristic polynomial),记作 $\boldsymbol{P}_A(\lambda)$,即 $\boldsymbol{P}_A(\lambda)=|\boldsymbol{A}-\lambda\boldsymbol{E}|$.式(5-4)即是 $\boldsymbol{P}_A(\lambda)=0$,是关于 λ 的 n 次方程,称为 $\boldsymbol{A}$ 的**特征方程**(characteristic equation).根据代数基本定理,这个方程在复数域上有且仅有 n 个根,称为**特征根**,记作 $\lambda_1,\cdots,\lambda_n$,它们就是所求的方阵 $\boldsymbol{A}$ 的**特征值**.

由此可知:n 阶方阵 $\boldsymbol{A}$ 有且仅有 n 个特征值.

注:

(1) 方阵 $\boldsymbol{A}_{n\times n}$ 的特征值就是特征方程 $\boldsymbol{f}(\lambda)=|\boldsymbol{A}-\lambda\boldsymbol{E}|=0$ 的根,记为 $\lambda_1,\lambda_2,\cdots,\lambda_n$.

(2) 特征值 $\lambda_1,\lambda_2,\cdots,\lambda_n$ 与方阵 $\boldsymbol{A}_{n\times n}$ 有如下关系:

$$\begin{cases} \lambda_1+\lambda_2+\cdots+\lambda_n=a_{11}+a_{22}+\cdots+a_{nn} \\ \lambda_1\lambda_2\cdots\lambda_n=|\boldsymbol{A}| \end{cases}.$$

对任一特征值 λ_i,求解齐次方程组

$$(\boldsymbol{A}-\lambda_i\boldsymbol{E})\boldsymbol{x}=\boldsymbol{0}, \tag{5-5}$$

所有的非零解都是属于特征值 λ_i 的特征向量.

求方阵特征值和特征向量的步骤可以归纳如下：

(1) 求特征方程 $\boldsymbol{P_A}(\lambda)=|\boldsymbol{A}-\lambda\boldsymbol{E}|=0$ 全部的特征根 $\lambda_1,\lambda_2,\cdots,\lambda_n$；

(2) 对于不同的 λ_i 求 $(\boldsymbol{A}-\lambda_i\boldsymbol{E})\boldsymbol{x}=\boldsymbol{0}$ 的基础解系 $\boldsymbol{\xi}_1,\boldsymbol{\xi}_1,\cdots,\boldsymbol{\xi}_{r_i}$，则

$$k_1\boldsymbol{\xi}_1+k_2\boldsymbol{\xi}_2+\cdots+k_{r_i}\boldsymbol{\xi}_{r_i}$$

就是 λ_i 对应的所有特征向量，其中，$k_1,k_2,\cdots,k_{r_i}$ 不全为零.

例 3　求 $\boldsymbol{A}=\begin{pmatrix}2&-1\\-1&2\end{pmatrix}$ 的特征值和特征向量.

解　由题意知方阵 $\boldsymbol{A}$ 的特征多项式为

$$|\boldsymbol{A}-\lambda\boldsymbol{E}|=\begin{vmatrix}2-\lambda&-1\\-1&2-\lambda\end{vmatrix}=(2-\lambda)^2-1=\lambda^2-4\lambda+3=(\lambda-1)(\lambda-3),$$

则方阵 $\boldsymbol{A}$ 的特征值为 $\lambda_1=1$ 和 $\lambda_2=3$.

对于 $\lambda_1=1$，解齐次方程组 $(\boldsymbol{A}-\boldsymbol{E})\boldsymbol{x}=\boldsymbol{0}$，即 $\begin{pmatrix}2-1&-1\\-1&2-1\end{pmatrix}\begin{pmatrix}x_1\\x_2\end{pmatrix}=\begin{pmatrix}0\\0\end{pmatrix}$，得基础解系

$$\boldsymbol{p}_1=\begin{pmatrix}1\\1\end{pmatrix},$$

则对应于 $\lambda_1=1$ 的全部特征向量为 $k_1\boldsymbol{p}_1(k_1\neq0)$.

对于 $\lambda_2=3$，解齐次方程组 $(\boldsymbol{A}-3\boldsymbol{E})\boldsymbol{x}=\boldsymbol{0}$，即 $\begin{pmatrix}2-3&-1\\-1&2-3\end{pmatrix}\begin{pmatrix}x_1\\x_2\end{pmatrix}=\begin{pmatrix}0\\0\end{pmatrix}$，得基础解系

$$\boldsymbol{p}_2=\begin{pmatrix}1\\-1\end{pmatrix},$$

则对应于 $\lambda_2=3$ 的全部特征向量为 $k_2\boldsymbol{p}_2(k_2\neq0)$.

例 4　求 $\boldsymbol{A}=\begin{pmatrix}1&2&3\\2&1&3\\3&3&6\end{pmatrix}$ 的特征值和特征向量.

解　方阵 $\boldsymbol{A}$ 的特征多项式为

$$|\boldsymbol{A}-\lambda\boldsymbol{E}|=\begin{vmatrix}1-\lambda&2&3\\2&1-\lambda&3\\3&3&6-\lambda\end{vmatrix}=-\lambda(\lambda+1)(\lambda-9),$$

故 $\boldsymbol{A}$ 的特征值为 $\lambda_1=0,\lambda_2=-1,\lambda_3=9$.

对于 $\lambda_1=0$，解方程组 $\boldsymbol{A}\boldsymbol{x}=\boldsymbol{0}$，由

$$\boldsymbol{A}=\begin{pmatrix}1&2&3\\2&1&3\\3&3&6\end{pmatrix}\sim\begin{pmatrix}1&0&1\\0&1&1\\0&0&0\end{pmatrix}\text{得基础解系 }\boldsymbol{p}_1=\begin{pmatrix}-1\\-1\\1\end{pmatrix},$$

则 $k_1\boldsymbol{p}_1(k_1\neq0)$是对应于 $\lambda_1=0$ 的全部特征值向量.

对于 $\lambda_2=-1$,解方程组$(\boldsymbol{A}+\boldsymbol{E})\boldsymbol{x}=\boldsymbol{0}$,由

$$\boldsymbol{A}+\boldsymbol{E}=\begin{pmatrix}2&2&3\\2&2&3\\3&3&7\end{pmatrix}\sim\begin{pmatrix}1&1&0\\0&0&1\\0&0&0\end{pmatrix}\text{得基础解系 }\boldsymbol{p}_2=\begin{pmatrix}-1\\1\\0\end{pmatrix},$$

则 $k_2\boldsymbol{p}_2(k_2\neq0)$是对应于 $\lambda_2=-1$ 的全部特征值向量.

对于 $\lambda_3=9$ 时,解方程组$(\boldsymbol{A}-9\boldsymbol{E})\boldsymbol{x}=\boldsymbol{0}$,由

$$\boldsymbol{A}-9\boldsymbol{E}=\begin{pmatrix}-8&2&3\\2&-8&3\\3&3&-3\end{pmatrix}\sim\begin{pmatrix}1&0&-\frac{1}{2}\\0&1&-\frac{1}{2}\\0&0&0\end{pmatrix}\text{得基础解系 }\boldsymbol{p}_3=\begin{pmatrix}\frac{1}{2}\\\frac{1}{2}\\1\end{pmatrix},$$

则 $k_3\boldsymbol{p}_3(k_3\neq0)$是对应于 $\lambda_3=9$ 的全部特征值向量.

5.1.3 特征值和特征向量的性质

定理 1 若 $\boldsymbol{A}=\begin{pmatrix}a_{11}&\cdots&a_{1n}\\\vdots&&\vdots\\a_{n1}&\cdots&a_{nn}\end{pmatrix}$的特征值为$\lambda_1,\cdots,\lambda_n$,则有:

(1) $\sum\limits_{i=1}^{n}\lambda_i=\sum\limits_{i=1}^{n}a_{ii}=\mathrm{tr}(\boldsymbol{A})$;

(2) $\prod\limits_{i=1}^{n}\lambda_i=|\boldsymbol{A}|=\det(\boldsymbol{A})$.

根据多项式的根与系数的关系即可导出上述结论,上式中的 tr($\boldsymbol{A}$),称为方阵 A 的**迹**(track),即方阵 $\boldsymbol{A}$ 的主对角元素之和. 基于此定理给出的 $\boldsymbol{A}$ 的迹 tr($\boldsymbol{A}$)与其特征值的关系式,我们可以求得方阵的特征值.

例如:若已知矩阵 $\boldsymbol{A}=\begin{pmatrix}1&-2&0\\-2&2&-2\\0&-2&3\end{pmatrix}$的特征值 $\lambda_1=1,\lambda_2=2$,则 $\boldsymbol{A}$ 的第三个特征值 λ_3应满足

$$\lambda_1+\lambda_2+\lambda_3=a_{11}+a_{22}+a_{33}=1+2+3=6,$$

故

$$\lambda_3=6-\lambda_1-\lambda_2=3.$$

定理 2 设 λ 是 A 的任一特征值,若 $\boldsymbol{p}_1,\cdots,\boldsymbol{p}_s$ 都是属于 λ 的特征向量,则 $\boldsymbol{p}_1,\cdots,\boldsymbol{p}_s$ 的任意非零线性组合仍是对应于 λ 的特征向量.

定理 3 对应于不同特征值的特征向量线性无关.

定理 4 设 λ 是方阵 $\boldsymbol{A}$ 的任一特征值,$\boldsymbol{p}$ 是对应于 λ 的任一特征向量,则有如下结论:

(1) $\forall k\in\mathbf{R}$，$k\lambda$ 是 $k\boldsymbol{A}$ 的特征值，$\boldsymbol{p}$ 是 $k\boldsymbol{A}$ 对应于 $k\lambda$ 的特征向量；

(2) $\forall k\in\mathbf{N}$，λ^k 是 $\boldsymbol{A}^k$ 的特征值，$\boldsymbol{p}$ 是 $\boldsymbol{A}^k$ 对应于 λ^k 的特征向量；

(3) 若 $f(\boldsymbol{A})$ 是 $\boldsymbol{A}$ 的多项式，即 $f(\boldsymbol{A})=a_0\boldsymbol{E}+a_1\boldsymbol{A}+\cdots+a_m\boldsymbol{A}^m$，则

$$f(\lambda)=a_0+a_1\lambda+\cdots+a_m\lambda^m$$

是 $f(\boldsymbol{A})$ 的特征值，$\boldsymbol{p}$ 是 $f(\boldsymbol{A})$ 对应于 $f(\lambda)$ 的特征向量；

(4) 若 $\boldsymbol{A}$ 可逆，当 $\lambda\neq 0$ 时，则 $\frac{1}{\lambda}$ 是 $\boldsymbol{A}^{-1}$ 的特征值，$\boldsymbol{p}$ 是 $\boldsymbol{A}^{-1}$ 对应于 $\frac{1}{\lambda}$ 的特征向量；

(5) 若 $\boldsymbol{A}$ 可逆，当 $\lambda\neq 0$ 时，则 $\frac{|\boldsymbol{A}|}{\lambda}$ 是 $\boldsymbol{A}^*$ 的特征值，$\boldsymbol{p}$ 是 $\boldsymbol{A}^*$ 对应于 $\frac{|\boldsymbol{A}|}{\lambda}$ 的特征向量；

(6) λ 也是 $\boldsymbol{A}^{\mathrm{T}}$ 的特征值.

注：$\boldsymbol{A}^{\mathrm{T}}$ 的特征向量是齐次方程 $(\boldsymbol{A}^{\mathrm{T}}-\lambda\boldsymbol{E})\boldsymbol{X}=\boldsymbol{0}$ 的解，它与 $(\boldsymbol{A}-\lambda\boldsymbol{E})\boldsymbol{X}=\boldsymbol{0}$ 一般不同解，故 $\boldsymbol{p}$ 未必还是 $\boldsymbol{A}^{\mathrm{T}}$ 的特征向量.

例 5　已知三阶方阵 $\boldsymbol{A}$ 的三个特征值是 1，−2 和 3，求：

(1) $|\boldsymbol{A}|$；(2) $\boldsymbol{A}^{-1}$ 的特征值；(3) $\boldsymbol{A}^{\mathrm{T}}$ 的特征值；(4) $\boldsymbol{A}^*$ 的特征值.

解　(1) $|\boldsymbol{A}|=1\times(-2)\times 3=-6$；

(2) $\boldsymbol{A}^{-1}$ 的特征值：$1,-\frac{1}{2},\frac{1}{3}$；

(3) $\boldsymbol{A}^{\mathrm{T}}$ 的特征值：$1,-2,3$；

(4) $\boldsymbol{A}^*=|\boldsymbol{A}|\boldsymbol{A}^{-1}=-6\boldsymbol{A}^{-1}$，则 $\boldsymbol{A}^*$ 的特征值为 $-6\times 1,-6\times\left(-\frac{1}{2}\right),-6\times\frac{1}{3}$，即为 $-6,3,-2$.

例 6　三阶方阵 $\boldsymbol{A}$ 的三个特征值分别为 $\lambda_1=1,\lambda_2=-1,\lambda_3=2$，求 $|\boldsymbol{A}^*+3\boldsymbol{A}-2\boldsymbol{E}|$.

解　$\boldsymbol{A}$ 可逆，所以 $\boldsymbol{A}^*=|\boldsymbol{A}|\boldsymbol{A}^{-1}$. 而 $|\boldsymbol{A}|=\lambda_1\lambda_2\lambda_3=-2$，故

$$\boldsymbol{A}^*+3\boldsymbol{A}-2\boldsymbol{E}=-2\boldsymbol{A}^{-1}+3\boldsymbol{A}-2\boldsymbol{E}=\Phi(\boldsymbol{A}),$$

其中，$\Phi(x)=\frac{-2}{x}+3x-2$. 所以 $\Phi(\boldsymbol{A})$ 的特征值为

$$\Phi(-1)=-3,\quad \Phi(1)=-1,\quad \Phi(2)=3,$$

于是
$$|\Phi(\boldsymbol{A})|=|\boldsymbol{A}^*+3\boldsymbol{A}-2\boldsymbol{E}|=(-1)(-3)3=9.$$

§5.2　相似矩阵与矩阵的对角化

对角矩阵是最简单的一类矩阵，对于任一 $\boldsymbol{n}$ 阶方阵 $\boldsymbol{A}$ 判断是否可将它化为对角矩阵，同时保留 $\boldsymbol{A}$ 原有的许多性质，在理论和应用方面都具有重要意义.

5.2.1 相似矩阵

定义 对于 n 阶矩阵 $\boldsymbol{A},\boldsymbol{B}$,若存在可逆矩阵 $\boldsymbol{P}$,使 $\boldsymbol{P}^{-1}\boldsymbol{AP}=\boldsymbol{B}$,则称 $\boldsymbol{A}$ 与 $\boldsymbol{B}$ 相似(similar).

注:"相似"是矩阵间的一种关系,这种关系具有以下性质.

(1) 自反性,即一个矩阵与它自身相似;

(2) 对称性,即若矩阵 $\boldsymbol{A}$ 相似于矩阵 $\boldsymbol{B}$,则矩阵 $\boldsymbol{B}$ 也相似于矩阵 $\boldsymbol{A}$;

(3) 传递性,即若矩阵 $\boldsymbol{A}$ 相似于矩阵 $\boldsymbol{B}$,而矩阵 $\boldsymbol{B}$ 相似于矩阵 $\boldsymbol{C}$,则矩阵 $\boldsymbol{A}$ 相似于矩阵 $\boldsymbol{C}$.

两个常用运算表达式:

(1) $\boldsymbol{P}^{-1}\boldsymbol{ABP}=(\boldsymbol{P}^{-1}\boldsymbol{AP})(\boldsymbol{P}^{-1}\boldsymbol{BP})$;

(2) $\boldsymbol{P}^{-1}(k\boldsymbol{A}+l\boldsymbol{B})\boldsymbol{P}=k\boldsymbol{P}^{-1}\boldsymbol{AP}+l\boldsymbol{P}^{-1}\boldsymbol{BP}$,其中,$k,l$ 为任意实数.

由相似矩阵的定义可以得到如下性质结论:

定理 1 若 n 阶矩阵 $\boldsymbol{A}$ 与 $\boldsymbol{B}$ 相似,则有

(1) $|\boldsymbol{A}|=|\boldsymbol{B}|$;

(2) $\boldsymbol{A}$ 与 $\boldsymbol{B}$ 同时可逆或不可逆,并且当它们可逆时,$\boldsymbol{A}^{-1}$ 与 $\boldsymbol{B}^{-1}$ 也相似,即相似矩阵同时可逆或不可逆,并且当它们可逆时,它们的逆矩阵也相似;

(3) $R(\boldsymbol{A})=R(\boldsymbol{B})$,即相似矩阵有相同的秩.

定理 2 若 n 阶矩阵 $\boldsymbol{A}$ 与 $\boldsymbol{B}$ 相似,则 $\boldsymbol{A}$ 与 $\boldsymbol{B}$ 的特征多项式相同,从而 $\boldsymbol{A}$ 与 $\boldsymbol{B}$ 的特征值亦相同.

推论 若 n 阶矩阵 $\boldsymbol{A}$ 与对角矩阵

$$\boldsymbol{\Lambda}=\mathrm{diag}(\lambda_1,\lambda_2,\cdots,\lambda_n)$$

相似,则 $\lambda_1,\lambda_2,\cdots,\lambda_n$ 即是 $\boldsymbol{A}$ 的 n 个特征值.

5.2.2 方阵与对角矩阵相似的条件

定理 3 n 阶方阵 $\boldsymbol{A}$ 与对角矩阵相似的充分必要条件为方阵 $\boldsymbol{A}$ 有 n 个线性无关的特征向量($\lambda_1,\lambda_2,\cdots,\lambda_n$ 中可以有相同的值).

对于 n 阶方阵 $\boldsymbol{A}$,若存在可逆矩阵 $\boldsymbol{P}$,使 $\boldsymbol{P}^{-1}\boldsymbol{AP}=\boldsymbol{\Lambda}$ 为对角阵,则称方阵 $\boldsymbol{A}$ **可对角化**.

推论 如果 n 阶方阵 $\boldsymbol{A}$ 有 n 个互不相等的特征根,则 $\boldsymbol{A}$ 与对角阵相似.

5.2.3 方阵对角化的步骤

通过以上讨论,将方阵对角化的步骤归纳如下:

(1) 求出方阵 $\boldsymbol{A}$ 的全部特征根 $\lambda_1,\lambda_2,\cdots,\lambda_n$(重根写重数);

(2) 对不同的 λ_i,求 $(\boldsymbol{A}-\lambda_i\boldsymbol{E})\boldsymbol{x}=\boldsymbol{0}$ 的基础解系(基础解系的每个特征向量都可作为相应的 λ_i 所对应的特征向量);

(3) 若能求出 n 个线性无关的特征向量，则以这些特征向量为列向量，构成可逆矩阵

$$\boldsymbol{P}=(\boldsymbol{\alpha}_1,\boldsymbol{\alpha}_2,\cdots,\boldsymbol{\alpha}_n),$$

则有

$$\boldsymbol{P}^{-1}\boldsymbol{AP}=\begin{pmatrix}\lambda_1 & 0 & \cdots & 0\\ 0 & \lambda_2 & \cdots & 0\\ \vdots & \vdots & & \vdots\\ 0 & 0 & \cdots & \lambda_n\end{pmatrix},$$

其中，$\lambda_1,\lambda_2,\cdots,\lambda_n$ 和 $\boldsymbol{\alpha}_1,\boldsymbol{\alpha}_2,\cdots,\boldsymbol{\alpha}_n$ 对应.

例 1　已知 $\boldsymbol{A}=\begin{pmatrix}1 & 2 & 2\\ 2 & 1 & -2\\ -2 & -2 & 1\end{pmatrix}$，问方阵 $\boldsymbol{A}$ 是否可以对角化. 若可对角化求出可逆阵 $\boldsymbol{P}$ 及对角阵 $\boldsymbol{\Lambda}$.

解　由题意得 $|\boldsymbol{A}-\lambda\boldsymbol{E}|=\begin{vmatrix}1-\lambda & 2 & 2\\ 2 & 1-\lambda & -2\\ -2 & -2 & 1-\lambda\end{vmatrix}=-(\lambda+1)(\lambda-1)(\lambda-3)$，

则方阵 $\boldsymbol{A}$ 的三个特征值分别为 $\lambda_1=-1,\lambda_2=1,\lambda_3=3$，方阵 $\boldsymbol{A}$ 可对角化.

当 $\lambda_1=-1$ 时，$\boldsymbol{A}-\lambda_1\boldsymbol{E}=\begin{pmatrix}2 & 2 & 2\\ 2 & 2 & -2\\ -2 & -2 & 2\end{pmatrix}\rightarrow\begin{pmatrix}1 & 1 & 0\\ 0 & 0 & 1\\ 0 & 0 & 0\end{pmatrix}$.

取 x_2 为自由未知量，对应的方程组为 $\begin{cases}x_1+x_2=0\\ x_3=0\end{cases}$，得到基础解系为 $\boldsymbol{\alpha}_1=(-1,1,0)^{\mathrm{T}}$，则特征值 $\lambda_1=-1$ 的全部特征向量为 $k_1\boldsymbol{\alpha}_1$，其中 k_1 为任意非零数.

当 $\lambda_2=1$，$\boldsymbol{A}-\lambda_2\boldsymbol{E}=\begin{pmatrix}0 & 2 & 2\\ 2 & 0 & -2\\ -2 & -2 & 0\end{pmatrix}\rightarrow\begin{pmatrix}1 & 0 & -1\\ 0 & 1 & 1\\ 0 & 0 & 0\end{pmatrix}$.

取 x_3 为自由未知量，对应的方程组为 $\begin{cases}x_1-x_3=0\\ x_2+x_3=0\end{cases}$，解得基础解系为 $\boldsymbol{\alpha}_2=(1,-1,1)^{\mathrm{T}}$，则特征值 $\lambda_2=1$ 的全部特征向量为 $k_2\boldsymbol{\alpha}_2$，其中 k_2 为任意非零数.

当 $\lambda_3=3$ 时，$\boldsymbol{A}-\lambda_3\boldsymbol{E}=\begin{pmatrix}-2 & 2 & 2\\ 2 & -2 & -2\\ -2 & -2 & -2\end{pmatrix}\rightarrow\begin{pmatrix}1 & 0 & 0\\ 0 & 1 & 1\\ 0 & 0 & 0\end{pmatrix}$.

取 x_3 为自由未知量，对应的方程组为 $\begin{cases}x_1=0\\ x_2+x_3=0\end{cases}$，解得基础解系为 $\boldsymbol{\alpha}_3=(0,-1,1)^{\mathrm{T}}$，则特征值 $\lambda_3=3$ 的全部特征向量为 $k_3\boldsymbol{\alpha}_3$，其中 k_3 为任意非零数.

故所求逆阵为 $\boldsymbol{P}=(\boldsymbol{\alpha}_1,\boldsymbol{\alpha}_2,\boldsymbol{\alpha}_3)=\begin{pmatrix}-1&1&0\\1&-1&-1\\0&1&1\end{pmatrix}$,对应的对角阵 $\boldsymbol{\Lambda}=\begin{pmatrix}-1&0&0\\0&1&0\\0&0&3\end{pmatrix}$.

例 2 判断下列矩阵可否对角化.若能,求出对应的相似变换.

$$\boldsymbol{A}=\begin{pmatrix}-1&1&0\\-4&3&0\\1&0&2\end{pmatrix}.$$

解 $\boldsymbol{A}$ 的特征多项式为

$$|\boldsymbol{A}-\lambda\boldsymbol{E}|=\begin{vmatrix}-1-\lambda&1&0\\-4&3-\lambda&0\\1&0&2-\lambda\end{vmatrix}=(2-\lambda)(1-\lambda)^2,$$

则方阵 $\boldsymbol{A}$ 的特征值为 $\lambda_1=2,\lambda_2=\lambda_3=1$.

当 $\lambda_1=2$ 时,解方程组 $(\boldsymbol{A}-2\boldsymbol{E})\boldsymbol{x}=\boldsymbol{0}$,由于

$$\boldsymbol{A}-2\boldsymbol{E}=\begin{pmatrix}-3&1&0\\-4&1&0\\1&0&0\end{pmatrix}\sim\begin{pmatrix}1&0&0\\0&1&0\\0&0&0\end{pmatrix},$$

得基础解系 $\boldsymbol{p}_1=\begin{pmatrix}0\\0\\1\end{pmatrix}$,则特征值 $\lambda_1=2$ 的全部特征向量为 $k_1\boldsymbol{p}_1$,其中 k_1 为任意非零数.

当 $\lambda_2=\lambda_3=1$ 时,解方程组 $(\boldsymbol{A}-\boldsymbol{E})\boldsymbol{x}=\boldsymbol{0}$,由

$$\boldsymbol{A}-\boldsymbol{E}=\begin{pmatrix}-2&1&0\\-4&2&0\\1&0&1\end{pmatrix}\sim\begin{pmatrix}1&0&1\\0&1&2\\0&0&0\end{pmatrix},$$

得基础解系 $\boldsymbol{p}_2=\begin{pmatrix}-1\\-2\\1\end{pmatrix}$,所以特征值 $\lambda_2=\lambda_3=1$ 的全部特征向量为 $k_2\boldsymbol{p}_2$,其中 k_2 是任意非零数.

由于 3 阶矩阵 $\boldsymbol{A}$ 只有两个线性无关的特征向量,所以它不可能与对角矩阵相似.

§5.3 向量的内积、长度及正交性

在解析几何中,我们曾引进了向量的数量积

$$\boldsymbol{x}\cdot\boldsymbol{y}=\|\boldsymbol{x}\|\,\|\boldsymbol{y}\|\cos\theta,$$

且在空间直角坐标系中，有

$$(x_1,x_2,x_3)\cdot(y_1,y_2,y_3)=x_1y_1+x_2y_2+x_3y_3.$$

并由此定义了非零几何向量的夹角

$$\theta=\arccos\frac{\boldsymbol{x}\cdot\boldsymbol{y}}{\|\boldsymbol{x}\|\cdot\|\boldsymbol{y}\|}.$$

向量 $\boldsymbol{x}$ 的长度 $\|\boldsymbol{x}\|=\sqrt{\boldsymbol{x}\cdot\boldsymbol{x}}$ 等概念，下面我们把几何向量的这些概念推广到 n 维向量，定义 n 维向量的内积、长度和夹角.

5.3.1　向量的内积

1. 内积的定义

定义 1　在 $\mathbf{R}^n$ 中，设有向量

$$\boldsymbol{\alpha}=\begin{pmatrix}a_1\\a_2\\\vdots\\a_n\end{pmatrix},\quad \boldsymbol{\beta}=\begin{pmatrix}b_1\\b_2\\\vdots\\b_n\end{pmatrix},$$

则称

$$\boldsymbol{\alpha}^{\mathrm{T}}\boldsymbol{\beta}=\sum_{i=1}^{n}a_ib_i$$

为向量的**内积**. 记为 $[\boldsymbol{\alpha},\boldsymbol{\beta}]$，即

$$[\boldsymbol{\alpha},\boldsymbol{\beta}]=\boldsymbol{\alpha}^{\mathrm{T}}\boldsymbol{\beta}=\sum_{i=1}^{n}a_ib_i.$$

注：

(1) 若按矩阵乘法的定义，内积应该是一个 1 阶矩阵，但作为向量内积时，看作实数，即 $\boldsymbol{\alpha}^{\mathrm{T}}\boldsymbol{\beta}$ 为一个实数.

(2) 注意 $\boldsymbol{\alpha}^{\mathrm{T}}\boldsymbol{\beta}$ 和 $\boldsymbol{\alpha}\boldsymbol{\beta}^{\mathrm{T}}$ 的区别，如

$$\boldsymbol{\alpha}=\begin{pmatrix}1\\2\\3\end{pmatrix},\quad \boldsymbol{\beta}=\begin{pmatrix}4\\5\\6\end{pmatrix},$$

则

$$\boldsymbol{\alpha}^{\mathrm{T}}\boldsymbol{\beta}=(1,2,3)\begin{pmatrix}4\\5\\6\end{pmatrix}=32,\quad \boldsymbol{\alpha}\boldsymbol{\beta}^{\mathrm{T}}=\begin{pmatrix}4&5&6\\8&10&12\\12&15&18\end{pmatrix}.$$

2. 内积的性质

(1) 交换律：$[\boldsymbol{\alpha},\boldsymbol{\beta}]=[\boldsymbol{\beta},\boldsymbol{\alpha}]$，即 $\boldsymbol{\alpha}^{\mathrm{T}}\boldsymbol{\beta}=\boldsymbol{\beta}^{\mathrm{T}}\boldsymbol{\alpha}$.

例如：$(1,2,3)\begin{pmatrix}4\\5\\6\end{pmatrix}=32,(4,5,6)\begin{pmatrix}1\\2\\3\end{pmatrix}=32$.

(2) $(k\boldsymbol{\alpha})^{\mathrm{T}}\boldsymbol{\beta}=k\boldsymbol{\alpha}^{\mathrm{T}}\boldsymbol{\beta}$，即 $[k\boldsymbol{\alpha},\boldsymbol{\beta}]=k[\boldsymbol{\alpha},\boldsymbol{\beta}]$.

例如：$(3,6,9)\begin{pmatrix}4\\5\\6\end{pmatrix}=3(1,2,3)\begin{pmatrix}4\\5\\6\end{pmatrix}=96=3\times 32$.

(3) $(\boldsymbol{\alpha}+\boldsymbol{\beta})^{\mathrm{T}}\boldsymbol{\gamma}=\boldsymbol{\alpha}^{\mathrm{T}}\boldsymbol{\gamma}+\boldsymbol{\beta}^{\mathrm{T}}\boldsymbol{\gamma}$，即 $[\boldsymbol{\alpha}+\boldsymbol{\beta},\boldsymbol{\gamma}]=[\boldsymbol{\alpha},\boldsymbol{\gamma}]+[\boldsymbol{\beta},\boldsymbol{\gamma}]$.

例如：$(5,7,9)\begin{pmatrix}1\\0\\-1\end{pmatrix}=(1,2,3)\begin{pmatrix}1\\0\\-1\end{pmatrix}+(4,5,6)\begin{pmatrix}1\\0\\-1\end{pmatrix}=-4$.

(4) $\boldsymbol{\alpha}^{\mathrm{T}}\boldsymbol{\alpha}\geqslant 0$，当且仅当 $\boldsymbol{\alpha}=0$ 时，$\boldsymbol{\alpha}^{\mathrm{T}}\boldsymbol{\alpha}=0$.

3. 向量的长度

由于对任意向量 $\boldsymbol{\alpha}$，均有 $\boldsymbol{\alpha}^{\mathrm{T}}\boldsymbol{\alpha}\geqslant 0$，可引入向量长度的定义.

定义 2 设 n 维向量 $\boldsymbol{\alpha}$，$\|\boldsymbol{\alpha}\|=\sqrt{a_1^2+a_2^2+\cdots+a_n^2}$ 称为向量 $\boldsymbol{\alpha}$ 的**长度**，也称**向量范数**.

例如：

$$\boldsymbol{\alpha}=\begin{pmatrix}1\\2\\3\end{pmatrix},\quad \|\boldsymbol{\alpha}\|=\sqrt{1^2+2^2+3^2}=\sqrt{14}.$$

性质：

(1) $\|\boldsymbol{\alpha}\|\geqslant 0$，当且仅当 $\boldsymbol{\alpha}=0$ 时，有 $\|\boldsymbol{\alpha}\|=0$；

(2) $\|k\boldsymbol{\alpha}\|=|k|\cdot\|\boldsymbol{\alpha}\|$ （k 为实数）；

(3) $\boldsymbol{\alpha}^{\mathrm{T}}\boldsymbol{\beta}\leqslant\|\boldsymbol{\alpha}\|\cdot\|\boldsymbol{\beta}\|$（柯西-布涅科夫斯基不等式）.

单位向量：长度为 1 的向量称为**单位向量**.

例如：下列向量

$$\boldsymbol{\varepsilon}_1=\begin{pmatrix}1\\0\\0\\\vdots\\0\end{pmatrix},\quad \boldsymbol{\varepsilon}_2=\begin{pmatrix}0\\1\\0\\\vdots\\0\end{pmatrix},\quad \boldsymbol{\varepsilon}_3=\begin{pmatrix}0\\0\\1\\\vdots\\0\end{pmatrix},\quad \cdots,\quad \boldsymbol{\varepsilon}_n=\begin{pmatrix}0\\0\\0\\\vdots\\1\end{pmatrix}$$

的长度都是 1.

将向量单位化的方法：任一非零向量除以它的长度后就成了单位向量，这一过程称为**将向量单位化**.

例如：

$$\boldsymbol{\alpha}=\begin{pmatrix}1\\2\\2\end{pmatrix},$$

单位化得

$$\bar{\boldsymbol{\alpha}}=\frac{1}{3}\begin{pmatrix}1\\2\\2\end{pmatrix}.$$

4. 向量的夹角

定义 3　设 n 维向量 $\boldsymbol{x}$ 和 $\boldsymbol{y}$，当 $\|\boldsymbol{x}\|\neq 0$，$\|\boldsymbol{y}\|\neq 0$ 时，

$$\theta=\arccos\frac{[\boldsymbol{x},\boldsymbol{y}]}{\|\boldsymbol{x}\|\cdot\|\boldsymbol{y}\|}$$

称为 n 维向量 $\boldsymbol{x}$ 与 $\boldsymbol{y}$ 的**夹角**.

例 1　求向量之间的夹角：

$$\boldsymbol{\alpha}=\begin{pmatrix}1\\1\\1\end{pmatrix},\quad \boldsymbol{\beta}=\begin{pmatrix}2\\0\\2\end{pmatrix}.$$

解

$$[\boldsymbol{\alpha},\boldsymbol{\beta}]=1\times 2+1\times 0+1\times 2=4;$$

$$\|\boldsymbol{\alpha}\|=\sqrt{1^2+1^2+1^2}=\sqrt{3};$$

$$\|\boldsymbol{\beta}\|=\sqrt{2^2+0^2+2^2}=2\sqrt{2}.$$

所以夹角

$$\boldsymbol{\theta}=\arccos\frac{[\boldsymbol{\alpha},\boldsymbol{\beta}]}{\|\boldsymbol{\alpha}\|\cdot\|\boldsymbol{\beta}\|}=\arccos\frac{4}{\sqrt{3}\cdot 2\sqrt{2}}=\arccos\frac{\sqrt{6}}{3}.$$

5.3.2　正交向量组

定义 4　若两向量 $\boldsymbol{\alpha}$ 与 $\boldsymbol{\beta}$ 的内积等于零，即

$$[\boldsymbol{\alpha},\boldsymbol{\beta}]=0,$$

则称向量 $\boldsymbol{\alpha}$ 与 $\boldsymbol{\beta}$ **相互正交(垂直)**. 记作 $\boldsymbol{\alpha}\perp\boldsymbol{\beta}$.

例如：

$$\boldsymbol{\alpha}=\begin{pmatrix}2\\4\\6\end{pmatrix},\quad \boldsymbol{\beta}=\begin{pmatrix}1\\1\\-1\end{pmatrix},$$

则

$$\boldsymbol{\alpha}^{\mathrm{T}}\boldsymbol{\beta}=(2,4,6)\begin{pmatrix}1\\1\\-1\end{pmatrix}=0,$$

所以 $\boldsymbol{\alpha}$ 与 $\boldsymbol{\beta}$ 垂直.

注:(1)零向量与任意向量正交;

(2)单位向量 $\boldsymbol{\varepsilon}_1,\boldsymbol{\varepsilon}_2,\cdots,\boldsymbol{\varepsilon}_n$(见第 108 页例)两两正交.

定义 5 若 n 维向量 $\boldsymbol{\alpha}_1,\boldsymbol{\alpha}_2,\cdots,\boldsymbol{\alpha}_r$ 是一个非零向量组,且 $\boldsymbol{\alpha}_1,\boldsymbol{\alpha}_2,\cdots,\boldsymbol{\alpha}_r$ 中的向量两两正交,则称该向量组为**正交向量组**.

定理 1 若 n 维向量 $\boldsymbol{\alpha}_1,\boldsymbol{\alpha}_2,\cdots,\boldsymbol{\alpha}_r$ 是一组正交向量组,则 $\boldsymbol{\alpha}_1,\boldsymbol{\alpha}_2,\cdots,\boldsymbol{\alpha}_r$ 线性无关.

例 2 已知 3 维向量空间 $\mathbf{R}^3$ 中两个向量

$$\boldsymbol{\alpha}_1=\begin{pmatrix}1\\1\\1\end{pmatrix},\quad \boldsymbol{\alpha}_2=\begin{pmatrix}1\\2\\-1\end{pmatrix}$$

正交,试求一个非零向量 $\boldsymbol{\alpha}_3$ 使 $\boldsymbol{\alpha}_1,\boldsymbol{\alpha}_2,\boldsymbol{\alpha}_3$ 两两正交.

解 记

$$\boldsymbol{A}=\begin{pmatrix}\boldsymbol{\alpha}_1^{\mathrm{T}}\\\boldsymbol{\alpha}_2^{\mathrm{T}}\end{pmatrix}=\begin{pmatrix}1&1&1\\1&2&-1\end{pmatrix},$$

$\boldsymbol{\alpha}_3$ 应满足齐次线性方程 $\boldsymbol{Ax}=\boldsymbol{0}$,即

$$\begin{pmatrix}1&1&1\\1&2&-1\end{pmatrix}\begin{pmatrix}x_1\\x_2\\x_3\end{pmatrix}=\boldsymbol{0},$$

化简得基础解系为 $\begin{pmatrix}-3\\2\\1\end{pmatrix}$,取 $\boldsymbol{\alpha}_3=\begin{pmatrix}-3\\2\\1\end{pmatrix}$,即可满足题意.

5.3.3 向量组的单位正交化方法

设 $\boldsymbol{\alpha}_1,\boldsymbol{\alpha}_2,\cdots,\boldsymbol{\alpha}_s$ 为线性无关的向量组,要找一组两两正交的单位向量 $\boldsymbol{e}_1,\cdots,\boldsymbol{e}_s$,使 $\boldsymbol{e}_1,\cdots,\boldsymbol{e}_s$ 与 $\boldsymbol{\alpha}_1,\cdots,\boldsymbol{\alpha}_s$ 等价,这个过程称为向量组 $\boldsymbol{\alpha}_1,\cdots,\boldsymbol{\alpha}_s$ 的单位正交化,也称正交规范化.具体过程可按如下步骤进行.

(1) 正交化:令

$$\boldsymbol{\beta}_1=\boldsymbol{\alpha}_1,$$

$$\boldsymbol{\beta}_2=\boldsymbol{\alpha}_2-\frac{\boldsymbol{\alpha}_2^{\mathrm{T}}\boldsymbol{\beta}_1}{\boldsymbol{\beta}_1^{\mathrm{T}}\boldsymbol{\beta}_1}\boldsymbol{\beta}_1,$$

$$\boldsymbol{\beta}_3=\boldsymbol{\alpha}_3-\frac{\boldsymbol{\alpha}_3^{\mathrm{T}}\boldsymbol{\beta}_1}{\boldsymbol{\beta}_1^{\mathrm{T}}\boldsymbol{\beta}_1}\boldsymbol{\beta}_1-\frac{\boldsymbol{\alpha}_3^{\mathrm{T}}\boldsymbol{\beta}_2}{\boldsymbol{\beta}_2^{\mathrm{T}}\boldsymbol{\beta}_2}\boldsymbol{\beta}_2,$$

…………

$$\boldsymbol{\beta}_s=\boldsymbol{\alpha}_s-\frac{\boldsymbol{\alpha}_s^{\mathrm{T}}\boldsymbol{\beta}_1}{\boldsymbol{\beta}_1^{\mathrm{T}}\boldsymbol{\beta}_1}\boldsymbol{\beta}_1-\frac{\boldsymbol{\alpha}_s^{\mathrm{T}}\boldsymbol{\beta}_2}{\boldsymbol{\beta}_2^{\mathrm{T}}\boldsymbol{\beta}_2}\boldsymbol{\beta}_2-\cdots-\frac{\boldsymbol{\alpha}_S^{\mathrm{T}}\boldsymbol{\beta}_{S-1}}{\boldsymbol{\beta}_{S-1}^{\mathrm{T}}\boldsymbol{\beta}_{S-1}}\boldsymbol{\beta}_{S-1},$$

可以验证 $\boldsymbol{\beta}_1,\boldsymbol{\beta}_2,\cdots,\boldsymbol{\beta}_s$ 是正交向量组，并且与 $\boldsymbol{\alpha}_1,\boldsymbol{\alpha}_2,\cdots,\boldsymbol{\alpha}_s$ 可以相互线性表示，即 $\boldsymbol{\beta}_1,\boldsymbol{\beta}_2,\cdots,\boldsymbol{\beta}_s$ 与 $\boldsymbol{\alpha}_1,\boldsymbol{\alpha}_2,\cdots,\boldsymbol{\alpha}_s$ 等价.

上述过程称为**施密特**(Schimidt)**正交化过程**. 它满足对任何 $k(1\leqslant k\leqslant r)$，向量组 $\boldsymbol{\beta}_1,\cdots,\boldsymbol{\beta}_k$ 与 $\boldsymbol{\alpha}_1,\cdots,\boldsymbol{\alpha}_k$ 等价.

(2) 单位化：取

$$\boldsymbol{e}_1=\frac{\boldsymbol{\beta}_1}{\|\boldsymbol{\beta}_1\|},\quad \boldsymbol{e}_2=\frac{\boldsymbol{\beta}_2}{\|\boldsymbol{\beta}_2\|},\quad \cdots,\quad \boldsymbol{e}_s=\frac{\boldsymbol{\beta}_s}{\|\boldsymbol{\beta}_s\|},$$

则 $\boldsymbol{e}_1,\boldsymbol{e}_2,\cdots,\boldsymbol{e}_s$ 是与 $\boldsymbol{\alpha}_1,\boldsymbol{\alpha}_2,\cdots,\boldsymbol{\alpha}_s$ 等价的单位正交向量组.

例 3　设

$$\boldsymbol{\alpha}_1=\begin{pmatrix}1\\1\\1\end{pmatrix},\quad \boldsymbol{\alpha}_2=\begin{pmatrix}1\\2\\3\end{pmatrix},\quad \boldsymbol{\alpha}_3=\begin{pmatrix}1\\4\\9\end{pmatrix},$$

试用施密特正交化方法，将向量组正交规范化.

解　不难证明 $\boldsymbol{\alpha}_1,\boldsymbol{\alpha}_2,\boldsymbol{\alpha}_3$ 是线性无关的. 取

$$\boldsymbol{\beta}_1=\boldsymbol{\alpha}_1,$$

$$\boldsymbol{\beta}_2=\boldsymbol{\alpha}_2-\frac{[\boldsymbol{\alpha}_2,\boldsymbol{\beta}_1]}{\|\boldsymbol{\beta}_1\|^2}\boldsymbol{\beta}_1=\begin{pmatrix}1\\2\\3\end{pmatrix}-\frac{6}{3}\begin{pmatrix}1\\1\\1\end{pmatrix}=\begin{pmatrix}-1\\0\\1\end{pmatrix},$$

$$\boldsymbol{\beta}_3=\boldsymbol{\alpha}_3-\frac{[\boldsymbol{\alpha}_3,\boldsymbol{\beta}_1]}{\|\boldsymbol{\beta}_1\|^2}\boldsymbol{\beta}_1-\frac{[\boldsymbol{\alpha}_3,\boldsymbol{\beta}_2]}{\|\boldsymbol{\beta}_2\|^2}\boldsymbol{\beta}_2=\begin{pmatrix}1\\4\\9\end{pmatrix}-\frac{14}{3}\begin{pmatrix}1\\1\\1\end{pmatrix}-\frac{8}{2}\begin{pmatrix}-1\\0\\1\end{pmatrix}=\frac{1}{3}\begin{pmatrix}1\\-2\\1\end{pmatrix}.$$

再把它们单位化，取

$$\boldsymbol{e}_1=\frac{\boldsymbol{\beta}_1}{\|\boldsymbol{\beta}_1\|}=\frac{1}{\sqrt{3}}\begin{pmatrix}1\\1\\1\end{pmatrix},\quad \boldsymbol{e}_2=\frac{\boldsymbol{\beta}_2}{\|\boldsymbol{\beta}_2\|}=\frac{1}{\sqrt{2}}\begin{pmatrix}-1\\0\\1\end{pmatrix},\quad \boldsymbol{e}_3=\frac{\boldsymbol{\beta}_3}{\|\boldsymbol{\beta}_3\|}=\frac{1}{\sqrt{6}}\begin{pmatrix}1\\-2\\1\end{pmatrix},$$

则 $\boldsymbol{e}_1,\boldsymbol{e}_2,\boldsymbol{e}_3$ 即为所求.

例 4　用施密特正交化方法，将向量组

$$\boldsymbol{\alpha}_1=(1,1,1,1)^{\mathrm{T}},\quad \boldsymbol{\alpha}_2=(1,-1,0,4)^{\mathrm{T}},\quad \boldsymbol{\alpha}_3=(3,5,1,-1)^{\mathrm{T}},$$

正交规范化.

解 显然,$\boldsymbol{\alpha}_1,\boldsymbol{\alpha}_2,\boldsymbol{\alpha}_3$ 是线性无关的.先正交化,取

$$\boldsymbol{\beta}_1=\boldsymbol{\alpha}_1=(1,1,1,1)^{\mathrm{T}},$$

$$\boldsymbol{\beta}_2=\boldsymbol{\alpha}_2-\frac{[\boldsymbol{\beta}_1,\boldsymbol{\alpha}_2]}{[\boldsymbol{\beta}_1,\boldsymbol{\beta}_1]}\boldsymbol{\beta}_1=(1,-1,0,4)^{\mathrm{T}}-\frac{1-1+4}{1+1+1+1}(1,1,1,1)^{\mathrm{T}}=(0,-2,-1,3)^{\mathrm{T}},$$

$$\boldsymbol{\beta}_3=\boldsymbol{\alpha}_3-\frac{[\boldsymbol{\beta}_1,\boldsymbol{\alpha}_3]}{[\boldsymbol{\beta}_1,\boldsymbol{\beta}_1]}\boldsymbol{\beta}_1-\frac{[\boldsymbol{\beta}_2,\boldsymbol{\alpha}_3]}{[\boldsymbol{\beta}_2,\boldsymbol{\beta}_2]}\boldsymbol{\beta}_2$$

$$=(3,5,1,-1)^{\mathrm{T}}-\frac{8}{4}(1,1,1,1)^{\mathrm{T}}-\frac{-14}{14}(0,-2,-1,3)^{\mathrm{T}}=(1,1,-2,0)^{\mathrm{T}},$$

再单位化,得规范正交向量如下:

$$\boldsymbol{e}_1=\frac{\boldsymbol{\beta}_1}{\|\boldsymbol{\beta}_1\|}=\frac{1}{2}(1,1,1,1)^{\mathrm{T}}=\left(\frac{1}{2},\frac{1}{2},\frac{1}{2},\frac{1}{2}\right)^{\mathrm{T}},$$

$$\boldsymbol{e}_2=\frac{\boldsymbol{\beta}_2}{\|\boldsymbol{\beta}_2\|}=\frac{1}{\sqrt{14}}(0,-2,-1,3)^{\mathrm{T}}=\left(0,\frac{-2}{\sqrt{14}},\frac{-1}{\sqrt{14}},\frac{3}{\sqrt{14}}\right)^{\mathrm{T}},$$

$$\boldsymbol{e}_3=\frac{\boldsymbol{\beta}_3}{\|\boldsymbol{\beta}_3\|}=\frac{1}{\sqrt{6}}(1,1,-2,0)^{\mathrm{T}}=\left(\frac{1}{\sqrt{6}},\frac{1}{\sqrt{6}},\frac{-2}{\sqrt{6}},0\right)^{\mathrm{T}}.$$

5.3.4 正交矩阵

1. 正交矩阵的定义

定义 6 若 n 阶矩阵 $\boldsymbol{Q}$ 满足

$$\boldsymbol{Q}^{\mathrm{T}}\boldsymbol{Q}=\boldsymbol{E}\quad(\text{即 }\boldsymbol{Q}^{-1}=\boldsymbol{Q}^{\mathrm{T}}),$$

则称 $\boldsymbol{Q}$ 为正交矩阵.

例如,矩阵$\begin{pmatrix}1&0\\0&1\end{pmatrix}$,$\begin{pmatrix}\cos\theta&-\sin\theta\\\sin\theta&\cos\theta\end{pmatrix}$均为正交矩阵.

2. 性质

(1) 若 $\boldsymbol{Q}$ 为正交矩阵,则 $|\boldsymbol{Q}|=\pm1$;

(2) 若 $\boldsymbol{Q}$ 为正交矩阵,则 $\boldsymbol{Q}$ 可逆,且 $\boldsymbol{Q}^{-1}=\boldsymbol{Q}^{\mathrm{T}}$;

(3) 若 $\boldsymbol{P},\boldsymbol{Q}$ 均为正交矩阵,则 $\boldsymbol{PQ}$ 也为正交矩阵.

3. 正交矩阵的充要条件

定理 2 $\boldsymbol{Q}$ 为正交矩阵的充分必要条件是 $\boldsymbol{Q}$ 的行(列)向量组为两两正交的单位向量组.

例 5 判别下列矩阵是否为正交矩阵:

$$(1)\begin{pmatrix}0&0&1\\-\frac{\sqrt{2}}{2}&\frac{\sqrt{2}}{2}&0\\\frac{\sqrt{2}}{2}&\frac{\sqrt{2}}{2}&0\end{pmatrix};\qquad(2)\begin{pmatrix}1&-\frac{1}{2}&\frac{1}{3}\\-\frac{1}{2}&1&\frac{1}{2}\\\frac{1}{3}&\frac{1}{2}&-1\end{pmatrix}.$$

解 (1) 由正交矩阵的定义，

因为 $\begin{pmatrix} 0 & 0 & 1 \\ -\frac{\sqrt{2}}{2} & \frac{\sqrt{2}}{2} & 0 \\ \frac{\sqrt{2}}{2} & \frac{\sqrt{2}}{2} & 0 \end{pmatrix}^{\mathrm{T}} \begin{pmatrix} 0 & 0 & 1 \\ -\frac{\sqrt{2}}{2} & \frac{\sqrt{2}}{2} & 0 \\ \frac{\sqrt{2}}{2} & \frac{\sqrt{2}}{2} & 0 \end{pmatrix} = \begin{pmatrix} 1 & 0 & 0 \\ 0 & 1 & 0 \\ 0 & 0 & 1 \end{pmatrix}$，所以它是正交矩阵.

(2) 考察矩阵的第一列和第二列，因为 $1\times\left(-\frac{1}{2}\right)+\left(-\frac{1}{2}\right)\times 1+\frac{1}{3}\times\frac{1}{2}=-\frac{5}{6}\neq 0$，所以它不是正交矩阵.

定义 7 若 $\boldsymbol{P}$ 为正交矩阵，则线性变换 $\boldsymbol{y}=\boldsymbol{P}\boldsymbol{x}$ 称为**正交变换**.

正交变换的性质：正交变换保持向量的长度不变.

例如：设

$$\boldsymbol{P}=\begin{pmatrix} \cos\theta & -\sin\theta \\ \sin\theta & \cos\theta \end{pmatrix},\quad \boldsymbol{x},\boldsymbol{y}\in\mathbf{R}^2.$$

显然 $\boldsymbol{P}$ 为正交矩阵，所以 $\boldsymbol{y}=\boldsymbol{P}\boldsymbol{x}$ 为正交变换.

§ 5.4　实对称矩阵的对角化

由前面讨论可知，并不是任意方阵都可以对角化，一个方阵必须满足一定的条件才能对角化：n 阶方阵 $\boldsymbol{A}$ 可对角化的充要条件是 $\boldsymbol{A}$ 有 n 个线性无关的特征向量. 那么，一个 n 阶矩阵到底应具备什么条件时才有 n 个线性无关的特征向量？这是一个较复杂的问题，我们对此不进行一般性的讨论，而仅讨论当 $\boldsymbol{A}$ 为实对称矩阵的情形. 实对称矩阵具有许多一般矩阵所没有的特殊性质.

5.4.1　实对称矩阵的特征值与特征向量的性质

定义 1 方阵 $\boldsymbol{A}=(a_{ij})_{n\times n}$ 中 a_{ij} 为实数，且 $\boldsymbol{A}^{\mathrm{T}}=\boldsymbol{A}$，则称 $\boldsymbol{A}$ 为**实对称矩阵**.

定理 1 实对称矩阵的特征值一定是实数，特征向量一定是实向量.

定理 2 实对称矩阵的不同特征值所对应的实的特征向量必正交.

定理 3 设 $\boldsymbol{A}$ 为 n 阶实对称矩阵，λ 是 $\boldsymbol{A}$ 的特征方程的 k 重根，则矩阵 $\boldsymbol{A}-\lambda\boldsymbol{E}$ 的秩 $R(\boldsymbol{A}-\lambda\boldsymbol{E})=n-k$，从而对应特征值 λ 恰有 k 个线性无关的特征向量.

定理 4(对称矩阵基本定理) 对于任意一个 n 阶实对称矩阵 $\boldsymbol{A}$，一定存在 n 阶正交矩阵 $\boldsymbol{P}$，使得

$$\boldsymbol{P}^{-1}\boldsymbol{A}\boldsymbol{P}=\boldsymbol{P}^{\mathrm{T}}\boldsymbol{A}\boldsymbol{P}=\begin{pmatrix} \lambda_1 & 0 & \cdots & 0 \\ 0 & \lambda_2 & \cdots & 0 \\ \vdots & \vdots & & \vdots \\ 0 & 0 & \cdots & \lambda_n \end{pmatrix}=\boldsymbol{\Lambda}.$$

对角矩阵 $\boldsymbol{\Lambda}$ 中的 n 个对角元 $\lambda_1,\lambda_2,\cdots,\lambda_n$ 就是 $\boldsymbol{A}$ 的 n 个特征值. 反之,凡是正交相似于对角矩阵的实方阵一定是对称矩阵.

由定理 2 知对应于不同特征值的特征向量正交,故这 n 个单位特征向量两两正交,于是以它们列向量构成正交矩阵 $\boldsymbol{P}$,并有 $\boldsymbol{P}^{-1}\boldsymbol{AP}=\boldsymbol{\Lambda}$. 其中,对角矩阵 $\boldsymbol{\Lambda}$ 的对角元素含 r_1 个 λ_1, r_2 个 λ_2, $\cdots$, r_s 个 λ_s,恰是 $\boldsymbol{\Lambda}$ 的 n 个特征值.

注:(1) 当 $\boldsymbol{P}$ 是可逆矩阵时,称 $\boldsymbol{B}=\boldsymbol{P}^{-1}\boldsymbol{AP}$ 与 $\boldsymbol{A}$ 相似. 当 $\boldsymbol{P}$ 是正交矩阵时,称 $\boldsymbol{B}=\boldsymbol{P}^{-1}\boldsymbol{AP}$ 与 $\boldsymbol{A}$ 正交相似.

(2) 因为对角矩阵 $\boldsymbol{\Lambda}$ 必是对称矩阵,所以,当 $\boldsymbol{A}$ 正交相似于对角矩阵 $\boldsymbol{\Lambda}$ 时,根据 $\boldsymbol{P}^{\mathrm{T}}\boldsymbol{AP}=\boldsymbol{\Lambda}$ 就可推出 $\boldsymbol{A}=(\boldsymbol{P}^{\mathrm{T}})^{-1}\boldsymbol{\Lambda}\boldsymbol{P}^{-1}=(\boldsymbol{P}^{-1})^{\mathrm{T}}\boldsymbol{\Lambda}\boldsymbol{P}^{-1}$,于是

$$\boldsymbol{A}^{\mathrm{T}}=(\boldsymbol{P}^{-1})^{\mathrm{T}}\boldsymbol{\Lambda}^{\mathrm{T}}(\boldsymbol{P}^{-1})=(\boldsymbol{P}^{-1})^{\mathrm{T}}\boldsymbol{\Lambda}(\boldsymbol{P}^{-1})=\boldsymbol{A}.$$

这证明 $\boldsymbol{A}$ 必是对称矩阵.

(3) 既然 n 阶实对称矩阵 $\boldsymbol{A}$ 一定相似于对角矩阵,这说明 $\boldsymbol{A}$ 一定有 n 个线性无关的特征向量,属于每一个特征值的线性无关的特征向量个数一定与此特征值的重数相等,用它来确定求特征向量的齐次线性方程组中自由未知量的个数.

两个相似的矩阵一定有相同的特征值,但有相同特征值的两个同阶方阵却未必相似. 可是,对于对称矩阵来说,有相同特征值的两个同阶方阵一定相似.

定理 5 两个具有相同特征值的同阶对称矩阵一定是正交相似矩阵.

5.4.2 实对称矩阵对角化

定义 2 对于 n 阶方阵 $\boldsymbol{A}$,如果存在可逆阵 $\boldsymbol{P}$,使得

$$\boldsymbol{P}^{-1}\boldsymbol{AP}=\mathrm{diag}(\lambda_1,\lambda_2,\cdots,\lambda_n),$$

则称方阵 $\boldsymbol{A}$ 可以**对角化**(diagonalize).

将实对称矩阵 $\boldsymbol{A}$ 对角化的步骤如下:

(1) 求出 $\boldsymbol{A}$ 的全部特征值 $\lambda_1,\lambda_2,\cdots,\lambda_s$;

(2) 对每一个特征值 λ_i,由 $(\boldsymbol{A}-\lambda_i\boldsymbol{E})\boldsymbol{x}=\boldsymbol{0}$ 求出基础解系(特征向量);

(3) 将基础解系(特征向量)正交化,再单位化;

(4) 以这些单位向量作为列向量构成一个正交矩阵 $\boldsymbol{P}$,使 $\boldsymbol{P}^{-1}\boldsymbol{AP}=\boldsymbol{\Lambda}$.

注: $\boldsymbol{P}$ 中列向量的次序与矩阵 $\boldsymbol{\Lambda}$ 对角线上的特征值的次序相对应.

例 试求一个正交矩阵 $\boldsymbol{P}$,使 $\boldsymbol{P}^{-1}\boldsymbol{AP}$ 为对角矩阵:

(1) $\boldsymbol{A}=\begin{pmatrix}5&0&0\\0&2&1\\0&1&2\end{pmatrix}$;　　(2) $\boldsymbol{A}=\begin{pmatrix}2&2&-2\\2&5&-4\\-2&-4&5\end{pmatrix}$.

解 (1) 由于

$$|\boldsymbol{A}-\lambda\boldsymbol{E}|=\begin{vmatrix}5-\lambda&0&0\\0&2-\lambda&1\\0&1&2-\lambda\end{vmatrix}=(\lambda-1)(\lambda-3)(5-\lambda),$$

则特征值为 $\lambda_1=1,\lambda_2=3,\lambda_3=5$.

当 $\lambda_1=1$ 时,由 $\begin{pmatrix}4&0&0\\0&1&1\\0&1&1\end{pmatrix}\begin{pmatrix}x_1\\x_2\\x_3\end{pmatrix}=\begin{pmatrix}0\\0\\0\end{pmatrix}$ 解得基础解系

$$\begin{pmatrix}x_1\\x_2\\x_3\end{pmatrix}=\begin{pmatrix}0\\-1\\1\end{pmatrix},$$

并单位化得
$$\boldsymbol{p}_1=\begin{pmatrix}0\\-\dfrac{1}{\sqrt{2}}\\\dfrac{1}{\sqrt{2}}\end{pmatrix}.$$

当 $\lambda_2=3$ 时,由 $\begin{pmatrix}2&0&0\\0&-1&1\\0&1&-1\end{pmatrix}\begin{pmatrix}x_1\\x_2\\x_3\end{pmatrix}=\begin{pmatrix}0\\0\\0\end{pmatrix}$ 解得基础解系

$$\begin{pmatrix}x_1\\x_2\\x_3\end{pmatrix}=\begin{pmatrix}0\\1\\1\end{pmatrix},$$

并单位化得
$$\boldsymbol{p}_2=\begin{pmatrix}0\\\dfrac{1}{\sqrt{2}}\\\dfrac{1}{\sqrt{2}}\end{pmatrix}.$$

当 $\lambda_3=5$ 时,由 $\begin{pmatrix}0&0&0\\0&-3&1\\0&1&-3\end{pmatrix}\begin{pmatrix}x_1\\x_2\\x_3\end{pmatrix}=\begin{pmatrix}0\\0\\0\end{pmatrix}$ 解得基础解系

$$\begin{pmatrix}x_1\\x_2\\x_3\end{pmatrix}=\begin{pmatrix}1\\0\\0\end{pmatrix},$$

并单位化得
$$\boldsymbol{p}_3=\begin{pmatrix}1\\0\\0\end{pmatrix}.$$

于是得正交矩阵

$$P=(p_1,p_2,p_3)=\begin{pmatrix} 0 & 0 & 1 \\ -\frac{1}{\sqrt{2}} & \frac{1}{\sqrt{2}} & 0 \\ \frac{1}{\sqrt{2}} & \frac{1}{\sqrt{2}} & 0 \end{pmatrix}$$

且使得 $P^{-1}AP=P^{\mathrm{T}}AP=\begin{pmatrix} 1 & 0 & 0 \\ 0 & 3 & 0 \\ 0 & 0 & 5 \end{pmatrix}$.

(2) $|A-\lambda E|=\begin{vmatrix} 2-\lambda & 2 & -2 \\ 2 & 5-\lambda & -4 \\ -2 & -4 & 5-\lambda \end{vmatrix}=-(\lambda-1)^2(\lambda-10)$，则特征值为 $\lambda_1=\lambda_2=1,\lambda_3=10$.

当 $\lambda_1=\lambda_2=1$ 时，由 $\begin{pmatrix} 1 & 2 & -2 \\ 2 & 4 & -4 \\ -2 & -4 & 4 \end{pmatrix}\begin{pmatrix} x_1 \\ x_2 \\ x_3 \end{pmatrix}=\begin{pmatrix} 0 \\ 0 \\ 0 \end{pmatrix}$，解得

$$\begin{pmatrix} x_1 \\ x_2 \\ x_3 \end{pmatrix}=k_1\begin{pmatrix} -2 \\ 1 \\ 0 \end{pmatrix}+k_2\begin{pmatrix} 2 \\ 0 \\ 1 \end{pmatrix}.$$

将此二个向量正交和单位化后得两个单位正交的特征向量

$$p_1=\frac{1}{\sqrt{5}}\begin{pmatrix} -2 \\ 1 \\ 0 \end{pmatrix},p_2^*=\begin{pmatrix} -2 \\ 1 \\ 0 \end{pmatrix}-\frac{-4}{5}\begin{pmatrix} -2 \\ 1 \\ 0 \end{pmatrix}=\begin{pmatrix} \frac{2}{5} \\ \frac{4}{5} \\ 1 \end{pmatrix}\text{，单位化得 } p_2=\frac{\sqrt{5}}{3}\begin{pmatrix} \frac{2}{5} \\ \frac{4}{5} \\ 1 \end{pmatrix}.$$

当 $\lambda_3=10$ 时，由 $\begin{pmatrix} -8 & 2 & -2 \\ 2 & -5 & -4 \\ -2 & -4 & -5 \end{pmatrix}\begin{pmatrix} x_1 \\ x_2 \\ x_3 \end{pmatrix}=\begin{pmatrix} 0 \\ 0 \\ 0 \end{pmatrix}$ 解得

$$\begin{pmatrix} x_1 \\ x_2 \\ x_3 \end{pmatrix}=k_3\begin{pmatrix} -1 \\ -2 \\ 2 \end{pmatrix}.$$

单位化 $p_3=\frac{1}{3}\begin{pmatrix} -1 \\ -2 \\ 2 \end{pmatrix}$.

故得正交阵

$$(\boldsymbol{p}_1,\boldsymbol{p}_2,\boldsymbol{p}_3)=\begin{pmatrix} -\frac{2}{\sqrt{5}} & \frac{2\sqrt{5}}{15} & -\frac{1}{3} \\ \frac{1}{\sqrt{5}} & \frac{4\sqrt{5}}{15} & -\frac{2}{3} \\ 0 & \frac{\sqrt{5}}{3} & \frac{2}{3} \end{pmatrix},$$

使得

$$\boldsymbol{P}^{-1}\boldsymbol{A}\boldsymbol{P}=\begin{pmatrix} 1 & 0 & 0 \\ 0 & 1 & 0 \\ 0 & 0 & 10 \end{pmatrix}.$$

§5.5　二　次　型

二次型在其他数学分支及科学技术中有着十分广泛的应用.例如:在振动理论中,会用二次齐次函数表示一个广义速度变量.数学物理问题常用到的二次泛函极小问题的近似解法中,需要把无限维空间的极小问题化为有限维向量空间的极小问题,而后者也经常遇到二次型.本节将讨论二次型的基本理论和应用.

5.5.1　二次型及其标准形

定义 1　含有 n 个变量 $x_1,x_2,\cdots,x_n$ 的二次齐次多项式

$$f(x_1,x_2,\cdots,x_n)=a_{11}x_1^2+a_{22}x_2^2+\cdots+a_{nn}x_n^2+ 2a_{12}x_1x_2+2a_{13}x_1x_3+\cdots+2a_{n-1,n}x_{n-1}x_n \tag{5-6}$$

称为 n 元**二次型**,简称为**二次型**(quadratic form).

取 $a_{ji}=a_{ij}$,则 $2a_{ij}x_ix_j=a_{ij}x_ix_j+a_{ji}x_jx_i$,于是式(5-6)可写为

$$\begin{aligned} f(x_1,x_2,\cdots,x_n) &= a_{11}x_1^2+a_{12}x_1x_2+\cdots+a_{1n}x_1x_n+ \\ &\quad a_{21}x_2x_1+a_{22}x_2^2+\cdots+a_{2n}x_2x_n+ \\ &\quad \cdots+ \\ &\quad a_{n1}x_nx_1+a_{n2}x_nx_2+\cdots+a_{nn}x_n^2 \\ &= \sum_{i,j=1}^{n}a_{ij}x_ix_j. \end{aligned}$$

例如:$f(x_1,x_2,x_3)=2x_1^2+4x_2^2+5x_3^2-4x_1x_3$,$g(x_1,x_2,x_3)=x_1x_2+x_1x_3+x_2x_3$ 都是二次型.

又如:$f(x,y)=x^2+y^2-5$,$f(x,y)=2x^2-y^2+2x$ 都不是二次型.

如同一开始所列举的解析几何的例子一样,对于二次型,我们讨论的主要问题

是:寻找可逆的线性变换

$$\begin{cases} x_1 = c_{11}y_1 + c_{12}y_2 + \cdots + c_{1n}y_n \\ x_2 = c_{21}y_1 + c_{22}y_2 + \cdots + c_{2n}y_n \\ \cdots\cdots\cdots\cdots \\ x_n = c_{n1}y_1 + c_{n2}y_2 + \cdots + c_{nn}y_n \end{cases},$$

即

$$\boldsymbol{x} = \boldsymbol{C}\boldsymbol{y} \tag{5-7}$$

其中

$$\boldsymbol{x} = \begin{pmatrix} x_1 \\ x_2 \\ \vdots \\ x_n \end{pmatrix},\quad \boldsymbol{C} = \begin{pmatrix} c_{11} & c_{12} & \cdots & c_{1n} \\ c_{21} & c_{22} & \cdots & c_{2n} \\ \vdots & \vdots & & \vdots \\ c_{n1} & c_{n2} & \cdots & c_{nn} \end{pmatrix},\quad \boldsymbol{y} = \begin{pmatrix} y_1 \\ y_2 \\ \vdots \\ y_n \end{pmatrix}.$$

将所给的二次型化为只含平方项的形式,即用式(5-7)代入式(5-6),使得

$$f(x_1, x_2, \cdots, x_n) = k_1 y_1^2 + k_2 y_2^2 + \cdots + k_n y_n^2,$$

称这种只含平方项的二次型为二次型的标准形(canonical form).

定义 2 只含有平方项的二次型 $f = k_1 y_1^2 + k_2 y_2^2 + \cdots + k_n y_n^2$ 称为**二次型的标准形**.

当 a_{ij} 为复数时,f 称为**复二次型**;a_{ij} 均为实数时,f 称为**实二次型**. 在本章中,我们仅讨论实二次型,所求线性变换(5-7)的系数也仅为实数.

5.5.2 二次型的矩阵表示

对二次型:$f(x_1, x_2, \cdots, x_n) = \sum\limits_{i,j=1}^{n} a_{ij} x_i x_j$,利用矩阵可表示为

$$\begin{aligned} f &= x_1(a_{11}x_1 + a_{12}x_2 + \cdots + a_{1n}x_n) + x_2(a_{21}x_1 + a_{22}x_2 + \cdots + a_{2n}x_n) + \cdots + \\ &\quad x_n(a_{n1}x_1 + a_{n2}x_2 + \cdots + a_{nn}x_n) \\ &= (x_1, x_2, \cdots, x_n) \begin{pmatrix} a_{11}x_1 + a_{12}x_2 + \cdots + a_{1n}x_n \\ a_{21}x_1 + a_{22}x_2 + \cdots + a_{2n}x_n \\ \cdots\cdots\cdots\cdots \\ a_{n1}x_1 + a_{n2}x_2 + \cdots + a_{nn}x_n \end{pmatrix} \\ &= (x_1, x_2, \cdots, x_n) \begin{pmatrix} a_{11} & a_{12} & \cdots & a_{1n} \\ a_{21} & a_{22} & \cdots & a_{2n} \\ \vdots & \vdots & & \vdots \\ a_{n1} & a_{n2} & \cdots & a_{nn} \end{pmatrix} \begin{pmatrix} x_1 \\ x_2 \\ \vdots \\ x_n \end{pmatrix}. \end{aligned}$$

记

$$A=\begin{pmatrix} a_{11} & a_{12} & \cdots & a_{1n} \\ a_{21} & a_{22} & \cdots & a_{2n} \\ \vdots & \vdots & & \vdots \\ a_{n1} & a_{n2} & \cdots & a_{nn} \end{pmatrix},\quad x=\begin{pmatrix} x_1 \\ x_2 \\ \vdots \\ x_n \end{pmatrix},$$

则二次型可记为

$$f=x^{\mathrm{T}}Ax, \tag{5-8}$$

其中,A 为对称矩阵.

例如:二次型 $f=2x^2-3z^2-6xy+2yz$ 用矩阵记号表示就是

$$f=(x,y,z)\begin{pmatrix} 2 & -3 & 0 \\ -3 & 0 & 1 \\ 0 & 1 & -3 \end{pmatrix}\begin{pmatrix} x \\ y \\ z \end{pmatrix}.$$

注:二次型矩阵中,元素 $a_{ij}(=a_{ji})$是 x_ix_j 项系数的一半;一个二次型与一个对称矩阵相对应,反之一个对称矩阵也对应一个二次型,即二次型与对称矩阵有一一对应的关系.

定义 3　设有二次型 $f=x^{\mathrm{T}}Ax$,则对称矩阵 A 称为二次型 f 的**矩阵**,也把 f 称为对称矩阵 A 的**二次型**. 对称矩阵 A 的秩称为二次型 f 的**秩**.

例 1　写出下列二次型的矩阵:

(1) $f(x_1,x_2)=13x_1^2+13x_2^2-10x_2x_1$;

(2) $f(x_1,x_2)=2x^2+xy-4xz+3y^2-2yz-z^2$.

解　(1) $A=\begin{pmatrix} 13 & -5 \\ -5 & 13 \end{pmatrix}$;

(2) $A=\begin{pmatrix} 2 & \frac{1}{2} & -2 \\ \frac{1}{2} & 3 & -1 \\ -2 & -1 & -1 \end{pmatrix}$.

注:一个二次型的标准形中所含的项数即为该二次型的秩.

例 2　求二次型 $f(x_1,x_2,x_3)=x_1^2-4x_1x_2+2x_1x_3-2x_2^2+6x_3^2$ 的秩.

解　二次型对应的矩阵为

$$A=\begin{pmatrix} 1 & -2 & 1 \\ -2 & 2 & 0 \\ 1 & 0 & 6 \end{pmatrix}.$$

因为　$A=\begin{pmatrix} 1 & -2 & 1 \\ -2 & 2 & 0 \\ 1 & 0 & 6 \end{pmatrix}\to\begin{pmatrix} 1 & -2 & 1 \\ 0 & -2 & 2 \\ 0 & 2 & 5 \end{pmatrix}\to\begin{pmatrix} 1 & -2 & 1 \\ 0 & -2 & 2 \\ 0 & 0 & 7 \end{pmatrix}$,

所以 $R(\boldsymbol{A})=3$,该二次型的秩为 3.

5.5.3 矩阵的合同

对于二次型,我们讨论的主要问题是:寻求可逆的线性变换 $\boldsymbol{x}=\boldsymbol{C}\boldsymbol{y}$ 把二次型化为标准形.

定义 4 设变量 $x_1,x_2,\cdots,x_n;y_1,y_2,\cdots,y_n$ 满足关系:

$$\begin{cases}x_1=c_{11}y_1+c_{12}y_2+\cdots+c_{1n}y_n\\ \cdots\cdots\cdots\cdots\\ x_n=c_{n1}y_1+c_{n2}y_2+\cdots+c_{nn}y_n\end{cases},\quad 即\quad \boldsymbol{x}=\boldsymbol{C}\boldsymbol{y}, \tag{5-9}$$

称式(5-9)为由 $x_1,x_2,\cdots,x_n$ 到 $y_1,y_2,\cdots,y_n$ 的一个**线性变换**.若 $\boldsymbol{C}$ 为可逆矩阵,就称式(5-9)为**可逆变换**.若 $\boldsymbol{C}$ 为正交矩阵,就称式(5-9)为**正交变换**.

在可逆变换 $\boldsymbol{x}=\boldsymbol{C}\boldsymbol{y}$ 的作用下,二次型 $f=\boldsymbol{x}^{\mathrm{T}}\boldsymbol{A}\boldsymbol{x}$ 可化为

$$f=(\boldsymbol{C}\boldsymbol{y})^{\mathrm{T}}\boldsymbol{A}(\boldsymbol{C}\boldsymbol{y})=\boldsymbol{y}^{\mathrm{T}}(\boldsymbol{C}^{\mathrm{T}}\boldsymbol{A}\boldsymbol{C})\boldsymbol{y}=\boldsymbol{y}^{\mathrm{T}}\boldsymbol{B}\boldsymbol{y}.$$

其中,$\boldsymbol{B}=\boldsymbol{C}^{\mathrm{T}}\boldsymbol{A}\boldsymbol{C}$,那么二次型 f 的矩阵 $\boldsymbol{A},\boldsymbol{B}$ 之间究竟有何更深刻的关系?下面的定理说明经可逆变换 $\boldsymbol{x}=\boldsymbol{C}\boldsymbol{y}$ 后,二次型的矩阵由 $\boldsymbol{A}$ 变为 $\boldsymbol{B}=\boldsymbol{C}^{\mathrm{T}}\boldsymbol{A}\boldsymbol{C}$,且其秩不变.

定理 1 任给可逆矩阵 $\boldsymbol{C}$,令 $\boldsymbol{B}=\boldsymbol{C}^{\mathrm{T}}\boldsymbol{A}\boldsymbol{C}$,如果 $\boldsymbol{A}$ 为对称矩阵,则 $\boldsymbol{B}$ 亦为对称矩阵,且 $R(\boldsymbol{B})=R(\boldsymbol{A})$.

该定理说明经可逆变换 $\boldsymbol{x}=\boldsymbol{C}\boldsymbol{y}$ 后,二次型 f 的矩阵由 $\boldsymbol{A}$ 变为 $\boldsymbol{C}^{\mathrm{T}}\boldsymbol{A}\boldsymbol{C}$,且二次型的秩不变.

定义 5 对 n 阶矩阵 $\boldsymbol{A},\boldsymbol{B}$,若存在可逆矩阵 $\boldsymbol{C}$,使得 $\boldsymbol{B}=\boldsymbol{C}^{\mathrm{T}}\boldsymbol{A}\boldsymbol{C}$,则称 $\boldsymbol{A}$ **合同**(congruent)于 $\boldsymbol{B}$.

注:矩阵间的三种关系如下所示。

(1) 等价:存在可逆矩阵 $\boldsymbol{P},\boldsymbol{Q}$,使 $\boldsymbol{PAQ}=\boldsymbol{B}$,则 $\boldsymbol{A}$ 与 $\boldsymbol{B}$ 等价;

(2) 相似:存在可逆矩阵 $\boldsymbol{P}$,使 $\boldsymbol{P}^{-1}\boldsymbol{AP}=\boldsymbol{B}$,则 $\boldsymbol{A}$ 与 $\boldsymbol{B}$ 相似;

(3) 合同:存在可逆矩阵 $\boldsymbol{C}$,使 $\boldsymbol{C}^{\mathrm{T}}\boldsymbol{AC}=\boldsymbol{B}$,则 $\boldsymbol{A}$ 与 $\boldsymbol{B}$ 合同.

5.5.4 化二次型为标准形

对于二次型 $f=\boldsymbol{x}^{\mathrm{T}}\boldsymbol{A}\boldsymbol{x}$,我们讨论的主要问题是:寻求可逆的线性变换 $\boldsymbol{x}=\boldsymbol{C}\boldsymbol{y}$,使 f 变成标准形,就是要使

$$\begin{aligned}\boldsymbol{y}^{\mathrm{T}}\boldsymbol{C}^{\mathrm{T}}\boldsymbol{A}\boldsymbol{C}\boldsymbol{y}&=k_1y_1^2+k_2y_2^2+\cdots+k_ny_n^2\\&=(y_1,y_2,\cdots,y_n)\begin{pmatrix}k_1&0&\cdots&0\\0&k_2&\cdots&0\\\vdots&\vdots&&\vdots\\0&0&\cdots&k_n\end{pmatrix}\begin{pmatrix}y_1\\y_2\\\vdots\\y_n\end{pmatrix},\end{aligned}$$

也就是要使 $\boldsymbol{C}^{\mathrm{T}}\boldsymbol{A}\boldsymbol{C}$ 成为对角阵.

1. 用正交变换化二次型为标准形

定理 2 任给二次型 $f=\sum_{i,j=1}^{n}a_{ij}x_ix_j$，总有正交变换 $\boldsymbol{x}=\boldsymbol{C}\boldsymbol{y}$，使 f 化为标准形

$$f=\lambda_1 y_1^2+\lambda_2 y_2^2+\cdots+\lambda_n y_n^2,$$

其中，$\lambda_1,\lambda_2,\cdots,\lambda_n$ 是 f 的矩阵 $\boldsymbol{A}=(a_{ij})$ 的特征值.

注：正交变换保持向量的长度不变. 也就是说 $\boldsymbol{P}$ 正交，则对任意 $\boldsymbol{x}$，有 $\|\boldsymbol{P}\boldsymbol{x}\|=\|\boldsymbol{x}\|$.

基于正交变换化二次型为标准形的步骤如下：

(1) 将二次型表成矩阵形式 $f=\boldsymbol{x}^{\mathrm{T}}\boldsymbol{A}\boldsymbol{x}$，求出 $\boldsymbol{A}$；

(2) 求出 $\boldsymbol{A}$ 的所有特征值 $\lambda_1,\lambda_2,\cdots,\lambda_n$；

(3) 求出对应于特征值的特征向量 $\boldsymbol{\xi}_1,\boldsymbol{\xi}_2,\cdots,\boldsymbol{\xi}_n$；

(4) 将特征向量 $\boldsymbol{\xi}_1,\boldsymbol{\xi}_2,\cdots,\boldsymbol{\xi}_n$ 正交化、单位化得 $\boldsymbol{\eta}_1,\boldsymbol{\eta}_2,\cdots,\boldsymbol{\eta}_n$，记 $\boldsymbol{C}=(\boldsymbol{\eta}_1,\boldsymbol{\eta}_2,\cdots,\boldsymbol{\eta}_n)$；

(5) 作正交变换 $\boldsymbol{x}=\boldsymbol{C}\boldsymbol{y}$，则得 f 的标准形 $f=\lambda_1 y_1^2+\lambda_2 y_2^2+\cdots+\lambda_n y_n^2$.

例 3 用正交变换将二次型 $f(x_1,x_2)=x_1x_2$ 化为标准形.

解 (1) 写出二次型矩阵：$\boldsymbol{A}=\begin{pmatrix}0 & \frac{1}{2}\\ \frac{1}{2} & 0\end{pmatrix}$.

(2) 求其特征值：由

$$|\boldsymbol{A}-\lambda\boldsymbol{E}|=\begin{vmatrix}-\lambda & \frac{1}{2}\\ \frac{1}{2} & -\lambda\end{vmatrix}=\left(\lambda+\frac{1}{2}\right)\left(\lambda-\frac{1}{2}\right),$$

得特征值为 $\lambda_1=\frac{1}{2}$，$\lambda_2=-\frac{1}{2}$.

(3) 求特征向量：将 $\lambda_1=\frac{1}{2}$ 代入 $(\boldsymbol{A}-\lambda\boldsymbol{E})\boldsymbol{x}=0$，得

$$\left(\boldsymbol{A}-\frac{1}{2}\boldsymbol{E}\right)\begin{pmatrix}x_1\\ x_2\end{pmatrix}=\begin{pmatrix}-\frac{1}{2} & \frac{1}{2}\\ \frac{1}{2} & -\frac{1}{2}\end{pmatrix}\begin{pmatrix}x_1\\ x_2\end{pmatrix}=\begin{pmatrix}0\\ 0\end{pmatrix},$$

解该方程组得基础解系 $\boldsymbol{\xi}_1=\begin{pmatrix}1\\ 1\end{pmatrix}$，即得对应 $\lambda_1=\frac{1}{2}$ 的特征向量：$\boldsymbol{v}_1=k_1\begin{pmatrix}1\\ 1\end{pmatrix}=k_1\boldsymbol{\xi}_1$，$k_1\neq 0$.

将 $\lambda_1=-\frac{1}{2}$ 代入 $(\boldsymbol{A}-\lambda\boldsymbol{E})\boldsymbol{x}=\boldsymbol{0}$，得

$$\left(\boldsymbol{A}+\frac{1}{2}\boldsymbol{E}\right)\begin{pmatrix}x_1\\x_2\end{pmatrix}=\begin{pmatrix}\frac{1}{2}&\frac{1}{2}\\\frac{1}{2}&\frac{1}{2}\end{pmatrix}\begin{pmatrix}x_1\\x_2\end{pmatrix}=\begin{pmatrix}0\\0\end{pmatrix},$$

对应 $\lambda_2=-\frac{1}{2}$ 的特征向量

$$\boldsymbol{v}_2=k_2\begin{pmatrix}-1\\1\end{pmatrix}=k_2\boldsymbol{\xi}_2,\quad k_2\neq 0.$$

(4) 将特征向量正交化、单位化：取

$$\boldsymbol{e}_1=\frac{\boldsymbol{\xi}_1}{\|\boldsymbol{\xi}_1\|}=\begin{pmatrix}\frac{\sqrt{2}}{2}\\\frac{\sqrt{2}}{2}\end{pmatrix},\quad \boldsymbol{e}_2=\frac{\boldsymbol{\xi}_2}{\|\boldsymbol{\xi}_2\|}=\begin{pmatrix}\frac{-\sqrt{2}}{2}\\\frac{\sqrt{2}}{2}\end{pmatrix}.$$

(5) 作正交矩阵：$\boldsymbol{P}=(\boldsymbol{e}_1,\boldsymbol{e}_2)=\left(\frac{\boldsymbol{\xi}_1}{\|\boldsymbol{\xi}_1\|},\frac{\boldsymbol{\xi}_2}{\|\boldsymbol{\xi}_2\|}\right)=\begin{pmatrix}\frac{\sqrt{2}}{2}&\frac{-\sqrt{2}}{2}\\\frac{\sqrt{2}}{2}&\frac{\sqrt{2}}{2}\end{pmatrix}$，于是所求正交变换为 $\boldsymbol{x}=\boldsymbol{P}\boldsymbol{y}$，在此变换下原二次型化为标准形：$f=\frac{1}{2}y_1^2-\frac{1}{2}y_2^2$.

例 4 求正交变换 $\boldsymbol{x}=\boldsymbol{C}\boldsymbol{y}$，使二次型化为标准形 $f(x_1,x_2,x_3)=2x_1x_2+2x_2x_3-2x_1x_3$.

解 二次型矩阵为 $\boldsymbol{A}=\begin{pmatrix}0&1&-1\\1&0&1\\-1&1&0\end{pmatrix}$.

由 $|\boldsymbol{A}-\lambda\boldsymbol{E}|=-(\lambda+2)(\lambda-1)^2=0$ 得特征值：$\lambda_1=-2,\lambda_2=\lambda_3=1$.

对于 $\lambda_1=-2$，解 $(\boldsymbol{A}-2\boldsymbol{E})\boldsymbol{x}=\boldsymbol{0}$，得 $\boldsymbol{\alpha}_1=\boldsymbol{\beta}_1=(1,-1,1)^{\mathrm{T}}$；

对于 $\lambda_2=\lambda_3=1$，解 $(\boldsymbol{A}-\boldsymbol{E})\boldsymbol{x}=\boldsymbol{0}$，得 $\boldsymbol{\alpha}_2=(1,1,0)^{\mathrm{T}},\boldsymbol{\alpha}_3=(-1,0,1)^{\mathrm{T}}$.

把 $\boldsymbol{\alpha}_2,\boldsymbol{\alpha}_3$ 正交化为 $\boldsymbol{\beta}_2=\boldsymbol{\alpha}_2,\boldsymbol{\beta}_3=\left(-\frac{1}{2},\frac{1}{2},1\right)^{\mathrm{T}}$. 再把 $\boldsymbol{\beta}_1,\boldsymbol{\beta}_2,\boldsymbol{\beta}_3$ 单位化为

$$\boldsymbol{\varepsilon}_1=\frac{1}{\sqrt{3}}(1,-1,1)^{\mathrm{T}},\quad \boldsymbol{\varepsilon}_2=\frac{1}{\sqrt{2}}(1,1,0)^{\mathrm{T}},\quad \boldsymbol{\varepsilon}_3=\frac{1}{\sqrt{6}}(-1,1,2)^{\mathrm{T}}.$$

令 $\boldsymbol{C}=(\boldsymbol{\varepsilon}_1,\boldsymbol{\varepsilon}_2,\boldsymbol{\varepsilon}_3)$，则有 $\boldsymbol{x}=\boldsymbol{C}\boldsymbol{y}$，使 $f=\boldsymbol{x}^{\mathrm{T}}\boldsymbol{A}\boldsymbol{x}=-2y_1^2+y_2^2+y_3^2$.

2. 用配方法化二次型为标准形

用正交变换化二次型成标准形，优点是保持几何形状不变. 如果不限于用正交变换，还可用配方法把二次型化成标准形. 这里仅介绍拉格朗日配方法，它完全类似于中学代数中的配方法，我们可以从中找到将二次型化为标准形的可逆线性变换.

拉格朗日配方法的步骤如下：

(1) 若二次型含有 x_i 的平方项，则先把含有 x_i 的乘积项集中，然后配方，再对其余的变量进行同样过程，直到所有变量都配成平方项为止，经过可逆线性变换，就得到标准形；

(2) 若二次型中不含有平方项，但是 $a_{ij}\neq 0(i\neq j)$，则先进行可逆变换

$$\begin{cases}x_i=y_i+y_j\\ x_j=y_i-y_j \quad (k=1,2,\cdots,n \text{ 且 } k\neq i,j)\\ x_k=y_k\end{cases}$$

化二次型为含有平方项的二次型，然后再按步骤(1)中方法配方.

注：配方法是一种可逆线性变换，但平方项的系数与 $\boldsymbol{A}$ 的特征值无关.

例 5　用配方法化二次型 $f=x_1^2+2x_1x_2+3x_2^2+x_3^2$ 为标准形，并求所用的变换矩阵.

解　$f=x_1^2+2x_1x_2+3x_2^2+x_3^2=(x_1+x_2)^2+2x_2^2+x_3^2$.

令

$$\begin{cases}y_1=x_1+x_2\\ y_2=x_2\\ y_3=x_3\end{cases},$$

可得

$$\begin{cases}x_1=y_1-y_2\\ x_2=y_2\\ x_3=y_3\end{cases},$$

即

$$\begin{pmatrix}x_1\\x_2\\x_3\end{pmatrix}=\begin{pmatrix}1&-1&0\\0&1&0\\0&0&1\end{pmatrix}\begin{pmatrix}y_1\\y_2\\y_3\end{pmatrix}.$$

故　$$f=x_1^2+2x_1x_2+3x_2^2+x_3^2=y_1^2+2y_2^2+y_3^2,$$

所用变换矩阵为　$$\boldsymbol{C}=\begin{pmatrix}1&-1&0\\0&1&0\\0&0&1\end{pmatrix}(|\boldsymbol{C}|=1\neq 0).$$

例 6　化二次型 $f(x_1,x_2,x_3)=x_1x_2+x_1x_3+x_2x_3$ 成标准形，并写出所用的可逆线性变换.

解　由于所给二次型中无平方项，所以令 $\begin{cases}x_1=y_1+y_2\\ x_2=y_1-y_2\\ x_3=y_3\end{cases}$，即 $\begin{pmatrix}x_1\\x_2\\x_3\end{pmatrix}=$

$\begin{pmatrix}1&1&0\\1&-1&0\\0&0&1\end{pmatrix}\begin{pmatrix}y_1\\y_2\\y_3\end{pmatrix}$，代入原二次型，再配方得

$$f=y_1^2+2y_1y_3-y_2^2=(y_1+y_3)^2-y_2^2-y_3^2.$$

令$\begin{cases}z_1=y_1+y_3\\z_2=y_2\\z_3=y_3\end{cases}$，即$\begin{pmatrix}z_1\\z_2\\z_3\end{pmatrix}=\begin{pmatrix}1&0&1\\0&1&0\\0&0&1\end{pmatrix}\begin{pmatrix}y_1\\y_2\\y_3\end{pmatrix}$，得二次型的标准形为

$$f=z_1^2-z_2^2-z_3^2.$$

所用的可逆线性变换为

$$\begin{pmatrix}x_1\\x_2\\x_3\end{pmatrix}=\begin{pmatrix}1&1&0\\1&-1&0\\0&0&1\end{pmatrix}\begin{pmatrix}1&0&1\\0&1&0\\0&0&1\end{pmatrix}^{-1}\begin{pmatrix}z_1\\z_2\\z_3\end{pmatrix}=\begin{pmatrix}1&1&-1\\1&-1&-1\\0&0&1\end{pmatrix}\begin{pmatrix}z_1\\z_2\\z_3\end{pmatrix}.$$

3. 用初等变换化二次型为标准形

设有可逆线性变换为 $\boldsymbol{x}=\boldsymbol{C}\boldsymbol{y}$，它把二次型 $\boldsymbol{x}^{\mathrm{T}}\boldsymbol{A}\boldsymbol{x}$ 化为标准形 $\boldsymbol{y}^{\mathrm{T}}\boldsymbol{B}\boldsymbol{y}$，则 $\boldsymbol{C}^{\mathrm{T}}\boldsymbol{A}\boldsymbol{C}=\boldsymbol{B}$. 已知任一非奇异矩阵均可表示为若干初等矩阵的乘积，故存在初等矩阵 $\boldsymbol{P}_1,\boldsymbol{P}_2,\cdots,\boldsymbol{P}_s$，使 $\boldsymbol{C}=\boldsymbol{P}_1\boldsymbol{P}_2\cdots\boldsymbol{P}_s$，于是

$$\boldsymbol{C}=\boldsymbol{E}\boldsymbol{P}_1\boldsymbol{P}_2\cdots\boldsymbol{P}_s,\quad \boldsymbol{C}^{\mathrm{T}}\boldsymbol{A}\boldsymbol{C}=\boldsymbol{P}_s^{\mathrm{T}}\cdots\boldsymbol{P}_2^{\mathrm{T}}\boldsymbol{P}_1^{\mathrm{T}}\boldsymbol{A}\boldsymbol{P}_1\boldsymbol{P}_2\cdots\boldsymbol{P}_s=\boldsymbol{\Lambda}.$$

由此可见，构造 $2n\times n$ 矩阵 $\begin{pmatrix}\boldsymbol{A}\\\boldsymbol{E}\end{pmatrix}$ 施以相应于右乘 $\boldsymbol{P}_1\boldsymbol{P}_2\cdots\boldsymbol{P}_s$ 的初等列变换，再对 $\boldsymbol{A}$ 施以相应于左乘 $\boldsymbol{P}_1^{\mathrm{T}},\boldsymbol{P}_2^{\mathrm{T}},\cdots,\boldsymbol{P}_s^{\mathrm{T}}$ 的初等行变换，则当矩阵 $\boldsymbol{A}$ 变为对角矩阵 $\boldsymbol{B}$ 时，单位矩阵 $\boldsymbol{E}$ 就变为所要求的可逆矩阵 $\boldsymbol{C}$.

例 7 化二次型 $f=x_1^2+2x_2^2+2x_3^2-2x_1x_2+4x_1x_3-6x_2x_3$ 为标准型，并求所用的可逆变换.

解 二次型 f 的矩阵

二次型正定性 $\boldsymbol{A}=\begin{pmatrix}1&-1&2\\-1&2&-3\\2&-3&2\end{pmatrix}$.

$$\begin{pmatrix}\boldsymbol{A}\\\boldsymbol{E}\end{pmatrix}=\begin{pmatrix}1&-1&2\\-1&2&-3\\2&-3&2\\1&0&0\\0&1&0\\0&0&1\end{pmatrix}\xrightarrow[c_2+c_1]{r_2+r_1}\begin{pmatrix}1&0&2\\0&1&-1\\2&-1&2\\1&1&0\\0&1&0\\0&0&1\end{pmatrix}\xrightarrow[c_3-2c_1]{r_3-2r_1}\begin{pmatrix}1&0&0\\0&1&-1\\0&-1&-2\\1&1&-2\\0&1&0\\0&0&1\end{pmatrix}\xrightarrow[c_3+c_2]{r_3+r_2}\begin{pmatrix}1&0&0\\0&1&0\\0&0&-3\\1&1&-1\\0&1&1\\0&0&1\end{pmatrix}$$

则令 $\boldsymbol{C}=\begin{pmatrix}1&1&-1\\0&1&1\\0&0&1\end{pmatrix}$，则有标准形 $f=y_1^2+y_2^2-3y_3^2$.

4. 二次型与对称矩阵的规范型

将二次型化为平方项之代数和形式后，可以继续作一次可逆线性变换，使这个标准形为

$$d_1x_1^2+\cdots+d_px_p^2-d_{p+1}x_{p+1}^2-\cdots-d_rx_r^2,$$

其中，$d_i>0(i=1,2,\cdots,r)$. 对上述二次型的标准形再作满秩变换

$$\begin{pmatrix} y_1 \\ \vdots \\ y_r \\ y_{r+1} \\ \vdots \\ y_n \end{pmatrix}=\begin{pmatrix} \frac{1}{\sqrt{d_1}} & & & & & \\ & \ddots & & & & \\ & & \frac{1}{\sqrt{d_r}} & & & \\ & & & 1 & & \\ & & & & \ddots & \\ & & & & & 1 \end{pmatrix}\begin{pmatrix} t_1 \\ \vdots \\ t_r \\ t_{r+1} \\ \vdots \\ t_n \end{pmatrix}$$

则有 $f=t_1^2+\cdots+t_p^2-t_{p+1}^2-\cdots-t_r^2$，称之为二次型 f 的**规范形**(normalized form).

定理 3　任何二次型都可通过可逆线性变换化为规范形. 且规范形是由二次型本身决定的唯一形式，与所作的可逆线性变换无关.

注：把规范形中的正项个数 p 称为二次型的**正惯性指数**(positive index of inertia)，负项个数 $r-p$ 称为二次型的**负惯性指数**(negative index of inertia)，r 是二次型的秩.

5.5.5　正定二次型

1. 惯性定理

二次型的标准形不是唯一的，但标准形中所含项数是确定的(即是二次型的秩). 不仅如此，在限定变换为可逆实变换时，标准形中正系数的个数是不变的（从而负系数的个数也不变)，即有：

定理 4(惯性定理，inertialaw)　设有二次型 $f=\boldsymbol{x}^{\mathrm{T}}\boldsymbol{A}\boldsymbol{x}$，它的秩为 r，有两个实的可逆变换 $\boldsymbol{x}=\boldsymbol{C}\boldsymbol{y}$ 及 $\boldsymbol{x}=\boldsymbol{P}\boldsymbol{z}$，使

$$f=k_1y_1^2+k_2^2+\cdots+k_ry_r^2 \quad (k_i\neq 0),$$

及

$$f=\lambda_1z_1^2+\lambda_2z_2^2+\cdots+\lambda_rz_r^2(\lambda_i\neq 0),$$

则 $k_1,k_2,\cdots,k_r$ 中正数的个数与 $\lambda_1,\lambda_2,\cdots,\lambda_r$ 中正数的个数相等.

2. 正定二次型的定义和判定

定义 6　设有实二次型 $f(x_1,x_2,\cdots,x_n)=\boldsymbol{x}^{\mathrm{T}}\boldsymbol{A}\boldsymbol{x}$，对任何一组不全为零的实数 $c_1,c_2,\cdots,c_n$，如果都有 $f(c_1,c_2,\cdots,c_n)>0$，则称二次型 $f(x_1,x_2,\cdots,x_n)$ 为正定(positive definite)**二次型**，并称对称矩阵 $\boldsymbol{A}$ 为**正定矩阵**. [若 $f(c_1,c_2,\cdots,c_n)<0$，则称二次型 $f(x_1,x_2,\cdots,x_n)$ 为**负定二次型**.]

定理 5　实二次型 $f(x_1,x_2,\cdots,x_n)=\boldsymbol{x}^{\mathrm{T}}\boldsymbol{A}\boldsymbol{x}$ 为正定的充分必要条件是：它的标准形的 n 个系数全为正.

推论 实二次型 $f(x_1,x_2,\cdots,x_n)=\boldsymbol{x}^{\mathrm{T}}\boldsymbol{A}\boldsymbol{x}$ 为正定的充分必要条件是:$\boldsymbol{A}$ 的特征值全为正.

定理 6 实二次型 $f(x_1,x_2,\cdots,x_n)=\boldsymbol{x}^{\mathrm{T}}\boldsymbol{A}\boldsymbol{x}$ 为正定的充分必要条件是:$\boldsymbol{A}$ 的各阶顺序主子式(principal minors)都为正,即

$$a_{11}>0,\quad \begin{vmatrix} a_{11} & a_{12} \\ a_{21} & a_{22} \end{vmatrix}>0,\quad \cdots,\quad \begin{vmatrix} a_{11} & \cdots & a_{1n} \\ \vdots & & \vdots \\ a_{n1} & \cdots & a_{nn} \end{vmatrix}>0.$$

推论 实二次型 $f(x_1,x_2,\cdots,x_n)=\boldsymbol{x}^{\mathrm{T}}\boldsymbol{A}\boldsymbol{x}$ 为负定矩阵的充分必要条件是:奇数阶顺序主子式为负,偶数阶顺序主子式为正,即 $(-1)^r\begin{vmatrix} a_{11} & \cdots & a_{1r} \\ \vdots & & \vdots \\ a_{r1} & \cdots & a_{rr} \end{vmatrix}>0(r=1,2,\cdots,n)$.

注:(1) 设 $\boldsymbol{A}$ 为正定阵,则 $\boldsymbol{A}^{\mathrm{T}},\boldsymbol{A}^{-1},\boldsymbol{A}^*$ 均为正定矩阵;

(2) 设 $\boldsymbol{A},\boldsymbol{B}$ 均为正定矩阵,则 $\boldsymbol{A}+\boldsymbol{B}$ 也是正定矩阵.

例 8 判别二次型 $f=-5x^2-6y^2-4z^2+4xy+4xz$ 的正定性.

解 f 的矩阵为

$$\boldsymbol{A}=\begin{pmatrix} -5 & 2 & 2 \\ 2 & -6 & 0 \\ 2 & 0 & -4 \end{pmatrix},$$

各阶顺序主子式:

$$a_{11}=-5<0,\quad \begin{vmatrix} a_{11} & a_{12} \\ a_{21} & a_{22} \end{vmatrix}=\begin{vmatrix} -5 & 2 \\ 2 & -6 \end{vmatrix}=26>0,\quad |\boldsymbol{A}|=-80<0,$$

故 f 是负定二次型.

习 题 5

1. 求 $\boldsymbol{A}=\begin{pmatrix} 3 & -1 \\ -1 & 3 \end{pmatrix}$ 的特征值和特征向量.

2. 求 $\boldsymbol{A}=\begin{pmatrix} -2 & 1 & 1 \\ 0 & 2 & 0 \\ -4 & 1 & 3 \end{pmatrix}$ 的特征值和特征向量.

3. 求下列矩阵的特征值和特征向量,并判断它们的特征向量是否两两正交.

(1) $\begin{pmatrix} 1 & -1 \\ 2 & 4 \end{pmatrix}$; (2) $\begin{pmatrix} 1 & 2 & 3 \\ 2 & 1 & 3 \\ 3 & 3 & 6 \end{pmatrix}$.

4. 已知 $\boldsymbol{\alpha}=\begin{pmatrix} 1 \\ 1 \\ -1 \end{pmatrix}$ 是 $\boldsymbol{A}=\begin{pmatrix} 2 & -1 & 2 \\ 5 & a & 3 \\ -1 & b & -2 \end{pmatrix}$ 的一个特征向量,试确定参数 a,b.

5. 设方阵 $\boldsymbol{A}=\begin{pmatrix}1 & -2 & -4\\ -2 & x & -2\\ -4 & -2 & 1\end{pmatrix}$ 与 $\boldsymbol{\Lambda}=\begin{pmatrix}5 & 0 & 0\\ 0 & y & 0\\ 0 & 0 & -4\end{pmatrix}$ 相似，求 x,y.

6. 设 3 阶方阵 $\boldsymbol{A}$ 的特征值为 $\lambda_1=1,\lambda_2=0,\lambda_3=-1$；对应的特征向量依次为 $\boldsymbol{P}_1=\begin{pmatrix}1\\2\\2\end{pmatrix},\boldsymbol{P}_2=\begin{pmatrix}2\\-2\\1\end{pmatrix},\boldsymbol{P}_3=\begin{pmatrix}-2\\-1\\2\end{pmatrix}$，求 $\boldsymbol{A}$.

7. 设 $\boldsymbol{P}=\begin{pmatrix}1 & 2\\ 1 & 3\end{pmatrix},\boldsymbol{A}=\begin{pmatrix}7 & -6\\ 9 & -8\end{pmatrix},\boldsymbol{\Lambda}=\begin{pmatrix}1 & 0\\ 0 & -2\end{pmatrix}$，计算 $\boldsymbol{A}^n$.

8. 判断下列矩阵可否对角化. 若能，求出对应的相似变换.

(1) $\boldsymbol{A}=\begin{pmatrix}1 & 1 & 1\\ 1 & 3 & 1\\ 1 & 1 & 1\end{pmatrix}$；　　(2) $\boldsymbol{B}=\begin{pmatrix}2 & -1 & 1\\ 1 & 3 & -1\\ 1 & 1 & 1\end{pmatrix}$.

9. 设有矩阵 $\boldsymbol{A}=\begin{pmatrix}1 & 1 & 0\\ 0 & 2 & 1\\ 0 & 0 & 3\end{pmatrix}$. 问矩阵 $\boldsymbol{A}$ 是否可对角化，若能，试求可逆矩阵 $\boldsymbol{P}$ 和对角矩阵 $\boldsymbol{\Lambda}$，使 $\boldsymbol{P}^{-1}\boldsymbol{A}\boldsymbol{P}=\boldsymbol{\Lambda}$.

10. 设 $\boldsymbol{A}=\begin{pmatrix}0 & 0 & 1\\ 1 & 1 & a\\ 1 & 0 & 0\end{pmatrix}$，问 a 为何值时矩阵 $\boldsymbol{A}$ 能对角化.

11. 试求一个正交的相似变换矩阵，将下列对称矩阵化为对角矩阵：

$$\begin{pmatrix}2 & -2 & 0\\ -2 & 1 & -2\\ 0 & -2 & 0\end{pmatrix}.$$

12. 已知 3 维向量空间 $\mathbf{R}^3$ 中两个向量 $\boldsymbol{\alpha}_1=\begin{pmatrix}1\\1\\-1\end{pmatrix},\boldsymbol{\alpha}_2=\begin{pmatrix}1\\1\\2\end{pmatrix}$ 正交，试求一个非零向量 $\boldsymbol{\alpha}_3$ 使 $\boldsymbol{\alpha}_1,\boldsymbol{\alpha}_2,\boldsymbol{\alpha}_3$ 两两正交.

13. 已知三维向量空间中两个向量 $\boldsymbol{\alpha}_1=\begin{pmatrix}1\\1\\1\end{pmatrix},\boldsymbol{\alpha}_2=\begin{pmatrix}1\\-2\\1\end{pmatrix}$ 正交，试求 $\boldsymbol{\alpha}_3$ 使 $\boldsymbol{\alpha}_1$，$\boldsymbol{\alpha}_2,\boldsymbol{\alpha}_3$ 构成三维空间的一个正交基.

14. 已知 $\boldsymbol{A}=\begin{pmatrix}2 & 0 & 0\\ 0 & a & 2\\ 0 & 2 & a\end{pmatrix}$（其中 $a>0$）有一特征值为 1，求正交矩阵 $\boldsymbol{P}$ 使得 $\boldsymbol{P}^{-1}\boldsymbol{A}\boldsymbol{P}$ 为对角矩阵.

15. 试将 $\boldsymbol{\alpha}_1=\begin{pmatrix}-1\\1\\0\\0\end{pmatrix},\boldsymbol{\alpha}_2=\begin{pmatrix}-1\\0\\1\\0\end{pmatrix},\boldsymbol{\alpha}_3=\begin{pmatrix}-1\\0\\0\\1\end{pmatrix}$ 正交化.

16. 设 $\boldsymbol{\alpha}_1=\begin{pmatrix}1\\2\\-1\end{pmatrix},\boldsymbol{\alpha}_2=\begin{pmatrix}-1\\3\\1\end{pmatrix},\boldsymbol{\alpha}_3=\begin{pmatrix}4\\-1\\0\end{pmatrix}$,试用施密特正交化方法,将向量组正交规范化.

17. 设 $\boldsymbol{A}=\begin{pmatrix}3&-2\\-2&3\end{pmatrix}$,求 $\varphi(\boldsymbol{A})=\boldsymbol{A}^{10}-5\boldsymbol{A}^9$.

18. 用矩阵记号表示下列二次型:

(1) $f=x^2+4xy+4y^2+2xz+z^2+4yz$;

(2) $f=x^2+y^2-7z^2-2xy-4xz-4yz$;

(3) $f=x_1^2+x_2^2+x_3^2+x_4^2-2x_1x_2+4x_1x_3-2x_1x_4+6x_2x_3-4x_2x_4$.

19. 写出下列矩阵对应的二次型.

(1) $\boldsymbol{A}=\begin{pmatrix}4&0\\0&3\end{pmatrix}$;(2) $\boldsymbol{A}=\begin{pmatrix}3&-2\\-2&7\end{pmatrix}$;(3) $\boldsymbol{A}=\begin{pmatrix}1&0&0\\0&3&-2\\0&-2&7\end{pmatrix}$.

20. 求一个正交变换将下列二次型化成标准形:$f=2x_1^2+3x_2^2+3x_3^2+4x_2x_3$.

21. 化二次型 $f=2x_1x_2+2x_1x_3-6x_2x_3$ 成标准形,并求所用的变换矩阵.

22. 用初等变换法化二次型

$$f(x_1,x_2,x_3)=x_1^2-2x_2^2-2x_3^2-4x_1x_2+4x_1x_3+8x_2x_3$$

为标准形,并求所作的满秩线性变换.

23. 已知二次型 $f(x_1,x_2,x_3)$的秩为 2,求参数 c.其中

$$f(x_1,x_2,x_3)=5x_1^2+5x_2^2+cx_3^2-2x_1x_2+6x_1x_6-6x_2x_3.$$

24. 将二次型 $f=17x_1^2+14x_2^2+14x_3^2-4x_1x_2-4x_1x_3-8x_2x_3$ 通过正交变换 $\boldsymbol{x}=\boldsymbol{Py}$ 化成标准形.

25. 设 $f=2x_1x_2+2x_1x_3-2x_1x_4-2x_2x_3+2x_2x_4+2x_3x_4$,求一个正交变换 $\boldsymbol{x}=\boldsymbol{Py}$,把该二次型化为标准形.

26. 判别下列二次型的正定性:

(1) $f=-2x_1^2-6x_2^2-4x_3^2+2x_1x_2+2x_1x_3$;

(2) $f=x_1^2+3x_2^2+9x_3^2+19x_4^2-2x_1x_2+4x_1x_3+2x_1x_4-6x_2x_4-12x_3x_4$.

27. 判别二次型 $f(x_1,x_2,x_3)=5x_1^2+x_2^2+7x_3^2+4x_1x_2-6x_1x_3-2x_2x_3$ 的正定性.

28. 用配方法化化二次型 $f=x_1^2+2x_2^2+5x_3^2+2x_1x_2+2x_1x_3+6x_2x_3$ 为标准形,并求所用的变换矩阵.

第 6 章　随机事件与概率

概率论是一门从数量化的角度来研究随机现象规律性的数学学科，它从理论上研究随机现象规律性的数学方法及随机事件的概率模型，在自然科学、社会科学及工程领域具有广泛的实际应用. 本章重点介绍的随机事件及其概率是概率论中的两个最基本的概念. 本章主要内容包括随机试验、随机事件及其概率与性质、古典概型与几何概型、条件概率与全概率公式等计算随机事件概率的基本模型方法.

§6.1　随机事件

6.1.1　随机试验

在自然界中经常遇到各种各样的现象，这些现象一般可以分为两大类，一类为**必然现象**（或称**确定性现象**），另一类为**随机现象**（或称**不确定性现象**）.

所谓必然现象，是指在一定条件下必然会发生或必然不会发生的现象. 例如：标准大气压下纯水加热到 100 ℃必然会沸腾；同性电荷必然相互排斥；三角形两边之和必然大于第三边；等等. 所谓随机现象，是指在一定条件下有多种可能的结果，但事前无法确切地预言究竟会出现哪一种结果的现象. 例如：抛掷一枚均匀的硬币，可能正面朝上也可能反面朝上，但在每次抛掷之前无法预知哪一面朝上；从一批产品中任取一件产品，这个产品可能是正品也可能是废品，但在抽取之前无法预知其正品或废品属性；等等.

虽然随机现象个别观测结果具有偶然性，但人们发现这类现象在大量重复观察下，它的结果却呈现出某种统计规律性. 例如：历史上曾有人观察过抛掷硬币的结果，多次重复抛掷一枚均匀硬币，正面和反面出现的次数大致相同，几乎各占抛掷次数的一半. 这种随机现象所呈现出的规律性称为随机现象的**统计规律性**，概率论正是研究和应用随机现象统计规律性的一门数学学科. 要研究随机现象的统计规律性，就必须对其作一定次数的观察和实验.

定义 1　若一个试验满足以下三个特点：

(1) 在相同的条件下可以重复进行；

(2) 每次试验的可能结果不止一个，并且能事先明确试验的所有可能结果；

(3) 每次试验之前不能确定哪一种结果会出现.

则将具有上述三个特点的试验称为**随机试验**，简称**试验**，记作 E.

例如：

E_1：抛掷一枚骰子，观察出现的点数.

E_2：将一枚均匀硬币抛三次，观察正面 H、反面 T 出现的情况.

E_3：将一枚均匀硬币抛三次，观察出现正面的次数.

E_4：在一批电子产品中任取一只，测试其寿命.

E_5：记录某城市 120 急救台在一段时间内接到的求救呼唤次数.

6.1.2 随机事件

对于随机试验，虽然在每次试验之前不能确定出现的试验结果，但试验的一切可能结果都是已知的. 我们把在随机试验中每一个可能出现的结果称为该随机试验的一个**样本点**（或称**基本事件**），记为 e. 全体样本点组成的集合称为该随机试验的**样本空间**，记为 S，即 $S=\{e_1,e_2,\cdots,e_n,\cdots\}$.

例 1 写出 6.1.1 节中随机试验 E 的样本空间.

解 E_1：$S_1=\{1,2,3,4,5,6\}$；

E_2：$S_2=\{HHH,HHT,HTH,THH,HTT,THT,TTH,TTT\}$；

E_3：$S_3=\{0,1,2,3\}$；

E_4：$S_4=\{t\,|\,t\geqslant 0\}$；（这里 t 是指电子产品的寿命）

E_5：$S_5=\{0,1,2,\cdots\}$.

注意：(1) 样本空间可以是离散集（样本点有限多或无限可列多），如 S_1，S_2，S_3 和 S_5，也可以是非离散集，如 S_4.

(2) 样本空间是由试验目的所决定的，试验目的不一样，其样本空间也不一样，如试验 E_2 和 E_3 的过程都是将一枚硬币连抛三次，但是由于试验的目的不一样，所以样本空间 S_2 和 S_3 截然不同.

定义 2 试验 E 的样本空间 S 的某个子集称为 E 的**随机事件**，简称**事件**，一般用 A，B 等大写字母表示.

设 A 为一个事件，当且仅当试验中出现的样本点 $e\in A$ 时，称事件 A 在该次试验中**发生**. 显然，要判断一个事件是否在一次试验中发生，只有在该次试验有了结果以后才能确定. 例如：在 E_4 中，若测试出产品寿命 $t=1\ 000$ h，则事件 $A=\{t\,|\,t>900\}$ 在该次试验中发生；若测试出产品寿命 $t=600$ h，则在该次试验中事件 A 没有发生.

在每次试验中总是发生的事件称为**必然事件**. 样本空间 S 包含了试验所有可能的结果，每次试验中它总是发生，所以它是必然事件. 在每次试验中都不可能发生的事件称为**不可能事件**，记作 Φ. 它是样本空间的一个空集.

例如：设三个产品中有两个次品，现从中任取两个，则事件“至少一个是次品”是必然事件，事件“两个都是正品”是不可能事件.

6.1.3　随机事件的关系与运算

在一个随机试验中许多随机事件之间都是相互关联的，概率论的主要任务之一就是通过较简单事件的规律去掌握较为复杂事件的规律，为此有必要研究随机事件间的关系与运算. 由于事件是一个集合，因此事件间的关系与运算可以按照集合之间的关系与运算来处理.

设 S 是试验 E 的样本空间，$A,B,C,A_k(k=1,2,3,\cdots)$是 E 的随机事件.

1. 事件的包含与相等

若事件 A 发生必然导致事件 B 发生，则称事件 B **包含**事件 A，或事件 A **包含于**事件 B，记作 $A\subset B$，或 $B\supset A$. 显然任何事件都包含于样本空间 S. 图 6-1 从直观上给出了事件包含关系的一个几何表示.

例如：在 E_4 中，记 $A=\{$电子产品寿命不超过 600 h$\}$，$B=\{$电子产品寿命不超过 800 h$\}$，则 $A\subset B$.

若 $A\subset B$ 且 $B\subset A$，则称事件 A 与事件 B **相等**，记作 $A=B$.

2. 事件的和

事件 A 与事件 B 中至少有一个发生的事件，称为事件 A 与事件 B 的**和**（或**并**），记作 $A\cup B$. 显然，事件 $A\cup B$ 发生表示或者事件 A 发生或者事件 B 发生. 图 6-2 从直观上给出了和事件关系的一个几何表示.

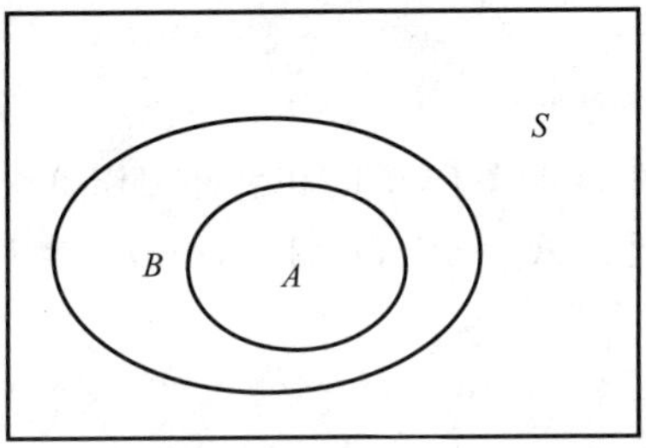

图　6-1

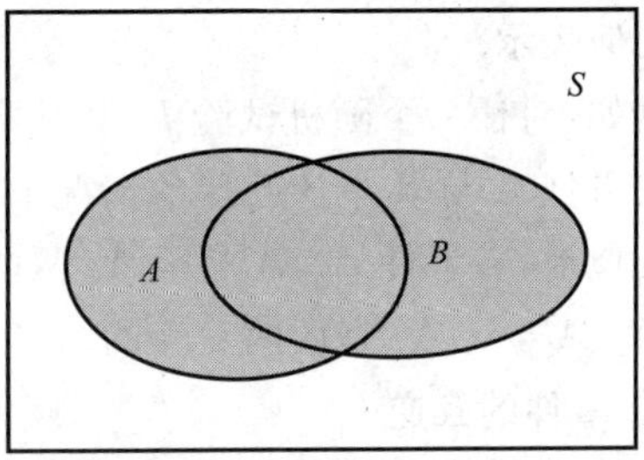

图　6-2

例如：在 E_1 中，记 $A=\{$出现偶数点$\}$，$B=\{$出现奇数点$\}$，则 $A\cup B=S_1=\{1,2,3,4,5,6\}$.

类似地，称 $\bigcup\limits_{k=1}^{n}A_k$ 为 n 个事件 $A_1,A_2,\cdots,A_n$ 的和事件；称 $\bigcup\limits_{k=1}^{\infty}A_k$ 为可列个事件 $A_1,A_2,\cdots,A_n,\cdots$的和事件.

3. 事件的积

若事件 A 与事件 B 同时发生的事件，称为事件 A 与事件 B 的**积**（或**交**），记作 $A\cap B$，或者 AB. 显然，事件 $A\cap B$ 发生表示事件 A 与事件 B 同时发生. 图 6-3 从直观上给出了积事件关系的一个几何表示.

例如：某输油管长 200 km，事件 $A=\{$前 100 km 油管正常工作$\}$，事件 $B=\{$后

100 km 油管正常工作}，那么 $A\cap B$={整个输油管正常工作}.

类似地，称 $\bigcap\limits_{k=1}^{n} A_k$ 为 n 个事件 $A_1,A_2,\cdots,A_n$ 的积事件；称 $\bigcap\limits_{k=1}^{\infty} A_k$ 为可列个事件 $A_1,A_2,\cdots,A_n,\cdots$ 的积事件.

4. 事件的差

若事件 A 发生而事件 B 不能发生的事件，称为事件 A 与事件 B 的**差**，记作 $A-B$. 显然，$A-B=A-AB$. 图 6-4 从直观上给出了差事件关系的一个几何表示.

例如：在 E_1 中，若记 A={出现偶数点}，$B=\{2,4\}$，则 $A-B=\{6\}$.

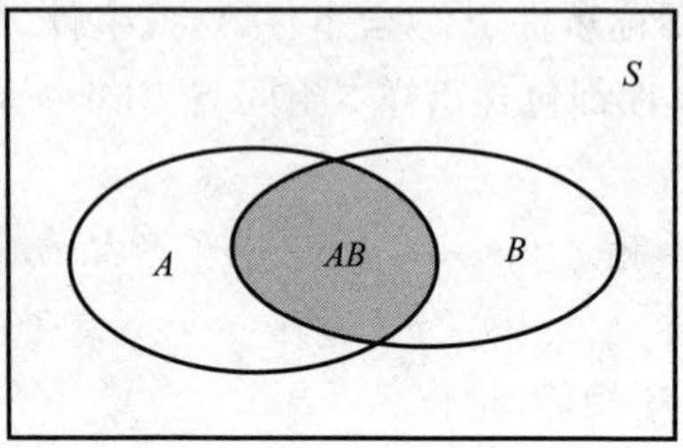

图 6-3

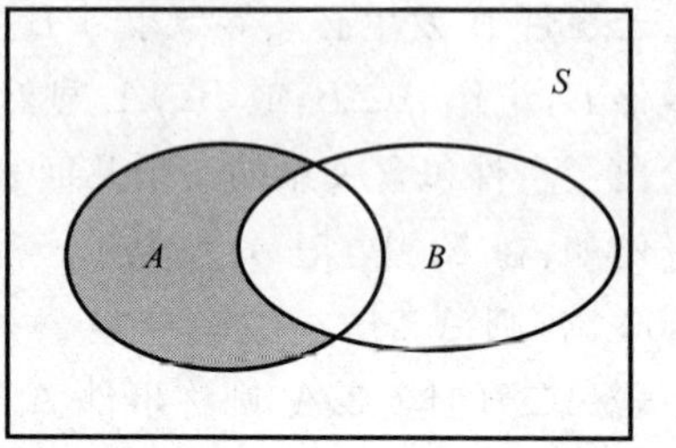

图 6-4

5. 事件的互斥

若事件 A 与事件 B 不能同时发生，称事件 A 与事件 B **互斥**(或**互不相容**). 显然，若事件 A 与事件 B 互斥，则 $A\cap B=\Phi$. 图 6-5 从直观上给出了互斥事件关系的一个几何表示.

例如：对任一个随机试验 E，其基本事件是两两互斥的.

在事件 A 与事件 B 互斥的情况下，事件 A 与事件 B 的和事件记作 $A+B$.

类似地，若事件 $A_1,A_2,\cdots,A_n$ 两两满足 $A_iA_j=\Phi(i,j=1,2,\cdots,n,i\neq j)$，则称事件 $A_1,A_2,\cdots,A_n$ 是两两互斥的.

6. 事件的互逆

若事件 A 与事件 B 必有一个发生，且仅有一个发生，称事件 A 与事件 B **互逆**(或**相互对立**). 事件 A 的逆事件记作 $\overline{A}$. 显然，若事件 A 与事件 B 互斥，则有 $A\cup B=S,AB=\Phi$. 图 6-6 从直观上给出了互逆事件关系的一个几何表示.

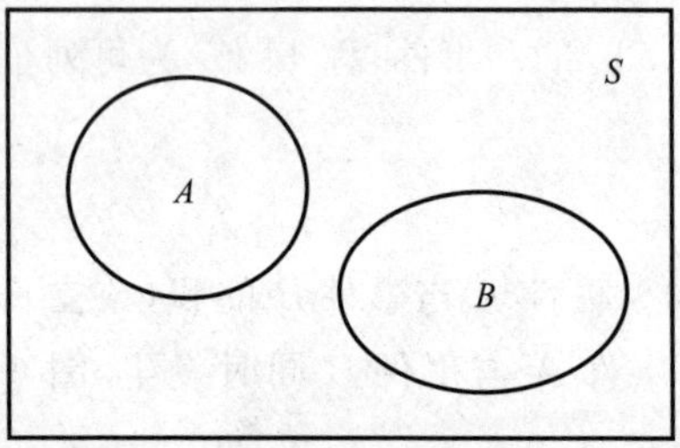

图 6-5

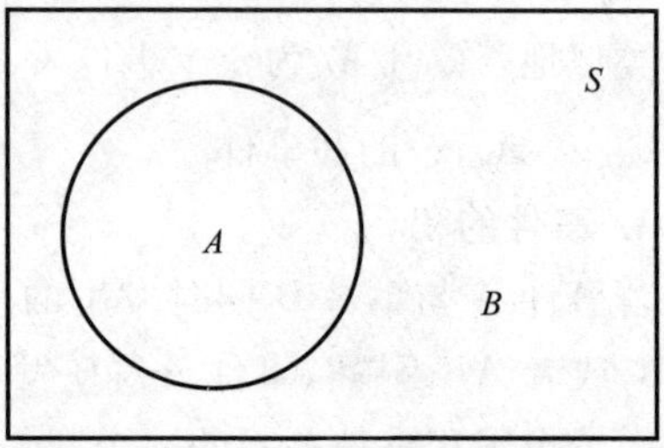

图 6-6

例如：若事件 A 表示“某企业年底结算将不亏损”，则事件 $\overline{A}$ 表示“某企业年底结算必将亏损”.

按照差事件与互逆事件的定义，显然有 $A-B=A\overline{B}$.

另外，由互逆事件与互斥事件定义知，互逆事件必为互斥事件，反之不然. 例如，在 E_1 中，若记 $A=\{$出现偶数点$\}$，$B=\{3,5\}$，则事件 A 与事件 B 是互斥事件，但它们不互逆.

7. 事件的运算律

与集合论中集合的运算一样，随机事件之间的运算满足下述运算规律.

设 $A,B,C,A_k(k=1,2,\cdots)$ 为随机事件，则有：

(1) 交换律：$A\cup B=B\cup A$，$A\cap B=B\cap A$；

(2) 结合律：$(A\cup B)\cup C=A\cup(B\cup C)$，

$(A\cap B)\cap C=A\cap(B\cap C)$；

(3) 分配律：$(A\cup B)\cap C=(A\cap C)\cup(B\cap C)$，

$(A\cap B)\cup C=(A\cup C)\cap(B\cup C)$；

(4) 德摩根定律：$\overline{A\cup B}=\overline{A}\cap\overline{B}$，$\overline{A\cap B}=\overline{A}\cup\overline{B}$.

上述运算规律可以推广到任意多个随机事件情况当中. 例如：

$$\overline{\bigcup_i A_i}=\bigcap_i \overline{A}_i,\quad \overline{\bigcap_i A_i}=\bigcup_i \overline{A}_i.$$

例 2　设在一批产品中有正品和废品，现依次从中任取 3 件，令 $A_i=$“第 i 件产品为正品”，试用 A_1,A_2,A_3 表示下列各事件.

(1) 3 件产品中恰有 1 件是正品；

(2) 3 件产品中至少有 1 件是废品；

(3) 3 件产品都是废品；

(4) 3 件产品中至少有 2 件是正品.

解　分别用 $D_i(i=1,2,3,4)$ 表示(1)，(2)，(3)，(4)中所给出的事件.

(1) $D_1=A_1\overline{A_2 A_3}\cup\overline{A_1}A_2\overline{A_3}\cup\overline{A_1 A_2}A_3$；

(2) $D_2=\overline{A_1}\cup\overline{A_2}\cup\overline{A_3}$ 或 $\overline{A_1 A_2 A_3}$；

(3) $D_3=\overline{A}_1\overline{A}_2\overline{A}_3$；

(4) $D_4=A_1A_2\cup A_2A_3\cup A_1A_3$.

§6.2　随机事件的概率

随机事件在一次随机试验中是否发生，事先是无法确定的，有的事件发生的可能性大，有的事件发生可能性小，而每一个随机事件发生的可能性大小是由事件自身所确定的客观属性，是可以进行度量的. 概率就是刻画事件发生可能性大小的一种度量. 本节先引入频率的概念，然后介绍概率的几种常见定义及其性质.

6.2.1 频率

定义 1 设在相同条件下,进行 n 次试验,如果事件 A 在 n 次重复试验中发生了 n_A 次,则称比值 $\frac{n_A}{n}$ 为事件 A 出现的**频率**,记为 $f_n(A)$,即 $f_n(A)=\frac{n_A}{n}$.

由频率定义知,它具有下述基本性质:

(1) $0\leqslant f_n(A)\leqslant 1$(非负性);

(2) $f_n(S)=1$(规范性);

(3) 若 $A_1,A_2,\cdots,A_k$ 是一组两两互斥的事件,则 $f_n(\bigcup\limits_{i=1}^{k} A_i)=\sum\limits_{i=1}^{k} f_n(A_i)$(有限可加性).

频率 $f_n(A)$ 的大小表示了事件 A 在 n 次试验中发生的频繁程度,频率越大,事件 A 发生就越频繁,在一次试验中事件 A 发生的可能性就越大,反之亦然. 因此,直观的想法就是用频率来描述概率. 历史上有几位统计学家做过抛掷硬币的试验. 表 6-1 记录了几个人的试验结果.

表 6-1

试验者	n	n_A	$f_n(A)$
摩根	2 048	1 061	0.518
蒲丰	4 040	2 048	0.506 9
皮尔逊	12 000	6 019	0.501 6
皮尔逊	24 000	12 012	0.500 5

从表 6-1 可以看出,频率 $f_n(A)$ 随着试验次数的变化而变化,具有随机波动性,但随着试验次数 n 的增大,$f_n(A)$ 总是在 0.5 附近摆动,且逐渐稳定于 0.5,这表明频率又具有稳定性,这种稳定性就是事件的统计规律性.

一般地,当随机事件 A 在相同条件下重复多次时,随机事件发生的频率 $f_n(A)$ 会逐渐稳定在某个常数 p,它反映了事件的固有属性,这种属性是对事件发生的可能性大小进行测量的客观基础,因此可以用常数 p 规定为事件 A 的概率.

6.2.2 概率的概念

定义 2 设在相同条件下重复进行大量试验,若事件 A 出现的频率 $f_n(A)$ 随着试验次数 n 的增大,在某一确定常数 p 的附近摆动,且逐渐稳定在该常数 p,则称该常数 p 为事件 A 的**概率**(或称**概率的统计定义**),记作 $P(A)$,即 $P(A)=p$.

随机事件概率的统计定义给出了随机事件概率的近似计算方法,在很多实际应用中,当随机事件的概率不容易计算时,往往可用试验次数足够大时的频率来近似估计概率的大小,且随着试验次数的增加,精度相应越来越高.

由于概率的统计定义 $P(A)$ 是频率 $f_n(A)$ 的稳定值，因此，$P(A)$ 同样具有非负性、规范性及有限可加性，由此可给出概率的公理化定义.

定义 3　设随机试验 E 的样本空间是 S，对于 E 中的每一事件 A 赋予一个实数 $P(A)$，且满足下列三个性质：

(1) $0\leqslant P(A)\leqslant 1$（非负性）；

(2) $P(S)=1$（规范性）；

(3) 若 $A_1,A_2,\cdots,A_n,\cdots$ 是两两互斥的事件，有 $P(\bigcup\limits_{i=1}^{\infty} A_i)=\sum\limits_{i=1}^{\infty}P(A_i)$（可列可加性）；则称 $P(A)$ 为事件 A 的**概率**（或称**概率的公理化定义**）.

可以说，概率论的理论方法都是建立在概率的公理化定义基础之上的.

6.2.3　概率的性质

由概率的定义及事件之间的关系运算，可以得到概率的如下一些性质：

性质 1　$P(\Phi)=0$.

性质 2（有限可加性）　若事件 $A_1,A_2,\cdots,A_n$ 两两互斥，则

$$P(A_1\cup A_2\cup\cdots\cup A_n)=P(A_1)+P(A_2)+\cdots+P(A_n).$$

性质 3　设 A,B 是两个事件，若 $A\supset B$，则 $P(A-B)=P(A)-P(B)$.

证明　因为 $A=B+(A-B)$，且 B 和 $A-B$ 互斥，所以 $P(A)=P(B)+P(A-B)$，由此得 $P(A-B)=P(A)-P(B)$.

推论　对于任意两个事件 A,B，有

$$P(A-B)=P(A)-P(AB).$$

性质 4　对任一事件 A，有 $P(\overline{A})=1-P(A)$.

证明　因为 A 和 $\overline{A}$ 互逆，所以 $P(S)=P(A+\overline{A})=P(A)+P(\overline{A})=1$，由此得 $P(\overline{A})=1-P(A)$.

性质 5（加法公式）　对于任意两个事件 A,B，有

$$P(A\cup B)=P(A)+P(B)-P(AB).$$

证明　因为 $A\cup B=A+(B-AB)$，且 A 和 $B-AB$ 互斥，所以

$$P(A\cup B)=P(A)+P(B-AB)=P(A)+P(B)-P(AB).$$

性质 5 可推广到有限多个事件的情形. 例如，设 A_1,A_2,A_3 为任三个事件，则有

$$P(A_1\cup A_2\cup A_3)=P(A_1)+P(A_2)+P(A_3)-P(A_1A_2)-P(A_2A_3)-P(A_1A_3)+P(A_1A_2A_3).$$

一般地，对任意 n 个事件 $A_1,A_2,\cdots,A_n$，有

$$P(A_1\cup A_2\cup\cdots\cup A_n)=\sum_{i=1}^{n}P(A_i)-\sum_{1\leqslant i<j\leqslant n}P(A_iA_j)+\sum_{1\leqslant i<j\leqslant n}P(A_iA_jA_k)+\cdots+(-1)^{n-1}P(A_1A_2\cdots A_n).$$

例 1 设 A,B 是两个事件，且 $P(A)=0.25, P(B)=0.5, P(AB)=0.125$. 求：(1) $P(A\overline{B})$；(2) $P(A\cup B)$；(3) $P(\overline{A}\,\overline{B})$；(4) $P(\overline{AB})$.

解 (1) $P(A\overline{B})=P(A-B)=P(A-AB)=P(A)-P(AB)=0.125$.

(2) $P(A\cup B)=P(A)+P(B)-P(AB)=0.625$.

(3) $P(\overline{A}\,\overline{B})=P(\overline{A\cup B})=1-P(A\cup B)=0.375$.

(4) $P(\overline{AB})=1-P(AB)=0.875$.

6.2.4 古典概型

定义 4 若随机试验满足以下两个特征：(1)试验的样本空间只含有限个样本点，即 $S=\{e_1,e_2,\cdots,e_n\}$；(2)试验中每个样本点出现的可能性相同，即 $P(\{e_1\})=P(\{e_2\})=\cdots=P(\{e_n\})$.
具有上述两个特征的试验称为**古典概型**(或称**等可能概型**).

设试验 E 是古典概型，由于样本点之间两两互斥，因此

$$1=P(S)=P(\bigcup_{i=1}^{n}\{e_i\})=\sum_{i=1}^{n}P\{e_i\}=nP\{e_i\},$$

从而，
$$P\{e_i\}=\frac{1}{n}\quad(i=1,2,\cdots,n).$$

若事件 A 含有 k 个基本事件，即 $A=\{e_{i_1}\}\cup\{e_{i_2}\}\cup\cdots\cup\{e_{i_k}\}$，这里 $i_1,i_2,\cdots,i_k$ 是 $1,2,\cdots,n$ 中某 k 个不同的数，则有

$$P(A)=\sum_{j=1}^{k}P(\{e_{i_j}\})=\frac{k}{n}=\frac{A\text{ 包含的样本点数}}{S\text{ 包含的样本点总数}}.$$

古典概型是概率论初期研究的主要对象，它概括了很多实际的随机现象问题，在概率论中具有很重要的作用. 不难验证，古典概型满足概率公理化定义中所要求的三个性质. 在运用古典概型计算事件概率的时候，经常会涉及排列和组合的相关知识.

(1) **加法原理**：设完成一件事共有 m 种方式，其中第一种方式有 n_1 种方法，第二种方式有 n_2 种方法，……，第 m 种方式有 n_m 种方法，无论通过哪种方法都可以完成这件事，则完成这件事总共有 $n_1+n_2+\cdots+n_m$ 种方法.

(2) **乘法原理**：设完成一件事共有 m 个步骤，其中第一个步骤有 n_1 种方法，第二个步骤有 n_2 种方法，……，第 m 个步骤有 n_m 种方法，完成该件事必须通过每一步骤才算完成，则完成这件事总共有 $n_1\times n_2\times\cdots\times n_m$ 种方法.

(3) **排列公式**：从 n 个不同的元素中任取 k 个不同元素的排列总数为

$$\mathrm{A}_n^k=n(n-1)(n-2)\cdots(n-k+1)=\frac{n!}{(n-k)!}.$$

从 n 个不同的元素中有放回的任取 $k(k\leqslant n)$ 个元素的排列总数为 n^k.

(4) **组合公式**：从 n 个不同的元素中任取 k 个不同元素的组合总数为

$$C_n^k=\frac{A_n^k}{k!}=\frac{n!}{(n-k)!\ k!}.$$

例 2　将一枚硬币抛掷三次，观察正面 H 和反面 T 出现的情况.

(1) 设事件 A_1 为"恰有一次出现正面"，求 $P(A_1)$；

(2) 设事件 A_2 为"第一次出现正面"，求 $P(A_2)$；

(3) 设事件 A_3 为"至少有一次出现正面"，求 $P(A_3)$.

解　S 中包含有限个样本点，且每个样本点出现的可能性相同，属于古典概型.

样本空间 $S=\{HHH,HHT,HTH,THH,HTT,THT,TTH,TTT\}$，$n=8$.

(1) 由于 $A_1=\{HTT,THT,TTH\}$，所以 $P(A_1)=\frac{3}{8}$.

(2) 由于 $A_2=\{HHH,HHT,HTH,HTT\}$，所以 $P(A_2)=\frac{4}{8}=\frac{1}{2}$.

(3) 由于 $A_3=\{HHH,HHT,HTH,THH,HTT,THT,TTH\}$，所以 $P(A_3)=\frac{7}{8}$；

或由于 $\overline{A}_3=\{TTT\}$，所以 $P(A_3)=1-P(\overline{A}_3)=1-\frac{1}{8}=\frac{7}{8}$.

例 3　设袋中装有 5 个黑球 3 个白球，现分别按下列三种不同方式抽取其中 2 个球：

(1) 第一次取 1 个球不放回袋中，第二次从剩余的球中再取 1 个球(不放回抽取)；

(2) 第一次取 1 个球观察其颜色后放回袋中，第二次从袋中再取 1 个球(有放回抽取)；

(3) 一次性任取袋中 2 个球.

设 $A=$"所取 2 个球均为黑球"，求 $P(A)$.

解　(1) 不放回地抽取方式是元素不可以重复的排列问题.

8 个球中不放回地抽取 2 个球的所有抽法为 $A_8^2=8\times7=56$，事件 A 包含的抽法为 $A_5^2=5\times4=20$，所以 $P(A)=\frac{A_5^2}{A_8^2}=\frac{20}{56}=\frac{5}{14}$.

(2) 有放回地抽取方式是元素可以重复的排列问题.

8 个球中有放回地抽取 2 个球的所有抽法为 $8^2=64$，事件 A 包含的抽法为 $5^2=25$，所以 $P(A)=\frac{5^2}{8^2}=\frac{25}{64}$.

(3) 一次性任取方式是组合问题.

8 个球中一次性任取 2 个球的所有抽法为 $C_8^2=28$，事件 A 包含的抽法为 $C_5^2=10$，所以 $P(A)=\frac{C_5^2}{C_8^2}=\frac{10}{28}=\frac{5}{14}$.

例 4 设在箱中装有 100 个产品，其中有 3 个次品，现从这箱产品中任意抽取 5 个产品：

(1) 设事件 A_1 为"恰有一个次品"，求 $P(A_1)$；

(2) 设事件 A_2 为"没有次品"，求 $P(A_2)$；

(3) 设事件 A_3 为"至少有一个次品"，求 $P(A_3)$；

(4) 设事件 A_4 为"至多有一个次品"，求 $P(A_4)$.

解 100 件产品中任意抽取 5 个产品的所有抽法为 C_{100}^5.

(1) 由于事件 A_1 包含的抽法为 $C_3^1C_{97}^4$，所以 $P(A_1)=\dfrac{C_3^1C_{97}^4}{C_{100}^5}=0.138$.

(2) 由于事件 A_2 包含的抽法为 C_{97}^5，所以 $P(A_2)=\dfrac{C_{97}^5}{C_{100}^5}=0.856$.

(3) 由于事件 A_3 包含的抽法为 $C_3^1C_{97}^4+C_3^2C_{97}^3+C_3^3C_{97}^2$，所以

$$P(A_3)=\frac{C_3^1C_{97}^4}{C_{100}^5}+\frac{C_3^2C_{97}^3}{C_{100}^5}+\frac{C_3^3C_{97}^2}{C_{100}^5}=0.144;$$

本题还可以利用逆事件的概率解，由于事件 A_2 和事件 A_3 是互逆事件，所以 $P(A_3)=1-P(A_2)=0.144$.

(4) 由于事件 A_4 包含的抽法为 $C_3^1C_{97}^4+C_{97}^5$，所以 $P(A_4)=\dfrac{C_3^1C_{97}^4}{C_{100}^5}+\dfrac{C_{97}^5}{C_{100}^5}=0.994$.

例 5 将 n 个球随机地放入 $N(N\geqslant n)$ 个盒子中，试求每一个盒子至多 1 个球的概率.

解 设 $A=$"每一个盒子中至多 1 个球".

将 n 个球放入 N 个盒子中，每 1 个球都可以放入 N 个盒子中的任何一个盒子，所以共有 $N\cdot N\cdot\cdots\cdot N=N^n$ 种不同放法，而每一个盒子至多放入 1 个球的不同放入方法共有 $N(N-1)\cdots[N-(n-1)]=A_N^n$ 种，所以 $P(A)=\dfrac{A_N^n}{N^n}$.

在现实生活中有很多实际问题和本例具有相同的数学模型. 例如：假设每个人的生日在一年 365 天中的任一天是等可能的，那么随机选取 $n(n\leqslant 365)$ 个人，则他们的生日各不相同的概率为 $\dfrac{365\cdot 364\cdot\cdots\cdot(365-n+1)}{365^n}$. 因此，$n$ 个人中至少有两人生日相同的概率为

$$p=1-\frac{365\cdot 364\cdot\cdots\cdot(365-n+1)}{365^n}.$$

经计算，当 $n=20$ 时，$p=0.411$；当 $n=30$ 时，$p=0.706$；当 $n=50$ 时，$p=0.970$；当 $n=64$ 时，$p=0.997$；当 $n=100$ 时，$p=0.999$. 可以看出，在 50 人左右的部门里，至少有两人生日相同的事件概率与 1 相差无几，如作调查的话，是很大可能会出现的.

例 6 从 1～2 000 整数中任取一个数，试求取到的整数既不能被 6 整除，又不

能被 8 整除的概率.

解　设 A="取到的数能被 6 整除",B="取到的数能被 8 整除",C="取到的数既不能被 6 整除,也不能被 8 整除",则有 $C=\overline{A}\,\overline{B}$.

且 $P(C)=P(\overline{A}\,\overline{B})=P(\overline{A\cup B})=1-P(A\cup B)=1-[P(A)+P(B)-P(AB)]$.

由于 $333<\dfrac{2\,000}{6}<334$,因此,$P(A)=\dfrac{333}{2\,000}$.

同理,$\dfrac{2\,000}{8}=250$,可得 $P(B)=\dfrac{250}{2\,000}$.

由于 $83<\dfrac{2\,000}{24}<84$,得到 $P(AB)=\dfrac{83}{2\,000}$.

所以,$P(C)=1-[P(A)+P(B)-P(AB)]=1-\left(\dfrac{333}{2\,000}+\dfrac{250}{2\,000}-\dfrac{83}{100}\right)=0.75$.

6.2.5　几何概型

古典概型是关于随机试验的结果为有限个,且每个结果等可能出现的概率模型,对于试验结果是无限多个的情形,古典概型就不适用了.为此,现将古典概型中的结果有限性推广到无限性,而保留等可能性,就得到几何概型.

定义 5　设随机试验的样本空间是一个有限区域 S(一维线段、二维有界平面或三维有界空间),若样本点落在 S 内任何区域 A 中的概率只与 A 的度量(长度、面积或体积)成正比,而与 A 的位置形状无关,则样本点落在事件 A 中的概率为 $P(A)=\dfrac{A\text{ 的度量}}{S\text{ 的度量}}$,具有上述特征的试验称为**几何概型**.

几何概型适用于具有无限多个样本点且每个样本点等可能出现的随机现象,它同样满足概率公理化定义中所要求的三个性质.

例 7　甲乙两人约定于下午 14:00 到 15:00 之间在某地会面.假定两人在这段时间内的每一时刻到达会面地点的可能性是相同的,且事先约定先到的人要等候另一人 20 分钟后方可离开,试求两人能会面的概率.

解　设甲乙二人到达约定地点的时刻分别为 X 及 Y,则样本空间 $S=\{(X,Y)\mid 0\leqslant X\leqslant 60,0\leqslant Y\leqslant 60\}$,其中每一个$(X,Y)$表示一个样本点,且等可能落在正方形 S 内,属于几何概型.

又 A="甲乙二人能见面"$\Leftrightarrow A=\{(X,Y)\mid |X-Y|<20\}$,如图 6-7 所示.

因此,$P(A)=\dfrac{A\text{的面积}}{S\text{的面积}}=\dfrac{60^2-(60-20)^2}{60^2}=\dfrac{5}{9}$.

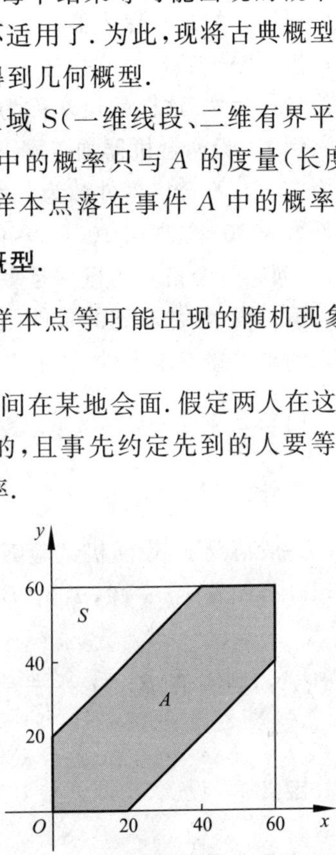

图　6-7

例 8　从区间(0,1)内任取两个数,求其积小于$\frac{1}{4}$的概率.

解 设任取的两个数分别为X及Y,则样本空间$S=\{(X,Y)\mid 0<X<1,0<Y<1\}$,其中每一个$(X,Y)$表示一个样本点,且等可能落在正方形$S$内,属于几何概型.

又$A=$"X和Y乘积小于$\frac{1}{4}$"$\Leftrightarrow A=\left\{(X,Y)\,\middle|\,XY<\frac{1}{4}\right\}$,因此,$P(A)=\frac{A\text{的面积}}{S\text{的面积}}=\frac{\int_{\frac{1}{4}}^{1}\frac{1}{4x}\mathrm{d}x+\frac{1}{4}}{1^2}=\frac{1}{2}\ln 2+\frac{1}{4}$.

§6.3 条件概率与事件的独立性

6.3.1 条件概率

随机现象中很多事件之间是相互联系和相互制约的,在实际问题中,常常会遇到计算一个事件已发生的条件下,另一个事件发生的概率.例如:对于人寿保险,保险公司关心的是参保人群在已经活到某个年龄的条件下在未来若干年内死亡的概率;对于信号传输,人们往往关心的是在接收到某个信号的条件下再接收到的仍是该信号的概率.这样的概率称为**条件概率**.

例1 设两台机器加工同一种零件共100个,其中第一台机器加工的合格零件数为35个,不合格零件数为5个,第二台机器加工的合格零件数为50个,不合格零件数为10个.现从100个零件中任取1个,若已知取到的是第一台机器加工的零件,问它是合格品的概率是多少.

解 设$A=$"取到的零件是第一台机器加工",$B=$"取到的零件是合格品",则所求的事件概率是事件A已经发生的条件下,事件B发生的概率,记作$P(B|A)$.

由题意知,$P(B|A)=\frac{35}{40}=0.875$.

另外,$P(B)=\frac{85}{100}=0.85$,显然,$P(B|A)\neq P(B)$.

一般情况下,设随机试验E,A、B是E中的两个事件,现将E独立重复进行n次,其中,A发生n_A次,n_A中B发生n_{AB}次,记A发生的条件下B发生的概率为$P(B|A)$,则有$P(B|A)=\frac{n_{AB}}{n_A}=\frac{\frac{n_{AB}}{n}}{\frac{n_A}{n}}=\frac{P(AB)}{P(A)}$.依此,可得到事件条件概率的定义.

定义1 设A、B是试验E中的两个事件,且$P(A)>0$,则称$\frac{P(AB)}{P(A)}$为**事件A发生的条件下事件B发生的概率**,记作$P(B|A)$,即$P(B|A)=\frac{P(AB)}{P(A)}$.

由条件概率的定义可以证明它满足概率公理化定义中所要求的三个性质：

(1) $0\leqslant P(B|A)\leqslant 1$(非负性)；

(2) $P(S|A)=1$(规范性)；

(3) 若 $B_1,B_2,\cdots,B_n,\cdots$ 是两两互斥的事件，则有 $P(\bigcup\limits_{i=1}^{\infty}B_i|A)=\sum\limits_{i=1}^{\infty}P(B_i|A)$ (可列可加性).

在实际问题中，可根据具体情况选用下列两种方法之一来计算条件概率：

(1) 在缩减后的样本空间 S_A 中计算 $P(B|A)$；

(2) 在原来的样本空间 S 中，直接由定义计算 $P(B|A)$.

例 2　设一袋中有 10 个球，其中 3 个黑球，7 个白球，现依次从袋中不放回取两球.

(1) 已知第一次取出的是黑球，求第二次取出的仍是黑球的概率；

(2) 已知第二次取出的是黑球，求第一次取出的也是黑球的概率.

解　(1) 缩减样本空间法.

设 A_i="第 i 次取到黑球"$(i=1,2)$，则 $P(A_2|A_1)=\dfrac{A_2^1}{A_9^1}=\dfrac{2}{9}$.

(2) 直接定义法.

由条件概率定义有，　$P(A_1|A_2)=\dfrac{P(A_1A_2)}{P(A_2)}$,

其中，$P(A_1A_2)=\dfrac{A_3^2}{A_{10}^2}=\dfrac{3\times 2}{10\times 9}=\dfrac{1}{15}$.

又因为 $A_2=A_1A_2\cup\overline{A}_1A_2$，所以，

$$P(A_2)=P(A_1A_2)+P(\overline{A}_1A_2)=\frac{A_3^2}{A_{10}^2}+\frac{A_7^1A_3^1}{A_{10}^2}=\frac{3\times 2}{10\times 9}+\frac{7\times 3}{10\times 9}=\frac{3}{10},$$

因此

$$P(A_1|A_2)=\frac{P(A_1A_2)}{P(A_2)}=\frac{2}{9}.$$

例 3　已知某种设备能使用 10 年的概率为 0.8，能使用 15 年的概率为 0.4，试求现已经使用 10 年的设备能继续使用 5 年和不能使用 5 年的概率.

解　设 A="设备能工作 10 年以上"，B="设备能工作 15 年以上"，则已使用 10 年的设备能继续使用 5 年的事件概率

$$P(B|A)=\frac{P(AB)}{P(A)}=\frac{0.4}{0.8}=\frac{1}{2},$$

已使用 10 年但不能继续再使用 5 年的事件概率

$$P(\overline{B}|A)=1-P(B|A)=1-\frac{1}{2}=\frac{1}{2}.$$

6.3.2　乘法公式

由条件概率定义可以直接得到下述乘法公式：

乘法公式:设 $P(A)>0$,则有 $P(AB)=P(A)P(B|A)$.

由对称性,设 $P(B)>0$,则有 $P(AB)=P(B)P(B|A)$.

乘法公式可适用于计算事件之间的积事件的概率,它表明两个事件同时发生的概率等于其中一个事件发生的概率与另一事件在前一事件已发生条件下概率的乘积.

由归纳法可以证明,上述乘法公式可推广到有限多个事件的积事件的情况:

设 A,B,C 为三个事件,且 $P(AB)>0$,则有

$$P(ABC)=P(A)P(B|A)P(C|AB);$$

设 $A_1A_2\cdots A_n$ 为 n 个事件,且 $P(A_1A_2\cdots A_{n-1})>0$,则有

$$P(A_1A_2\cdots A_n)=P(A_1)P(A_2|A_1)P(A_3|A_1A_2)\cdots P(A_n|A_1A_2\cdots A_{n-1}).$$

例 4 将 6 个球(其中 3 个白球,3 个红球)随机地放入 3 个盒子中,使得每个盒子均被放入 2 个球,试求每个盒子正好被放入一个红球和一个白球的概率.

解 设A_i="第 i 个盒子正好被放入 1 个红球和 1 个白球"($i=1,2,3$),

B="每个盒子正好被放入 1 个红球和 1 个白球",则 $B=A_1A_2A_3$,因此

$$P(B)=P(A_1A_2A_3)=P(A_1)P(A_2|A_1)P(A_3|A_1A_2)$$
$$=\frac{C_3^1C_3^1}{C_6^2}\cdot\frac{C_2^1C_2^1}{C_4^2}\cdot\frac{C_1^1C_1^1}{C_2^2}=\frac{9}{15}\cdot\frac{4}{6}\cdot\frac{1}{1}=\frac{2}{5}.$$

例 5 现对次品率为 4%的 100 件产品进行不放回抽样检查,该批产品被拒收的标准是在被检查的 4 件产品中至少有 1 件次品,试求该批产品被拒收的概率.

解 设A_i="第 i 件被抽查的产品为合格品"($i=1,2,3,4$),

B="该批产品被拒收",

则

$$P(B)=P(\overline{A_1A_2A_3A_4})=1-P(A_1A_2A_3A_4)$$
$$=1-P(A_1)P(A_2|A_1)P(A_3|A_1A_2)P(A_4|A_1A_2A_3)$$
$$=1-\frac{96}{100}\cdot\frac{95}{99}\cdot\frac{94}{98}\cdot\frac{93}{97}\approx 0.152.$$

6.3.3 事件的独立性

设 A,B 是试验 E 中的两个事件,条件概率 $P(B|A)$ 反映了事件 A 发生对事件 B 发生的影响,一般情况下,$P(B|A)\neq P(B)$. 但如果 $P(B|A)=P(B)$,则表明事件 A 的发生对事件 B 发生的概率是没有影响的,这种情形下称事件 A 和事件 B 之间是相互独立的. 此时,乘法公式简化为 $P(AB)=P(A)P(B|A)=P(A)P(B)$. 依此可以给出两个事件之间相互独立的概念.

定义 2 设 A,B 是两个事件,如果 $P(AB)=P(A)P(B)$,则称**事件 A,B 相互独立**.

由事件独立的定义知,样本空间 S 和不可能事件 Φ 与其他任何事件之间都是相互独立.

另外，事件互逆与事件相互独立是两个不同的概念，前者表述在一次试验中两个事件是不能同时发生，而后者反映在一次试验中某一事件是否发生与另一事件是否发生是相互没有影响的.

定理　若事件 A、B 相互独立，则 A 与 $\overline{B}$、$\overline{A}$ 与 B、$\overline{A}$ 与 $\overline{B}$ 也分别相互独立.

证明　只证 A 与 $\overline{B}$ 相互独立的情况，其他情形证明类似.

因为
$$\begin{aligned}P(A\overline{B})&=P(A-B)=P(A-AB)=P(A)-P(AB)\\&=P(A)-P(A)P(B)=P(A)[1-P(B)]=P(A)P(\overline{B}),\end{aligned}$$

所以 A 与 $\overline{B}$ 相互独立.

在实际应用中，事件的独立性往往是根据实际意义来加以判断的，如果判定事件之间发生相互没有影响或影响甚微时，则可以直接应用事件相互独立定义中的公式进行化简计算. 例如：在抽取试验中，有放回抽取方式下事件是相互独立的，而无放回抽取方式下事件是非独立的.

例 6　设甲乙二人向同一目标独立地进行射击，甲击中目标的概率为 0.9，乙击中目标的概率为 0.8. 试计算：(1) 目标被击中的概率；(2) 恰有一人击中目标的概率.

解　设 A=“甲击中目标”，B=“乙击中目标”.

(1) 所求事件为 $A\cup B$，由概率性质有
$$\begin{aligned}P(A\cup B)&=P(A)+P(B)-P(AB)=P(A)+P(B)-P(A)P(B)\\&=0.9+0.8-0.9\times0.8=0.98.\end{aligned}$$

或
$$\begin{aligned}P(A\cup B)&=1-P(\overline{A\cup B})==1-P(\overline{A}\overline{B})=1-P(\overline{A})P(\overline{B})\\&=1-(1-0.9)\times(1-0.8)=0.98.\end{aligned}$$

(2) 所求事件为 $A\overline{B}\cup\overline{A}B$，则有
$$\begin{aligned}P(A\overline{B}\cup\overline{A}B)&=P(A\overline{B})+P(\overline{A}B)=P(A)P(\overline{B})+P(\overline{A})P(B)\\&=0.9\times0.2+0.1\times0.8=0.26.\end{aligned}$$

事件独立性的定义可推广到有限多个事件的情况.

定义 3　设 $A_1,A_2,\cdots,A_n$ 是 n 个事件，若对于其中任意 $r(2\leqslant r\leqslant n)$ 个事件乘积的概率都等于它们概率的乘积，则称这 n 个事件**相互独立**.

注：(1) 定义 3 中包含的概率相等的等式个数为：
$$C_n^2+C_n^3+\cdots+C_n^n=2^n-1-C_n^1=2^n-1-n.$$

(2) 若 n 个事件相互独立，则其中任意 r 个事件也相互独立；但 n 个事件两两独立，则不能推出这 n 个事件也相互独立.

例 7　将一枚硬币抛掷两次，设 A 表示“第一次出现正面 H”，B 表示“第二次出现正面 H”，C 表示“两次出现同一面”. 试验证 A 和 B、B 和 C、C 和 A 分别两两独立，但 A、B、C 不是相互独立.

解 样本空间 $S=\{HH,HT,TH,TT\}$,可以求出以下事件概率为

$$P(A)=P(B)=P(C)=\frac{1}{2},P(AB)=\frac{1}{4},$$

$$P(BC)=P(CA)=\frac{1}{2}\times\frac{1}{2}=\frac{1}{4},P(ABC)=\frac{1}{2}\times\frac{1}{2}=\frac{1}{4},$$

则有 $P(AB)=P(A)P(B),P(AC)=P(A)P(C),P(BC)=P(B)P(C)$,因此,$A$ 和 B、B 和 C、C 和 A 分别两两独立.

但是 $$P(ABC)\neq P(A)P(B)P(C),$$

所以,A、B、C 不是相互独立.

例 8 在图 6-8 所示的开关电路中,4 个开关的开或关的概率均等于$\frac{1}{2}$,求电路中灯亮的概率.

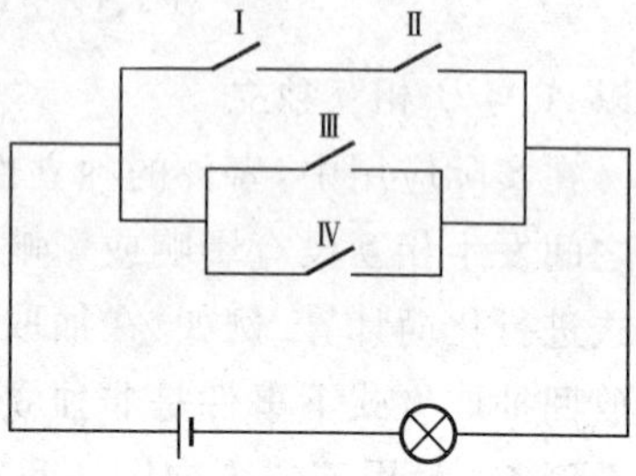

图 6-8

解 设 A_1,A_2,A_3,A_4 分别表示开关Ⅰ,Ⅱ,Ⅲ,Ⅳ关闭,B=“灯亮”,则 $B=A_1A_2\cup A_3\cup A_4$,因此

$$P(B)=P(A_1A_2\cup A_3\cup A_4)=1-P(\overline{A_1A_2})P(\overline{A}_3)P(\overline{A}_4)$$

$$=1-[1-P(A_1A_2)]P(\overline{A}_3)P(\overline{A}_4)=1-\left[1-\left(\frac{1}{2}\right)^2\right]\cdot\frac{1}{2}\cdot\frac{1}{2}=\frac{13}{16}.$$

§6.4 全概率公式与贝叶斯公式

6.4.1 全概率公式

在很多随机问题中,经常需要把一个复杂事件表示成一些简单事件的关系式,然后通过简单事件的概率和有关性质间接地计算出复杂事件的概率.全概率公式就是把一个复杂事件的概率问题转化为在不同情况下发生的简单事件概率的求和问题的概率计算公式.

定义 设 S 是试验 E 的样本空间,若 E 的 n 个事件 $B_1,B_2,\cdots,B_n$ 满足:

(1) $B_iB_j=\Phi(i\neq j,i,j=1,2,\cdots,n)$;

(2) $B_1\cup B_2\cup\cdots\cup B_n=S$,

则称 $B_1,B_2,\cdots,B_n$ 为样本空间 S 的一个**划分**.

例 1 设某工厂有甲、乙、丙三台机器生产同一种产品,每台机器的产量分别占总产量的 25%、35%和 40%,它们的次品率分别为 5%、4%和 2%,现从工厂的所有产品中随机取一件,求抽取的产品为次品的概率.

解 设A=“抽取的产品为次品”,

B_i=“抽取的产品是 i 机器生产”(i=甲、乙、丙).

则 B_1,B_2,B_3 是样本空间的一个划分.

由于 $A=AS=A(B_1\cup B_2\cup B_3)=AB_1\cup AB_2\cup AB_3$,

因此
$$\begin{aligned}P(A)&=P(AB_1\cup AB_2\cup AB_3)=P(AB_1)+P(AB_2)+P(AB_3)\\&=P(B_1)P(A|B_1)+P(B_2)P(A|B_2)+P(B_3)P(A|B_3)\\&=0.25\times0.05+0.35\times0.04+0.4\times0.02=0.034\,5.\end{aligned}$$

将例 1 解法过程进行一般化推广,可以得到在一般情形下的全概率公式.

定理 1 设试验 E 的样本空间为 S,$B_1,B_2,\cdots,B_n$ 是 S 的一个划分,且每一 $P(B_i)>0$ $(i=1,2,\cdots,n)$,则对 E 中的任一事件 A,有 $P(A)=\sum_{i=1}^{n}P(A|B_i)P(B_i)$,称之为**全概率公式**.

全概率公式表明,若一个复杂事件 A 的概率 $P(A)$ 直接计算比较困难时,则可以通过构造一个划分 $B_1,B_2,\cdots,B_n$ 及计算 $P(B_i)$ 和 $P(A|B_i)$ 来确定 $P(A)$.

例 2 已知有两个信号甲与乙被传输到接收站,设接收站把信号甲错收为乙的概率为 0.02,把信号乙错收为甲的概率为 0.01,若甲发射的机会是乙的 2 倍,求接收站收到信号乙的概率.

解 设A=“收到信号乙”,

B_1=“甲发出信号”,B_2=“乙发出信号”.

则 B_1,B_2 是样本空间的一个划分.

由全概率公式有,
$$\begin{aligned}P(A)&=P(B_1)P(A|B_1)+P(B_2)P(A|B_2)\\&=\frac{2}{3}\times0.02+\frac{1}{3}\times0.99=\frac{103}{300}.\end{aligned}$$

例 3 设有七人轮流抓阄,抓一张参观票,问其中第二个人能抓到参观票的概率.

解 设A=“第二个人能抓到参观票”,

B_1=“第一个人抓到了参观票”,B_2=“第一个人未抓到参观票”.

则 B_1,B_2 是样本空间的一个划分.

由全概率公式有,
$$\begin{aligned}P(A)&=P(B_1)P(A|B_1)+P(B_2)P(A|B_2)\\&=\frac{1}{7}\times0+\frac{6}{7}\times\frac{1}{6}=\frac{1}{7}.\end{aligned}$$

从此例可以看出,第一个人和第二个人抓到参观票的概率一样,事实上,每个人抓到的概率都一样,这就是“**抓阄不分先后原理**”.

6.4.2 贝叶斯公式

在全概率公式条件下,若在试验中已经观察到一个事件发生,分析导致所观察到的事件发生的各种原因时,可以用贝叶斯公式分析解决.

定理 2 在全概率公式条件下,有

$$P(B_i|A)=\frac{P(A|B_i)P(B_i)}{\sum_{j=1}^{n}P(A|B_j)P(B_j)}\quad(i=1,2,\cdots,n),$$

上述公式称为**贝叶斯公式**.

证明 由条件概率公式、乘法公式及全概率公式有：

$$P(B_i|A)=\frac{P(AB_i)}{P(A)}=\frac{P(B_i)P(A|B_i)}{P(A)}=\frac{P(B_i)P(A|B_i)}{\sum_{j=1}^{n}P(B_j)P(A\mid B_j)}\quad(i=1,2,\cdots,n).$$

可以看出，贝叶斯公式与全概率公式是一个相反逆过程. 全概率公式是由“原因”求“结果”的过程，而贝叶斯公式则是由发生的“结果”求“原因”的逆过程.

例 4 在本节例 1 中，若抽到的产品是次品，试判定它是分别由甲、乙、丙三台机器生产的概率.

解 在例 1 的条件下，由贝叶斯公式分别有，

$$P(B_1|A)=\frac{P(B_1)P(A|B_1)}{P(A)}=\frac{0.25\times0.05}{0.034\,5}=0.362\,3,$$

$$P(B_2|A)=\frac{P(B_2)P(A|B_2)}{P(A)}=\frac{0.35\times0.04}{0.034\,5}=0.405\,8,$$

$$P(B_3|A)=\frac{P(B_3)P(A|B_3)}{P(A)}=\frac{0.40\times0.02}{0.034\,5}=0.231\,9.$$

可以看出，该次品是乙机器生产的概率最大.

类似地，在本节例 2 中，可以计算当接收站收到信号乙而发射的却是信号甲的概率为

$$P(B_1|A)=\frac{P(A|B_1)P(B_1)}{P(A)}=\frac{4}{103}.$$

例 5 已知某种疾病患病率为 0.005，根据以往记录，某个诊断该种疾病的试验具有如下结果，被诊断患有该疾病的人试验反应为阳性的概率为 0.95，被诊断不患有该疾病的人试验反应为阳性的概率为 0.06. 设在一次该种疾病普查中发现某人试验反应为阳性，问他确实患有该疾病的概率是多少.

解 设A=“试验反应为阳性”，

B=“此人患有该疾病”，$\overline{B}$=“此人不患有该疾病”.

根据题意知，$P(B)=0.005$，$P(\overline{B})=1-0.005=0.995$，

$$P(A|B)=0.95,P(A|\overline{B})=0.06.$$

由全概率公式有

$$P(A)=P(B)P(A|B)+P(\overline{B})P(A|\overline{B})=0.005\times0.95+0.995\times0.06.=0.644\,5.$$

再由贝叶斯公式，此人确实患有该疾病的概率为

$$P(B|A)=\frac{P(B)P(A|B)}{P(A)}=\frac{0.005\times0.95}{0.064\,45}=0.073\,7.$$

在全概率公式中，事件 B_i 的概率 $P(B_i)$ 在试验之前是已知的，称之为**先验概率**；如果已知事件 A 确已发生，再反过来考查 B_i 的概率 $P(B_i|A)$，它反映了在试验之后事件 A 发生的原因的各种可能性的大小，称之为**后验概率**. 由于结果是发生在试验之后，所以常常可以通过后验概率来作为先验概率的修正，这个原理在工程技术等领域有极大的实用价值.

习　题　6

1. 单项选择题：

(1) 设 A,B 为两个事件，若 $A\supset B$，则下列结论中(　　)恒成立.

A. A,B 互斥　　　　B. $A,\overline{B}$ 互斥

C. $\overline{A},B$ 互斥　　　　D. $\overline{A},\overline{B}$ 互斥

(2) 用 A 表示"甲产品畅销且乙产品滞销"，则 $\overline{A}$ 表示(　　).

A. "甲产品滞销或乙产品畅销"　　B. "甲、乙产品都畅销"

C. "甲产品滞销且乙产品畅销"　　D. "甲、乙产品都滞销"

(3) 设 A 与 B 是两个对立事件，且 $P(A)\neq 0,P(B)\neq 0$，则下列正确的是(　　).

A. $P(A)+P(B)=1$　　B. $P(AB)=1$

C. $P(AB)=P(A)P(B)$　　D. $P(A)=P(B)$

(4) 设 A,B 为两个互不相容的随机事件，则下列正确的是(　　).

A. $\overline{A}$ 与 $\overline{B}$ 互不相容　　B. $P(A)=1-P(B)$

C. $P(AB)=P(A)P(B)$　　D. $P(A\cup B)=P(A)+P(B)$

(5) 设 A,B 是任意两个事件，则 $P(A-B)=($　　$)$.

A. $P(A)-P(B)$　　B. $P(A)-P(B)+P(\overline{A}B)$

C. $P(A)-P(AB)$　　D. $P(A)+P(\overline{B})-P(AB)$

(6) 设 $P(A)=0.6,P(A\cup B)=0.84,P(\overline{B}|A)=0.4$，则 $P(B)=($　　$)$.

A. 0.60　　B. 0.36　　C. 0.24　　D. 0.48

(7) 设 $P(A)=0.8,P(B)=0.7,P(A|B)=0.8$，则下列结论正确的是(　　).

A. $B\supset A$　　B. $P(A\cup B)=P(A)+P(B)$

C. A 与 B 相互独立　　D. A 与 B 互逆

(8) 设 A,B 相互独立，且 $P(A)>0,P(B)>0$，则下列等式成立的是(　　).

A. $P(A\cup B)=P(A)+P(B)$　　B. $P(A\cup B)=1-P(\overline{A})P(\overline{B})$

C. $P(A\cup B)=P(A)P(B)$　　D. $P(A\cup B)=1$

2. 填空题：

(1) 在平整的桌面上随机抛骰子，观察出现的点数，设事件 A 表示"骰子的点

数是奇数”，则样本空间 $S=$__________，$A=$__________.

(2) 观察某呼叫台一个昼夜接到的呼叫次数，设事件 A 表示“一个昼夜接到的呼叫次数小于 2 次”，则样本空间 $S=$__________，$A=$__________.

(3) 设事件 A 与 B 互不相容，且 $P(A)=0.4$，$P(A\cup B)=0.7$，则 $P(\overline{B})=$__________.

(4) 设事件 A 与 B 相互独立，且 $P(A)=0.2$，$P(B)=0.4$，则 $P(A\cup B)=$__________，$P(A-B)=$__________.

(5) 设 $P(A)=\alpha$，$P(B)=0.3$，$P(\overline{A}\cup B)=0.7$，若 A，B 相互独立，则 $\alpha=$__________.

(6) 设在一个盒子中有 6 颗黑棋和 9 颗白棋，现从盒子中任取 2 颗，则这 2 颗棋不同色的概率为__________.

(7) 设一批产品由 45 件正品、5 件次品组成，现从中任取 3 件产品，则其中恰有 1 件次品的概率为__________.

(8) 设一个寝室住有 4 位同学，那么他们中至少有两人的生日在一星期内的同一天的概率为__________.

3. 设 A,B,C 为三个事件，用 A,B,C 的运算关系表示下列各事件：

(1) A,B,C 都发生；

(2) A,B,C 都不发生；

(3) A 发生，B 与 C 不发生；

(4) A,B,C 中至少有一个事件发生；

(5) A,B,C 中至少有两个事件发生；

(6) A,B,C 中恰有一个事件发生.

4. 若事件 A,B,C 满足等式 $A\cup C=B\cup C$，问 $A=B$ 是否成立. 若成立请证明；若不成立请举反例说明.

5. 将一枚骰子重复掷 n 次，求掷出的最大点数为 5 点的概率.

6. 从 0 到 9 这 10 个数字中不重复的任取 4 个数排成一行，求能排成一个四位奇数的概率.

7. 将 8 名乒乓球选手分为两组，每组 4 人，求甲、乙两位选手不在同一组的概率.

8. 现将 5 个相同的球放入位于一排的 8 个格子中，每格至多放一个球，求 3 个空格相连的概率.

9. 10 人中有一对夫妇，他们随意地坐在一张圆桌旁，求该对夫妇正好坐在一起的概率.

10. 某人有 n 把钥匙，设其中只有一把能开门. 现他逐个将它们去试开(抽样是无放回的). 证明：试开 k 次($k=1,2,\cdots,n$)才能把门打开的概率与 k 无关.

11. 一幢 10 层楼的楼房中的一架电梯，在底层登上 7 位乘客. 电梯在每一层都停，乘客从第二层起离开电梯．假设每位乘客在哪一层离开电梯是等可能的，求没有两位及两位以上乘客在同一层离开的概率．

12．将线段$[0,a]$任意折成三折，试求这三折线段能构成三角形的概率．

13．两艘轮船都要停靠在同一个泊位，它们可能在一昼夜的任意时刻到达，设两艘轮船停靠泊位的时间分别为 1 h 和 2 h，求有一艘轮船停靠泊位时需要等待一段时间的概率．

14．已知一个家庭中有三个小孩，且其中一个是女孩，求至少有一个男孩的概率(假设一个小孩是男孩或是女孩是等可能的)．

15．为了防止意外，在矿内同时设有两报警系统 A 与 B，每种系统单独使用时，其有效的概率系统 A 为 0.92，系统 B 为 0.93，在 A 失灵的条件下，B 有效的概率为 0.85，求：

(1) 发生意外时，这两个报警系统至少一个有效的概率；

(2) B 失灵的条件下，A 有效的概率．

16．证明：若三个事件 A、B、C 独立，则 $A\cup B$、AB 及 $A-B$ 都与 C 独立．

17．试举例说明由 $P(ABC)=P(A)P(B)P(C)$ 不能推出 $P(AB)=P(A)P(B)$ 一定成立．

18．设有两门高射炮，每一门击中目标的概率都是 0.6，求同时发射一发炮弹而击中飞机的概率．又若有一架敌机入侵领空，欲以 99%以上的概率击中它，问至少需要多少门高射炮．

19．如图 6-9 所示，设有 5 个独立工作的元件 1，2，3，4，5 按先串联再并联的方式连接，设元件的可靠性均为 p，试求系统的可靠性．

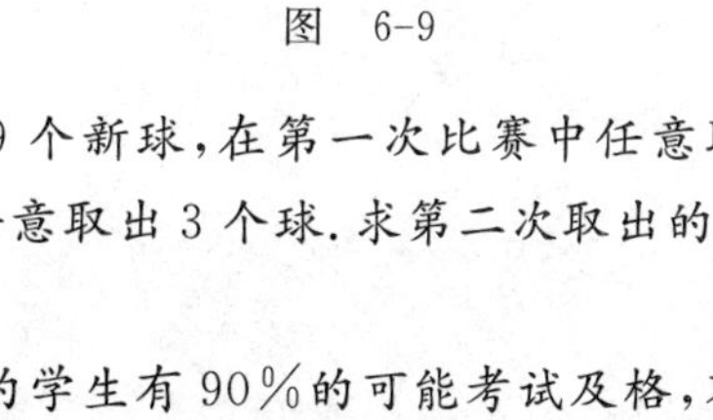

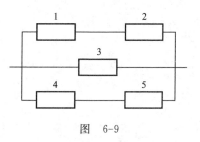

图　6-9

20．有人来访，他坐火车、汽车和飞机的概率分别为 0.4，0.5，0.1．若坐火车，迟到的概率是 0.1；若坐汽车，迟到的概率是 0.2；若坐飞机则不会迟到．求他迟到的概率．

21．在一个盒中装有 15 个乒乓球，其中有 9 个新球，在第一次比赛中任意取出 3 个球，比赛后放回原盒中；第二次比赛同样任意取出 3 个球．求第二次取出的 3 个球均为新球的概率．

22．按以往概率论考试结果分析，努力学习的学生有 90%的可能考试及格，不努力学习的学生有 90%的可能考试不及格，据调查，学生中有 80%的人是努力学习的．试问：考试及格的学生有多大可能是不努力学习的人？

23．某保险公司把被保险人分为三类："谨慎的""一般的""冒失的"．统计资料表明，上述三种人在一年内发生事故的概率依次为 0.05，0.15 和 0.30；如果"谨慎的"被保险人占 20%，"一般的"占 50%，"冒失的"占 30%，现知某被保险人在一年内出了事故，则他是"谨慎的"的概率是多少．

24. 两个箱子中都有 10 个球，其中第一箱中 4 个白球，6 个红球，第二箱中 6 个白球，4 个红球，现从第一箱中任取 2 个球放入第二箱中，再从第二箱中任取 1 个球.(1)求从第二箱中取的球为白球的概率；(2)若从第二箱中取的球为白球，求从第一箱中取的 2 个球都为白球的概率.

25. 设一批混合麦种中一、二、三、四等品分别占 94%，3%，2%，1%，其中四个等级的发芽率依次为 0.98，0.95，0.9，0.85.(1)求这批麦种的发芽率；(2)若取一粒能发芽，求它是二等品的概率.

第7章　一维随机变量及其分布

为了对随机现象的结果进行量化研究，引入随机变量，它是随机事件概念的推广.于是，对随机现象的研究可以更加直接深刻.本章将主要讨论一维随机变量及其分布.

§7.1　随机变量及其分布函数

7.1.1　随机变量

例1　在平整光滑的地面上掷一枚质地均匀的硬币3次.假设 H 表示正面朝上，T 表示反面朝上，X 表示正面朝上的次数，则可能出现的情况及其发生的概率如下：

ω	HHH	HHT	HTH	THH	HTT	THT	TTH	TTT
$X(\omega)$	3	2	2	2	1	1	1	0
$P(\omega)$	$\frac{1}{8}$	$\frac{1}{8}$	$\frac{1}{8}$	$\frac{1}{8}$	$\frac{1}{8}$	$\frac{1}{8}$	$\frac{1}{8}$	$\frac{1}{8}$

根据上述结果，可以把 X 看成建立在各种可能结果的基础上的一个实值函数，它可能的取值分别是0，1，2，3，即对每一个可能结果，有唯一的实数与之对应.同时，X 取某个值也不是一定的，而是依某个概率取这个值.由此，我们引入如下定义：

定义1　设随机试验 E 的样本空间为 $S=\{\omega\}$，对于任意的样本点 $\omega\in S$，有唯一的实数 $X=X(\omega)$ 与之对应，即 $X=X(\omega)$ 是定义在 S 上的实值单值函数，则称 $X=X(\omega)$ 为**随机变量**.

注：(1) 随机变量按照一定的概率取值.如例1中，$P\{X=0\}=\frac{1}{8}$，$P\{X=1\}=\frac{3}{8}$，$P\{X=2\}=\frac{3}{8}$，$P\{X=3\}=\frac{1}{8}$.

(2) 随机事件可以通过随机变量来表示.如在平整光滑的桌面上掷一枚骰子，X 表示骰子朝上一面的点数，则 X 是一个随机变量，它可能的取值是1，2，3，4，5，6，即 $S=\{1,2,3,4,5,6\}$；$\{X\leqslant 2\}$ 表示事件“骰子朝上一面的点数至多为2点”.

(3) 随机变量通常用大写字母 X,Y,Z 等表示，其取值一般用小写字母 x，y，z 等表示.

(4) 按照随机变量可能取值的情况，可以把它们分为两类：离散型随机变量和非离散型随机变量，而非离散型随机变量中最重要的是连续型随机变量. 因此，本章主要研究离散型及连续型随机变量.

(5) 若随机试验的结果 ω 本身就是一个实数，可令 $X=X(\omega)=\omega$，则 X 就是一个随机变量. 例如：电子元器件的寿命、市民热线一天之内接到的电话个数等都是随机变量. 若随机试验的结果 ω 不是一个实数，这时可根据需要设计随机变量. 请看下面的例子.

例 2 检查一个学生的概率期末成绩，只考虑成绩及格与否，则样本空间为 $S=\{$及格，不及格$\}$. 这时可设计一个随机变量 X 如下：

$$X=\begin{cases}1 & 当\ \omega=及格 \\ 0 & 当\ \omega=不及格\end{cases}.$$

7.1.2 分布函数

有时需要计算随机变量取某个值的概率，如 $P\{X=1\}$；有时需要计算随机变量在某个区间取值的概率，如 $P\{0<X\leqslant 2\}$. 因为 $P\{x_1<X\leqslant x_2\}=P\{X\leqslant x_2\}-P\{X\leqslant x_1\}$，所以，要计算随机变量在某个区间取值的概率，只需要知道形如事件 $\{X\leqslant x\}$ 的概率就可以了. 为此，引入随机变量的分布函数的概念.

定义 2 设 X 是一随机变量，x 是任意实数，函数

$$F(x)=P\{X\leqslant x\}$$

称为 X 的**累积分布函数**，简称**分布函数**.

注：(1) 分布函数的定义域是整个实数轴. 在几何上，它表示随机变量 X 的取值落在实数 x 左边的概率（见图 7-1）.

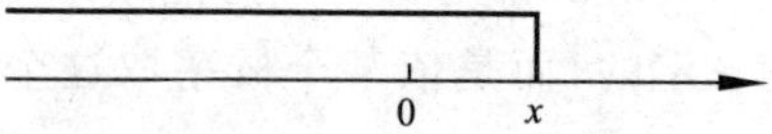

图 7-1

(2) 对于任意实数 x_1，$x_2(x_1<x_2)$，$P\{x_1<X\leqslant x_2\}=P\{X\leqslant x_2\}-P\{X\leqslant x_1\}=F(x_2)-F(x_1)$.

分布函数具有以下基本性质：

(1) 非负性：$0\leqslant F(x)\leqslant 1$，$x\in\mathbf{R}$；

(2) 单调不减性：对于任意实数 x_1，$x_2(x_1<x_2)$，$F(x_1)\leqslant F(x_2)$；

(3) 规范性：$F(-\infty)=\lim\limits_{x\to-\infty}F(x)=0$，$F(+\infty)=\lim\limits_{x\to+\infty}F(x)=1$；

(4) 右连续性：$F(x+0)=\lim\limits_{t\to x^+}F(t)=F(x)$，$x\in\mathbf{R}$.

注：性质(1)由概率的定义易得；对于任意实数 x_1，$x_2(x_1<x_2)$，$\{X\leqslant x_1\}\subset$

$\{X\leqslant x_2\}$，由概率的性质知 $P\{X\leqslant x_1\}\leqslant P\{X\leqslant x_2\}$，即 $F(x_1)\leqslant F(x_2)$，从而性质(2)成立；性质(3)可以从几何上加以说明，当 $x\to-\infty$ 时，区间 $(-\infty, x]$ 的长度趋于 0，随机变量 X 的取值落在实数 x 左边成为不可能事件，随机变量 X 的取值落在实数 x 左边的概率趋于 0，即 $F(-\infty)=0$；当 $x\to+\infty$ 时，区间 $(-\infty, x]$ 趋于 $(-\infty, +\infty)$，随机变量 X 的取值落在实数 x 左边成为必然事件，随机变量 X 的取值落在实数 x 左边的概率趋于 1，即 $F(+\infty)=1$.

例 3　设随机变量 X 的分布函数为 $F(x)=\begin{cases}a+be^{-x} & 当\ x>0\\ 0 & 当\ x\leqslant 0\end{cases}$. (1)求常数 a，b；(2)求 $P\{0<X\leqslant 1\}$.

解　(1) $1=F(+\infty)=\lim\limits_{x\to+\infty}F(x)=\lim\limits_{x\to+\infty}(a+be^{-x})=a$，即 $a=1$；又 $F(x)$ 在 $x=0$ 处右连续，即 $F(0+0)=\lim\limits_{x\to0^+}F(x)=a+b=F(0)=0$，$a+b=0$，从而 $b=-1$. 于是

$$F(x)=\begin{cases}1-e^{-x} & 当\ x>0,\\ 0 & 当\ x\leqslant 0.\end{cases}$$

(2) $P\{0<X\leqslant 1\}=F(1)-F(0)=1-e^{-1}$.

§7.2　离散型随机变量及其分布

7.2.1　离散型随机变量的分布律

定义 1　如果随机变量 X 可能的取值只有有限个或可列个，则称 X 为**离散型随机变量**.

例如：7.1 节例 1 中的随机变量 X 就是离散型随机变量.

定义 2　设离散型随机变量 X 所有可能的取值为 $x_k(k=1,2,\cdots)$，称 X 取各个值的概率 $P\{X=x_k\}=p_k(k=1,2,\cdots)$ 为 X 的**分布律**或**概率分布**.

定义 2 中的 p_k 应满足以下两个条件：(1)非负性：$p_k\geqslant 0, k=1,2,\cdots$；(2)正则性：$\sum\limits_{k=1}^{\infty}p_k=1$.

上述两个条件是判断某个实数列 $\{p_k\}(k=1,2,\cdots)$ 是否成为分布律的充要条件.

分布律可以直观地用如下列表形式给出：

X	x_1	x_2	$\cdots$	x_n	$\cdots$
p_k	p_1	p_2	$\cdots$	p_n	$\cdots$

或

$$X\sim\begin{pmatrix}x_1 & x_2 & \cdots & x_k & \cdots\\ p_1 & p_2 & \cdots & p_k & \cdots\end{pmatrix}.$$

了解清楚离散型随机变量的分布律之后，就可以计算离散型随机变量落在某个范围内的概率，也可以求出它的分布函数．一般地，离散型随机变量 X 的分布函数为

$$F(x)=\sum_{x_k\leqslant x}p_k,\ x\in\mathbf{R}.$$

这里和式是对所有满足 $x_k\leqslant x$ 的 k 求和．分布函数 $F(x)$ 在 $x=x_k(k=1,2,\cdots)$ 处有跳跃，其跳跃值为 $p_k=P\{X=x_k\}$．

例 1 已知 X 的分布律为 $P\{X=i\}=\dfrac{k}{3^i}(i=0,1,2)$，求：(1)常数 k；(2)分布函数 $F(x)$；(3)$P(0<X\leqslant 2)$．

解 (1)由分布律的基本性质知：$1=\sum\limits_{i=0}^{2}P\{X=i\}=\sum\limits_{i=0}^{2}\dfrac{k}{3^i}=\dfrac{13k}{9}$，故 $k=\dfrac{9}{13}$，从而 X 的分布律可列为：

X	0	1	2
p_k	9/13	3/13	1/13

(2)若 $x<0$，则 X 取不到任何值，$\{X\leqslant x\}$ 是不可能事件，$F(x)=0$；

若 $0\leqslant x<1$，则 X 只能取到 0，$\{X\leqslant x\}=\{X=0\}$，从而 $F(x)=P\{X=0\}=9/13$；

若 $1\leqslant x<2$，则 X 能取到 0，1，$\{X\leqslant x\}=\{X=0\}\cup\{X=1\}$，从而

$$F(x)=P\{X=0\}+P\{X=1\}=12/13;$$

若 $x\geqslant 2$，则 X 能取到 0，1，2，$\{X\leqslant x\}$ 是必然事件，从而 $F(x)=1$．

综合上述，X 的分布函数为

$$F(x)=\begin{cases}0 & \text{当 } x<0\\ \dfrac{9}{13} & \text{当 } 0\leqslant x<1\\ \dfrac{12}{13} & \text{当 } 1\leqslant x<2\\ 1 & x\geqslant 2\end{cases}.$$

(3)$P\{0<X\leqslant 2\}=F(2)-F(0)=1-\dfrac{9}{13}=\dfrac{4}{13}$．

例 2 汽车要经过两个红绿灯独立运行的十字路口，在每个十字路口遇到红灯的概率都是 0.2，遇到绿灯的概率都是 0.8，若 X 表示汽车遇到的红灯个数，求 X 的分布律．

解 由题意知，X 可能的取值为 0，1，2，设 A_i 表示事件“第 i 次遇到红灯”($i=1,2$)，由已知 $P(A_i)=0.2$，于是

$$P\{X=0\}=P(\overline{A}_1\overline{A}_2)=P(\overline{A}_1)P(\overline{A}_2)=0.64,$$

$$P\{X=1\}=P(A_1\overline{A_2}\cup\overline{A_1}A_2)=P(A_1)P(\overline{A_2})+P(\overline{A_1})P(A_2)=0.32,$$

$$P\{X=2\}=P(A_1A_2)=P(A_1)P(A_2)=0.04,$$

故所求分布律为：

X	0	1	2
p_k	0.64	0.32	0.04

7.2.2　常用离散型随机变量的分布律

下面介绍四种常用的离散型随机变量的分布.

1. 0—1 分布

设随机变量 X 只可能取 0 与 1 两个值，它的分布律是

$$P\{X=k\}=p^kq^{1-k},k=0,1(0<p<1,p+q=1),$$

则称 X 服从 0—1 分布或两点分布. 0—1 分布的分布律也可表示为：

X	0	1
p_k	q	p

对于一个随机试验，如果它的样本空间只包含两个元素，即 $S=\{\omega_1,\omega_2\}$，我们总能在 S 上定义一个服从 0—1 分布的随机变量

$$X=X(\omega)=\begin{cases}0 & 当\ \omega=\omega_1\\1 & 当\ \omega=\omega_2\end{cases}$$

来描述这个随机试验的结果. 例如：产品的质量是否合格、新生婴儿是男孩还是女孩以及"抛硬币出现正面还是反面等试验都可以用 0—1 分布的随机变量来描述.

2. 伯努利试验与二项分布

若试验 E 只有两个结果 A 或 $\overline{A}$，则称 E 为**伯努利试验**. 设 $P(A)=p$ $(0<p<1)$，此时 $P(\overline{A})=1-p$，将 E 独立重复地进行 n 次，则称其为 n **重伯努利试验**.

注：(1)每次试验只有两个结果 A 或 $\overline{A}$；

(2)"重复"是指在每次试验中 A 出现的概率 p 保持不变；

(3)"独立"是指各次试验的结果互不影响，即若以 C_i 记第 i 次试验的结果，C_i 为 A 或 $\overline{A}(i=1,2,\cdots,n)$，由独立性有 $P(C_1C_2\cdots C_n)=P(C_1)P(C_2)\cdots P(C_n)$.

以 X 表示 n 重伯努利试验中事件 A 出现的次数，它所有可能的取值为 $0,1,2,\cdots,n$，以 A_i 表示第 i 次试验中出现事件 A，以 $\overline{A_i}$ 表示第 i 次试验中出现事件 $\overline{A}$，则

$$\{X=k\}=A_1A_2\cdots A_k\overline{A}_{k+1}\cdots\overline{A}_n\cup\cdots\cup\overline{A}_1\overline{A}_2\cdots\overline{A}_{n-k}A_{n-k+1}\cdots A_n,$$

上式右边每一项表示某 k 次试验出现事件 A，另外 $n-k$ 次试验中出现 $\overline{A}$，共有 C_n^k 个这样的结果，而且两两互不相容. 由试验的独立性，得

$$P(A_1A_2\cdots A_k\overline{A}_{k+1}\cdots\overline{A}_n)=P(A_1)P(A_2)\cdots P(A_k)P(\overline{A}_{k+1})\cdots P(\overline{A}_n)=p^kq^{n-k},$$
$$q=1-p.$$

同理可得，右边各项所对应的概率均为 p^kq^{n-k}，利用概率的加法定理知

$$P\{X=k\}=C_n^kp^kq^{n-k},\ q=1-p,\ k=0,1,2,\cdots,n.$$

显然，$P\{X=k\}\geqslant 0$；$\sum_{k=0}^{n}P\{X=k\}=\sum_{k=0}^{n}C_n^kp^kq^{n-k}=(p+q)^n=1$，即 $P\{X=k\}$ 满足分布律的两个条件. 注意到 $C_n^kp^kq^{n-k}$ 刚好是二项式 $(p+q)^n$ 的展开式中出现 p^k 的那一项，故称随机变量 X 服从参数为 n,p 的**二项分布**，记为 $X\sim B(n,p)$.

例 3 经验表明在患某种疾病的人中有 30% 的人不治自愈. 现有一种新药，随机选 10 个患此病的病人服用新药，已知其中 9 人很快痊愈. 设各人自行痊愈与否相互独立. 试推断这些病人是自愈的，还是新药起了作用.

解 假设新药毫无作用，则一个病人痊愈的概率为 $p=0.3$，以 X 记 10 个病人中自愈的人数，则 $X\sim B(10,0.3)$，故 $P\{X=9\}=C_{10}^9(0.3)^9 0.7=0.000\ 138.9$ 人自愈的概率如此小，从概率意义上来讲这不可能发生，但实际上 9 人痊愈的情况已经发生了，这说明是新药起了作用.

3. 泊松分布

设随机变量 X 所有可能的取值为 0,1,2,…，而取各个值的概率为

$$P\{X=k\}=\frac{\lambda^k e^{-\lambda}}{k!},k=0,1,2,\cdots,$$

其中，$\lambda>0$ 是常数，则称 X 服从参数为 λ 的**泊松分布**，记为 $X\sim\pi(\lambda)$ 或 $P(\lambda)$.

显然，$P\{X=k\}\geqslant 0,k=1,2,\cdots$，且有 $\sum_{k=0}^{\infty}P\{X=k\}=e^{-\lambda}\sum_{k=0}^{\infty}\frac{\lambda^k}{k!}=e^{-\lambda}\cdot e^{\lambda}=1.$ 即 $P\{X=k\}$ 满足分布律的两个条件.

泊松分布最早是法国数学家 S. D. 泊松在 1837 年出版的关于概率论在诉讼、刑事审讯等方面应用的书中提出来的. 泊松分布常用于描述一定时间或区域内随机事件发生的次数，其参数 λ 表示单位时间（或单位面积、体积等）内随机事件的平均发生率.

服从或近似服从泊松分布的随机变量有：某时间间隔内 120 接到的电话个数、地铁站到达的乘客数、某地发生泥石流的次数、进入某超市的顾客数、放射性物质射出的粒子数、一页中的印刷错误数、显微镜下某区域的微生物数量、宇宙中单位体积内的星球个数等.

例 4 设某材料一页上的印刷错误服从参数 $\lambda=0.2$ 的泊松分布，求该页上至少有一处错误的概率.

解 设 X 表示一页上的印刷错误数，则 $P\{X\geqslant 1\}=1-P\{X=0\}=1-e^{-0.2}\approx 0.181\ 3$，即该页上至少有一处错误的概率为 0.181 3.

下面的定理给出了二项分布与泊松分布间的近似关系.

定理（泊松定理） 在 n 重伯努利试验中，事件 A 在每次试验中发生概率为 p_n

(注意这与实验的次数 n 有关),如果 $n\to\infty$ 时,$np_n\to\lambda(\lambda>0$ 为常数),则对任意给定的非负整数 k,有 $\lim\limits_{n\to\infty}C_n^k p_n^k(1-p_n)^{n-k}=\dfrac{\lambda^k}{k!}e^{-\lambda}$.

证明　略.

由于泊松定理是在 $np_n\to\lambda$ 条件下获得的,故在计算二项分布 $B(n,p)$ 时,当 n 很大,p 很小,而乘积 $\lambda=np$ 大小适中时,可以用泊松分布作近似,即

$$C_n^k p^k(1-p)^{n-k}\approx\frac{(np)^k}{k!}e^{-np},\quad k=0,1,2,\cdots.$$

例 5　某地有 100 人参加重疾险,每人在年初向保险公司交付保费 2 200 元,若在一年内投保人得相关重疾,则本人可从保险公司报销 7 万元医药费,已知该地区感染相关重疾的比率为 0.7%,求保险公司获利不少于 1 万元的概率.

解　设 X 为投保人中一年内感染相关重疾的人数,由题设知 $X\sim B(100,0.7\%)$,则该年保险公司收入为 $2\,200\cdot100-70\,000X=220\,000-70\,000X$ 元,所求概率为

$$P\{220\,000-70\,000X\geqslant10\,000\}=P\{X\leqslant3\}=\sum_{k=0}^{3}C_{100}^k(0.007)^k\cdot(0.993)^{100-k}$$

$$\approx\sum_{k=0}^{3}\frac{(100\times0.007)^k}{k!}e^{-100\times0.007}=0.994\,3,$$

即保险公司获利不少于 1 万元的概率为 0.994 3.

4. 几何分布

如果离散型随机变量 X 所有可能的取值为 $1,2,3,\cdots$,且取各个值的概率为

$$P\{X=k\}=(1-p)^{k-1}p,\quad k=1,2,3,\cdots,\ 0<p<1,$$

则称 X 服从参数为 p 的**几何分布**,记为 $X\sim G(p)$.

显然,$P\{X=k\}\geqslant0,k=1,2,\cdots$,且有 $\sum\limits_{k=1}^{\infty}P\{X=k\}=p\sum\limits_{k=1}^{\infty}(1-p)^{k-1}=\dfrac{p}{1-(1-p)}=1$.

几何分布在日常工作、生活中比较常见.例如,从一批次品率为 $p(0<p<1)$ 的产品中逐个地随机抽取产品进行检验,验后放回再抽取下一件,直到抽到次品为止,记检验的次数为 X,则 $X\sim G(p)$.

§7.3　连续型随机变量及其分布

7.3.1　连续型随机变量及其概率密度

定义 1　如果随机变量 X 的可能的取值充满某个区间,则称 X 为**连续型随机变量**.

例如:某个电子元器件的寿命 X 就是连续型随机变量.

定义 2 对于随机变量 X 的分布函数 $F(x)$，如果存在非负函数 $f(x)$，使对于任意实数 x，有

$$F(x)=\int_{-\infty}^{x} f(t)\mathrm{d}t,$$

则称 X 为**连续型随机变量**，其中，函数 $f(x)$ 称为 X 的**概率密度函数**，简称**概率密度**.

由定义知道，概率密度 $f(x)$ 具有以下性质：

(1) $f(x)\geqslant 0$；

(2) $\int_{-\infty}^{+\infty} f(x)\mathrm{d}x=F(+\infty)=1$；

(3) 对于任意实数 $a,b,a<b$，有 $P\{a<X\leqslant b\}=F(b)-F(a)=\int_a^b f(x)\mathrm{d}x$；

(4) 若 $f(x)$ 在点 x 处连续，则有 $F'(x)=f(x)$.

性质(1)和(2)是判断某个函数是否为概率密度的充要条件.

对于性质(3)，由定积分的几何意义知，X 落在 $(a,b]$ 上的概率等于区间 $(a,b]$ 上以曲线 $y=f(x)$ 为曲边的曲边梯形的面积.

在性质(3)的表达式中令 $a=b$，则 $P\{X=a\}=\int_a^a f(x)\mathrm{d}x=0$，即 X 在任一点 $x=a$ 处取值的概率为 0，从而 $P\{a<X\leqslant b\}=P\{a\leqslant X<b\}=P\{a\leqslant X\leqslant b\}=P\{a<X<b\}$.

由性质(4)，在 $f(x)$ 的连续点 x 处，对于 $\Delta x>0$，有

$$f(x)=F'(x)=\lim_{\Delta x\to 0^+}\frac{F(x+\Delta x)-F(x)}{\Delta x}=\lim_{\Delta x\to 0^+}\frac{P\{x<X\leqslant x+\Delta x\}}{\Delta x}.$$

上式表明概率密度 $f(x)$ 是 X 在区间 $(x,\ x+\Delta x)$ 上取值的概率与区间长度之比的极限，反映的是 X 在 x 处的概率分布密集程度. 如果把概率当作质量，则 $f(x)$ 可以理解为总质量为 1 的无穷长细杆上 x 点处的线密度，这就是称它为概率密度的原因.

例 1 设 X 的概率密度为

$$f(x)=\begin{cases} kx+1 & 当\ 1<x<3 \\ 0 & 其他 \end{cases}.$$

(1)求常数 k；(2)求 X 的分布函数 $F(x)$.

解 (1) 由 $\int_{-\infty}^{+\infty} f(x)\mathrm{d}x=1$，得 $1=\int_1^3(kx+1)\mathrm{d}x=4k+2$，解得 $k=-\frac{1}{4}$，即

$$f(x)=\begin{cases} -\frac{1}{4}x+1 & 当\ 1<x<3 \\ 0 & 其他 \end{cases}.$$

(2) 当 $x<1$ 时，$F(x)=\int_{-\infty}^{x} 0\mathrm{d}x=0$；

当 $1\leqslant x<3$ 时，$F(x)=\int_{-\infty}^{1}0\mathrm{d}x+\int_{1}^{x}\left(-\frac{1}{4}x+1\right)\mathrm{d}x=-\frac{1}{8}x^2+x-\frac{7}{8}$；

当 $x\geqslant 3$ 时，$F(x)=\int_{-\infty}^{1}0\mathrm{d}x+\int_{1}^{3}\left(-\frac{1}{4}x+1\right)\mathrm{d}x+\int_{3}^{x}0\mathrm{d}x=1$.

因此，X 的分布函数为

$$F(x)=\begin{cases}0 & \text{当 } x<1\\ -\frac{1}{8}x^2+x-\frac{7}{8} & \text{当 } 1\leqslant x<3.\\ 1 & \text{当 } x\geqslant 3\end{cases}$$

7.3.2　常用连续型随机变量的概率密度

下面介绍三种常用的连续型随机变量的分布.

1. 均匀分布

设随机变量 X 具有概率密度

$$f(x)=\begin{cases}\frac{1}{b-a} & \text{当 } a<x<b\\ 0 & \text{其他}\end{cases},$$

则称 X 在区间 (a,b) 上服从**均匀分布**，记为 $X\sim U(a,b)$. 易知 $f(x)\geqslant 0$，且 $\int_{-\infty}^{+\infty}f(x)\mathrm{d}x=1$.

X 的分布函数为

$$F(x)=\begin{cases}0 & \text{当 } x<a\\ \frac{x-a}{b-a} & \text{当 } a\leqslant x<b.\\ 1 & \text{当 } x\geqslant b\end{cases}$$

$f(x)$ 及 $F(x)$ 的图形分别如图 7-2 和图 7-3 所示.

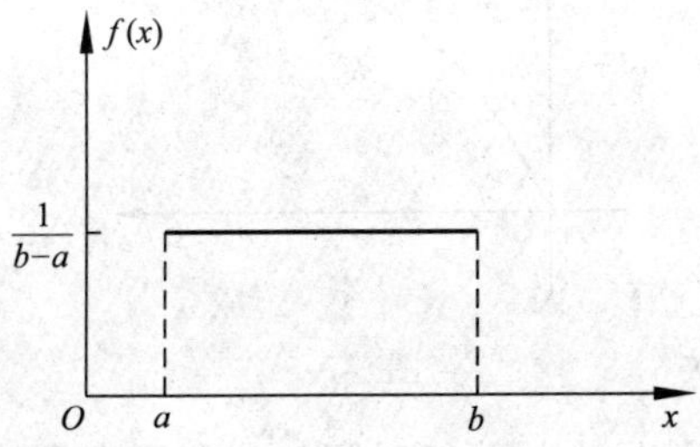

图　7-2

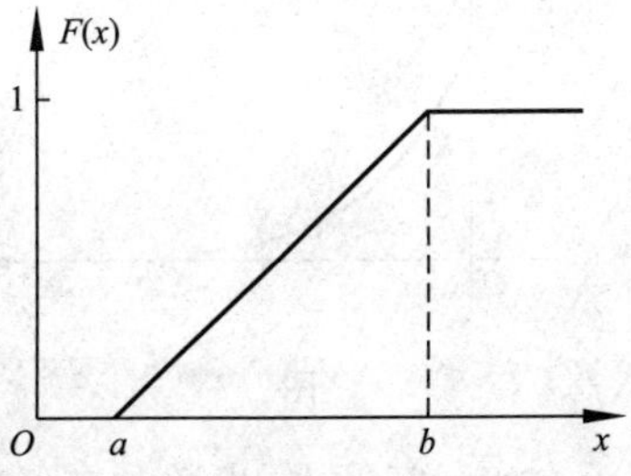

图　7-3

从图 7-2 可以看出，服从均匀分布的随机变量 X 在 (a,b) 中任一等长度的子区间内的概率是相等的. 换句话说，X 落在 (a,b) 内任一子区间内取值的概率与子区间的长度有关，而与子区间的位置无关.

例 2 假设地铁一号线从上午 10 点开始到达徐家汇站的时间间隔为 10 min，如果某乘客在 10 点到 10:20 之间到达徐家汇站的时刻 T 服从均匀分布，求他在徐家汇站等地铁一号线不超过 5 min 的概率.

解 由题意，以 10 点钟为起点，分钟为计时单位，则 T 是一个在(0,20)上服从均匀分布的随机变量. T 的概率密度为 $f(t)=\begin{cases}\dfrac{1}{20} & \text{当 } 0<t<20 \\ 0 & \text{其他}\end{cases}$.

当乘客在 10:05 到 10:10 之间或者 10:15 到 10:20 之间到达上海南站时，他的等车时间不超过 5 min，即所求概率为

$$P\{5\leqslant T\leqslant 10\}+P\{15\leqslant T\leqslant 20\}=\int_{5}^{10}\frac{1}{20}\mathrm{d}t+\int_{15}^{20}\frac{1}{20}\mathrm{d}t=\frac{1}{2}.$$

均匀分布在实际问题中较为常见. 例如：一个随机数取整后产生的误差以及前面提到的乘客到达车站的时刻等都服从均匀分布.

2. 指数分布

设随机变量 X 的概率密度为

$$f(x)=\begin{cases}\lambda \mathrm{e}^{-\lambda x} & \text{当 } x>0 \\ 0 & \text{当 } x\leqslant 0\end{cases},$$

其中，$\lambda>0$ 为常数，则称 X 服从参数为 λ 的**指数分布**，记为 $X\sim E(\lambda)$.

易知 $f(x)\geqslant 0$，且 $\int_{-\infty}^{+\infty}f(x)\mathrm{d}x=\int_{0}^{+\infty}\lambda \mathrm{e}^{-\lambda x}\mathrm{d}x=1$. X 的分布函数为

$$F(x)=\begin{cases}1-\mathrm{e}^{-\lambda x} & \text{当 } x>0 \\ 0 & \text{其他}\end{cases}.$$

指数分布的概率密度及分布函数分别如图 7-4 和图 7-5 所示.

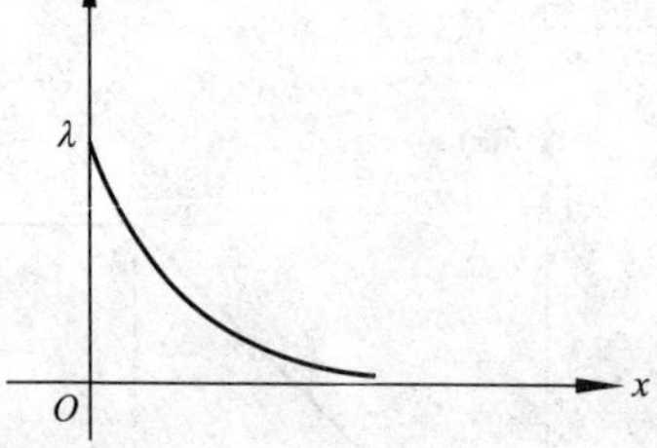

图 7-4

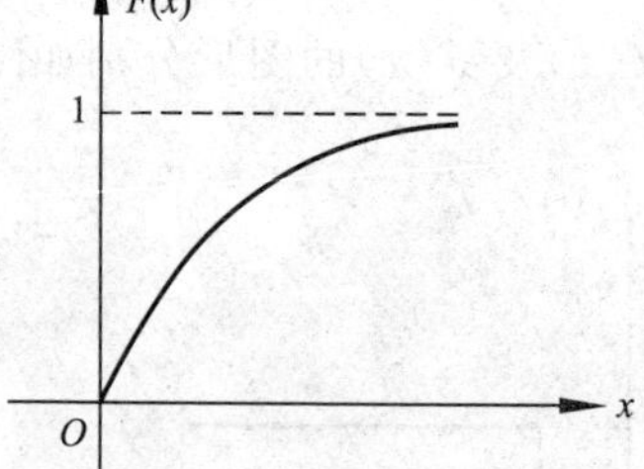

图 7-5

在实际问题中，指数分布经常作为某个事件发生的等待时间的分布而出现的. 例如：从现在开始到接到一个误拨电话的时间间隔、顾客排队等候服务的时间等都服从指数分布. 另外，电子元件的寿命等各种“寿命”都可以近似成指数分布. 指数分布在可靠理论与排队论中有着广泛的应用.

例 3 已知某种电子元件的寿命 X(单位：年)服从 $\lambda=1$ 的指数分布. (1)求该

元件寿命超过 2 年的概率；(2)设该元件已经正常使用了 α 年，求还能继续使用 β 年的概率.

解　由题意，X 的概率密度为 $f(x)=\begin{cases}e^{-x} & 当\ x>0\\ 0 & 当\ x\leqslant 0\end{cases}$.

(1) $P\{X>2\}=\int_2^{+\infty}f(x)\mathrm{d}x=\int_2^{+\infty}e^{-x}\mathrm{d}x=-e^{-x}\big|_2^{+\infty}=e^{-2}$；

(2) $P\{X>\alpha+\beta|X>\alpha\}=\dfrac{P\{X>\alpha+\beta\}}{P\{X>\alpha\}}=\dfrac{\int_{\alpha+\beta}^{+\infty}f(x)\mathrm{d}x}{\int_{\alpha}^{+\infty}f(x)\mathrm{d}x}=e^{-\beta}$.

又元件寿命至少为 β 年的概率 $P\{X>\beta\}=\int_\beta^{+\infty}f(x)\mathrm{d}x=\int_\beta^{+\infty}e^{-x}\mathrm{d}x=-e^{-x}\big|_\beta^{+\infty}=e^{-\beta}$，于是，$P\{X>\alpha+\beta|X>\alpha\}=P\{X>\beta\}$，即元件寿命至少为 β 年的概率等于已使用 α 年的条件下剩余寿命至少为 β 年的概率，该性质称为**指数分布的无记忆性**.

3. 正态分布

设随机变量 X 的概率密度为

$$f(x)=\frac{1}{\sqrt{2\pi}\sigma}e^{-\frac{(x-\mu)^2}{2\sigma^2}},\quad -\infty<x<+\infty,$$

其中，μ，$\sigma(\sigma>0)$ 为常数，则称 X 服从参数为 μ，σ^2 的**正态分布**，记为 $X\sim N(\mu,\sigma^2)$.

显然 $f(x)\geqslant 0$，下面证明 $\int_{-\infty}^{+\infty}f(x)\mathrm{d}x=1$. 令 $\dfrac{x-\mu}{\sqrt{2}\sigma}=t$，注意到 $\int_{-\infty}^{+\infty}e^{-x^2}\mathrm{d}x=\sqrt{\pi}$，于是，$\int_{-\infty}^{+\infty}\dfrac{1}{\sqrt{2\pi}\sigma}e^{-\frac{(x-\mu)^2}{2\sigma^2}}\mathrm{d}x=\dfrac{1}{\sqrt{\pi}}\int_{-\infty}^{+\infty}e^{-t^2}\mathrm{d}t=1$.

$f(x)$ 的图形如图 7-6 所示.

由图 7-6 可以看出，概率密度 $f(x)$ 的图形是“中间高，两头低，左右对称”的钟形曲线. $f(x)$ 的图形关于直线 $x=\mu$ 对称，在 $x=\mu$ 处取得最大值. 当 μ 固定时，σ 的值愈小时，$f(x)$ 的图形就愈尖；σ 的值愈大时，$f(x)$ 的图形就愈平. 当 σ 固定，μ 变化时，$f(x)$ 的图形沿 x 轴水平移动；也就是说，μ 决定了图形的中心位置，σ 决定了图形的陡峭程度.

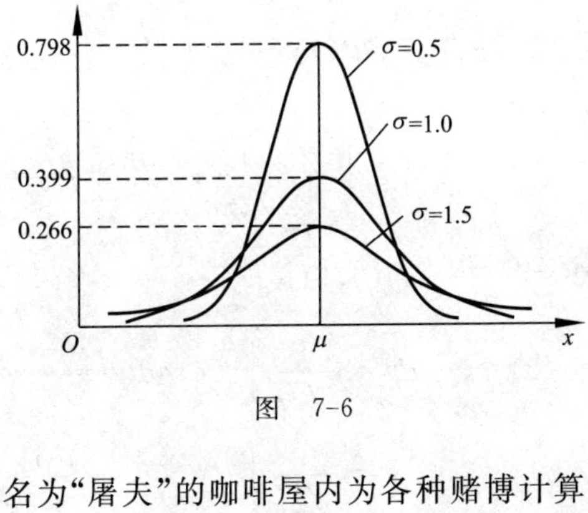

图　7-6

1733 年，法国数学家 De Moivre 在名为“屠夫”的咖啡屋内为各种赌博计算赔率时最早发现了二项概率的一个近似计算公式，该公式被认为是正态分布的首次露面. 1809 年，德国数学家 Gauss 以正态分布为主要工具预测星体的位置时展现了正态分布的重要应用价值.此后,正态分布也称高斯分布.

正态分布是自然界和社会中最常见的一种分布.测量误差,人的身高、体重,产品质量,纤维的长度和张力,小麦的穗长、株高,信号噪声等都服从或近似服从正态分布.一般来说,如果影响某一个数量指标的因素很多,每个因素相互独立且所起作用都很小,则这个数量指标服从或近似服从正态分布.

若 $X\sim N(\mu,\sigma^2)$,则 X 的分布函数为 $F(x)=\dfrac{1}{\sqrt{2\pi}\sigma}\displaystyle\int_{-\infty}^{x}\mathrm{e}^{-\frac{(t-\mu)^2}{2\sigma^2}}\mathrm{d}t$,其图形如图 7-7所示.

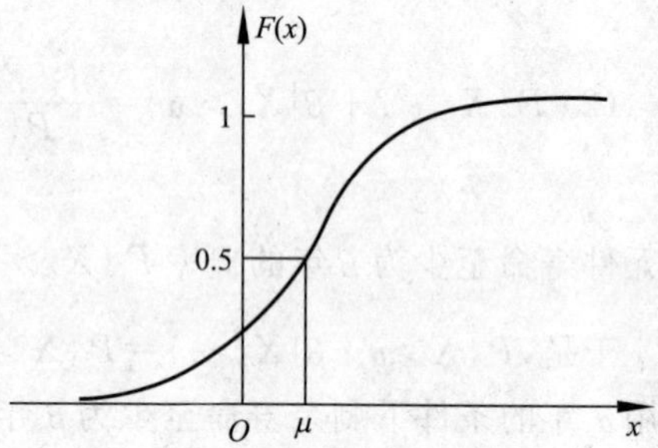

图 7-7

正态分布的分布函数 $F(x)$中的被积函数的原函数不是初等函数,所以它没有初等函数的表达式.要在理论上计算正态分布中的概率,通常要利用下面介绍的标准正态分布.

当 $N(\mu,\sigma^2)$中的 $\mu=0,\sigma=1$,则称 X 服从**标准正态分布**,记为 $X\sim N(0,1)$,其概率密度和分布函数分别用 $\varphi(x)$,$\Phi(x)$表示,则

$$\varphi(x)=\frac{1}{\sqrt{2\pi}}\mathrm{e}^{-\frac{x^2}{2}},\ x\in\mathbf{R},\quad \Phi(x)=\frac{1}{\sqrt{2\pi}}\int_{-\infty}^{x}\mathrm{e}^{-\frac{t^2}{2}}\mathrm{d}t,\ x\in\mathbf{R}.$$

人们编制了 $\Phi(x)$的函数表以备查用(见附录 C).

定理 (1) 若 $X\sim N(\mu,\sigma^2)$,则 $Y=\dfrac{X-\mu}{\sigma}\sim N(0,1)$;

(2) $\Phi(-x)=1-\Phi(x)$.

证明 (1) $Y=\dfrac{X-\mu}{\sigma}$的分布函数

$$F_Y(y)=P\{Y\leqslant y\}=P\left\{\frac{X-\mu}{\sigma}\leqslant y\right\}=P\{X\leqslant\mu+\sigma y\}$$

$$=\int_{-\infty}^{\mu+\sigma y}\frac{1}{\sqrt{2\pi}\sigma}\mathrm{e}^{-\frac{(t-\mu)^2}{2\sigma^2}}\mathrm{d}t\xlongequal{u=\frac{t-\mu}{\sigma}}\frac{1}{\sqrt{2\pi}}\int_{-\infty}^{y}\mathrm{e}^{-\frac{u^2}{2}}\mathrm{d}u=\Phi(y),$$

即 $Y=\dfrac{X-\mu}{\sigma}\sim N(0,1)$;

$$(2)\ \Phi(-x)=\frac{1}{\sqrt{2\pi}}\int_{-\infty}^{-x}\mathrm{e}^{-\frac{t^2}{2}}\mathrm{d}t\xlongequal{t=-y}\frac{1}{\sqrt{2\pi}}\int_{x}^{+\infty}\mathrm{e}^{-\frac{y^2}{2}}\mathrm{d}y$$

$$=\frac{1}{\sqrt{2\pi}}\int_{-\infty}^{+\infty}\mathrm{e}^{-\frac{y^2}{2}}\mathrm{d}y-\frac{1}{\sqrt{2\pi}}\int_{-\infty}^{x}\mathrm{e}^{-\frac{y^2}{2}}\mathrm{d}y=1-\Phi(x).$$

注:由结论(1)知,若 $X\sim N(\mu,\sigma^2)$,则 $P\{a<X\leqslant b\}=\Phi\left(\dfrac{b-\mu}{\sigma}\right)-\Phi\left(\dfrac{a-\mu}{\sigma}\right)$,

$P\{X\leqslant b\}=\Phi\left(\frac{b-\mu}{\sigma}\right),P\{X>a\}=1-P\{X\leqslant a\}=1-\Phi\left(\frac{a-\mu}{\sigma}\right).$

例 4　已知 $X\sim N(5,2^2)$，求 $P\{X\leqslant 1\},P\{7<X\leqslant 11\}$.

解　$P\{X\leqslant 1\}=P\left\{\frac{X-5}{2}\leqslant\frac{1-5}{2}\right\}=\Phi(-2)=1-\Phi(2)=0.022\ 8,$

$$P\{7<X\leqslant 11\}=\Phi\left(\frac{11-5}{2}\right)-\Phi\left(\frac{7-5}{2}\right)=\Phi(3)-\Phi(1)=0.157\ 4.$$

例 5　已知公共汽车的车门高度是按男子与车门上梁碰头机会在 0.01 以下来设计的. 设男子身高 $X\sim N(170,6^2)$（单位：cm），问车门高度应如何确定.

解　设车门高度为 h（单位：cm），按设计要求 $P\{X>h\}<0.01$，即 $P\{X\leqslant h\}\geqslant 0.99$. 又已知 $X\sim N(170,6^2)$，即 $\frac{X-170}{6}\sim N(0,1)$，故 $P\left\{\frac{X-170}{6}\leqslant\frac{h-170}{6}\right\}\geqslant 0.99$，即 $\Phi\left(\frac{h-170}{6}\right)\geqslant 0.99$，查表得 $\Phi(2.33)=0.990\ 1>0.99$，所以取 $\frac{h-170}{6}=2.33$，即 $h=170+6\times 2.33\approx 184(\text{cm})$.

例 6　设 $X\sim N(\mu,\sigma^2)$，求 X 落在区间 $(\mu-k\sigma,\mu+k\sigma)$ 内的概率 $(k=1,2,3)$.

解　$P\{|X-\mu|<k\sigma\}=P\{\mu-k\sigma<X<\mu+k\sigma\}=\Phi(k)-\Phi(-k)=2\Phi(k)-1$，于是

$$P\{|X-\mu|<\sigma\}=2\Phi(1)-1=0.6826,$$
$$P\{|X-\mu|<2\sigma\}=2\Phi(2)-1=0.9544,$$
$$P\{|X-\mu|<3\sigma\}=2\Phi(3)-1=0.9973,$$

则
$$P\{|X-\mu|\geqslant 3\sigma\}=1-P\{|X-\mu|<3\sigma\}=0.002\ 7<0.003.$$

由此可见，X 落在区间 $(\mu-3\sigma,\mu+3\sigma)$ 以外的概率小于 3‰. 由于这一概率很小，在实际问题中常认为相应事件是不会发生的，基本上可以把区间 $(\mu-3\sigma,\mu+3\sigma)$ 看作随机变量 X 实际可能的取值区间. 这就是正态分布的 3σ 原则.

例 7　在某体育比赛中，设裁判给运动员的表演打的分数 $X\sim N(\mu,(0.2)^2)$，4 位裁判给某一运动员的评分分别为 6.8，6.7，7.1，8.6，试问这些分数是否公正？

解　设 μ 表示该运动员的真实成绩，现用 4 个评分值的平均值来近似 μ，

$$\hat{\mu}=(6.8+6.7+7.1+8.6)/4=7.25,\quad 3\sigma=3\times 0.2=0.6,$$
$$|8.6-\hat{\mu}|=|8.6-7.25|=1.35>3\sigma,$$

依据 3σ 原则，这几乎是不可能的，但实际上事情已经发生了，故认为分数不公正.

事实上，在体育比赛中为了保证裁判评分的公正性，往往去掉一个最低分、去掉一个最高分，取余下分数的平均值作为运动员最后的得分.

§7.4　随机变量函数的分布

在实际问题中往往需要研究随机变量函数的分布. 例如：在无线电接收中，某时刻收到的信号是一个随机变量 X，若把信号通过平方检波器，则输出的信号为

$Y=X^2$;某商品的需求量是一个随机变量,而该产品的销售收入就是需求量的函数.本节将讨论由已知的随机变量 X 的概率分布求其函数 $Y=g(X)$ 的概率分布,这里 $g(\cdot)$ 是已知的连续函数.

7.4.1 离散型随机变量函数的分布

例 1 设随机变量 X 具有如下分布律,求 $Y=2X$ 和 $Z=X^2$ 的分布律.

X	-1	0	1	2
p_k	0.3	0.2	0.1	0.4

解 Y 的所有可能取值为 $-2,0,2,4$.由 $P\{Y=2k\}=P\{X=k\}=p_k$ 知,Y 的分布律为

Y	-2	0	2	4
p_k	0.3	0.2	0.1	0.4

Z 的所有可能取值为 $0,1,4$.

$$P\{Z=0\}=P\{X^2=0\}=P\{X=0\}=0.2,$$
$$P\{Z=1\}=P\{X^2=1\}=P\{X=-1\}+P\{X=1\}=0.4,$$
$$P\{Z=4\}=P\{X^2=4\}=P\{X=2\}=0.4,$$

故 Z 的分布律为

Z	0	1	4
p_k	0.2	0.4	0.4

7.4.2 连续型随机变量函数的分布

定理 设连续型随机变量 X 的概率密度为 $f_X(x)$,$-\infty<x<+\infty$,函数 $g(x)$ 处处可导且恒有 $g'(x)>0$(或恒有 $g'(x)<0$),$h(y)$ 是 $g(x)$ 的反函数,则 $Y=g(X)$ 的概率密度为

$$f_Y(y)=\begin{cases} f_X[h(y)]\,|h'(y)| & 当\ \alpha<y<\beta \\ 0 & 其他 \end{cases}, \tag{7-1}$$

其中,$\alpha=\min\{g(-\infty),g(+\infty)\}$,$\beta=\max\{g(-\infty),g(+\infty)\}$.

证明 先考虑 $g'(x)>0$ 的情况.此时,$g(x)$ 在 $(-\infty,+\infty)$ 上严格单调增加,它的反函数 $h(y)$ 存在且在 (α,β) 上严格单调增加,分别记 X,Y 的分布函数为 $F_X(x)$,$F_Y(y)$.

由于 $Y=g(X)$ 在 (α,β) 上取值,故当 $y\leqslant\alpha$ 时,$F_Y(y)=0$;当 $y\geqslant\beta$ 时,$F_Y(y)=1$.

当 $\alpha<y<\beta$ 时,

$$F_Y(y)=P\{Y\leqslant y\}=P\{g(X)\leqslant y\}=P\{X\leqslant h(y)\}=F_X[h(y)].$$

将 $F_Y(y)$关于 y 求导,即得 Y 的概率密度

$$f_Y(y)=\begin{cases} f_X[h(y)]h'(y) & 当\ \alpha<y<\beta \\ 0 & 其他 \end{cases} \tag{7-2}$$

再考虑 $g'(x)<0$ 的情况,此时 $F_Y(y)=P\{Y\leqslant y\}=P\{g(x)\leqslant y\}=P\{X\geqslant h(y)\}=1-F_X[h(y)]$,于是

$$f_Y(y)=\begin{cases} f_X[h(y)][-h'(y)] & 当\ \alpha<y<\beta \\ 0 & 其他 \end{cases} \tag{7-3}$$

合并式(7-2)与式(7-3)两式,式(7-1)得证.

若 $f(x)$在有限区间$[a,b]$以外等于零,则只需假设在$[a,b]$上恒有 $g'(x)>0$(或恒有 $g'(x)<0$),此时 $\alpha=\min\{g(a),g(b)\}$,$\beta=\max\{g(a),g(b)\}$.

例 2　设 X 的概率密度为 $f_X(x)=\dfrac{1}{\pi(1+x^2)}$, $x\in\mathbf{R}$,求 $Y=\mathrm{e}^{-X}$的概率密度 $f_Y(y)$.

解　由题意知 $g(x)=\mathrm{e}^{-x}$,$g'(x)=-\mathrm{e}^{-x}<0$,$x\in\mathbf{R}$,且 $g(x)=\mathrm{e}^{-x}$有反函数 $h(y)=-\ln y$, $h'(y)=-\dfrac{1}{y}$.

又 $g(-\infty)=+\infty$,$g(+\infty)=0$,则 $f_Y(y)=\begin{cases} \dfrac{1}{\pi(1+\ln^2 y)}\cdot\dfrac{1}{y} & 当\ y>0 \\ 0 & 当\ y\leqslant 0 \end{cases}$.

例 3　设 X 的概率密度为 $f_X(x)$,$-\infty<x<+\infty$,求 $Y=X^2$ 的概率密度.

解　分别记 X,Y 的分布函数为 $F_X(x)$,$F_Y(y)$.先来求 Y 的分布函数 $F_Y(y)$.

由于 $Y=X^2\geqslant 0$,故当 $y\leqslant 0$ 时,有 $F_Y(y)=0$.

当 $y>0$ 时,有

$$\begin{aligned} F_Y(y)&=P\{Y\leqslant y\}=P\{X^2\leqslant y\} \\ &=P\{-\sqrt{y}\leqslant X\leqslant\sqrt{y}\}=F_X(\sqrt{y})-F_X(-\sqrt{y}). \end{aligned}$$

将 $F_Y(y)$关于 y 求导,即得 y 的概率密度为

$$f_Y(y)=\begin{cases} \dfrac{1}{2\sqrt{y}}[f_X(\sqrt{y})+f_X(-\sqrt{y})] & 当\ y>0 \\ 0 & 当\ y\leqslant 0 \end{cases}. \tag{7-4}$$

若 $X\sim N(0,1)$,其概率密度为

$$f_X(x)=\frac{1}{\sqrt{2\pi}}\mathrm{e}^{-\frac{x^2}{2}},\quad -\infty<x<+\infty,$$

由式(7-4)得 $Y=X^2$ 的概率密度为

$$f_Y(y)=\begin{cases} \dfrac{1}{\sqrt{2\pi}}y^{-\frac{1}{2}}\mathrm{e}^{-\frac{y}{2}} & 当\ y>0 \\ 0 & 当\ y\leqslant 0 \end{cases}.$$

此时称 Y 服从自由度为 1 的 χ^2 **分布**.

习 题 7

1. 单项选择题：

(1) 下列函数中，可作为某一随机变量的分布函数是(　　).

A. $F(x)=1+\frac{1}{x^2}$

B. $F(x)=\frac{1}{2}+\frac{1}{\pi}\arctan x$

C. $F(x)=\begin{cases}\frac{1}{2}(1-e^{-x}) & 当\ x>0\\ 0 & 当\ x\leqslant 0\end{cases}$

D. $F(x)=\begin{cases}\frac{\ln(1+x)}{1+x} & 当\ x>0\\ 0 & 当\ x\leqslant 0\end{cases}$

(2) 下列各表中可作为某离散型随机变量分布律的是(　　).

A.

X	0	1	2
P	0.5	0.2	-0.1

B.

X	0	1	2
P	0.3	0.5	0.1

C.

X	0	1	2
P	$\frac{1}{3}$	$\frac{2}{5}$	$\frac{4}{15}$

D.

X	0	1	2
P	$\frac{1}{2}$	$\frac{1}{3}$	$\frac{1}{4}$

(3) 设每次试验成功的概率为 $p(0<p<1)$，则在 3 次独立重复试验中至少成功一次的概率为(　　).

A. $1-(1-p)^3$

B. $p(1-p)^2$

C. $C_3^1 p(1-p)^2$

D. $p+p^2+p^3$

(4) 设某时间段内通过一路口的汽车流量满足泊松分布，已知该时间段内没有汽车通过的概率为 0.05，则这段时间内至少有两辆汽车通过的概率最接近于(　　).

A. 0.9

B. 0.7

C. 0.6

D. 0.8

(5) 设 $F(x)$ 和 $f(x)$ 分别为某随机变量的分布函数和概率密度，则(　　).

A. $f(x)$ 单调不减

B. $\int_{-\infty}^{+\infty}F(x)\mathrm{d}x=1$

C. $F(-\infty)=0$

D. $F(x)=\int_{-\infty}^{+\infty}f(x)\mathrm{d}x$

(6) 设 A 是随机事件，则"$P(A)=0$"是"A 是不可能事件"的(　　).

A. 必要非充分条件

B. 充分非必要条件

C. 充要条件

D. 无关条件

(7) 设随机变量 X 在区间 $(2,4)$ 上服从均匀分布，则 $P\{2<X<3\}=$(　　).

A. $P\{3.5<X<4.5\}$

B. $P\{1.5<X<2.5\}$

C. $P\{2.5<X<3.5\}$　　　　D. $P\{4.5<X<5.5\}$

(8) 设 $X\sim N(\mu,\sigma^2)$，则当 σ 增大时，$P\{|X-\mu|<\sigma\}$(　　).

A. 增大　　　　B. 减少

C. 不变　　　　D. 增减不定

(9) 设 X 的密度函数为 $f(x)$，分布函数为 $F(x)$，且 $f(x)=f(-x)$，$\forall a\in\mathbf{R}$，则(　　).

A. $f(-a)=1-\int_0^a f(x)\mathrm{d}x$　　　　B. $F(-a)=\frac{1}{2}-\int_0^a f(x)\mathrm{d}x$

C. $F(a)=F(-a)$　　　　D. $F(-a)=2F(a)-1$

(10) 已知 X 的密度函数 $f(x)=\begin{cases}A\mathrm{e}^{-x} & 当\ x\geqslant\lambda \\ 0 & 当\ x<\lambda\end{cases}$($\lambda>0$，$A$ 为常数)，则 $P\{\lambda<X<\lambda+a\}$($a>0$)(　　).

A. 与 a 无关，随 λ 的增大而增大　　　　B. 与 a 无关，随 λ 的增大而减小

C. 与 λ 无关，随 a 的增大而增大　　　　D. 与 λ 无关，随 a 的增大而减小

2. 填空题：

(1) 设 X 只能取 0,1,2，且 X 取这些值的概率依次为 $\frac{1}{2c},\frac{5}{4c},\frac{1}{4c}$，则 $c=$______.

(2) 若干人独立地向一目标射击，每人击中目标的概率都是 0.6，要想以 0.99 以上的概率击中目标，则至少需要的人数为 $n=$______.

(3) 某楼有水龙头 5 个且打开与否相互独立，每一龙头被打开的概率为 $\frac{1}{10}$，则恰有 3 个水龙头同时被打开的概率为______.

(4) 设 X 的概率密度为 $f(x)=\begin{cases}\mathrm{e}^{-x} & 当\ x\geqslant 0 \\ 0 & 当\ x<0\end{cases}$，若 $P\{X\geqslant C\}=\frac{1}{2}$，则 $C=$____.

(5) 设 X 的概率密度为 $f(x)=\begin{cases}ax+b & 当\ 0<x<1 \\ 0 & 其他\end{cases}$，且 $P\left\{X>\frac{1}{2}\right\}=\frac{5}{8}$，则 $a=$______，$b=$______.

(6) 已知 $X\sim N(10,3^2)$，$P\{X<\alpha\}=0.67$，$\Phi(0.44)=0.67$，则 $\alpha=$______.

(7) 预制板承受的弯矩 $X\sim N(450,100)$，$\Phi(1.5)=0.933\ 2$，则 $P\{435\leqslant X\leqslant 465\}=$______.

(8) 设 X 在(0,5)内服从均匀分布，则方程 $4t^2+4Xt+X+2=0$ 有实根的概率为______.

(9) 设最高洪水水位 X(单位：m)概率密度为 $f(x)=\begin{cases}2/x^3 & 当\ x\geqslant 1 \\ 0 & 当\ x<1\end{cases}$，现要修能够防御百年一遇的洪水(即遇到的概率不超过 0.01)的河堤，则河堤的高度至少应为______(m).

(10) 已知随机变量 X 的分布列：

X	-2	1	2	3
p_k	0.3	0.2	0.1	0.4

则 $Y=3-2X$ 的分布列为：

Y	
p	

$Z=2+X^2$ 的分布列为：

Z	
p	

3. 一袋中有 5 只乒乓球，编号为 1,2,3,4,5，在其中同时取 3 只，以 X 表示取出的 3 只球中的最大号码，求随机变量 X 的分布律.

4. 设 15 个同类型零件中有 2 个为次品，在其中取 3 次，每次任取 1 个，作不放回抽样，以 X 表示取出的次品个数.(1)求 X 的分布律；(2)求 X 的分布函数；(3) 求$P\left\{1\leqslant X\leqslant\dfrac{3}{2}\right\}$.

5. 设随机变量 X 的分布律为 $P\{X=k\}=\dfrac{a\lambda^k}{k!}$，$k=0,1,2,\cdots$，$\lambda>0$ 为常数，求常数 a.

6. 设某机场每天有 200 架飞机在此降落，任一飞机在某一时刻降落的概率设为 0.02，且设各飞机降落是相互独立的.试问该机场需配备多少条跑道，才能保证某一时刻飞机需立即降落而没有空闲跑道的概率小于 0.01(每条跑道只能允许一架飞机降落).

7. 某车站每天有大量汽车通过，设每辆车在一天的某时段出事故的概率为 0.000 1，在某天的该时段内有 1 000 辆汽车通过，问出事故的次数不小于 2 的概率是多少.(利用泊松定理)

8. 已知随机变量 X 的密度函数为 $f(x)=A\mathrm{e}^{-|x|}$，$x\in\mathbf{R}$.(1)求常数 A；(2)求 $P\{0<X<1\}$；(3)求分布函数 $F(x)$.

9. 设 X 分布函数为 $F(x)=\begin{cases}A+B\mathrm{e}^{-\lambda x} & 当\ x\geqslant0\\0 & 当\ x<0\end{cases}$，$\lambda>0$.(1)求常数 A，B；(2)求$P\{X\leqslant2\}$，$P\{X>3\}$；(3)求概率密度 $f(x)$.

10. 设某种仪器内装有三只同样的电子管，电子管使用寿命 X 的密度函数为 $f(x)=\begin{cases}\dfrac{100}{x^2} & 当\ x\geqslant100\\0 & 当\ x<100\end{cases}$.求：(1)在开始 150 h 内没有电子管损坏的概率；(2)在开

始 150 h 内有一只电子管损坏的概率；(3) 求分布函数 $F(x)$.

11. 在区间 $[0, a]$ 上任意投掷一个质点，以 X 表示这质点的坐标，设这质点落在 $[0, a]$ 中任意小区间内的概率与这小区间长度成正比例，试求 X 的分布函数.

12. 设随机变量 X 在 $[2,5]$ 上服从均匀分布. 现对 X 进行三次独立观测，求至少有两次的观测值大于 3 的概率.

13. 某人乘汽车去火车站乘火车，有两条路可走. 第一条路程较短但交通拥挤，所需时间 X 服从 $N(40, 10^2)$，第二条路程较长，但阻塞少，所需时间 X 服从 $N(50, 4^2)$.

(1) 若动身时离火车开车只有 1 h，问走哪条路能乘上火车的把握大些；

(2) 又若离火车开车时间只有 45 min，问走哪条路赶上火车把握大些.

14. 设 $X \sim N(3, 2^2)$.

(1) 求 $P\{2 < X \leqslant 5\}$，$P\{|X| > 2\}$，$P\{X > 3\}$；

(2) 确定 c 使 $P\{X > c\} = P\{X \leqslant c\}$.

15. 由某机器生产的螺栓长度 $X \sim N(10.05, 0.06^2)$（单位：cm），规定长度在 10.05 ± 0.12 内为合格品，求一螺栓为不合格品的概率.

16. 某电子管寿命 $X \sim N(160, \sigma^2)$（单位：h），若要求 $P\{120 < X \leqslant 200\} \geqslant 0.8$，则允许 σ 最大不超过多少？

17. 设随机变量 X 的概率密度为 $f(x) = \begin{cases} x & 当\ 0 \leqslant x < 1 \\ 2 - x & 当\ 1 \leqslant x < 2 \\ 0 & 其他 \end{cases}$，求 X 的分布函数 $F(x)$.

18. 设随机变量 $X \sim N(0, \sigma^2)$，问：当 σ 取何值时，X 落入区间 $(1,3)$ 的概率最大？

19. 设三次独立试验中，事件 A 出现的概率相等. 若已知 A 至少出现一次的概率为 $\frac{19}{27}$，求 A 在一次试验中出现的概率.

20. 设 X 服从参数 $\lambda = 2$ 的指数分布，证明：$Y = 1 - \mathrm{e}^{-2X}$ 在区间 $(0,1)$ 上服从均匀分布.

第 8 章　多维随机变量及其分布

在实际问题中，随机实验的结果往往需要同时用两个或两个以上的随机变量来描述. 例如：评价某个班级的概率统计课程考试成绩时，常常用到及格率和平均成绩这两个随机变量；确定飞机在飞行过程中的空间位置时，需要用到经度、纬度以及地面高度这三个随机变量；等等. 由于从二维推广到多维无原则性变化，故本章主要讨论二维随机变量及其分布.

§ 8.1　二维随机变量及其联合分布

8.1.1　二维随机变量及其联合分布函数

定义 1　设 X,Y 是定义在样本空间 S 上的两个随机变量，则称 (X, Y) 为**二维随机向量或二维随机变量**.

定义 2　设 (X, Y) 是二维随机变量，对于任意实数 x,y，函数

$$F(x,y)=P\{(X\leqslant x)\cap P(Y\leqslant y)\}\triangleq P\{X\leqslant x,\ Y\leqslant y\}$$

称为二维随机变量 (X, Y) 的**联合分布函数**.

若将二维随机变量 (X, Y) 看成平面上随机点的坐标，则分布函数 $F(x,y)$ 就表示随机点落在以点 (x,y) 为顶点的左下方的无限矩形域内的概率，如图 8-1 阴影部分所示.

这时，点 (X,Y) 落入任一矩形 $G=\{(x,y)\mid x_1<x<x_2, y_1<y<y_2\}$（见图 8-2）的概率，即可由概率的加法性质求得：

$$P\{x_1<X\leqslant x_2, y_1<Y\leqslant y_2\}=F(x_2,y_2)-F(x_1,y_2)-F(x_2,y_1)+F(x_1,y_1).$$

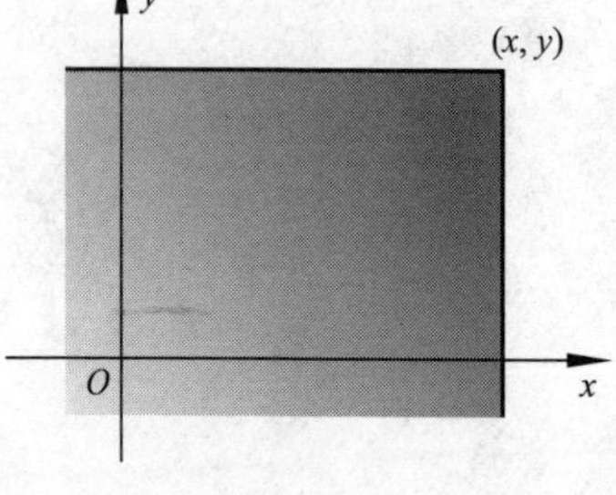

图　8-1

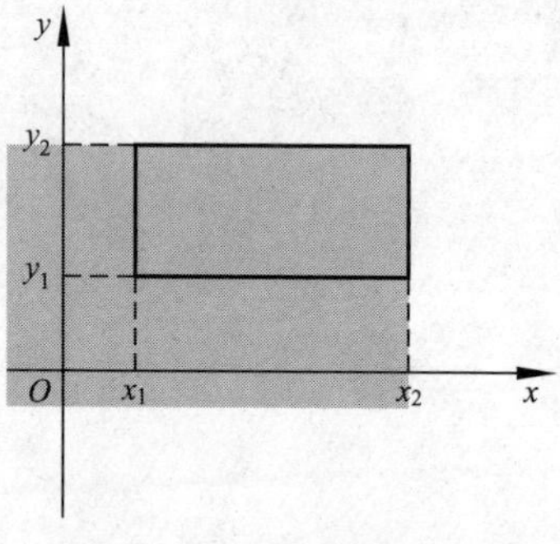

图　8-2

分布函数 $F(x,y)$具有以下的基本性质：

(1) 有界性：$0\leqslant F(x,y)\leqslant 1$，且对任意固定的 y，$F(-\infty,y)=0$；对任意固定的 x，$F(x,-\infty)=0$；同时，$F(-\infty,-\infty)=0$，$F(+\infty,+\infty)=1$；

(2) 单调性：$F(x,y)$分别是 x 和 y 的单调不减函数，即对任意固定的 y，当 $x_1<x_2$时，$F(x_1,y)\leqslant F(x_2,y)$；对任意固定的 x，当 $y_1<y_2$ 时，$F(x,y_1)\leqslant F(x,y_2)$；

(3) 右连续性：$F(x,y)$分别关于 x 或 y 右连续，即

$$F(x+0,y)=F(x,y),\ F(x,y+0)=F(x,y);$$

(4) 对于任意的(x_1,y_1)，(x_2,y_2)，$x_1<x_2$，$y_1<y_2$，下述不等式成立：

$$F(x_2,y_2)-F(x_1,y_2)-F(x_2,y_1)+F(x_1,y_1)\geqslant 0.$$

如果某个二元函数 $H(x,y)$满足上述四个基本性质，则可以证明 $H(x,y)$一定是某个二维随机变量(X,Y)的联合分布函数.

例 1　设二元函数 $H(x,y)=\begin{cases}1 & \text{当 } x+y\geqslant 1\\ 0 & \text{当 } x+y<1\end{cases}$，判断 $H(x,y)$是否为某个二维随机变量(X,Y)的联合分布函数.

解　易知 $H(x,y)$满足性质(1)～(3)，但是不满足性质(4). 因为

$$H(1,1)-H(1,-1)-H(-1,1)+H(-1,-1)=-1<0,$$

故 $H(x,y)$不是某个二维随机变量(X,Y)的联合分布函数.

8.1.2　二维离散型随机变量及其联合分布律

定义 3　如果二维随机变量(X,Y)的可能的取值(x_i,y_i)只有有限对或者可列无限对，则称(X,Y)是**二维离散型随机变量**.

定义 4　若二维离散型随机变量(X,Y)可能的取值为(x_i,y_i)，$i,j=1,2,\cdots$，则称

$$P\{X=x_i,Y=y_j\}=p_{ij},\quad i,j=1,2,\cdots$$

为(X,Y)的**联合分布律**. 其中，p_{ij} 满足下列基本性质：

(1) $p_{ij}\geqslant 0$，$i,j=1,2,\cdots$；(2) $\sum\limits_{i=1}^{+\infty}\sum\limits_{j=1}^{+\infty}p_{ij}=1$.

二维离散型随机变量(X,Y)的联合分布律常用下表来表示：

X \ Y	y_1	y_2	$\cdots$	y_j	$\cdots$
x_1	p_{11}	p_{12}	$\cdots$	p_{1j}	$\cdots$
x_2	p_{21}	p_{22}	$\cdots$	p_{2j}	$\cdots$
$\vdots$	$\vdots$	$\vdots$		$\vdots$	
x_i	p_{i1}	p_{i2}	$\cdots$	p_{ij}	$\cdots$
$\vdots$	$\vdots$	$\vdots$		$\vdots$	

二维离散型随机变量(X, Y)的联合分布函数为$F(x,y)=\sum\limits_{x_i\leqslant x}\sum\limits_{y_j\leqslant y}p_{ij}$.

例 2 箱子中装有 2 个红球，3 个白球，从箱子中不放回地随机取两次，每次取一个球，定义随机变量 X 与 Y 如下：

$$X=\begin{cases}1 & \text{当第一次取到红球}\\ 0 & \text{当第一次取到白球}\end{cases},\quad Y=\begin{cases}1 & \text{当第二次取到红球}\\ 0 & \text{当第二次取到白球}\end{cases},$$

(1) 求(X, Y)的联合分布律；(2)求 $P\{X^2+Y^2\leqslant 1\}$.

解 (1) (X, Y)可能的取值为$(0, 0)$，$(0, 1)$，$(1, 0)$，$(1, 1)$，则

$$P\{X=0,Y=0\}=\frac{3\times 2}{5\times 4}=0.3,\quad P\{X=0,Y=1\}=\frac{3\times 2}{5\times 4}=0.3,$$

$$P\{X=1,Y=0\}=\frac{3\times 2}{5\times 4}=0.3,\quad P\{X=1,Y=1\}=\frac{2\times 1}{5\times 4}=0.1.$$

故(X, Y)的联合分布律为：

X \ Y	0	1
0	0.3	0.3
1	0.3	0.1

(2) $P\{X^2+Y^2\leqslant 1\}=P\{X=0, Y=0\}+P\{X=0, Y=1\}+P\{X=1, Y=0\}$
$=0.3+0.3+0.3=0.9.$

8.1.3 二维连续型随机变量及其联合概率密度

定义 5 设二维随机变量(X, Y)的联合分布函数为$F(x,y)$，如果存在非负函数 $f(x,y)$，使得对于任意的(x,y)，有

$$F(x,y)=\int_{-\infty}^{x}\int_{-\infty}^{y}f(u,v)\mathrm{d}u\mathrm{d}v,$$

则称(X,Y)是**二维连续型随机变量**，函数 $f(x,y)$ 称为(X,Y)的**联合概率密度函数**，简称**联合概率密度**. 其中，$f(x,y)$具有下述性质：

(1) $f(x,y)\geqslant 0$；

(2) $\int_{-\infty}^{+\infty}\int_{-\infty}^{+\infty}f(x,y)\mathrm{d}x\mathrm{d}y=1$；

(3) 设 G 是一个平面区域，则 $P\{(X,Y)\in G\}=\iint\limits_G f(x,y)\mathrm{d}x\mathrm{d}y$；

(4) 若 $f(x,y)$在点(x,y)连续，则$\dfrac{\partial^2 F(x,y)}{\partial x\partial y}=f(x,y)$.

例 3 设(X,Y)的联合概率密度为 $f(x, y)=\begin{cases}kx & \text{当 } 0<x<y<1\\ 0 & \text{其他}\end{cases}$. (1)求常

数 k;(2)求 $P\{X+Y<1\}$.

解　(1) 设 $G=\{(x,y)\,|\,0<x<1,\ x<y<1\}$,于是

$$1=\int_{-\infty}^{+\infty}\int_{-\infty}^{+\infty}f(x,y)\mathrm{d}x\mathrm{d}y=\int_0^1\mathrm{d}x\int_x^1 kx\,\mathrm{d}y=k\int_0^1 x(1-x)\mathrm{d}x=\frac{k}{6},$$

故 $k=6$,即 $f(x,y)=\begin{cases}6x & \text{当 } 0<x<y<1\\ 0 & \text{其他}\end{cases}$;

(2) 设 $D=\{(x,y)\,|\ x+y<1\}$,于是

$$P\{X+Y<1\}=\iint\limits_{G\cap D}f(x,y)\mathrm{d}x\mathrm{d}y=6\int_0^{1/2}\mathrm{d}x\int_x^{1-x}x\,\mathrm{d}y=6\int_0^{1/2}x(1-2x)\mathrm{d}x=\frac{1}{4}.$$

例 4 (二维均匀分布)　设 G 是平面上的有界区域,其面积为 $A\ (A>0)$,如果 (X,Y) 的联合概率密度为

$$f(x,y)=\begin{cases}\dfrac{1}{A} & \text{当}(x,y)\in G\\ 0 & \text{当}(x,y)\notin G\end{cases},$$

则称 (X,Y) 服从区域 G 上的均匀分布.

若 (X,Y) 服从 $G=\left\{(x,y)\,|\,0<x<\dfrac{1}{2},\ 2x+y<1\right\}$ 上的均匀分布,求 $P\left\{X<\dfrac{1}{4},\ Y<\dfrac{1}{2}\right\}$.

解　区域 G 是一个直角三角形,其面积 $A=\dfrac{1}{4}$,故 (X,Y) 的联合概率密度为

$f(x,y)=\begin{cases}4 & \text{当}(x,y)\in G\\ 0 & \text{当}(x,y)\notin G\end{cases}$,设 $D=\left\{(x,y)\,|\ x<\dfrac{1}{4},\ y<\dfrac{1}{2}\right\}$,于是

$$P\left\{X<\frac{1}{4},\ Y<\frac{1}{2}\right\}=\iint\limits_{G\cap D}f(u,v)\mathrm{d}u\mathrm{d}v=\int_0^{\frac{1}{4}}\mathrm{d}u\int_0^{\frac{1}{2}}4\mathrm{d}v=\frac{1}{2}.$$

例 5 (二维正态分布)　若 (X,Y) 的联合概率密度为

$$f(x,y)=\frac{1}{2\pi\sigma_1\sigma_2\sqrt{1-\rho^2}}\exp\left\{\frac{-1}{2(1-\rho^2)}\left[\frac{(x-\mu_1)^2}{\sigma_1^2}-2\rho\frac{(x-\mu_1)(y-\mu_2)}{\sigma_1\sigma_2}+\frac{(y-\mu_2)^2}{\sigma_2^2}\right]\right\}$$
$$(-\infty<x<+\infty,\ -\infty<y<+\infty)$$

其中,$\mu_1,\mu_2,\sigma_1,\sigma_2,\rho$ 都是常数,且 $\sigma_1>0,\sigma_2>0,|\rho|<1$,则称 (X,Y) 服从**二维正态分布** $N(\mu_1,\mu_2,\sigma_1^2,\sigma_2^2,\rho)$.

§8.2　边缘分布

若已知二维随机变量 (X,Y) 的分布,由于 X 和 Y 都是一维随机变量,此时 X 和 Y 的分布称为 (X,Y) 的**边缘分布**.

8.2.1　二维随机变量的边缘分布函数

定义 1　已知二维随机变量 (X,Y) 的联合分布函数 $F(x,y)$,记 X 和 Y 各自

的分布函数为$F_X(x)$和$F_Y(y)$,则称$F_X(x)$和$F_Y(y)$分别为(X, Y)关于X和Y的**边缘分布函数**,其中

$$F_X(x)=P\{X\leqslant x\}=P\{X\leqslant x,Y<+\infty\}=F(x,+\infty)=\lim_{y\to+\infty}F(x,y),$$

$$F_Y(y)=P\{Y\leqslant y\}=P\{X<+\infty,Y\leqslant y\}=F(+\infty, y)=\lim_{x\to+\infty}F(x,y).$$

因此,边缘分布函数$F_X(x)$,$F_Y(y)$可以由(X,Y)的联合分布函数来确定.

例 1 设二维随机变量(X, Y)的联合分布函数为

$$F(x,y)=\frac{1}{\pi^2}\left(\frac{\pi}{2}+\arctan\frac{x}{2}\right)\left(\frac{\pi}{2}+\arctan\frac{y}{3}\right),\quad x\in\mathbf{R},\ y\in\mathbf{R},$$

求边缘分布函数$F_X(x)$,$F_Y(y)$.

解

$$F_X(x)=\lim_{y\to+\infty}F(x,y)=\frac{1}{\pi}\left(\frac{\pi}{2}+\arctan\frac{x}{2}\right);$$

$$F_Y(y)=\lim_{x\to+\infty}F(x,y)=\frac{1}{\pi}\left(\frac{\pi}{2}+\arctan\frac{y}{3}\right).$$

8.2.2 二维离散型随机变量的边缘分布律

定义 2 设二维随机变量(X,Y)的分布律为$P\{X=x_i,Y=y_j\}=p_{ij}$,$(i,j=1,2,\cdots)$,由于$\{(Y=y_1)\cup\cdots\cup(Y=y_j)\cup\cdots\}$是$Y$的所有取值构成的样本空间,故

$$\begin{aligned}\{X=x_i\}&=\{X=x_i\}\cap\{(Y=y_1)\cup\cdots\cup(Y=y_j)\cup\cdots\}\\&=\{X=x_i,\ Y=y_1\}\cup\cdots\cup\{X=x_i,\ Y=y_j)\cup\cdots,\end{aligned}$$

而上式右端各事件两两不相容,故

$$\begin{aligned}P\{X=x_i\}&=P\left\{\sum_{j=1}^{+\infty}(X=x_i,Y=y_j)\right\}=\sum_{j=1}^{+\infty}P\{X=x_i,Y=y_j)\}\\&=\sum_{j=1}^{+\infty}p_{ij}\overset{\Delta}{=\!=}p_{i\cdot}\quad(i=1,2,\cdots).\end{aligned}\tag{8-1}$$

同理可得:

$$P\{Y=y_j\}=\sum_{i=1}^{+\infty}p_{ij}\overset{\Delta}{=\!=}p_{\cdot j}\quad(j=1,2,\cdots).\tag{8-2}$$

式(8-1)称为(X,Y)关于X的**边缘分布律**,式(8-2)称为(X,Y)关于Y的**边缘分布律**.表格如下:

$X \backslash Y$	y_1	y_2	$\cdots$	y_j	$\cdots$	$P\{X=x_i\}$
x_1	p_{11}	p_{12}	$\cdots$	p_{1j}	$\cdots$	$\sum_{j=1}^{\infty}p_{1j}$
x_2	p_{21}	p_{22}	$\cdots$	p_{2j}	$\cdots$	$\sum_{j=1}^{\infty}p_{2j}$
$\vdots$	$\vdots$	$\vdots$		$\vdots$		
x_i	p_{i1}	p_{i2}	$\cdots$	p_{ij}	$\cdots$	$\sum_{j=1}^{\infty}p_{ij}$
$\vdots$	$\vdots$	$\vdots$		$\vdots$		
$P\{Y=y_j\}$	$\sum_{i=1}^{\infty}p_{i1}$	$\sum_{i=1}^{\infty}p_{i2}$	$\cdots$	$\sum_{i=1}^{\infty}p_{ij}$	$\cdots$	1

例 2　求 8.1 节例 2 中(X,Y)分别关于 X 和 Y 的边缘分布律.

解　由前例知(X, Y)的联合分布律为：

$X \backslash Y$	0	1
0	0.3	0.3
1	0.3	0.1

于是

$X \backslash Y$	0	1	$P\{X=x_i\}$
0	0.3	0.3	0.6
1	0.3	0.1	0.4
$P\{Y=y_j\}$	0.6	0.4	1

即

X	0	1
p_k	0.6	0.4

同理有：

Y	0	1
p_k	0.6	0.4

8.2.3　二维连续型随机变量的边缘概率密度

定义 3　若二维随机变量(X,Y)的联合概率密度为 $f(x,y)$，于是

$$F_X(x)=F(x,+\infty)=\int_{-\infty}^{x}\int_{-\infty}^{+\infty}f(x,y)\mathrm{d}y\mathrm{d}x=\int_{-\infty}^{x}f_X(x)\mathrm{d}x,$$

其中，$f_X(x)=\int_{-\infty}^{+\infty}f(x,y)\mathrm{d}y$，称 $f_X(x)$为(X, Y)关于 X 的**边缘概率密度**；

$$F_Y(y)=F(+\infty, y)=\int_{-\infty}^{y}\int_{-\infty}^{+\infty}f(x,y)\mathrm{d}x\mathrm{d}y=\int_{-\infty}^{y}f_Y(y)\mathrm{d}y,$$

其中，$f_Y(y)=\int_{-\infty}^{+\infty}f(x,y)\mathrm{d}x$，称 $f_Y(y)$为(X, Y)关于 Y 的**边缘概率密度**.

例 3 设二维随机变量(X,Y)的联合概率密度为

$$f(x,y)=\begin{cases}6 & \text{当 } 0\leqslant x\leqslant 1, x^2\leqslant y\leqslant x\\ 0 & \text{其他}\end{cases}$$

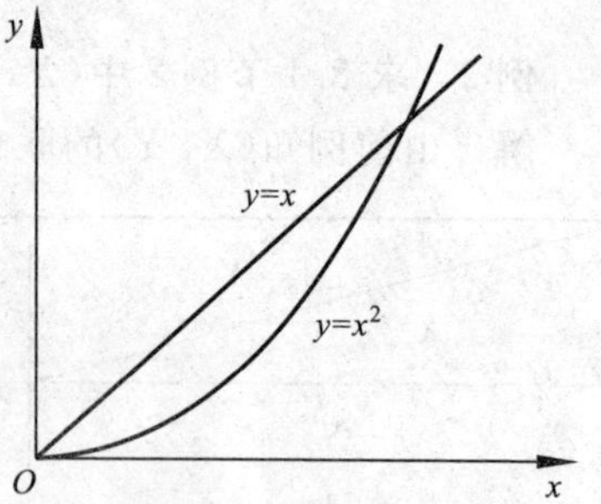

图 8-3

(见图 8-3),求边缘概率密度$f_X(x)$,$f_Y(y)$.

解 $f_X(x)=\int_{-\infty}^{+\infty}f(x,y)\mathrm{d}y$

$$=\begin{cases}\int_{x^2}^{x}6\mathrm{d}y=6(x-x^2) & \text{当 } 0\leqslant x\leqslant 1\\ 0 & \text{其他}\end{cases},$$

$$f_Y(y)=\int_{-\infty}^{+\infty}f(x,y)\mathrm{d}x=\begin{cases}\int_{y}^{\sqrt{y}}6\mathrm{d}x=6(\sqrt{y}-y) & \text{当 } 0\leqslant y\leqslant 1\\ 0 & \text{其他}\end{cases}.$$

例 4 设$(X,Y)\sim N(\mu_1,\mu_2,\sigma_1^2,\sigma_2^2,\rho)$,求边缘概率密度$f_X(x)$,$f_Y(y)$.

解 (X,Y)的联合概率密度为

$$f(x,y)=\frac{1}{2\pi\sigma_1\sigma_2\sqrt{1-\rho^2}}\exp\left\{-\frac{1}{2(1-\rho^2)}\left[\frac{(x-\mu_1)^2}{\sigma_1^2}-2\rho\frac{(x-\mu_1)(y-\mu_2)}{\sigma_1\sigma_2}+\frac{(y-\mu_2)^2}{\sigma_2^2}\right]\right\},$$

其中,$\mu_1,\mu_2,\sigma_1,\sigma_2,\rho$都是常数,且$\sigma_1>0,\sigma_2>0,|\rho|<1$.

分别令$u=\frac{x-\mu_1}{\sigma_1}$,$v=\frac{x-\mu_2}{\sigma_2}$,可得:

$$f_X(x)=\frac{1}{\sqrt{2\pi}\sigma_1}\mathrm{e}^{-\frac{(x-\mu_1)^2}{2\sigma_1^2}},\ x\in\mathbf{R},\quad f_Y(y)=\frac{1}{\sqrt{2\pi}\sigma_2}\mathrm{e}^{-\frac{(y-\mu_2)^2}{2\sigma_2^2}},\ y\in\mathbf{R}.$$

从上述结果来看,二维正态分布的两个边缘分布是一维正态分布,并且都不依赖于参数ρ,亦即对于给定的$\mu_1,\mu_2,\sigma_1,\sigma_2$,不同的$\rho$对应不同的二维正态分布,但它们的边缘分布却都是一样的. 这一事实表明:一般来说,关于X和Y的边缘分布不能确定(X,Y)的联合分布.

§8.3 条件分布

条件分布是条件概率的推广. 在很多实际问题中,随机变量之间往往是彼此相互影响的,而条件分布正好是研究随机变量之间相互关系的一个有用工具.

8.3.1 二维离散型随机变量的条件分布律

定义 1 已知(X,Y)的联合分布律为$P\{X=x_i,Y=y_j\}=p_{ij}$, $i,j=1,2,\cdots$, (X,Y)的边缘分布律分别为$P\{X=x_i\}=p_{i\cdot}>0$, $i=1,2,\cdots$,$P\{Y=y_j\}=p_{\cdot j}>0$, $j=1,2,\cdots$,由条件概率的定义有

$$P\{X=x_i \mid Y=y_j\}=\frac{P[X=x_i, Y=y_j\}}{P\{Y=y_j\}}=\frac{p_{ij}}{p_{\cdot j}},\quad i=1,2,\cdots,\tag{8-3}$$

$$P\{Y=y_j \mid X=x_i\}=\frac{P\{X=x_i, Y=y_j\}}{P\{X=x_i\}}=\frac{p_{ij}}{p_{i\cdot}},\quad j=1,2,\cdots,\tag{8-4}$$

式(8-3)称为随机变量 X 在 $Y=y_j$ 条件下的**条件分布律**，式(8-4)称为随机变量 Y 在 $X=x_i$ 条件下的**条件分布律**.

例 1　把 2 个不同颜色的球随机地放入已经编好号的 3 个箱子内，设 X，Y 分别表示放入第 1,2 个箱子内球的个数，求 $Y=0$ 的条件下 X 的条件分布律.

解　利用古典概型中求解分配问题的方法，可得 $Y=0$ 的条件下 X 的条件分布律为

$$P\{X=0 \mid Y=0\}=\frac{P\{X=0, Y=0\}}{P\{Y=0\}}=\frac{1}{4},$$

$$P\{X=1 \mid Y=0\}=\frac{P\{X=1, Y=0\}}{P\{Y=0\}}=\frac{2}{4}=\frac{1}{2},$$

$$P\{X=2 \mid Y=0\}=\frac{P\{X=2, Y=0\}}{P\{Y=0\}}=\frac{1}{4},$$

即

X	0	1	2
$P\{X=x_i \mid Y=0\}$	0.25	0.5	0.25

8.3.2　二维连续型随机变量的条件概率密度

设(X,Y)的联合分布函数为 $F(x,y)$，联合概率密度为 $f(x,y)$，边缘概率密度为 $f_X(x)$和 $f_Y(y)$. 对于任意的 x，y，若 X 和 Y 是连续型随机变量，有 $P\{X=x\}=0$，$P\{Y=y\}=0$. 因此，不能直接由条件概率的定义引入二维连续型随机变量的条件分布函数. 为此，我们用极限的方法引入二维连续型随机变量条件分布函数的定义.

设 $f(x,y)$在点(x, y)处连续，$f_Y(y)$在点 y 处连续且 $f_Y(y)>0$，则

$$\begin{aligned}P\{X\leqslant x \mid Y=y\}&=\lim_{\varepsilon\to 0^+}P\{X\leqslant x \mid y-\varepsilon<Y\leqslant y\}=\lim_{\varepsilon\to 0^+}\frac{P\{X\leqslant x,\ y-\varepsilon<Y\leqslant y\}}{P\{y-\varepsilon<Y\leqslant y\}}\\&=\lim_{\varepsilon\to 0^+}\frac{F(x,\ y)-F(x,\ y-\varepsilon)}{F_Y(y)-F_Y(y-\varepsilon)}\\&=\lim_{\varepsilon\to 0^+}\frac{[F(x,\ y-\varepsilon)-F(x,\ y)]/(-\varepsilon)}{[F_Y(y-\varepsilon)-F_Y(y)]/(-\varepsilon)}\\&=\frac{\dfrac{\partial F(x,\ y)}{\partial y}}{\dfrac{\mathrm{d}F_Y(y)}{\mathrm{d}y}}=\frac{\int_{-\infty}^{x}f(u,\ y)\mathrm{d}u}{f_Y(y)}=\int_{-\infty}^{x}\frac{f(u,\ y)}{f_Y(y)}\mathrm{d}u.\end{aligned}$$

定义 2　设 $f(x,y)$在点(x, y)处连续，$f_Y(y)$在点 y 处连续且 $f_Y(y)>0$，则在

$Y=y$ 的条件下 X 的**条件分布函数与条件概率密度**分别为

$$F_{X|Y}(x|y)=\int_{-\infty}^{x}\frac{f(u,y)}{f_Y(y)}\mathrm{d}u,\ x\in\mathbf{R},\quad f_{X|Y}(x|y)=\frac{f(x,y)}{f_Y(y)},\ x\in\mathbf{R}.$$

同理，$f_X(x)$在点 x 处连续且 $f_X(x)>0$，则在 $X=x$ 的条件下 Y 的**条件分布函数与条件概率密度**分别为

$$F_{Y|X}(y|x)=\int_{-\infty}^{y}\frac{f(x,v)}{f_X(x)}\mathrm{d}v,\ y\in\mathbf{R},\quad f_{Y|X}(y|x)=\frac{f(x,y)}{f_X(x)},\ y\in\mathbf{R}.$$

注：如果已知边缘概率密度 $f_X(x)$，$f_Y(y)$和条件概率密度 $f_{X|Y}(x|y)$，$f_{Y|X}(y|x)$，则(X,Y)的联合概率密度为 $f(x,y)=f_{X|Y}(x|y)\cdot f_Y(y)=f_{Y|X}(y|x)\cdot f_X(x)$.

例 2 设(X,Y)的联合概率密度为 $f(x,y)=\begin{cases}\dfrac{1}{\pi} & 当\ x^2+y^2\leqslant 1,\\ 0 & 其他\end{cases}$，求 $f_{X|Y}(x|y)$.

解 $$f_Y(y)=\int_{-\infty}^{+\infty}f(x,y)\mathrm{d}x=\begin{cases}\dfrac{2\sqrt{1-y^2}}{\pi} & 当\ |y|\leqslant 1\\ 0 & 当\ |y|>1\end{cases}.$$

当 $|y|<1$ 时，$f_{X|Y}(x|y)=\dfrac{f(x,y)}{f_Y(y)}=\begin{cases}\dfrac{1}{2\sqrt{1-y^2}} & 当\ |x|\leqslant\sqrt{1-y^2}\\ 0 & 其他\end{cases}$.

例 3 已知(X,Y)的联合概率密度为 $f(x,y)=\begin{cases}\mathrm{e}^{-y} & 当\ x>0\quad y>x\\ 0 & 其他\end{cases}$，求$P\{X>2|Y<4\}$.

解 由已知 $G=\{(x,y)|x>0,\ y>x\}$，设 $D=\{(x,y)|x>2,\ y<4\}$，因为

$$f_Y(y)=\begin{cases}\displaystyle\int_0^y \mathrm{e}^{-y}\mathrm{d}x=y\mathrm{e}^{-y} & 当\ y>0\\ 0 & 当\ y\leqslant 0\end{cases},$$

$$P\{X>2,Y<4\}=\iint\limits_{G\cap D}f(x,y)\mathrm{d}x\mathrm{d}y=\int_2^4\mathrm{d}x\int_x^4\mathrm{e}^{-y}\mathrm{d}y$$

$$=-\int_2^4(\mathrm{e}^{-4}-\mathrm{e}^{-x})\mathrm{d}x=\mathrm{e}^{-2}-3\mathrm{e}^{-4},$$

$$P\{Y<4\}=\int_{-\infty}^4 f_Y(y)\mathrm{d}y=\int_0^4 y\mathrm{e}^{-y}\mathrm{d}y=1-5\mathrm{e}^{-4},$$

所以 $$P\{X>2|Y<4\}=\frac{P\{X>2,Y<4\}}{P\{Y<4\}}=(\mathrm{e}^{-2}-3\mathrm{e}^{-4})/(1-5\mathrm{e}^{-4}).$$

§8.4 随机变量的独立性

8.4.1 随机变量独立性的定义

定义 设 $F(x,y)$及 $F_X(x)$，$F_Y(y)$分别是二维随机变量(X,Y)的联合分布函

数及边缘分布函数，若对任意实数 x，y，有 $P\{X\leqslant x,Y\leqslant y\}=P\{X\leqslant x\}P\{Y\leqslant y\}$，即

$$F(x,y)=F_X(x)F_Y(y),$$

则称随机变量 X 和 Y 相互独立.

8.4.2 二维离散型随机变量的独立性

设二维离散型随机变量(X,Y)的联合分布律与边缘分布律分别是

$$P\{X=x_i,Y=y_j\}=p_{ij}\quad(i,j=1,2,\cdots)\quad P\{X=x_i\}=p_{i\cdot}\quad(i=1,2,\cdots),$$

$$P\{Y=y_j\}=p_{\cdot j}\quad(j=1,2,\cdots),$$

则随机变量 X 和 Y 相互独立的充分必要条件是对于(X,Y)所有可能的取值(x_i,y_i)，有

$$P\{x=x_i,y=y_j\}=P\{x=x_i\}P\{y=y_j\},$$

即

$$p_{ij}=p_{i\cdot}\cdot p_{\cdot j},\quad i=1,2,\cdots,j=1,2,\cdots.$$

例 1 设(X,Y)的联合分布律如下，问 X 和 Y 是否相互独立.

X \ Y	0.4	0.8
2	0.15	0.05
5	0.30	0.12
8	0.35	0.03

解 关于 X 和 Y 的边缘分布律如下表

X \ Y	0.4	0.8	$P\{X=x_i\}$
2	0.15	0.05	0.2
5	0.30	0.12	0.42
8	0.35	0.03	0.38
$P\{Y=y_j\}$	0.8	0.2	1

因 $P\{X=2\}P\{Y=0.4\}=0.2\times0.8=0.16\neq0.15=P\{X=2,Y=0.4\}$，故 X 和 Y 不相互独立.

8.4.3 二维连续型随机变量的独立性

设二维连续型随机变量(X,Y)的联合概率密度与边缘概率密度分别是 $f(x,$

$y)$,$f_X(x)$,$f_Y(y)$,则随机变量 X 和 Y 相互独立的充分必要条件是对任意实数 x,y,$f(x,y)=f_X(x)f_Y(y)$几乎处处成立.

注:几乎处处成立的含义是,平面上除去"面积"为零的集合以外,处处成立.

8.2 节例 3、例 4 中 $f(x,y)\neq f_X(x)f_Y(y)$,所以两题中的 X 和 Y 都不相互独立.

例 2 设 $X\sim U(0,1)$,$Y\sim U(0,1)$,且 X 和 Y 相互独立,求关于 x 的二次方程 $x^2+2Xx+Y=0$ 有实根的概率.

解 X 和 Y 的概率密度分别是

$$f_X(x)=\begin{cases}1 & \text{当 } 0<x<1 \\ 0 & \text{其他}\end{cases},\quad f_Y(y)=\begin{cases}1 & \text{当 } 0<y<1 \\ 0 & \text{其他}\end{cases},$$

又 X 和 Y 相互独立,故

$$f(x,y)=f_X(x)f_Y(y)=\begin{cases}1 & \text{当 } 0<x<1,0<y<1 \\ 0 & \text{其他}\end{cases},$$

方程 $x^2+2Xx+Y=0$ 有实根的条件是 $\Delta=4X^2-4Y\geqslant 0$,即 $Y\leqslant X^2$,从而所求即

$$P\{Y\leqslant X^2\}=\int_0^1 \mathrm{d}x\int_0^{x^2}\mathrm{d}y=\int_0^1 x^2\,\mathrm{d}x=\frac{1}{3}.$$

例 3 设$(X,Y)\sim N(\mu_1,\mu_2,\sigma_1^2,\sigma_2^2,\rho)$,证明 X 与 Y 相互独立的充分必要条件是 $\rho=0$.

解 由 8.2 节例 4 知,

$$f_X(x)=\frac{1}{\sqrt{2\pi}\sigma_1}\mathrm{e}^{-\frac{(x-\mu_1)^2}{2\sigma_1^2}},\ x\in\mathbf{R},\quad f_Y(y)=\frac{1}{\sqrt{2\pi}\sigma_2}\mathrm{e}^{-\frac{(y-\mu_2)^2}{2\sigma_2^2}},\ y\in\mathbf{R},$$

于是$f_X(x)f_Y(y)=\frac{1}{\sqrt{2\pi}\sigma_1}\mathrm{e}^{-\frac{(x-\mu_1)^2}{2\sigma_1^2}}\cdot\frac{1}{\sqrt{2\pi}\sigma_2}\mathrm{e}^{-\frac{(y-\mu_2)^2}{2\sigma_2^2}}=\frac{1}{2\pi\sigma_1\sigma_2}\mathrm{e}^{-\left[\frac{(x-\mu_1)^2}{2\sigma_1^2}+\frac{(y-\mu_2)^2}{2\sigma_2^2}\right]}$,

比较 $f(x,y)$的表达式:

$$f(x,y)=\frac{1}{2\pi\sigma_1\sigma_2\sqrt{1-\rho^2}}\exp\left\{-\frac{1}{2(1-\rho^2)}\left[\frac{(x-\mu_1)^2}{\sigma_1^2}-2\rho\frac{(x-\mu_1)(y-\mu_2)}{\sigma_1\sigma_2}+\frac{(y-\mu_2)^2}{\sigma_2^2}\right]\right\},$$

由 $f(x,y)=f_X(x)f_Y(y)$,可知 X 与 Y 相互独立的充分必要条件是 $\rho=0$.

§ 8.5 二维随机变量函数的分布

求解二维随机变量函数的分布与求解一维随机变量函数的分布方法是类似的,但是前者比后者更复杂.因此,我们仅对几种特殊的情形加以讨论.

8.5.1 二维离散型随机变量函数的分布

例 1 设(X,Y)的联合分布律为

X \ Y	0	1	2
0	0.16	0.24	0.38
1	0.02	0.07	0.13

求下列随机变量的分布律:(1)$Z_1=X+Y$;(2)$Z_2=XY$;(3)$Z_3=\max\{X, Y\}$.

解　(1) Z_1 可能的取值为 0,1,2,3,于是

$$P\{Z_1=0\}=P\{X+Y=0\}=P\{X=0, Y=0\}=0.16,$$
$$P\{Z_1=1\}=P\{X+Y=1\}=P\{X=0, Y=1\}+P\{X=1, Y=0\}=0.26,$$
$$P\{Z_1=2\}=P\{X+Y=2\}=P\{X=1, Y=1\}+P\{X=0, Y=2\}=0.45,$$
$$P\{Z_1=3\}=P\{X+Y=3\}=P\{X=1, Y=2\}=0.13,$$

即

Z_1	0	1	2	3
p_k	0.16	0.26	0.45	0.13

(2) Z_2 可能的取值为 0,1,2,于是

$$\begin{aligned}P\{Z_2=0\}&=P\{XY=0\}\\&=P\{X=0, Y=0\}+P\{X=0, Y=1\}+\\&\quad P\{X=0, Y=2\}+P\{X=1, Y=0\}=0.8,\end{aligned}$$
$$P\{Z_2=1\}=P\{XY=1\}=P\{X=1, Y=1\}=0.07,$$
$$P\{Z_2=2\}=P\{XY=2\}=P\{X=1, Y=2\}=0.13,$$

即

Z_2	0	1	2
p_k	0.8	0.07	0.13

(3) Z_3 可能的取值为 0,1,2,于是

$$P\{Z_3=0\}=P\{\max(X, Y)=0\}=P\{X=0, Y=0\}=0.16,$$
$$\begin{aligned}P\{Z_3=1\}&=P\{\max(X, Y)=1\}\\&=P\{X=1, Y=1\}+P\{X=0, Y=1\}+P\{X=1, Y=0\}=0.33,\end{aligned}$$
$$P\{Z_2=2\}=P\{\max(X, Y)=2\}=P\{X=0, Y=2\}+P\{X=1, Y=2\}=0.51,$$

即

Z_3	0	1	2
p_k	0.16	0.33	0.51

8.5.2 二维连续型随机变量函数的分布

1. $Z=X+Y$ 的分布

设(X,Y)的联合概率密度为 $f(x,y)$，$G=\{(x,y)\mid x+y\leqslant z\}$，则 $Z=X+Y$ 的分布函数为 $F_Z(z)=P\{Z\leqslant z\}=\iint\limits_G f(x,y)\mathrm{d}x\mathrm{d}y$，积分区域 G 如图 8-4 所示.

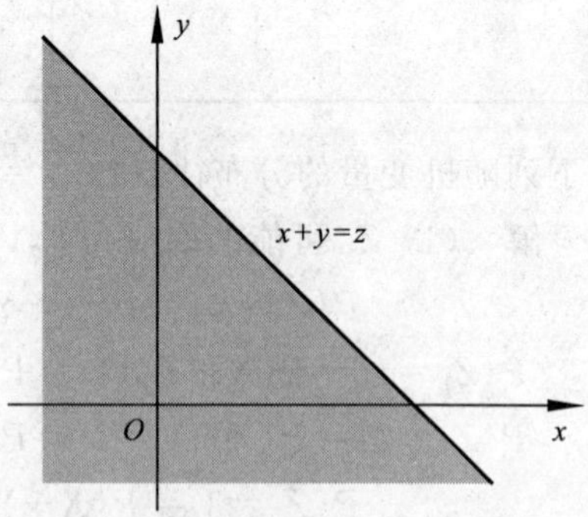

图 8-4

$$F_Z(z)=\int_{-\infty}^{+\infty}\mathrm{d}x\int_{-\infty}^{z-x}f(x,y)\mathrm{d}y.$$

令 $y=u-x$，$\mathrm{d}y=\mathrm{d}u$，于是

$$\int_{-\infty}^{z-x}f(x,y)\mathrm{d}y=\int_{-\infty}^{z}f(x,u-x)\mathrm{d}u,$$

故

$$F_Z(z)=\int_{-\infty}^{+\infty}\mathrm{d}x\int_{-\infty}^{z}f(x,u-x)\mathrm{d}u=\int_{-\infty}^{z}\left[\int_{-\infty}^{+\infty}f(x,u-x)\mathrm{d}x\right]\mathrm{d}u.$$

上式对 z 求导，即得 Z 的概率密度

$$f_Z(z)=\int_{-\infty}^{+\infty}f(x,z-x)\mathrm{d}x.$$

由 X,Y 的对称性，$f_Z(z)$又可写成

$$f_Z(z)=\int_{-\infty}^{+\infty}f(z-y,y)\mathrm{d}y.$$

特别地，当 X 与 Y 相互独立时，我们可得**卷积公式**：

$$f_Z(z)=\int_{-\infty}^{+\infty}f_X(z-y)f_Y(y)\mathrm{d}y$$

或
$$f_Z(z)=\int_{-\infty}^{+\infty}f_X(x)f_Y(z-x)\mathrm{d}x.$$

例 2 设(X,Y)的联合概率密度为 $f(x,y)=\begin{cases}\mathrm{e}^{-y} & 当\ 0<x<1,\ y>0\\ 0 & 其他\end{cases}$，求 $Z=X+Y$的概率密度 $f_Z(z)$.

解 根据公式 $f_Z(z)=\int_{-\infty}^{+\infty}f(x,z-x)\mathrm{d}x$ 及 $f(x,y)$的定义得 $f(x,z-x)$的非零区域为$\begin{cases}0\leqslant x\leqslant 1\\ z-x>0\end{cases}$，即$\begin{cases}0\leqslant x\leqslant 1\\ x<z\end{cases}$.

由图 8-5 知

$$f_Z(z)=\begin{cases}\int_0^z \mathrm{e}^{-(z-x)}\mathrm{d}x & 当\ 0<z<1\\ \int_0^1 \mathrm{e}^{-(z-x)}\mathrm{d}x & 当\ z\geqslant 1\\ 0 & 当\ z\leqslant 0\end{cases},$$

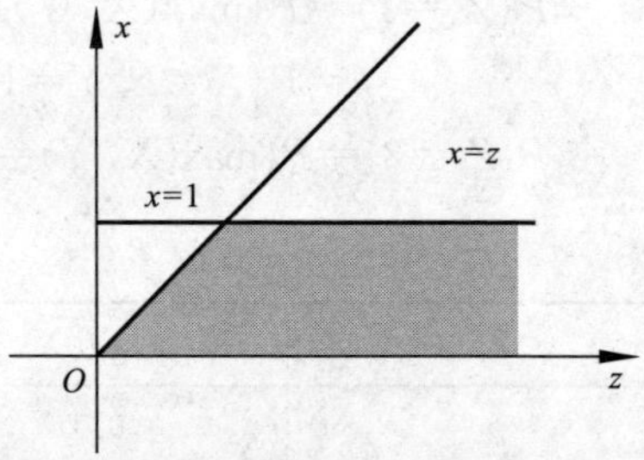

图 8-5

即
$$f_Z(z)=\begin{cases}1-\mathrm{e}^{-z} & \text{当 } 0<z<1\\ (\mathrm{e}-1)\mathrm{e}^{-z} & \text{当 } z\geqslant 1\\ 0 & \text{当 } z\leqslant 0\end{cases}.$$

例 3　某型号战斗机中有两台独立且相同的发动机，每台发动机无故障工作时间服从参数为 5 的指数分布，首先开动其中一台，当其发生故障时停用而另一台自行开动. 试求两台发动机无故障工作的总时间 T 的概率密度函数 $f_T(t)$.

解　设第一台和第二台无故障工作时间分别为 T_1 和 T_2，它们的概率密度为
$$f_{T_1}(t)=f_{T_2}(t)=\begin{cases}5\mathrm{e}^{-5t} & \text{当 } t>0\\ 0 & \text{当 } t\leqslant 0\end{cases},$$
而 $T=T_1+T_2$ 且 T_1 和 T_2 相互独立，由卷积公式得：
$$f_T(t)=\int_{-\infty}^{+\infty}f_{T_1}(x)f_{T_2}(t-x)\mathrm{d}x,$$
$f_{T_1}(x)f_{T_2}(t-x)$ 表达式的非零区域为 $\begin{cases}x>0\\ t-x>0\end{cases}$，即 $\begin{cases}x>0\\ x<t\end{cases}$，
$$f_T(t)=\int_{-\infty}^{+\infty}f_{T_1}(x)f_{T_2}(t-x)\mathrm{d}x=\begin{cases}\int_0^t 5\mathrm{e}^{-5x}\cdot 5\mathrm{e}^{-5(t-x)}\mathrm{d}x & \text{当 } t>0\\ 0 & \text{当 } t\leqslant 0\end{cases},$$
所以，两台发动机无故障工作的总时间 T 的概率密度为
$$f_T(t)=\begin{cases}25t\mathrm{e}^{-5t} & \text{当 } t>0\\ 0 & \text{当 } t\leqslant 0\end{cases}.$$

例 4　设 X 与 Y 相互独立且都服从标准正态分布 $N(0,1)$，求 $Z=X+Y$ 的概率密度 $f_Z(z)$.

解　由题意知，X 与 Y 的概率密度分别为
$$f_X(x)=\frac{1}{\sqrt{2\pi}}\mathrm{e}^{-\frac{x^2}{2}},\quad -\infty<x<+\infty,\quad f_Y(y)=\frac{1}{\sqrt{2\pi}}\mathrm{e}^{-\frac{y^2}{2}},\quad -\infty<y<+\infty.$$
由卷积公式
$$\begin{aligned}f_Z(z)&=\int_{-\infty}^{+\infty}f_X(x)f_Y(z-x)\mathrm{d}x\\ &=\frac{1}{2\pi}\int_{-\infty}^{+\infty}\mathrm{e}^{-\frac{x^2}{2}}\cdot\mathrm{e}^{-\frac{(z-x)^2}{2}}\mathrm{d}x=\frac{1}{2\pi}\mathrm{e}^{-\frac{z^2}{4}}\int_{-\infty}^{+\infty}\mathrm{e}^{-\left(x-\frac{z}{2}\right)^2}\mathrm{d}x.\end{aligned}$$
令 $t=x-\dfrac{z}{2}$，则 $f_Z(z)=\dfrac{1}{2\pi}\mathrm{e}^{-\frac{z^2}{4}}\displaystyle\int_{-\infty}^{+\infty}\mathrm{e}^{-t^2}\mathrm{d}t=\dfrac{1}{2\sqrt{\pi}}\mathrm{e}^{-\frac{z^2}{4}}$，即 $Z\sim N(0,2)$.

事实上，一般的正态分布也具有可加性，并有以下结论：

定理 1　设 $X_1\sim N(\mu_1,\sigma_1^2)$，$X_2\sim N(\mu_2,\sigma_2^2)$，且 X_1 与 X_2 相互独立，则 $X_1+X_2\sim N(\mu_1+\mu_2,\sigma_1^2+\sigma_2^2)$.

这个结论还可以推广到以下的一般情况：

定理 2　设 $X_1,X_2,\cdots,X_n$ 相互独立，且 $X_i\sim N(\mu_i,{\sigma_i}^2)(i=1,2,\cdots,n)$，则对

于任意不全为零的常数 $C_1, C_2, \cdots, C_n$，有 $U=C_1X_1+C_2X_2+\cdots+C_nX_n$ 仍服从正态分布，且 $U\sim N(C_1\mu_1+C_2\mu_2+\cdots+C_n\mu_n, C_1{}^2\sigma_1^2+C_2{}^2\sigma_2^2+\cdots+C_n{}^2\sigma_n^2)$.

2. $Z_1=\max(X,Y)$ 及 $Z_2=\min(X,Y)$ 的分布

设 X,Y 是两个互相独立的随机变量，它们的分布函数分别为 $F_X(x)$，$F_Y(y)$，对于任意实数 z，$\{Z\leqslant z\}=\{\max(X, Y)\leqslant z\}=\{(X\leqslant z)\cap(Y\leqslant z)\}$，由 X,Y 的独立性得 Z_1 的分布函数为

$$\begin{aligned}F_{\max}(z)&=P\{Z_1\leqslant z\}=P\{(X\leqslant z)\cap(Y\leqslant z)\}=P\{X\leqslant z\}\cdot P\{Y\leqslant z\}\\&=F_X(z)F_Y(z),\end{aligned}$$

类似可得 Z_2 的分布函数为

$$\begin{aligned}F_{\min}(z)&=P\{Z_2\leqslant z\}=P\{\min(X, Y)\leqslant z\}=1-P\{\min(X, Y)>z\}\\&=1-P\{(X>z)\cap(Y>z)\}=1-P\{X>z\}\cdot P\{Y>z\}\\&=1-[1-P\{X\leqslant z\}][1-P\{Y\leqslant z\}]\\&=1-[1-F_X(z)][1-F_Y(z)].\end{aligned}$$

以上结果可以推广到任意 n 个相互独立的随机变量的情况：

设 $X_1, X_2, \cdots, X_n$ 是 n 个互相独立的随机变量，它们的分布函数分别为 $F_{X_1}(x_1)$，$F_{X_1}(x_1)$，$F_{X_2}(x_2)$，$\cdots$，$F_{X_n}(x_n)$，令 $Z_1=\max(X_1, X_2, \cdots, X_n)$，$Z_2=\min(X_1, X_2, \cdots, X_n)$，则 Z_1 的分布函数为

$$F_{\max}(z)=F_{X_1}(z)F_{X_2}(z)\cdots F_{X_n}(z),$$

Z_2 的分布函数为

$$F_{\min}(z)=1-[1-F_{X_1}(z)][1-F_{X_2}(z)]\cdots[1-F_{X_n}(z)].$$

特别地，当 $X_1, X_2, \cdots, X_n$ 相互独立且具有相同的分布函数 $F(x)$ 时，有

$$F_{\max}(z)=[F(z)]^n,\quad F_{\min}(z)=1-[1-F(z)]^n.$$

例 5 设某种型号的电子元件的寿命(单位：h)近似服从正态分布 $N(160, 20^2)$，随机选取 4 个，求其中没有一只寿命小于 180 h 的概率.

解 随机选取的 4 个该型号的电子元件寿命分别记为 T_1, T_2, T_3, T_4，$T_i\sim N(160,20^2)$，$i=1,2,3,4$，其分布函数都是 $F(t)$，令 $T=\min(T_1,T_2,T_3,T_4)$，则 $F_T(t)=P\{T\leqslant t\}=1-[1-F(t)]^4$. 于是 $P\{T\geqslant 180\}=1-P\{T<180\}=[1-F(180)]^4$. 又 $F(180)=\Phi\left(\dfrac{180-160}{20}\right)=\Phi(1)$，故所求的概率为 $P\{T\geqslant 180\}=[1-\Phi(1)]^4=(0.158\,7)^4$.

习 题 8

1. 单项选择题：

(1) 下列函数中，可以作为二维连续型随机变量的联合概率密度函数的是(　　).

A. $f(x,y)=\begin{cases}\cos x & 当 -\frac{\pi}{2}\leqslant x\leqslant\frac{\pi}{2},0\leqslant y\leqslant 1\\ 0 & 其他\end{cases}$

B. $g(x,y)=\begin{cases}\cos x & 当 -\frac{\pi}{2}\leqslant x\leqslant\frac{\pi}{2},0\leqslant y\leqslant 1/2\\ 0 & 其他\end{cases}$

C. $\varphi(x,y)=\begin{cases}\cos x & 当\ 0\leqslant x\leqslant\pi,0\leqslant y\leqslant 1\\ 0 & 其他\end{cases}$

D. $h(x,y)=\begin{cases}\cos x & 当\ 0\leqslant x\leqslant\pi,0\leqslant y\leqslant 1/2\\ 0 & 其他\end{cases}$

(2) 下列叙述中错误的是(　　).

A. 联合分布决定边缘分布

B. 边缘分布不能决定决定联合分布

C. 两个随机变量各自的联合分布不同,但边缘分布可能相同

D. 边缘分布之积即为联合分布

(3) 设随机变量 X_i 的分布为 $X_i\sim\begin{pmatrix}-1 & 0 & 1\\ \frac{1}{4} & \frac{1}{2} & \frac{1}{4}\end{pmatrix}(i=1,2)$ 且 $P\{X_1X_2=0\}=1$,则 $P\{X_1=X_2\}=$(　　).

A. 0　　B. $\frac{1}{4}$

C. $\frac{1}{2}$　　D. 1

(4) 同时掷两颗均匀的骰子,分别以 X,Y 表示第 1 颗和第 2 颗骰子出现的点数,则(　　).

A. $P\{X=i,Y=j\}=\frac{1}{36},i,j=1,2,\cdots,6$　　B. $P\{X=Y\}=\frac{1}{36}$

C. $P\{X\neq Y\}=\frac{1}{2}$　　D. $P\{X\leqslant Y\}=\frac{1}{2}$

(5) 设(X,Y)的联合概率密度函数为

$$f(x,y)=\begin{cases}6x^2y & 当\ 0\leqslant x\leqslant 1,0\leqslant y\leqslant 1\\ 0 & 其他\end{cases},$$

则下面错误的是(　　).

A. $P\{X\geqslant 0\}=1$　　B. $P\{X\leqslant 0\}=0$

C. X,Y 不独立

D. 随机点(X,Y)落在 $D=\{(x,y)\mid 0\leqslant x\leqslant 1,0\leqslant y\leqslant 1\}$内的概率为 1

(6) 接上题,设 G 为一平面区域,则下列结论中错误的是(　　).

A. $P\{(X,Y)\in G\}=\iint\limits_G f(x,y)\mathrm{d}x\mathrm{d}y$　　B. $P\{(X,Y)\in G\}=\iint\limits_G 6x^2y\mathrm{d}x\mathrm{d}y$

C. $P\{X\geqslant Y\}=\int_0^1 dx\int_0^x 6x^2 y dy$　　D. $P\{(X\geqslant Y)\}=\iint\limits_{x\geqslant y} f(x,y)dxdy$

(7) 设(X,Y)服从二维正态分布$N(\mu_1,\mu_2,\sigma_1^2,\sigma_2^2,\rho)$，则以下错误的是(　　).

A. $X\sim N(\mu_1,\sigma_1^2)$

B. $X\sim N(\mu_1,\sigma_2^2)$

C. 若$\rho=0$，则X,Y独立

D. 若随机变量$S\sim N(\mu_1,\sigma_1^2)$，$T\sim N(\mu_2,\sigma_2^2)$，则$(S,T)$不一定服从二维正态分布

(8) 设随机变量X和Y相互独立，其联合分布律如下表，则(　　).

Y \ X	1	2	3
1	0.18	0.30	0.12
2	α	β	0.08

A. $\alpha=0.1,\beta=0.22$　　B. $\alpha=0.22,\beta=0.1$

C. $\alpha=0.2,\beta=0.12$　　D. $\alpha=0.12,\beta=0.2$

(9) 设X和Y相互独立且有相同的分布(见下表)，则下列正确的是(　　).

X	-1	1
p_k	1/2	1/2

A. $X=Y$　　B. $P\{X=Y\}=1$

C. $P\{X=Y\}=1/2$　　D. $P\{X=Y\}=1/4$

(10) 设随机变量ξ和η相互独立，分布函数分别为$F_\xi(x)$与$F_\eta(y)$，则$\zeta=\max(\xi,\eta)$的分布函数$F_\zeta(z)=$(　　).

A. $\max\{F_\xi(z),F_\eta(z)\}$　　B. $F_\xi(z)F_\eta(z)$

C. $\frac{1}{2}[F_\xi(z)+F_\eta(z)]$　　D. $F_\xi(z)+F_\eta(z)-F_\xi(z)F_\eta(z)$

2. 填空题：

(1) 已知(ξ,η)的联合分布函数为$F(x,y)=P\{\xi\leqslant x,\eta\leqslant y\}$，如果用$F(x,y)$来表示概率，则$P\{\xi>1,\eta>0\}=$________________.

(2) 设随机变量X和Y相互独立，且它们的概率密度函数分别是$f_X(x)=\begin{cases}2x & 当\ 0<x<1\\ 0 & 其他\end{cases}$和$f_Y(y)=\begin{cases}e^{-y} & 当\ y>0\\ 0 & 其他\end{cases}$，则关于$t$的二次方程$t^2-2Xt+Y=0$有实根的概率为______.

(3) 设平面区域D由曲线$y=\frac{1}{x}$及直线$y=0,x=1,x=e^2$所围成，二维随机

变量(X,Y)在区域D上服从均匀分布，则(X,Y)的联合概率密度函数为________.

(4) 设$(X,Y)\sim N(\mu_1,\mu_2,\sigma_1^2,\sigma_2^2,\rho)$，则$X,Y$相互独立当且仅当$\rho=$________.

(5) 设X,Y相互独立且具有同一分布律，且X的分布律为$P\{X=0\}=\frac{1}{2}$，$P\{X=1\}=\frac{1}{2}$，则$Z=\max\{X,Y\}$的分布律为____________.

(6) 设X_1,X_2,X_3相互独立且服从两点分布$\begin{pmatrix}0 & 1\\ 0.8 & 0.2\end{pmatrix}$，则$X=\sum\limits_{i=1}^{3}X_i$服从________分布.

(7) 设随机变量X和Y，$P\{X>1,Y>0\}=\frac{3}{7}$，$P\{X\geqslant 0\}=P\{Y\geqslant 0\}=\frac{4}{7}$，则$P\{\max\{X,Y\}\geqslant 0\}=$________.

(8) 设某班车起点站上车人数X服从参数为$\lambda(\lambda>0)$的泊松分布，每位乘客在中途下车的概率为$p(0<p<1)$，且中途下车与否相互独立，以Y表示在中途下车的人数，则在发车时有n个乘客的条件下，中途有m人下车的概率为________.

(9) 假设一设备开机后无故障工作的时间X服从参数为 1/5 的指数分布，设备定时开机，出现故障时自动关机，而在无故障时工作 2 h 便关机，则该设备每次开机无故障工作的时间Y的分布函数为____________________.

(10) 设X,Y相互独立且都服从正态分布$N\left(\mu,\frac{1}{2}\right)$，若$P\{X+Y\leqslant 1\}=\frac{1}{2}$，则$\mu=$________.

3. 将一硬币抛掷三次，以X表示在三次中出现正面的次数，以Y表示三次中出现正面次数与出现反面次数之差的绝对值. 求(X, Y)的联合分布律.

4. 盒子里装有 3 个黑球、2 个红球、2 个白球，在其中任取 4 个球，以X表示取到黑球的个数，以Y表示取到红球的个数. 求(X, Y)的联合分布律.

5. 设(X, Y)的联合分布函数为$F(x, y)=\begin{cases}\sin x\sin y & 当\ 0\leqslant x\leqslant\frac{\pi}{2},0\leqslant y\leqslant\frac{\pi}{2}\\ 0 & 其他\end{cases}$，求$(X, Y)$在矩形区域$G=\left\{(x, y)\mid 0<x\leqslant\frac{\pi}{4},\frac{\pi}{6}<y\leqslant\frac{\pi}{3}\right\}$内取值的概率.

6. 设(X, Y)的联合概率密度为$f(x, y)=\begin{cases}A\mathrm{e}^{-(3x+4y)} & 当\ x>0,y>0\\ 0 & 其他\end{cases}$. (1)求常数$A$；(2)求$(X, Y)$的联合分布函数$F(x, y)$；(3)求$P\{0\leqslant X<1,\ 0\leqslant Y<2\}$.

7. 设(X, Y)的联合概率密度为$f(x, y)=\begin{cases}k(6-x-y) & 当\ 0<x<2,2<y<4\\ 0 & 其他\end{cases}$. (1) 求常数$k$；(2) 求$P\{X<1,\ Y<3\}$；(3) 求$P\{X<1.5\}$；(4) 求$P\{X+Y\leqslant 4\}$.

8. 设X和Y相互独立，X在$(0,0.2)$上服从均匀分布，Y的概率密度为$f_Y(y)=$

$\begin{cases}5e^{-5y} & 当 y>0 \\ 0 & 其他\end{cases}$.(1)求 X 与 Y 的联合概率密度 $f(x, y)$;(2)求 $P\{Y\leqslant X\}$.

9. 设(X,Y)的联合概率密度为 $f(x, y)=\begin{cases}4.8y(2-x) & 当 0\leqslant x\leqslant 1,0\leqslant y\leqslant x \\ 0 & 其他\end{cases}$,求$(X, Y)$的边缘概率密度 $f_X(x)$, $f_Y(y)$.

10. 设(X, Y)的联合概率密度为 $f(x,y)=\begin{cases}e^{-y} & 当 0<x<y \\ 0 & 其他\end{cases}$,求$(X, Y)$的边缘概率密度 $f_X(x)$, $f_Y(y)$.

11. 设(X, Y)的联合概率密度为 $f(x,y)=\begin{cases}cx^2y & 当 x^2\leqslant y\leqslant 1 \\ 0 & 其他\end{cases}$.(1) 求常数 c;(2) 求(X, Y)的边缘概率密度 $f_X(x)$, $f_Y(y)$.

12. 设(X, Y)的联合概率密度为 $f(x,y)=\begin{cases}1 & 当 |y|<x,0<x<1 \\ 0 & 其他\end{cases}$,求$(X, Y)$的条件概率密度 $f_{Y|X}(y|x)$, $f_{X|Y}(x|y)$.

13. 设 X 与 Y 相互独立且分别具有下列的分布律:

X	-2	-1	0	0.5
p_k	$\frac{1}{4}$	$\frac{1}{3}$	$\frac{1}{12}$	$\frac{1}{3}$

Y	-0.5	1	3
p_k	$\frac{1}{2}$	$\frac{1}{4}$	$\frac{1}{4}$

求(X, Y)的联合分布律(列表格).

14. 袋中有五个号码1,2,3,4,5,从中任取三个,记这三个号码中最小的号码为 X,最大的号码为 Y.(1) 求 X 与 Y 的联合分布律;(2)问 X 与 Y 是否相互独立.

15. 设 X 与 Y 的联合分布律为

X \ Y	0	1
0	$\frac{2}{25}$	b
1	a	$\frac{3}{25}$
2	$\frac{1}{25}$	$\frac{2}{25}$

且 $P\{Y=1|X=0\}=\frac{3}{5}$.(1) 求常数 a,b;(2)判断 X 与 Y 是否相互独立.

16. 设 X 和 Y 相互独立,X 在(0,1)上服从均匀分布,Y 的概率密度为 $f_Y(y)=\begin{cases}\frac{1}{2}e^{-y/2} & 当 y>0, \\ 0 & 其他\end{cases}$.(1)求$(X, Y)$的联合概率密度 $f(x,y)$;(2) 求二次方程

$a^2+2Xa+Y=0$ 有实根的概率.

17. 已知(X, Y)的联合概率密度为 $f(x, y)=\begin{cases} k(1-x)y & 当\ 0<x<1,\ 0<y<x \\ 0 & 其他 \end{cases}$.

(1)求常数 k;(2)求边缘概率密度 $f_X(x)$, $f_Y(y)$;(3)问 X 与 Y 是否独立.

18. 设(X,Y)的联合概率密度为 $f(x,y)=\begin{cases} 6x & 当\ 0\leqslant x\leqslant 1,\ x\leqslant y\leqslant 1 \\ 0 & 其他 \end{cases}$,求 $Z=X+Y$的概率密度 $f_Z(z)$.

19. 已知 X 与 Y 的概率密度分别为 $f_X(x)=\begin{cases} 1 & 当\ 0<x<1 \\ 0 & 其他 \end{cases}$ 和 $f_Y(y)=\begin{cases} \mathrm{e}^{-y} & 当\ y>0 \\ 0 & 其他 \end{cases}$,设 X 与 Y 相互独立,求:(1)$P\{Y\leqslant X\}$;(2)$Z=X+Y$ 的概率密度 $f_Z(z)$.

20. 雷达的圆形屏幕半径为 R,设目标出现点(X, Y)在屏幕上服从均匀分布.(1)求 $P\{Y>0|Y>X\}$;(2)设 $M=\max(X,Y)$,求 $P\{M>0\}$.

第 9 章　随机变量的数字特征

前面两章讨论了随机变量的分布函数.我们知道,随机变量的分布函数能完整地描述随机变量的统计特性,但是,随机变量的分布函数并不容易求得,而且在一些实际或理论问题中,也不需要全面描述随机变量,不需要求出它的分布函数,只需要了解它的几个数字特征即可.例如:比较两个班级学生的课程的学习成绩时,往往比较的是该课程每班各自的平均成绩.又如:在评估某种火炮杀伤力时,我们只需要知道落在目标区域的平均炮弹数及这些炮弹与目标的偏离程度.实际上,描述随机变量的平均值和偏离程度的某些数字特征在理论和实践上都具有重要的意义,它们能更简洁、更清晰和更实用地反映出随机变量的本质.

本章将要讨论的随机变量的常用数字特征包括数学期望、方差、相关系数、矩.

§9.1　数学期望

在引入数学期望的概念前,先看下面的例子.

设某个地区的人口总数为 S,其中 1/5 的人月收入为 8 千元,2/5 的人月收入为 6 千元,3/10 的人月收入为 4 千元,1/10 的人月收入为 2 千元,则该地区的人均收入为这个地区人们的总收入除以这个地区的总人口数,即

$$\frac{\frac{1}{5}S\times8+\frac{2}{5}S\times6+\frac{3}{10}S\times4+\frac{1}{10}S\times2}{S}=\frac{1}{5}\times8+\frac{2}{5}\times6+\frac{3}{10}\times4+\frac{1}{10}\times2=5.4(\text{千元}).$$

我们换个角度考虑这个问题.不妨设该地区的人们的收入为随机变量 X,则 X 的分布律为

X	2	4	6	8
p_k	$\frac{1}{10}$	$\frac{3}{10}$	$\frac{2}{5}$	$\frac{1}{5}$

这样,这个地区人们的平均收入就是以概率为权的随机变量的加权平均值.

9.1.1　离散型随机变量的数学期望

定义 1　设离散型随机变量 X 的分布律为

$$P\{X=x_k\}=p_k,\quad k=1,2,\cdots.$$

若级数 $\sum_{k=1}^{\infty} x_k p_k$ 绝对收敛，则称级数 $\sum_{k=1}^{\infty} x_k p_k$ 的和为随机变量 X 的**数学期望**，记为 $E(X)$，即

$$E(X)=\sum_{k=1}^{\infty} x_k p_k. \tag{9-1}$$

数学期望简称**期望**，又称**均值**.

数学期望 $E(X)$ 是随机变量的重要数字特征之一，它表示的是随机变量取值的平均值，即重心位置，因此 $E(X)$ 也被称为“均值”. 实际应用中，经常会遇到求解“均值”的问题. 例如：已知某种元件的寿命分布，希望了解该元件的平均寿命.

注：(1) $E(X)$ 是一个实数，而非变量，它是一种加权平均，与一般的平均值不同，它从本质上体现了随机变量 X 取可能值的真正的平均值.

(2) 级数的绝对收敛性保证了级数的和不随级数各项次序的改变而改变，之所以这样要求，是因为数学期望是反映随机变量 X 取可能值的平均值，它不应随可能值的排列次序而改变.

例 1　甲乙两工人每天生产出相同数量同种类型的产品，用 X_1，X_2 分别表示甲乙两人某天生产的次品数，经统计得到以下数据，试比较他们技术水平的高低.

X_1	0	1	2	3
p_k	0.3	0.3	0.2	0.2

X_2	0	1	2	3
p_k	0.2	0.5	0.3	0

解　由式(9-1)得

$$E(X_1)=0\times0.3+1\times0.3+2\times0.2+3\times0.2=1.3,$$
$$E(X_2)=0\times0.2+1\times0.5+2\times0.3+3\times0=1.1,$$

所以甲的技术水平比乙低.

例 2　设 $X\sim B(n,p)$，求 $E(X)$.

解　X 的分布律为

$$P\{X=k\}=C_n^k p^k(1-p)^{n-k}\quad(k=0,1,2,\cdots,n),$$

X 的数学期望为

$$E(X)=\sum_{k=0}^{n} kP\{X=k\}=\sum_{k=0}^{n} kC_n^k p^k(1-p)^{n-k}=np\sum_{k=1}^{n} C_{n-1}^{k-1} p^{k-1}(1-p)^{n-k}$$
$$=np[p+(1-p)]^{n-1}=np.$$

例 3　设 $X\sim\pi(\lambda)$，求 $E(X)$.

解　X 的分布律为

$$P\{X=k\}=\frac{\lambda^k e^{-\lambda}}{k!},\quad k=0,1,2,\cdots,\lambda>0.$$

X 的数学期望为

$$E(X)=\sum_{k=0}^{\infty}k\frac{\lambda^k e^{-\lambda}}{k!}=\lambda e^{-\lambda}\sum_{k=1}^{\infty}\frac{\lambda^{k-1}}{(k-1)!}=\lambda e^{-\lambda}\cdot e^{\lambda}=\lambda.$$

例 4 某人有 10 万元现金,想投资于某项目,预估成功的机会为 30%,可得利润 8 万元,失败的机会为 70%,将损失 2 万元.若存入银行,同期间的利率为 5%,问是否应选择投资该项目?

解 设 X 为投资利润,则 X 的分布律为

X	-2	8
p_k	0.7	0.3

由式(9-1)得

$$E(X)=8\times0.3-2\times0.7=1(\text{万元}),$$

存入银行的利率收入为 $10\times5\%=0.5$(万元),所以应该选择投资该项目.

9.1.2 连续型随机变量的数学期望

定义 2 设 X 是连续型随机变量,其密度函数为 $f(x)$,如果反常积分 $\int_{-\infty}^{+\infty}xf(x)\mathrm{d}x$ 绝对收敛,则称反常积分 $\int_{-\infty}^{+\infty}xf(x)\mathrm{d}x$ 的值为随机变量 X 的**数学期望**,记为 $E(X)$,即

$$E(X)=\int_{-\infty}^{+\infty}xf(x)\mathrm{d}x. \tag{9-2}$$

例 5 已知随机变量 X 的分布函数

$$F(x)=\begin{cases}0 & \text{当 } x\leqslant 0\\ x/2 & \text{当 } 0<x\leqslant 6,\\ 1 & \text{当 } x>6\end{cases}$$

求 $E(X)$.

解 随机变量 X 的密度函数为

$$f(x)=F'(x)=\begin{cases}1/2 & \text{当 } 0<x\leqslant 6\\ 0 & \text{其他}\end{cases},$$

故
$$E(X)=\int_{-\infty}^{+\infty}xf(x)\mathrm{d}x=\int_0^6 x\cdot\frac{1}{2}\mathrm{d}x=\left.\frac{x^2}{4}\right|_0^6=9.$$

例 6 设 $X\sim U(a,b)$,求 $E(X)$.

解 依题意,X 的概率密度为

$$f(x)=\begin{cases}\dfrac{1}{b-a} & \text{当 } a<x<b\\ 0 & \text{其他}\end{cases},$$

于是

$$E(X)=\int_a^b \frac{x}{b-a}\mathrm{d}x=\frac{a+b}{2}.$$

即数学期望位于区间的中点.

例 7　设随机变量 X 服从参数为 $\lambda(\lambda>0)$ 的指数分布,求 X 的数学期望 $E(X)$.

解　由题意,X 的概率密度为

$$f(x)=\begin{cases}\lambda e^{-\lambda x} & 当\ x>0\\ 0 & 当\ x\leqslant 0\end{cases},$$

于是

$$\begin{aligned}E(X)&=\int_{-\infty}^{+\infty}xf(x)\mathrm{d}x=\int_0^{+\infty}\lambda x e^{-\lambda x}\mathrm{d}x\\&=-xe^{-\lambda x}\Big|_0^{+\infty}+\int_0^{+\infty}e^{-\lambda x}\mathrm{d}x=\frac{1}{\lambda}.\end{aligned}$$

例 8　设 $X\sim N(\mu,\sigma^2)$,求 $E(X)$.

解　已知 X 的概率密度为

$$f(x)=\frac{1}{\sqrt{2\pi}\sigma}e^{-\frac{(x-\mu)^2}{2\sigma^2}},\quad x\in(-\infty,+\infty),$$

则所求数学期望为

$$E(X)=\int_{-\infty}^{+\infty}xf(x)\mathrm{d}x=\int_{-\infty}^{+\infty}\frac{x}{\sqrt{2\pi}\sigma}e^{-\frac{(x-\mu)^2}{2\sigma^2}}\mathrm{d}x,$$

设 $t=\dfrac{x-\mu}{\sigma}$,得

$$E(X)=\frac{\mu}{\sqrt{2\pi}}\int_{-\infty}^{+\infty}e^{-\frac{t^2}{2}}\mathrm{d}t+\frac{\sigma}{\sqrt{2\pi}}\int_{-\infty}^{+\infty}te^{-\frac{t^2}{2}}\mathrm{d}t=\frac{\mu}{\sqrt{2\pi}}\cdot\sqrt{2\pi}+0=\mu.$$

即正态分布 $N(\mu,\sigma^2)$ 的第一个参数 μ 就是随机变量 X 的均值.

9.1.3　随机变量函数的数学期望

在许多实际问题中,往往需要求出随机变量函数的数学期望.设 X 是一随机变量,$g(x)$ 为实函数,则 $Y=g(X)$ 也是随机变量,理论上,可以通过 X 的分布求出 $g(X)$ 的分布,然后再按定义求出 $g(X)$ 的数学期望 $E(g(X))$,但这种求法一般比较复杂.下面给出求随机变量函数的数学期望的有关定理.

定理 1　设离散型随机变量 X 的分布律为 $P\{X=x_k\}=p_k,k=1,2,\cdots,g(x)$ 是实值连续函数,且级数 $\sum\limits_{k=1}^{\infty}g(x_k)p_k$ 绝对收敛,则随机变量函数 $g(X)$ 的数学期望为

$$E[g(X)]=\sum_{k=1}^{\infty}g(x_k)p_k. \tag{9-3}$$

定理 2　设连续型随机变量 X 的概率密度为 $f(x)$,$g(x)$ 是实值连续函数,且广义积分 $\int_{-\infty}^{+\infty}g(x)f(x)\mathrm{d}x$ 绝对收敛,则随机变量函数 $g(X)$ 的数学期望为

$$E(g(X)) = \int_{-\infty}^{+\infty} g(x) f(x) \mathrm{d}x. \tag{9-4}$$

例 9 设随机变量 X 的分布律为

X	-2	-1	0	1	2
p_k	$\frac{1}{5}$	$\frac{1}{5}$	$\frac{2}{5}$	$\frac{1}{10}$	$\frac{1}{10}$

求随机变量 $Y=X^2+1$ 的数学期望.

解法一 先求 Y 的概率分布

Y	1	2	5
p_k	$\frac{2}{5}$	$\frac{3}{10}$	$\frac{3}{10}$

故
$$E(Y)=1\cdot\frac{2}{5}+2\cdot\frac{3}{10}+5\cdot\frac{3}{10}=\frac{5}{2}.$$

解法二 由式(9-3)得

$$E(Y)=[(-2)^2+1]\times\frac{1}{5}+[(-1)^2+1]\times\frac{1}{5}+[0^2+1]\times\frac{2}{5}+[1^2+1]\times\frac{1}{10}+[2^2+1]\times\frac{1}{10}=\frac{5}{2}.$$

例 10 设 $X\sim U(0,\pi)$,求随机变量函数 $Y=\sin X$ 数学期望.

解法一 利用分布函数法求 Y 的概率密度

$$f_Y(y)=\begin{cases}\dfrac{2}{\pi\sqrt{1-y^2}} & \text{当 } 0<y<1 \\ 0 & \text{其他}\end{cases},$$

$$E(Y)=\int_0^1 y\cdot\frac{2}{\pi\sqrt{1-y^2}}\mathrm{d}y=\frac{2}{\pi}.$$

解法二 依题意 X 的概率密度为

$$f(x)=\begin{cases}\dfrac{1}{\pi} & \text{当 } 0<x<\pi \\ 0 & \text{其他}\end{cases},$$

由公式(9-4)得

$$E(Y)=\int_{-\infty}^{+\infty}\sin x\cdot f(x)\mathrm{d}x=\int_0^{\pi}\sin x\cdot\frac{1}{\pi}\mathrm{d}x=\frac{2}{\pi}.$$

例 11 设 $X\sim N(0,1)$,求 $E(X)$,$E(X^2)$.

解 X 为连续型随机变量,其概率密度函数为

$$f(x)=\frac{1}{\sqrt{2\pi}}\mathrm{e}^{-\frac{1}{2}x^2},\quad -\infty<x<+\infty,$$

$$E(X)=\int_{-\infty}^{+\infty}xf(x)\mathrm{d}x=\int_{-\infty}^{+\infty}x\cdot\frac{1}{\sqrt{2\pi}}\mathrm{e}^{-\frac{1}{2}x^2}\mathrm{d}x=0,$$

$$\begin{aligned}E(X^2)&=\int_{-\infty}^{+\infty}x^2f(x)\mathrm{d}x=\int_{-\infty}^{+\infty}x^2\frac{1}{\sqrt{2\pi}}\mathrm{e}^{-\frac{1}{2}x^2}\mathrm{d}x\\&=-\frac{1}{\sqrt{2\pi}}\int_{-\infty}^{+\infty}x\mathrm{d}(\mathrm{e}^{-\frac{x^2}{2}})\\&=-\frac{1}{\sqrt{2\pi}}x\mathrm{e}^{-\frac{x^2}{2}}\Big|_{-\infty}^{+\infty}+\frac{1}{\sqrt{2\pi}}\int_{-\infty}^{+\infty}\mathrm{e}^{-\frac{x^2}{2}}\mathrm{d}x\\&=\int_{-\infty}^{+\infty}\frac{1}{\sqrt{2\pi}}\mathrm{e}^{-\frac{1}{2}x^2}\mathrm{d}x=1.\end{aligned}$$

例 12　按季节出售的某种应时商品，每售出 1 kg 获利 8 元，如到季末尚有剩余商品，则每 kg 净亏 2 元. 设商店在季节内这种商品的销售量 X(单位:kg)是一个随机变量，在区间(6,16)内服从均匀分布，为使商店获得最大利润，问该商品应进货多少?

解　设 t 表示进货量，由题意知 $6<t<16$，进货 t 所得的利润记为 $L_t(X)$，则

$$L_t(X)=\begin{cases}8X-2(t-X) & \text{当 } 6<X<t(\text{有积压})\\ 8t & \text{当 } t<X<16(\text{无积压})\end{cases},$$

利润 $L_t(X)$ 是随机变量，求最大利润即求 t 使 $E[L_t(X)]$ 最大.

由题意 X 的概率密度为

$$f(x)=\begin{cases}\frac{1}{10} & \text{当 } 6<x<16\\ 0 & \text{其他}\end{cases},$$

则

$$\begin{aligned}E(L_t(X))&=\int_{-\infty}^{+\infty}L_t(x)f(x)\mathrm{d}x=\frac{1}{10}\int_6^{16}L_t(x)\mathrm{d}x\\&=\frac{1}{10}\int_6^t[8x-2(t-x)]\mathrm{d}x+\frac{1}{10}\int_t^{16}8t\mathrm{d}x\\&=\frac{1}{10}\left[\int_6^t(10x-2t)\mathrm{d}x+8t(16-t)\right]=\frac{1}{10}(-5t^2+140t-180).\end{aligned}$$

令

$$\frac{\mathrm{d}E[L_t(X)]}{\mathrm{d}t}=\frac{1}{10}(-10t+140)=0,$$

得 $t=14$，而

$$\frac{\mathrm{d}^2E[L_t(X)]}{\mathrm{d}t^2}=-1<0,$$

故 $t=14$ 时 $E(W_t(X))$ 取得极大值，也就是最大值，所以进货 14 kg 时利润最大.

关于二维随机变量函数的数学期望,我们有类似的定理,叙述如下.

定理 3 设二维离散型随机变量(X,Y)的联合分布律为$P\{X=x_i,Y=y_j\}=p_{ij},i=1,2,\cdots;j=1,2,\cdots$,$g(x,y)$是实值连续函数,且级数$\sum\limits_{i=1}^{\infty}\sum\limits_{j=1}^{\infty}g(x_i,y_j)p_{ij}$绝对收敛,则随机变量函数$Z=g(X,Y)$的数学期望为

$$E(Z)=E(g(X,Y))=\sum_{i=1}^{\infty}\sum_{j=1}^{\infty}g(x_i,y_j)p_{ij}. \tag{9-5}$$

特别地,二维随机变量(X,Y)具有分布律及边缘分布律

$$P\{X=x_i,Y=y_j\}=p_{ij},\quad i=1,2,\cdots;j=1,2,\cdots;$$

$$P\{X=x_i\}=\sum_{j=1}^{\infty}p_{ij}=p_{i\cdot},\quad i=1,2,\cdots;$$

$$P\{Y=y_j\}=\sum_{i=1}^{\infty}p_{ij}=p_{\cdot j},\quad j=1,2,\cdots.$$

如果$E(X),E(Y)$存在,则

$$E(X)=\sum_{i=1}^{\infty}x_ip_{i\cdot}=\sum_{i=1}^{\infty}\sum_{j=1}^{\infty}x_ip_{ij},$$

$$E(Y)=\sum_{j=1}^{\infty}y_jp_{\cdot j}=\sum_{i=1}^{\infty}\sum_{j=1}^{\infty}y_jp_{ij}.$$

定理 4 设二维连续型随机变量(X,Y)的联合概率密度函数为$f(x,y)$,$g(x,y)$是实值连续函数,且广义积分$\int_{-\infty}^{+\infty}\int_{-\infty}^{+\infty}g(x,y)f(x,y)\mathrm{d}x\mathrm{d}y$绝对收敛,则随机变量函数$Z=g(X,Y)$的数学期望为

$$E(Z)=E(g(X,Y))=\int_{-\infty}^{+\infty}\int_{-\infty}^{+\infty}g(x,y)f(x,y)\mathrm{d}x\mathrm{d}y. \tag{9-6}$$

特别地,二维随机变量(X,Y)具有概率密度函数$f(x,y)$及边缘概率密度$f_X(x)$,$f_Y(y)$,如果$E(X),E(Y)$存在,则

$$E(X)=\int_{-\infty}^{+\infty}xf_X(x)\mathrm{d}x=\int_{-\infty}^{+\infty}\int_{-\infty}^{+\infty}xf(x,y)\mathrm{d}x\mathrm{d}y,$$

$$E(Y)=\int_{-\infty}^{+\infty}yf_Y(y)\mathrm{d}y=\int_{-\infty}^{+\infty}\int_{-\infty}^{+\infty}yf(x,y)\mathrm{d}x\mathrm{d}y.$$

例 13 已知(X,Y)的分布律

$Y \backslash X$	0	1	2	3
1	0	$\frac{1}{4}$	$\frac{1}{4}$	0
2	$\frac{1}{8}$	0	0	$\frac{3}{8}$

求$E(X),E(Y),E(X+Y)$.

解　要求 $E(X)$ 和 $E(Y)$，先求出 X 和 Y 的边缘分布律，关于 X 和 Y 的边缘分布律为

X	1	2
$p_{i\cdot}$	$\frac{1}{2}$	$\frac{1}{2}$

Y	0	1	2	3
$p_{\cdot j}$	$\frac{1}{8}$	$\frac{1}{4}$	$\frac{1}{4}$	$\frac{3}{8}$

则

$$E(X)=1\times\frac{1}{2}+2\times\frac{1}{2}=\frac{3}{2},$$

$$E(Y)=0\times\frac{1}{8}+1\times\frac{1}{4}+2\times\frac{1}{4}+3\times\frac{3}{8}=\frac{15}{8},$$

$$\begin{aligned}E(X+Y)=&(1+0)\times 0+(1+1)\times\frac{1}{4}+(1+2)\times\frac{1}{4}+(1+3)\times 0+\\&(2+0)\times\frac{1}{8}+(2+1)\times 0+(2+2)\times 0+(2+3)\times\frac{3}{8}\\=&\frac{27}{8}.\end{aligned}$$

例 14　设二维随机变量 (X,Y) 的概率密度为 $f(x,y)=\begin{cases}e^{-(x+y)} & 当\ x>0,y>0\\ 0 & 其他\end{cases}$，求数学期望 $E(X)$，$E(XY)$.

解　记 $g(X,Y)=X$，则

$$\begin{aligned}E(X)&=E(g(X,Y))=\int_{-\infty}^{+\infty}\int_{-\infty}^{+\infty}g(x,y)f(x,y)\mathrm{d}x\mathrm{d}y\\&=\int_{0}^{+\infty}\int_{0}^{+\infty}xe^{-(x+y)}\mathrm{d}x\mathrm{d}y=1.\end{aligned}$$

记 $g(X,Y)=XY$，则

$$\begin{aligned}E(XY)&=E(g(X,Y))=\int_{-\infty}^{+\infty}\int_{-\infty}^{+\infty}g(x,y)f(x,y)\mathrm{d}x\mathrm{d}y\\&=\int_{0}^{+\infty}\int_{0}^{+\infty}xye^{-(x+y)}\mathrm{d}x\mathrm{d}y=1.\end{aligned}$$

注：当我们求 $E(X)$ 时，不必算出 X 的概率密度，只把 X 看成 $g(X,Y)=X$ 利用 (X,Y) 的概率密度 $f(x,y)$ 来计算 $E(X)$ 即可.

9.1.4　数学期望的性质

下面给出数学期望的几个基本性质(以下所涉及的随机变量的数学期望均存在).

性质 1　设 C 是常数，则 $E(C)=C$.

性质 2　若 C 是常数，则 $E(CX)=CE(X)$.

性质 3 $E(X+Y)=E(X)+E(Y)$.

性质 4 设 X,Y 独立,则 $E(XY)=E(X)E(Y)$.

性质 1 和性质 2 由数学期望的定义直接可得;性质 3 和性质 4 只对连续型随机变量给出证明,离散情形可以类似证明.

设(X,Y)的联合概率密度函数为 $f(x,y)$,其边缘密度为 $f_X(x)$,$f_Y(y)$,则由式(9-6)得

$$\begin{aligned}E(X+Y)&=\int_{-\infty}^{+\infty}\int_{-\infty}^{+\infty}(x+y)f(x,y)\mathrm{d}x\mathrm{d}y\\&=\int_{-\infty}^{+\infty}\int_{-\infty}^{+\infty}xf(x,y)\mathrm{d}x\mathrm{d}y+\int_{-\infty}^{+\infty}\int_{-\infty}^{+\infty}yf(x,y)\mathrm{d}x\mathrm{d}y\\&=E(X)+E(Y).\end{aligned}$$

则性质 3 得证.

又若 X,Y 相互独立,有 $f(x,y)=f_X(x)\cdot f_Y(y)$,则由式(9-6)得

$$\begin{aligned}E(XY)&=\int_{-\infty}^{+\infty}\int_{-\infty}^{+\infty}xyf(x,y)\mathrm{d}x\mathrm{d}y=\int_{\infty}^{+\infty}\int_{-\infty}^{+\infty}xyf_X(x)f_Y(y)\mathrm{d}x\mathrm{d}y\\&=\int_{-\infty}^{+\infty}xf_X(x)\mathrm{d}x\cdot\int_{-\infty}^{+\infty}yf_Y(y)\mathrm{d}y=E(X)E(Y).\end{aligned}$$

则性质 4 得证.

注:(1) 由 $E(XY)=E(X)E(Y)$不能推出 X,Y 独立;

(2) 这个性质可推广到有限个随机变量之和的情形.

例 15 设 $X\sim N(\mu,\sigma^2)$,求 $E(X)$.

解 令 $Y=\dfrac{X-\mu}{\sigma}$,则 $Y\sim N(0,1)$,根据例 11 有 $E(Y)=0$,而 $X=\sigma Y+\mu$,所以

$$E(X)=E(\sigma Y+\mu)=\sigma E(Y)+E(\mu)=\mu.$$

例 16 一载有 20 位乘客的客车自始发站开出,前方有 10 个车站可以下车.设每位乘客在各个车站下车是等可能的,并设各乘客是否下车相互独立.如果到达一站没有乘客下车就不停车,以 X 表示停车的次数,求 $E(X)$.

解 引入随机变量 $X_i=\begin{cases}1 & \text{当在第 } i \text{ 站有人下车}\\0 & \text{当在第 } i \text{ 站没有人下车}\end{cases}$,$i=1,2,\cdots,10$.

易知 $$X=X_1+X_2+\cdots+X_{10}.$$

由题意,任一乘客在第 i 站下车的概率为$\dfrac{1}{10}$,不下车的概率为$\dfrac{9}{10}$,因此,20 名乘客在第 i 站不下车的概率为$\left(\dfrac{9}{10}\right)^{20}$,第 i 站有人下车的概率为 $1-\left(\dfrac{9}{10}\right)^{20}$,即

$$P(X_i=0)=\left(\frac{9}{10}\right)^{20},\quad P(X_i=1)=1-\left(\frac{9}{10}\right)^{20},\quad i=1,2,\cdots,10,$$

由此

$$E(X_i)=1-\left(\frac{9}{10}\right)^{20},\quad i=1,2,\cdots,10,$$

进而

$$E(X)=E(X_1+X_2+\cdots+X_{10})=E(X_1)+E(X_2)+\cdots+E(X_{10})$$
$$=10\left[1-\left(\frac{9}{20}\right)^{20}\right]\approx 8.784(\text{次}).$$

§9.2　方　差

数学期望描述了随机变量取值的“平均”，是对随机变量取值水平的综合评价，有时仅知道这个数学期望还是不够的，随机变量取值的稳定性是判断随机现象性质的另一个十分重要的指标. 例如：有甲乙两名射手，他们射击命中的环数分别为 X,Y，已知 X,Y 的分布律为

X	8	9	10
p	0.3	0.3	0.4

Y	8	9	10
p	0.1	0.7	0.2

试问哪一个人的射击水平较高？

由于 $E(X)=8\times0.3+9\times0.3+10\times0.4=9.1$，$E(Y)=8\times0.1+9\times0.7+10\times0.2=9.1$，因此，从均值的角度是分不出谁的射击技术更高，故还需考虑其他因素. 通常的做法是，在射击的平均环数相等的条件下进一步衡量谁的射击技术更稳定些. 也就是比较谁命中的环数更集中于平均值的附近，通常采用命中的环数 X 与它的平均值 $E(X)$ 之间的偏离 $|X-E(X)|$ 的均值 $E\{|X-E(X)|\}$ 来度量. $E\{|X-E(X)|\}$ 越小，表明 X 的值越集中于 $E(X)$ 的附近，即技术稳定；$E\{|X-E(X)|\}$ 越大，表明 X 的值越分散，即技术不稳定. 但由于 $E\{|X-E(X)|\}$ 带有绝对值，计算不方便，通常采用 X 与 $E(X)$ 的偏离 $|X-E(X)|$ 的平方的均值 $E[X-E(X)]^2$ 来度量随机变量 X 取值的分散程度. 此例中，由于

$E(X-E(X))^2=0.3\times(8-9.1)^2+0.3\times(9-9.1)^2+0.4\times(10-9.1)^2=0.69$，

$E(Y-E(Y))^2=0.1\times(8-9.1)^2+0.7\times(9-9.1)^2+0.2\times(10-9.1)^2=0.29$.

由此可见乙的技术更稳定些.

9.2.1　方差的定义

定义　设 X 是一个随机变量，若 $E(X-E(X))^2$ 存在，则称 $E(X-E(X))^2$ 为 X 的**方差**，记为 $D(X)$ 或 $\mathrm{Var}(X)$，即

$$D(X)=\mathrm{Var}(X)=E(X-E(X))^2. \tag{9-7}$$

其中，$\sqrt{D(X)}$ 称为随机变量 X 的**标准差**或**均方差**，记为 $\sigma(X)$，它与 X 具有相同的

度量单位,在实际应用中经常使用.

根据定义可知,方差刻画了随机变量 X 的取值与数学期望的偏离程度,它的大小可以衡量随机变量取值的稳定性.若 X 取值比较集中,则 $D(X)$ 较小;若 X 取值比较分散,则 $D(X)$ 较大.

9.2.2 方差的计算

若 X 是**离散型**随机变量,且其概率分布为 $P\{X=x_k\}=p_k, k=1,2,\cdots$,则

$$D(X)=\sum_{k=1}^{\infty}[x_k-E(X)]^2 p_k. \tag{9-8}$$

若 X 是**连续型**随机变量,其概率密度为 $f(x)$,则

$$D(X)=\int_{-\infty}^{+\infty}[x-E(X)]^2 f(x)\mathrm{d}x. \tag{9-9}$$

由数学期望的性质,可以得到随机变量 X 的方差的**简化公式**

$$D(X)=E(X^2)-[E(X)]^2. \tag{9-10}$$

证明 $D(X)=E(X-E(X))^2=E(X^2-2XE(X)+[E(X)]^2)$

$=E(X^2)-2E(X)E(X)+[E(X)]^2=E(X^2)-[E(X)]^2.$

例 1 设随机变量 X 具有数学期望 $E(X)=\mu$,方差 $D(X)=\sigma^2\neq 0$. 称 $X^*=\dfrac{X-\mu}{\sigma}$ 为 X 的**标准化变量**,则

$$E(X^*)=\frac{1}{\sigma}E(X-\mu)=\frac{1}{\sigma}[E(X)-\mu]=0;$$

$$D(X^*)=E(X^{*2})-[E(X^*)]^2=E\left[\left(\frac{X-\mu}{\sigma}\right)^2\right]=\frac{1}{\sigma^2}E((X-\mu)^2)=\frac{\sigma^2}{\sigma^2}=1.$$

即 $X^*=\dfrac{X-\mu}{\sigma}$ 的数学期望为 0,方差为 1.

例 2 设随机变量 X 服从 $0-1$ 分布,求 $D(X)$.

解 X 的分布律为 $P(X=0)=1-p, P(X=1)=p$.

显然 $E(X)=p$,又

$$E(X^2)=0^2\cdot(1-p)+1^2\cdot p=p,$$

$$D(X)=E(X^2)-[E(X)]^2=p-p^2=p(1-p).$$

例 3 设 $X\sim\pi(\lambda), \lambda>0$,求 $D(X)$.

解 X 的分布律为 $P(X=k)=\dfrac{\lambda^k \mathrm{e}^{-\lambda}}{k!}, k=0,1,2,\cdots,\lambda>0$.

$$E(X)=\sum_{k=0}^{\infty}k\frac{\lambda^k\mathrm{e}^{-\lambda}}{k!}=\lambda\mathrm{e}^{-\lambda}\sum_{k=1}^{\infty}\frac{\lambda^{k-1}}{(k-1)!}=\lambda\mathrm{e}^{-\lambda}\mathrm{e}^{\lambda}=\lambda,$$

$$E(X^2)=E[X(X-1)+X]=E[X(X-1)]+E(X)$$

$$=\sum_{k=0}^{\infty}k(k-1)\cdot\frac{\lambda^k\mathrm{e}^{-\lambda}}{k!}+\lambda=\lambda^2\mathrm{e}^{-\lambda}\sum_{k=2}^{\infty}\frac{\lambda^{k-2}}{(k-2)!}+\lambda$$

$$= \lambda^2 e^{\lambda} e^{-\lambda} + \lambda = \lambda^2 + \lambda,$$

故
$$D(X) = E(X^2) - [E(X)]^2 = \lambda.$$

例 4　设 $X \sim U(a,b)$，求 $D(X)$.

解　X 的概率密度为 $f(x)=\begin{cases}\dfrac{1}{b-a} & 当\ a<x<b \\ 0 & 其他\end{cases}$，

$$E(X) = \int_{-\infty}^{+\infty} x f(x) \mathrm{d}x = \int_a^b \frac{x}{b-a} \mathrm{d}x = \frac{a+b}{2},$$

$$E(X^2) = \int_a^b x^2 \cdot \frac{1}{b-a} \mathrm{d}x = \frac{1}{3}(a^2 + ab + b^2),$$

$$D(X) = E(X^2) - [E(X)]^2 = \frac{1}{3}(a^2 + ab + b^2) - \left(\frac{a+b}{2}\right)^2 = \frac{(b-a)^2}{12}.$$

显然，当 $a=2, b=4$ 时，$E(X)=3, D(X)=\dfrac{1}{3}$.

例 5　设随机变量 X 服从参数为 $\lambda(\lambda>0)$ 的指数分布，求 $D(X)$.

解　X 的概率密度为 $f(x)=\begin{cases}\lambda e^{-\lambda x} & 当\ x>0 \\ 0 & 其他\end{cases}$.

$$E(X) = \int_{-\infty}^{+\infty} x f(x) \mathrm{d}x = \int_0^{+\infty} x\lambda e^{-\lambda x} \mathrm{d}x = -x e^{-\lambda x} \Big|_0^{+\infty} + \int_0^{+\infty} e^{-\lambda x} \mathrm{d}x$$

$$= -\frac{1}{\lambda} e^{-\lambda x} \Big|_0^{+\infty} = \frac{1}{\lambda},$$

$$E(X^2) = \int_0^{+\infty} x^2 \cdot \lambda e^{-\lambda x} \mathrm{d}x = -\int_0^{+\infty} x^2 \mathrm{d}(e^{-\lambda x})$$

$$= -x^2 e^{-\lambda x} \Big|_0^{+\infty} + 2\int_0^{+\infty} x e^{-\lambda x} \mathrm{d}x = \frac{2}{\lambda^2},$$

$$D(X) = E(X^2) - [E(X)]^2 = \frac{2}{\lambda^2} - \frac{1}{\lambda^2} = \frac{1}{\lambda^2}.$$

显然，当 $\lambda=0.5$ 时，$E(X)=2, D(X)=4$.

9.2.3　方差的性质

性质 1　设 C 是常数，则 $D(C)=0$.

性质 2　设 X 是随机变量，若 C 是常数，则

$$D(CX) = C^2 D(X), D(X+C) = D(X).$$

性质 3　设 X, Y 是两个随机变量，则

$$D(X \pm Y) = D(X) + D(Y) \pm 2E\{[X - E(X)][Y - E(Y)]\}.$$

特别地，若 X, Y 相互独立，则 $D(X \pm Y) = D(X) + D(Y)$.

这一性质可推广到一般情况：设 $X_1, X_2, \cdots, X_n$ 相互独立，且方差存在，$C_1, C_2, \cdots, C_n$ 为常数，则

$$D\left(\sum_{i=1}^{n} C_i X_i\right) = \sum_{i=1}^{n} C_i^2 D(X_i).$$

性质 4 $D(X)=0$ 充要条件是 X 以概率 1 取常数 C,即 $P\{X=C\}=1$.

证明

性质 1:$D(C)=E(C-E(C))^2=E((C-C)^2)=0$.

性质 2:$D(X+C)=E(X+C-E(X+C))^2=E(X-E(X))^2=D(X)$.

$$D(CX)=E(CX-E(CX))^2=E(CX-CE(X))^2=C^2D(X).$$

性质 3:
$$\begin{aligned}D(X\pm Y)&=E\{[(X\pm Y)-E(X\pm Y)]^2\}\\&=E\{[X-E(X)]\pm[Y-E(Y)]^2\}\\&=E\{[X-E(X)]^2+[Y-E(Y)]^2\}\pm\\&\quad 2E\{[X-E(X)][Y-E(Y)]\}\\&=D(X)+D(Y)\pm 2E\{[X-E(X)][Y-E(Y)]\}.\end{aligned}$$

其中

$$\begin{aligned}2E\{[X-E(X)][Y-E(Y)]\}&=2E[XY-XE(Y)-YE(X)+E(X)E(Y)]\\&=2(E(XY)-E(X)E(Y)-E(Y)E(X)+E(X)E(Y))\\&=2(E(XY)-E(X)E(Y)).\end{aligned}$$

若 X,Y 独立,上式右端为 0,则 $D(X\pm Y)=D(X)+D(Y)$.

性质 4 证明略. 因 $E(X)=C$,性质 4 说明,当方差为零时,随机变量以概率 1 集中在数学期望这一点上,即方差等于零的随机变量与以概率 1 等于常数的随机变量是一样的. 它进一步说明方差是度量随机变量与其数学期望的偏离程度的指标.

例 6 设随机变量 $X\sim B(n,p)$,求 $D(X)$.

解 设 X_i 表示第 i 次实验中时间 A 发生的次数,则 X_i 服从 0—1 分布,则 $E(X_i)=p$,$D(X_i)=p(1-p)$,$i=1,2,\cdots,n$,而 $X_1,X_2,\cdots,X_n$ 相互独立,则 $X=X_1+X_2+\cdots+X_n$,故

$$\begin{aligned}D(X)&=D(X_1+X_2+\cdots+X_n)=D(X_1)+D(X_2)+\cdots+D(X_n)\\&=p(1-p)+p(1-p)+\cdots+p(1-p)=np(1-p).\end{aligned}$$

例 7 设随机变量 $X\sim N(\mu,\sigma^2)$分布,求 $D(X)$.

解 由于$\dfrac{X-\mu}{\sigma}\sim N(0,1)$,令 $Y=\dfrac{X-\mu}{\sigma}$,则有 $Y\sim N(0,1)$.

§9.1 节例 11 已算得 $E(Y)=0$,$E(Y^2)=1$,由方差的性质 2 有

$$D(Y)=D(\sigma Y+\mu)=\sigma^2 D(Y)=\sigma^2.$$

注:服从正态分布的随机变量的概率密度中的两个参数 μ 和 σ 分别就是该随机变量的数学期望和均方差,因而服从正态分布的随机变量的分布完全可由其数学期望和方差所确定.

利用上面方差的性质结合数学期望的性质可知,若 $X_i\sim N(\mu_i,\sigma_i^2)$($i=1,2,\cdots,n$),且它们相互独立,则它们的线性组合 $C_1X_1+C_2X_2+\cdots+C_nX_n$($C_1,C_2,\cdots,C_n$

是不全为 0 的常数)仍然服从正态分布,即

$$C_1X_1+C_2X_2+\cdots+C_nX_n\sim N\left(\sum_{i=1}^{n}C_i\mu_i,\sum_{i=1}^{n}C_i^2\sigma_i^2\right).$$

例 8　设活塞的直径(以 cm 计)$X\sim N(22.40,0.03^2)$,气缸的直径 $Y\sim N(22.50,0.04^2)$,X 与 Y 相互独立,任取一只活塞,求活塞能装入气缸的概率.

解　依题意 $P(X<Y)=P(X-Y<0)$,由于 $X-Y\sim N(-0.10,0.0025)$,故有

$$P(X<Y)=P(X-Y<0)=P\left(\frac{(X-Y)-(-0.10)}{\sqrt{0.0025}}<\frac{0-(-0.10)}{\sqrt{0.0025}}\right)$$

$$=\Phi\left(\frac{0.10}{0.05}\right)=\Phi(2)=0.9772.$$

即活塞能装入气缸的概率为 0.977 2.

§9.3　协方差与相关系数

对二维随机变量(X,Y),我们除了关心其各个分量的数学期望和方差外,还需要知道这些分量之间的相互关系,这种关系无法从各个分量的数学期望和方差来说明,就需要引进描述这两个分量之间相互关系的数字特征——协方差和相关系数.

9.3.1　协方差的定义

定义 1　设(X,Y)为二维随机变量,若 $E([X-E(X)][Y-E(Y)])$存在,则称它为随机变量 X 和 Y 的**协方差**,记为 $\mathrm{Cov}(X,Y)$,即

$$\mathrm{Cov}(X,Y)=E([X-E(X)][Y-E(Y)]).\tag{9-11}$$

由上述定义可知,对任意两个随机变量 X 和 Y,下列等式成立:

$$D(X\pm Y)=D(X)+D(Y)\pm 2\mathrm{Cov}(X,Y),\tag{9-12}$$

$$\mathrm{Cov}(X,Y)=E(XY)-E(X)E(Y).\tag{9-13}$$

注:
$$\begin{aligned}\mathrm{Cov}(X,Y)&=E([X-E(X)][Y-E(Y)])\\&=E(XY-XE(Y)-YE(X)+E(X)E(Y))\\&=E(XY)-E(X)E(Y)-E(Y)E(X)+E(X)E(Y)\\&=E(XY)-E(X)E(Y).\end{aligned}$$

由式(9-13)和数学期望的性质可以知道,当 X 与 Y 独立时,$\mathrm{Cov}(X,Y)=0$,此时,式(9-12)可表达为 $D(X\pm Y)=D(X)+D(Y)$.

9.3.2　协方差的性质

性质 1　$\mathrm{Cov}(X,X)=D(X)$.

性质 2　$\mathrm{Cov}(X,Y)=\mathrm{Cov}(Y,X)$.

性质 3 $\mathrm{Cov}(aX,bY)=ab\mathrm{Cov}(X,Y)$,其中,$a,b$ 是常数.

性质 4 $\mathrm{Cov}(C,X)=0$,C 为任意常数.

性质 5 $\mathrm{Cov}(X_1+X_2,Y)=\mathrm{Cov}(X_1,Y)+\mathrm{Cov}(X_2,Y)$.

性质 6 若 X 与 Y 相互独立时,则 $\mathrm{Cov}(X,Y)=0$.

9.3.3 相关系数的定义

协方差的大小在一定程度上反映了 X 和 Y 的相互关系,其大小在一定程度上反映了 X 和 Y 的相互关系,但是它还受到 X 和 Y 度量单位的影响.例如:设 X 和 Y 各自增加 c 倍,则

$$\mathrm{Cov}(cX,cY)=c^2\mathrm{Cov}(X,Y).$$

为了消除量纲的影响,可以在计算 X 和 Y 的协方差之前,先对随机变量进行标准化.令

$$X^*=\frac{X-E(X)}{\sqrt{D(X)}},\quad Y^*=\frac{Y-E(Y)}{\sqrt{D(Y)}},$$

由数学期望和方差的性质可以知道,

$$E(X^*)=E(Y^*)=0,\quad D(X^*)=D(Y^*)=1. \tag{9-14}$$

其中,X^*,Y^* 分别称为 X,Y 的**标准化随机变量**,则有

$$\begin{aligned}\mathrm{Cov}(X^*,Y^*)&=E((X^*-E(X^*))(Y^*-E(Y^*)))\\&=E(X^*Y^*)=E\left\{\frac{X-E(X)}{\sqrt{D(X)}}\frac{Y-E(Y)}{\sqrt{D(Y)}}\right\}\\&=\frac{\mathrm{Cov}(X,Y)}{\sqrt{D(X)D(Y)}}.\end{aligned} \tag{9-15}$$

定义 2 设(X,Y)为二维随机变量,$D(X)>0$,$D(Y)>0$,协方差 $\mathrm{Cov}(X,Y)$存在,称$\dfrac{\mathrm{Cov}(X,Y)}{\sqrt{D(X)D(Y)}}$为随机变量 X 和 Y 的**相关系数**,记为 ρ_{XY},即

$$\rho_{XY}=\frac{\mathrm{Cov}(X,Y)}{\sqrt{D(X)D(Y)}}. \tag{9-16}$$

其中,ρ_{XY}无量纲,相关系数 ρ_{XY}与协方差 $\mathrm{Cov}(X,Y)$之间相差一个常数倍.

特别地,当 $\rho_{XY}=0$ 时,称 X 与 Y **不相关**.

9.3.4 相关系数的性质

性质 1 $|\rho_{XY}|\leqslant 1$.

证明 由式(9-12)得

$$D(X^*\pm Y^*)=D(X^*)+D(Y^*)\pm 2\mathrm{Cov}(X^*,Y^*),$$

由式(9-14)和(9-15)得

$$D(X^*\pm Y^*)=1+1\pm 2\rho_{XY}=2(1\pm\rho_{XY}).$$

因为 $D(X^*\pm Y^*)\geqslant 0$,则有 $1\pm\rho_{XY}\geqslant 0$,即$|\rho_{XY}|\leqslant 1$.

性质 2　$|\rho_{XY}|=1$ 的充要条件是 $P\{Y=aX+b\}=1$，即 X 和 Y 以概率 1 存在线性关系 $Y=aX+b$ 其中 a,b 为常数，且 $a>0$ 时 $\rho_{XY}=1$，$a<0$ 时，$\rho_{XY}=-1$.

证明　略.

相关系数 ρ_{XY} 刻画了随机变量 Y 与 X 之间的“线性相关”程度. 由性质 1 和性质 2 可知，$|\rho_{XY}|$ 的值越接近 1，Y 与 X 的线性相关程度越高；$|\rho_{XY}|$ 的值越近于 0，Y 与 X 的线性相关程度越弱；当 $|\rho_{XY}|=1$ 时，Y 与 X 的变化可完全由 X 的线性函数给出；当 $\rho_{XY}=0$ 时，Y 与 X 之间不是线性关系.

性质 3　对于随机变量 X 和 Y，以下结论是等价的：

(1) $\mathrm{Cov}(X,Y)=0$；

(2) X 和 Y 不相关；

(3) $E(XY)=E(X)E(Y)$；

(4) $D(X\pm Y)=D(X)+D(Y)$.

证明　由定义 2 和不相关的定义知(1)和(2)等价，由式(9-12)知(1)和(4)等价，由式(9-13)知(1)和(3)等价，因此以上结论等价.

例 1　设二维随机变量 (X,Y) 分布律为

X \ Y	0	1
-1	0	$\frac{1}{3}$
0	$\frac{1}{3}$	0
1	0	$\frac{1}{3}$

试证 X 与 Y 不相关，但是相互独立.

证明　X 与 Y 的边缘分布律分别为

X	-1	0	1
$p_{i\cdot}$	$\frac{1}{3}$	$\frac{1}{3}$	$\frac{1}{3}$

Y	0	1
$p_{\cdot j}$	$\frac{1}{3}$	$\frac{2}{3}$

由式(9-13)得

$$\mathrm{Cov}(X,Y)=(-1)\times0\times0+(-1)\times1\times\frac{1}{3}+0\times0\times\frac{1}{3}+0\times1\times0+1\times0\times0+1\times1\times\frac{1}{3}-\left[(-1)\times\frac{1}{3}+0\times\frac{1}{3}+1\times\frac{1}{3}\right]\left(0\times\frac{1}{3}+1\times\frac{2}{3}\right)=0.$$

所以 X 与 Y 不相关.

由 $p_{00}=\frac{1}{3}\neq p_{0\cdot}\cdot p_{\cdot 0}=\frac{1}{3}\cdot\frac{1}{3}=\frac{1}{9}$,知 X 与 Y 不相互独立.

例 2 设二维随机变量$(X,Y)\sim N(\mu_1,\mu_2,\sigma_1,\sigma_2,\rho)$,求证 $\rho_{XY}=\rho$.

证明 (X,Y)的联合概率密度为

$$f(x,y)=\frac{1}{2\pi\sigma_1\sigma_2\sqrt{1-\rho^2}}\exp\left\{-\frac{1}{2(1-\rho^2)}\left[\frac{(x-\mu_1)^2}{\sigma_1^2}-\frac{2\rho(x-\mu_1)(y-\mu_2)}{\sigma_1\sigma_2}+\frac{(y-\mu_2)^2}{\sigma_2^2}\right]\right\}.$$

(X,Y)的边缘概率密度为

$$f_X(x)=\frac{1}{\sqrt{2\pi}\sigma_1}\mathrm{e}^{-\frac{(x-\mu_1)^2}{2\sigma_1^2}},\quad f_Y(y)=\frac{1}{\sqrt{2\pi}\sigma_2}\mathrm{e}^{-\frac{(y-\mu_2)^2}{2\sigma_2^2}}.$$

故知 $E(X)=\mu_1,D(X)=\sigma_1^2,E(Y)=\mu_2,D(Y)=\sigma_2^2$,而

$$\begin{aligned}\mathrm{Cov}(X,Y)&=\int_{-\infty}^{\infty}\int_{-\infty}^{\infty}(x-\mu_1)(y-\mu_2)f(x,y)\mathrm{d}x\mathrm{d}y\\&=\frac{1}{2\pi\sigma_1\sigma_2\sqrt{1-\rho^2}}\int_{-\infty}^{\infty}\int_{-\infty}^{\infty}(x-\mu_1)(y-\mu_2)\mathrm{e}^{-\frac{(x-\mu_1)^2}{2\sigma_1^2}}\mathrm{e}^{-\frac{1}{2(1-\rho^2)}\left(\frac{y-\mu_2}{\sigma_2}-\rho\frac{x-\mu_1}{\sigma_1}\right)^2}\mathrm{d}y\mathrm{d}x.\end{aligned}$$

令 $t=\frac{1}{\sqrt{1-\rho^2}}\left(\frac{y-\mu_2}{\sigma_2}-\rho\frac{x-\mu_1}{\sigma_1}\right)$, $u=\frac{x-\mu_1}{\sigma_1}$,则 $x-\mu_1=\sigma_1 u$, $y-\mu_2=(t\sqrt{1-\rho^2}+\rho u)\sigma_2$,于是

$$\begin{aligned}\mathrm{Cov}(X,Y)&=\frac{1}{2\pi\sigma_1\sigma_2\sqrt{1-\rho^2}}\int_{-\infty}^{\infty}\int_{-\infty}^{\infty}\sigma_1\sigma_2 u(t\sqrt{1-\rho^2}+\rho u)\mathrm{e}^{-\frac{u^2}{2}-\frac{t^2}{2}}\left|-\sigma_1\sigma_2\sqrt{1-\rho^2}\right|\mathrm{d}t\mathrm{d}u\\&=\frac{\rho\sigma_1\sigma_2}{2\pi}\int_{-\infty}^{\infty}u^2\mathrm{e}^{-\frac{u^2}{2}}\mathrm{d}u\int_{-\infty}^{\infty}\mathrm{e}^{-\frac{t^2}{2}}\mathrm{d}t+\frac{\sigma_1\sigma_2\sqrt{1-\rho^2}}{2\pi}\int_{-\infty}^{\infty}u\mathrm{e}^{-\frac{u^2}{2}}\mathrm{d}u\int_{-\infty}^{\infty}t\mathrm{e}^{-\frac{t^2}{2}}\mathrm{d}t\\&=\frac{\rho\sigma_1\sigma_2}{2\pi}\sqrt{2\pi}\cdot\sqrt{2\pi}+0=\rho\sigma_1\sigma_2,\end{aligned}$$

于是

$$\rho_{XY}=\frac{\mathrm{Cov}(X,Y)}{\sqrt{D(X)D(Y)}}=\frac{\sigma_1\sigma_2\rho}{\sigma_1\sigma_2}=\rho.$$

注:(1) 若 X 与 Y 独立,则 X 与 Y 不相关;但由 X 与 Y 不相关,不一定能推出 X 与 Y 独立.

(2) 若(X,Y)服从二维正态分布,那么 X 和 Y 相互独立的充要条件为 $\rho=0$. 现在知道 ρ 即为 X 与 Y 的相关系数,故有下列结论:

若(X,Y)服从二维正态分布,则 X 与 Y 相互独立$\Leftrightarrow$$X$ 与 Y 不相关.

例 3 已知 $X\sim N(1,3^2)$,$Y\sim N(0,4^2)$,且 X 与 Y 的相关系数 $\rho_{XY}=-\frac{1}{2}$,设 $Z=\frac{X}{3}-\frac{Y}{2}$,求 $D(Z)$及 ρ_{XZ}.

解 因 $D(X)=3^2$,$D(Y)=4^2$,且

$$\mathrm{Cov}(X,Y)=\sqrt{D(X)}\sqrt{D(Y)}\rho_{XY}=3\times4\times\left(-\frac{1}{2}\right)=-6,$$

所以

$$D(Z)=D\left(\frac{X}{3}-\frac{Y}{2}\right)=\frac{1}{9}D(X)+\frac{1}{4}D(Y)-2\mathrm{Cov}\left(\frac{X}{3},\frac{Y}{2}\right)$$
$$=\frac{1}{9}D(X)+\frac{1}{4}D(Y)-2\times\frac{1}{3}\times\frac{1}{2}\mathrm{Cov}(X,Y)=7.$$

又因

$$\mathrm{Cov}(X,Z)=\mathrm{Cov}\left(X,\frac{X}{3}-\frac{Y}{2}\right)=\mathrm{Cov}\left(X,\frac{X}{3}\right)-\mathrm{Cov}\left(X,\frac{Y}{2}\right)$$
$$=\frac{1}{3}\mathrm{Cov}(X,X)-\frac{1}{2}\mathrm{Cov}(X,Y)=\frac{1}{3}D(X)-\frac{1}{2}\mathrm{Cov}(X,Y)=6,$$

故

$$\rho_{XZ}=\frac{\mathrm{Cov}(X,Z)}{\sqrt{D(X)}\sqrt{D(Z)}}=\frac{6}{3\cdot\sqrt{7}}=\frac{2\sqrt{7}}{7}.$$

§9.4　矩和协方差矩阵

9.4.1　原点矩和中心矩

数学期望、方差及协方差都是随机变量常用的数字特征，它们都是一些特殊的矩，矩是最广泛使用的数字特征.

定义 1　设 X 和 Y 是随机变量 k,l 为正整数.

(1) 若 $E(X^k)$，$k=1,2,3\cdots$ 存在，则称其为随机变量 X 的 k 阶**原点矩**.

(2) 若 $E([X-E(X)]^k)$，$k=1,2,3\cdots$ 存在，则称其为 X 的 k 阶**中心矩**.

(3) 若 $E(X^kY^l)$，$k,l=1,2,3\cdots$ 存在，则称其为 X 和 Y 的 $k+l$ 阶**混合原点矩**.

(4) 若 $E([X-E(X)]^k[Y-E(Y)]^l)$，$k,l=1,2,\cdots$ 存在，则称其为 X 和 Y 的 $k+l$ 阶**混合中心矩**.

注：由定义可见

(1) X 的数学期望 $E(X)$ 是 X 的一阶原点矩；

(2) X 的方差 $D(X)$ 是 X 的二阶中心矩；

(3) 协方差 $\mathrm{Cov}(X,Y)$ 是 X 和 Y 的二阶混合中心矩.

例 1　设随机变量 $X\sim N(\mu,\sigma^2)$，求 X 的二阶原点矩，以及三阶、四阶中心距.

解　由题意知，$E(X)=\mu$，$D(X)=\sigma^2$，故

$$E(X^2)=D(X)+[E(X)]^2=\sigma^2+\mu^2,$$

$$E([X-E(X)]^3)=E((X-\mu)^3)=\int_{-\infty}^{\infty}x\,\frac{(x-\mu)^3}{\sqrt{2\pi}\sigma}\mathrm{e}^{-\frac{(x-\mu)^2}{2\sigma^2}}\mathrm{d}x$$
$$=\frac{\sigma^3}{\sqrt{2\pi}}\int_{-\infty}^{\infty}t^3\mathrm{e}^{-\frac{t^2}{2}}\mathrm{d}t\quad\left(\frac{x-\mu}{\sigma}=t\right)$$

$$= \frac{\sigma^3}{\sqrt{2\pi}}\left(\left[-t^2 e^{-\frac{t^2}{2}}\right]_{-\infty}^{+\infty} + 2\int_{-\infty}^{\infty} t e^{-\frac{t^2}{2}} dt\right)$$

$$= \frac{2\sigma^3}{\sqrt{2\pi}}\left[-e^{-\frac{t^2}{2}}\right]_{-\infty}^{+\infty} = 0.$$

$$E([X-E(X)]^4) = E((X-\mu)^4) = \int_{-\infty}^{\infty} x \frac{(x-\mu)^4}{\sqrt{2\pi}\sigma} e^{-\frac{(x-\mu)^2}{2\sigma^2}} dx$$

$$= \frac{\sigma^4}{\sqrt{2\pi}}\int_{-\infty}^{\infty} t^4 e^{-\frac{t^2}{2}} dt \quad \left(\frac{x-\mu}{\sigma} = t\right)$$

$$= \frac{\sigma^4}{\sqrt{2\pi}}\left(\left[-t^3 e^{-\frac{t^2}{2}}\right]_{-\infty}^{+\infty} + 3\int_{-\infty}^{\infty} t^2 e^{-\frac{t^2}{2}} dt\right)$$

$$= \frac{3\sigma^4}{\sqrt{2\pi}}\int_{-\infty}^{\infty} t^2 e^{-\frac{t^2}{2}} dt.$$

9.4.2 协方差矩阵

定义 2 设二维随机变量(X,Y)关于 X 和 Y 的两个二阶中心矩和两个二阶混合中心矩都存在，即

$$c_{11}=E([X-E(X)]^2),\quad c_{12}=E([X-E(X)][Y-E(Y)]),$$
$$c_{21}=E([Y-E(Y)][X-E(X)]),\quad c_{22}=E([Y-E(Y)]^2),$$

则称矩阵 $\boldsymbol{C}=\begin{pmatrix} c_{11} & c_{12} \\ c_{21} & c_{22} \end{pmatrix}$（对称矩阵）为二维随机变量$(X,Y)$的**协方差矩阵**.

类似地，设 n 维随机变量$(X_1,X_2,\cdots,X_n)$关于 $X_1,X_2,\cdots,X_n$ 的二阶中心矩和二阶混合中心矩 $c_{ij}=E([X_i-E(X_i)][X_j-E(X_j)])(i,j=1,2,\cdots,n)$都存在，则称矩阵

$$\boldsymbol{C}=\begin{pmatrix} c_{11} & c_{12} & \cdots & c_{1n} \\ c_{21} & c_{22} & \cdots & c_{2n} \\ \vdots & \vdots & & \vdots \\ c_{n1} & c_{n2} & \cdots & c_{nn} \end{pmatrix}$$

为$(X_1,X_2,\cdots,X_n)$的**协方差矩阵**. 因为 $c_{ij}=c_{ji}(i\neq j,i,j=1,2,\cdots,n)$，因而 C 为对称矩阵.

一般地，n 维随机变量的分布是未知的，或者太复杂，以致在数学上不容易处理，因此在实际应用中协方差矩阵就显得更为重要了.

9.4.3 *n* 维正态分布的概率密度

下面先分析二维正态分布的概率密度，再将其推广到 n 维. 二维随机变量$(X,Y)\sim N(\mu_1,\mu_2,\sigma_1,\sigma_2,\rho)$，则 $X \sim N(\mu_1,\sigma_1^2)$，$Y \sim N(\mu_2,\sigma_2^2)$，$E(X)=\mu_1$，$E(Y)=\mu_2$，$D(X)=\sigma_1^2$，$D(Y)=\sigma_2^2$，由 9.3 节例 2 得 $\mathrm{Cov}(X,Y)=\mathrm{Cov}(Y,X)=\rho\sigma_1\sigma_2$，则 $c_{11}=\sigma_1^2$，

$c_{12}=\rho\sigma_1\sigma_2, c_{21}=\rho\sigma_1\sigma_2, c_{22}=\sigma_2^2$. 所以$(X,Y)$的协方差矩阵为$\boldsymbol{C}=\begin{pmatrix}\sigma_1^2 & \rho\sigma_1\sigma_2\\ \rho\sigma_1\sigma_2 & \sigma_2^2\end{pmatrix}$.

引入列向量和矩阵 $\boldsymbol{X}=\begin{pmatrix}x_1\\x_2\end{pmatrix}$, $\boldsymbol{\mu}=\begin{pmatrix}\mu_1\\\mu_2\end{pmatrix}$, 其中, $c_{11}=\mathrm{Cov}(X_1,X_1)$, $c_{12}=c_{21}=\mathrm{Cov}(X_1,X_2)$, $c_{22}=\mathrm{Cov}(X_2,X_2)$. 称矩阵 $\boldsymbol{C}$ 为随机变量(X_1,X_2)的协方差矩阵, 可得

$$|\boldsymbol{C}|=\sigma_1{}^2\sigma_2{}^2(1-\rho^2),\quad \boldsymbol{C}^{-1}=\frac{1}{\sigma_1{}^2\sigma_2{}^2(1-\rho^2)}\begin{pmatrix}\sigma_2{}^2 & -\rho\sigma_1\sigma_2\\ -\rho\sigma_1\sigma_2 & \sigma_1{}^2\end{pmatrix}.$$

经计算得

$$(\boldsymbol{X}-\boldsymbol{\mu})^{\mathrm{T}}\boldsymbol{C}^{-1}(\boldsymbol{X}-\boldsymbol{\mu})=\frac{1}{(1-\rho^2)}\left[\frac{(x_1-\mu_1)^2}{\sigma_1{}^2}-2\rho\frac{(x_1-\mu_1)(x_2-\mu_2)}{\sigma_1\sigma_2}+\frac{(x_2-\mu_2)^2}{\sigma_2{}^2}\right].$$

于是,随机变量(X_1,X_2)的联合概率密度可写成

$$f(x_1,x_2)=(2\pi)^{-\frac{2}{2}}|\boldsymbol{C}|^{-\frac{1}{2}}\exp\left\{-\frac{1}{2}(\boldsymbol{X}-\boldsymbol{\mu})^{\mathrm{T}}C^{-1}(\boldsymbol{X}-\boldsymbol{\mu})\right\}.$$

推广到 n 维随机变量$(X_1,X_2,\cdots X_n)$,引入列向量和矩阵：

$$\boldsymbol{X}=\begin{pmatrix}x_1\\x_2\\\vdots\\x_n\end{pmatrix},\quad \boldsymbol{\mu}=\begin{pmatrix}\mu_1\\\mu_2\\\vdots\\\mu_n\end{pmatrix},\quad \boldsymbol{C}=\begin{pmatrix}c_{11} & c_{12} & \cdots & c_{1n}\\ c_{21} & c_{22} & \cdots & c_{2n}\\ \vdots & \vdots & & \vdots\\ c_{n1} & c_{n2} & \cdots & c_{nn}\end{pmatrix},$$

其中,$\boldsymbol{C}$ 为对称正定矩阵.

若 n 维随机变量$(X_1,X_2,\cdots,X_n)$的联合概率密度为

$$f(x_1,x_2,\cdots,x_n)=\left(2\pi\right)^{-\frac{n}{2}}\left|C\right|^{-\frac{1}{2}}\exp\left\{-\frac{1}{2}(\boldsymbol{X}-\boldsymbol{\mu})^{\mathrm{T}}C^{-1}(\boldsymbol{X}-\boldsymbol{\mu})\right\},$$

则称$(X_1,X_2,\cdots,X_n)$服从 n 维正态分布,$\boldsymbol{C}$ 为协方差矩阵,其中

$$c_{ij}=\mathrm{Cov}(X_i,X_j)\quad(i,j=1,\cdots,n),\quad \mu_i=E(X_i)\quad(i=1,\cdots,n).$$

9.4.4　n 维正态分布的几个重要性质

(1) n 维正态变量$(X_1,X_2,\cdots,X_n)$的每一个分量 $X_i(i=1,2,\cdots,n)$都是正态变量;反之,若 $X_1,X_2,\cdots,X_n$ 都是正态变量,且相互独立,则$(X_1,X_2,\cdots,X_n)$是 n 维正态变量.

(2) n 维随机变量$(X_1,X_2,\cdots,X_n)$服从 n 维正态分布的充要条件是 $X_1,X_2,\cdots,X_n$ 的任意线性组合 $l_1X_1+l_2X_2+\cdots+l_nX_n$ 服从一维正态分布(其中 $l_1,l_2,\cdots,l_n$ 不全为 0).

(3) 若$(X_1,X_2,\cdots,X_n)$服从 n 维正态分布,设 $Y_1,Y_2,\cdots,Y_k$ 是 $X_j(j=1,2,\cdots,n)$的线性函数,则$(Y_1,Y_2,\cdots,Y_k)$也服从多维正态分布.这一性质称为正态变量的线性变换的不变性.

(4) 若$(X_1,X_2,\cdots,X_n)$服从n维正态分布,则“$X_1,X_2,\cdots,X_n$相互独立”与“$X_1,X_2,\cdots,X_n$两两不相关”是等价的.

例 2 设二维正态随机变量$X=(X_1,X_2)$的均值为$E(X)=(0,1)$，协方差矩阵为$\boldsymbol{C}=\begin{pmatrix}1 & 0.5\\0.5 & 1\end{pmatrix}$,试计算:(1)$D(2X_1-X_2)$;(2)$E(X_1^2-X_1X_2+X_2^2)$.

解 $D(X_1)=D(X_2)=1,\quad \mathrm{Cov}(X_1,X_2)=0.5.$

$$(1)D(2X_1-X_2)=D(2X_1)+D(X_2)-2\mathrm{Cov}(2X_1,X_2)$$
$$=4D(X_1)+D(X_2)-4\mathrm{Cov}(X_1,X_2)=3.$$

$$(2)E(X_1^2)=D(X_1)+(E(X_1))^2=1,$$
$$E(X_2^2)=D(X_2)+(E(X_2))^2=2,$$
$$E(X_1X_2)=\mathrm{Cov}(X_1,X_2)+E(X_1)E(X_2)=0.5,$$

所以$E(X_1^2-X_1X_2+X_2^2)=1-0.5+2=2.5.$

习 题 9

1. 袋中有5个编号为1,2,3,4,5的球,从中任取3个,以X表示取出的3个球中最大编号,求$E(X)$.

2. 设随机变量X的分布律为

X	-1	0	1
p	p_1	p_2	p_3

且已知$E(X)=0.1,E(X^2)=0.9$,求p_1,p_2,p_3.

3. 设随机变量X的密度函数为$f(x)=\begin{cases}2(1-x) & 当\ 0\leqslant x\leqslant 1\\0 & 其他\end{cases}$,求$E(X)$.

4. 一工厂生产的某种设备的寿命X(以年计)服从指数分布,概率密度为$f(x)=\begin{cases}\frac{1}{4}\mathrm{e}^{-\frac{1}{4}x} & 当\ x>0\\0 & 当\ x\leqslant 0\end{cases}$,工厂规定出售的设备若在一年内损坏,可予以调换.若工厂出售一台设备可赢利100元,调换一台设备厂方需花费300元.试求厂方出售一台设备净赢利的数学期望.

5. 设一汽车沿一街道行使,需要通过三个设有红绿灯的路口,每盏红绿灯独立地以1/2的概率允许或禁止汽车通过. 以X表示汽车首次遇到红灯前已通过的路口数,求X的概率分布和数学期望.

6. 设随机变量X的数学期望$E(X)=\frac{7}{12}$，概率密度为$f(x)=\begin{cases}ax+b & 当\ 0\leqslant x\leqslant 1\\0 & 其他\end{cases}$,求$a$与$b$的值，并求分布函数$F(x)$.

7. 某车间生产的圆盘直径在区间(a,b)服从均匀分布，试求圆盘面积的数学期望.

8. 设随机变量 X 的分布律为

X	-1	0	1	2
p	1/8	1/4	3/8	1/4

求 $E(X)$，$E(X^2)$，$E(-2X+1)$.

9. 设(X,Y)的分布律为

Y \ X	1	2	3
-1	0.2	0.1	0
0	0.1	0	0.3
1	0.1	0.1	0.1

(1) 求 $E(X)$，$E(Y)$；(2) 设 $Z=Y/X$，求 $E(Z)$.

10. 设随机变量 X 的密度函数为 $f(x)=\begin{cases} e^{-x} & \text{当 } x\geqslant 0 \\ 0 & \text{当 } x<0 \end{cases}$，试求下列随机变量的数学期望.

(1) $Y_1=e^{-2X}$；　(2) $Y_2=\max\{X,2\}$；　(3) $Y_3=\min\{X,2\}$.

11. 设随机变量 X 的概率密度为 $f(x)=\begin{cases} e^{-x} & \text{当 } x>0 \\ 0 & \text{当 } x\leqslant 0 \end{cases}$，求：(1) $Y=2X$；(2) $Y=e^{-2X}$ 的数学期望.

12. 设 X，Y 相互独立，其密度函数分别为 $f_X(x)=\begin{cases} 2x & \text{当 } 0\leqslant x\leqslant 1 \\ 0 & \text{其他} \end{cases}$，$f_Y(y)=\begin{cases} e^{-(y-5)} & \text{当 } y>5 \\ 0 & \text{当 } y\leqslant 5 \end{cases}$，求 $E(XY)$.

13. 设随机变量 X_1，X_2 的概率密度分别为

$$f_1(x)=\begin{cases} 2e^{-2x} & \text{当 } x>0 \\ 0 & \text{当 } x\leqslant 0 \end{cases},\quad f_2(x)=\begin{cases} 4e^{-4x} & \text{当 } x>0 \\ 0 & \text{当 } x\leqslant 0 \end{cases}.$$

(1) 求 $E(X_1+X_2)$，$E(2X_1-3X_2^2)$；(2) 设 X_1，X_2 相互独立，求 $E(X_1X_2)$.

14. 设(X,Y)在区域 A 上服从均匀分布，其中 A 为 X 轴，Y 轴和直线 $x+y+1=0$ 所围成的区域，求：$E(X)$，$E(-3X+2Y)$，$E(XY)$.

15. 设连续型随机变量 X 的密度函数为 $f(x)=\begin{cases} 2x & \text{当 } x\in[0,1] \\ 0 & \text{当 } x\notin[0,1] \end{cases}$，求$D(X)$.

16. 设随机变量 X 的密度函数为 $f(x)=\begin{cases}1+x & \text{当} -1\leqslant x\leqslant 0\\ 1-x & \text{当} 0<x\leqslant 1\end{cases}$，求 $D(X)$.

17. 设随机变量 X 的可能取值为1,2,3,相应的概率分布为0.3，0.5,0.2,求 $Y=2X-1$ 的期望与方差.

18. 设随机变量 X 的概率密度为 $f(x)=\begin{cases}x & \text{当} 0\leqslant x<1\\ 2-x & \text{当} 1\leqslant x\leqslant 2\\ 0 & \text{其他}\end{cases}$，求 $E(X),D(X)$.

19. 设随机变量 X 的分布密度为 $f(x)=\begin{cases}ax & \text{当} 0<x<2\\ bx+c & \text{当} 2\leqslant x<4\\ 0 & \text{其他}\end{cases}$，已知 $E(X)=2,P(1<X<3)=\dfrac{3}{4}$，求:(1) 常数 a,b,c 的值;(2) 方差 $D(X)$;(3) 随机变量 $Y=e^X$ 的期望与方差.

20. 设 $X\sim N(0,4),Y\sim U(0,4)$，且 X,Y 相互独立，求:$E(XY),D(X+Y),D(2X-3Y)$.

21. 五家商店联营，它们每周售出的某种农产品的数量(以 kg 计)分别为 X_1,X_2,X_3,X_4,X_5，已知 $X_1\sim N(200,225),X_2\sim N(240,240),X_3\sim N(180,225),X_4\sim N(260,265),X_5\sim N(320,270),X_1,X_2,X_3,X_4,X_5$ 相互独立.

(1) 求5家商店两周的总销售量的均值和方差;

(2) 商店每隔两周进货一次，为了使新的供货到达前商店不会脱销的概率大于0.99,问商店的仓库应至少存储多少 kg 该产品?

22. 假设由自动线加工的某种零件的内径 X(单位:mm)服从正态分布 $N(\mu,1)$，内径小于1或大于12为不合格品，其余为合格品.销售每件合格品获利，销售每件不合格品亏损，已知销售利润 T(单位:元)与销售零件的内径 X 有如下关系

$$T=\begin{cases}-1 & \text{当} X<10\\ 20 & \text{当} 10\leqslant X\leqslant 12.\\ -5 & \text{当} X>12\end{cases}$$

问:平均直径 μ 取何值时，销售一个零件的平均利润最大?

23. 卡车装运水泥，设每袋水泥质量(以 kg 计)服从 $N(50,2.5^2)$，问最多装多少袋水泥使总重量超过2 000的概率不大于0.05?

24. 设随机变量 X 和 Y 的联合分布为

Y \ X	-1	0	1
-1	$\frac{1}{8}$	$\frac{1}{8}$	$\frac{1}{8}$
0	$\frac{1}{8}$	0	$\frac{1}{8}$
1	$\frac{1}{8}$	$\frac{1}{8}$	$\frac{1}{8}$

证明：X 和 Y 不相关，但 X 和 Y 不是相互独立的.

25. 设二维随机变量(X,Y)的概率密度为 $f(x,y)=\begin{cases}\frac{1}{\pi} & 当\ x^2+y^2\leqslant 1\\ 0 & 其他\end{cases}$，试验证 X 和 Y 是不相关的，但 X 和 Y 不是相互独立的.

26. 设连续型随机变量(X,Y)的密度函数为 $f(x,y)=\begin{cases}8xy & 当\ 0\leqslant x\leqslant y\leqslant 1\\ 0 & 其他\end{cases}$，求 $\mathrm{Cov}(X,Y)$和 $D(X+Y)$.

27. 将一枚硬币重复掷 n 次，以 X 和 Y 表示正面向上和反面向上的次数. 试求 X 和 Y 的相关系数 ρ_{XY}.

28. 设(X,Y)的概率密度为

$$f(x,y)=\begin{cases}\frac{1}{2}\sin(x+y) & 当\ 0\leqslant x\leqslant \frac{\pi}{2},0\leqslant y\leqslant \frac{\pi}{2}\\ 0 & 其他\end{cases},$$

求协方差 $\mathrm{Cov}(X,Y)$和相关系数 ρ_{XY}.

29. 设 $X\sim U(-\pi,\pi)$，$X_1=\sin X$，$X_2=\cos X$，求 $\rho_{X_1X_2}$.

30. 设二维随机变量(X,Y)在由 x 轴、y 轴及直线 $x+y-2=0$ 所围成的区域 G 上服从均匀分布，求 X 和 Y 的相关系数 ρ_{XY}.

31. 设 $D(X)=25$，$D(Y)=36$，$\rho_{XY}=0.4$，求 $D(X+Y)$，$D(X-Y)$.

32. 已知随机变量 X 和 Y 分别服从正态分布 $N(1,3^2)$和 $N(0,4^2)$，且 X 与 Y 的相关系数 $\rho_{XY}=-\frac{1}{2}$，设 $Z=\frac{X}{3}+\frac{Y}{2}$.

(1) 求 Z 的数学期望 $E(Z)$和方差 $D(Z)$；

(2) 求 X 与 Z 的相关系数 ρ_{XZ}；

(3) 问 X 与 Z 是否相互独立？为什么？

第 10 章　大数定律和中心极限定理

本章主要讨论概率论中的两类重要定理：一类是描述一系列随机变量和的平均结果稳定性的大数定律；另一类是描述满足一定条件的一系列随机变量和的分布以正态分布为极限的中心极限定理.

大数定律和中心极限定理是概率论中的重要基本理论，它们揭示了随机现象的重要统计规律，在概率论与数理统计的理论研究和实际应用中都具有重要意义.

§10.1　大数定律

前面我们提到过事件发生的频率具有稳定性，即随着实验次数的增加，事件发生的频率逐渐稳定于某一个常数(事件发生的概率). 在实践中还发现，大量的随机现象的平均结果也具有稳定性，这种稳定性就是大数定律的客观背景.

10.1.1　切比雪夫不等式

定理 1　设随机变量 X 有期望 $E(X)=\mu$ 和方差 $D(X)=\sigma^2$，则对于任意给定的 $\varepsilon>0$，有

$$P\{|X-\mu|\geqslant\varepsilon\}\leqslant\frac{\sigma^2}{\varepsilon^2}. \tag{10-1}$$

上述不等式称为**切比雪夫不等式**.

证明　只证明 X 为连续型随机变量的情形，其概率为 $f(x)$，则有(见图 10-1)

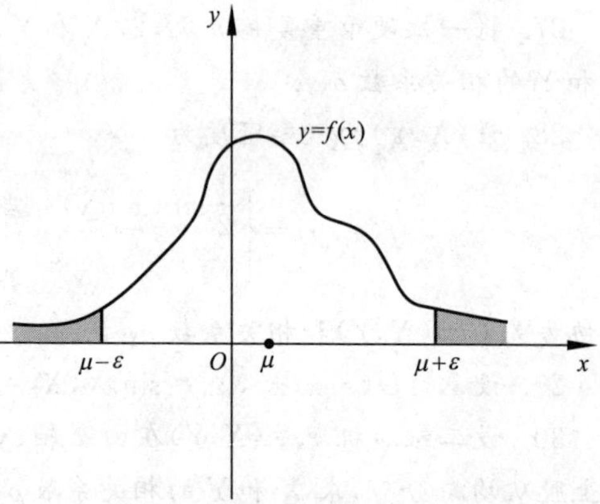

图　10-1

$$\begin{aligned}P(|X-\mu|\geqslant\varepsilon)&=\int_{|x-\mu|\geqslant\varepsilon}f(x)\mathrm{d}x\\&\leqslant\int_{|x-\mu|\geqslant\varepsilon}\frac{|x-\mu|^2}{\varepsilon^2}f(x)\mathrm{d}x\\&\leqslant\frac{1}{\varepsilon^2}\int_{-\infty}^{+\infty}(x-\mu)^2f(x)\mathrm{d}x=\frac{\sigma^2}{\varepsilon^2}.\end{aligned}$$

切比雪夫不等式也可以写成

$$P(|X-\mu|<\varepsilon)\geqslant1-\frac{\sigma^2}{\varepsilon^2}. \tag{10-2}$$

注：(1) 由切比雪夫不等式可以看出，若 σ^2 越小，则事件 $\{|X-E(X)|<\varepsilon\}$ 的概率越大，即随机变量 X 的取值集中在期望附近的可能性越大. 由此可见，方差刻画了随机变量取值的离散程度.

(2) 在方差已知的情况下，切比雪夫不等式给出了 X 与其期望的偏差不小于 ε 的概率的估计式. 如取 $\varepsilon=3\sigma$，则有

$$P\{|X-E(X)|\geqslant 3\sigma\}\leqslant\frac{\sigma^2}{9\sigma^2}\approx 0.111.$$

故对任意给定的分布，只要期望和方差 σ^2 存在，则随机变量 X 取值落在 $(E(X)-3\sigma, E(X)+3\sigma)$ 外的概率不超过 0.111.

切比雪夫不等式作为一个理论工具，其应用是普遍的.

例　200 个新生婴儿中，估计女孩儿多于 80 个且小于 120 个的概率（假定生男孩儿和生女孩儿的概率均为 0.5）.

解　设 X 表示女孩的个数，则 $X\sim b(200,0.5)$，用切比雪夫不等式估计

$$E(X)=nP=200\times0.5=100,\quad D(X)=nP(1-P)=200\times0.5\times0.5=50,$$

故

$$P\{80<X<120\}=P\{|X-100|<20\}\geqslant 1-\frac{50}{20^2}=0.875.$$

10.1.2　大数定律的概念

定义 1　若对于任意 $n>1$，$X_1,X_2,\cdots,X_n$ 都相互独立，则称 $X_1,X_2,\cdots,X_n,\cdots$ **相互独立**.

定义 2　设 $X_1,X_2,\cdots,X_n,\cdots$ 是一个随机变量序列，a 为一个常数，若对于任意正数 ε，有

$$\lim_{n\to\infty}P\{|X_n-a|<\varepsilon\}=1,$$

则称序列 $X_1,X_2,\cdots,X_n,\cdots$ **依概率收敛**于 a，记作 $X_n\xrightarrow{P}a\ (n\to\infty)$.

$X_n\xrightarrow{P}a$ 的直观解释是：对任意 $\varepsilon>0$，当 n 充分大时，"X_n 与 a 的偏差大于等于 ε"这一事件 $\{|X_n-\mu|\geqslant\varepsilon\}$ 发生的概率很小（收敛于 0），这里的收敛性是在概率意义上的收敛性. 也就是说，不论给定怎样小的 $\varepsilon>0$，X_n 与 a 的偏差大于等于 ε 是可能的，但是当 n 很大时，出现这种偏差的可能性很小. 因此，当 n 很大时，事件 $\{|X_n-\mu|<\varepsilon\}$ 几乎是必然要发生的.

依概率收敛具有如下**性质**：

设 $X_n\xrightarrow{P}a\ (n\to\infty)$，$Y_n\xrightarrow{P}b\ (n\to\infty)$，函数 $g(x,y)$ 在点 (a,b) 连续，则

$$g(X_n,Y_n)\xrightarrow{P}g(a,b),\ (n\to\infty).$$

定理 2（切比雪夫大数定律）　设随机变量序列 $X_1,X_2,\cdots,X_n,\cdots$ 相互独立，均存在有限的数学期望 $E(X_i)(i=1,2,\cdots)$ 和方差 $D(X_i)(i=1,2,\cdots)$，并且存在正数 C，使得 $D(X_i)\leqslant C(i=1,2,\cdots)$，则对任意给定的正数 ε，有

$$\lim_{n\to\infty}P\left\{\left|\frac{1}{n}\sum_{i=1}^{n}X_i-\frac{1}{n}\sum_{i=1}^{n}E(X_i)\right|<\varepsilon\right\}=1 \tag{10-3}$$

或

$$\lim_{n\to\infty}P\left\{\left|\frac{1}{n}\sum_{i=1}^{n}X_i-\frac{1}{n}\sum_{i=1}^{n}E(X_i)\right|\geqslant\varepsilon\right\}=0. \tag{10-4}$$

证明 因为 $X_1,X_2,\cdots,X_n,\cdots$ 相互独立,所以

$$E\left(\frac{1}{n}\sum_{i=1}^{n}X_i\right)=\frac{1}{n}\sum_{i=1}^{n}E(X_i),$$

$$D\left(\frac{1}{n}\sum_{i=1}^{n}X_i\right)=\frac{1}{n^2}\sum_{i=1}^{n}D(X_i)\leqslant\frac{1}{n^2}\sum_{i=1}^{n}C=\frac{C}{n}.$$

由切比雪夫不等式得,则对任意给定的正数 ε,有

$$P\left\{\left|\frac{1}{n}\sum_{i=1}^{n}X_i-\frac{1}{n}\sum_{i=1}^{n}E(X_i)\right|<\varepsilon\right\}\geqslant 1-\frac{D\left(\frac{1}{n}\sum_{i=1}^{n}X_i\right)}{\varepsilon^2}\geqslant 1-\frac{C}{n\varepsilon^2},$$

在上式中令 $n\to\infty$,并注意到概率小于等于 1,得

$$\lim_{n\to\infty}P\left\{\left|\frac{1}{n}\sum_{i=1}^{n}X_i-\frac{1}{n}\sum_{i=1}^{n}E(X_i)\right|<\varepsilon\right\}=1.$$

切比雪夫大数定律说明:在定理所给条件下,随机变量序列 $\{X_n\}$ 的算术平均值 $\frac{1}{n}\sum_{i=1}^{n}X_i$ 序列依概率收敛于其数学期望的算术平均值.

推论(切比雪夫大数定律的特例) 设随机变量 $X_1,X_2,\cdots,X_n,\cdots$ 相互独立,且具有相同的数学期望和方差:$E(X_i)=\mu,D(X_i)=\sigma^2(i=1,2,\cdots)$,作前 n 个随机变量的算术平均 $\overline{X}=\frac{1}{n}\sum_{k=1}^{n}X_k$,则对任意正数 ε,有

$$\lim_{n\to\infty}P\{|\overline{X}-\mu|<\varepsilon\}=\lim_{n\to\infty}P\left\{\left|\frac{1}{n}\sum_{k=1}^{n}X_k-\mu\right|<\varepsilon\right\}=1, \tag{10-5}$$

或

$$\lim_{n\to\infty}P\{|\overline{X}-\mu|\geqslant\varepsilon\}=\lim_{n\to\infty}P\left\{\left|\frac{1}{n}\sum_{k=1}^{n}X_k-\mu\right|\geqslant\varepsilon\right\}=0. \tag{10-6}$$

证明 因为 $\frac{1}{n}\sum_{k=1}^{n}E(X_k)$,所以由切比雪夫大数定律知结论成立.

推论表明:在独立同分布的条件下,n 个随机变量 $X_1,X_2,\cdots,X_n$ 的算术平均值 $\overline{X}=\frac{1}{n}\sum_{k=1}^{n}X_k$,当 $n\to\infty$时,依概率收敛于 μ.

这个结论有很实际的意义,在对某随机变量进行测量时,为了减少随机误差,常常重复测量多次,并取平均值,而该算数平均值就是实际中最可能发生的值.

定理 3(伯努利大数定律) 设 n_A 是 n 次独立重复试验中事件 A 发生的次数,p 是事件 A 在每次试验中发生的概率,则对任意正数 ε,有

$$\lim_{n\to\infty}P\left\{\left|\frac{n_A}{n}-p\right|<\varepsilon\right\}=1, \tag{10-7}$$

或

$$\lim_{n\to\infty}P\left\{\left|\frac{n_A}{n}-p\right|\geqslant\varepsilon\right\}=0. \tag{10-8}$$

证明　因为 $n_A\sim b(n,p)$，从而有

$$E(n_A)=np,D(n_A)=np(1-p).$$

由数学期望和方差的性质，有

$$E\left(\frac{n_A}{n}\right)=p,D\left(\frac{n_A}{n}\right)=\frac{1}{n^2},\quad D(n_A)=\frac{p(1-p)}{n}.$$

任取 $\varepsilon>0$，由切比雪夫不等式可得

$$P\left\{\left|\frac{n_A}{n}-p\right|\geqslant\varepsilon\right\}\leqslant\frac{1}{\varepsilon^2}D\left(\frac{n_A}{n}\right)=\frac{p(1-p)}{n\varepsilon^2}\to0\quad(n\to\infty),$$

即

$$\lim_{n\to\infty}P\left\{\left|\frac{n_A}{n}-p\right|<\varepsilon\right\}=1-\lim_{n\to\infty}P\left\{\left|\frac{n_A}{n}-p\right|\geqslant\varepsilon\right\}=1.$$

注:(1) 伯努利大数定律以严格的数学形式表述了频率的稳定性. 它表明：一个事件 A 在 n 次独立重复试验中发生的频率 $\frac{n_A}{n}$ 依概率收敛于事件 A 发生的概率 p，即当 n 很大时，事件 A 在 n 次独立重复试验中发生的频率 $\frac{n_A}{n}$ 与 A 在试验中发生的概率有较大偏差的可能性很小，在实际应用中，当试验次数 n 很大时，便可以利用事件 A 发生的频率来近似代替事件 A 发生的概率.

(2) 由伯努利大数定律知，若事件 A 的概率很小，则事件 A 发生的频率也是很小的，即"概率很小的随机事件在个别试验中几乎不会发生". 这一结果称为**小概率原理**. 它有广泛的实际应用，但是要注意，小概率事件与不可能事件是有区别的. 在多次试验中，小概率事件也可能发生.

切比雪夫大数定律推论中要求随机变量 $X_1,X_2,\cdots,X_n$ 的方差存在，但在这些随机变量服从同一分布的情况下，并不需要这些要求，有以下辛钦大数定律.

定理 4(辛钦大数定律)　设随机变量 $X_1,X_2,\cdots,X_n,\cdots$ 相互独立，服从同一分布，且具有数学期望 $E(X_i)=\mu,i=1,2,\cdots$，则对任意给定的正数 $\varepsilon>0$，有

$$\lim_{n\to\infty}P\left\{\left|\frac{1}{n}\sum_{i=1}^{n}X_i-\mu\right|<\varepsilon\right\}=1. \tag{10-9}$$

证明　略.

注:(1) 定理不要求随机变量的方差存在；

(2) 伯努利大数定律是辛钦大数定律的特殊情况；

(3) 辛钦大数定律为寻找随机变量的期望值提供了一条实际可行的途径. 例如：要估计某地区的平均亩产量，可收割某些有代表性的地块，如 n 块，计算其平均亩产量，则当 n 较大时，可用它作为整个地区平均亩产量的一个估计. 此类做法在实际应用中具有重要意义.

§10.2 中心极限定理

在客观实际问题中有许多随机变量，它们由大量相互独立的随机变量的综合影响所形成，其中每个因素在总的影响中所起的作用是微小的，这种随机变量往往近似地服从正态分布，这种现象正是中心极限定理的客观背景.

定理1(独立同分布的中心极限定理) 设随机变量 $X_1, X_2, \cdots, X_n, \cdots$ 相互独立，服从同一分布，且具有数学期望和方差 $E(X_i)=\mu, D(X_i)=\sigma^2 \neq 0 (i=1,2,\cdots)$，则随机变量

$$Y_n = \frac{\sum_{i=1}^{n} X_i - E\left(\sum_{i=1}^{n} X_i\right)}{\sqrt{D\left(\sum_{i=1}^{n} X_i\right)}} = \frac{\sum_{i=1}^{n} X_i - n\mu}{\sqrt{n}\sigma}$$

的分布函数 $F_n(x)$ 对于任意实数 x 满足

$$\lim_{n\to\infty} F_n(x) = \lim_{n\to\infty} P\left\{\frac{\sum_{i=1}^{n} X_i - n\mu}{\sqrt{n}\sigma} \leqslant x\right\} = \int_{-\infty}^{x} \frac{1}{\sqrt{2\pi}} e^{-\frac{t^2}{2}} dt = \Phi(x). \quad (10\text{-}10)$$

证明 略.

一般地，若 $X_1, X_2, \cdots, X_n, \cdots$ 为独立随机变量序列，且式(10-10)成立，则称 $\{X_i\}$ 服从**中心极限定理**.

一般情况下，我们很难求出 $\sum_{i=1}^{n} X_i$ 的分布函数，该定理表明，当 n 充分大时，n 个具有数学期望和方差的独立同分布的随机变量之和 $\sum_{i=1}^{n} X_i$ 近似服从正态分布，由定理结论有

$$\frac{\sum_{i=1}^{n} X_i - n\mu}{\sqrt{n}\sigma} \overset{\text{近似}}{\sim} N(0,1). \quad (10\text{-}11)$$

这样就可以利用正态分布对 $\sum_{i=1}^{n} X_i$ 作理论分析和实际计算.

对式(10-11)左端变形得到 $\dfrac{\frac{1}{n}\sum_{i=1}^{n} X_i - \mu}{\sigma/\sqrt{n}} = \dfrac{\overline{X}-\mu}{\sigma/\sqrt{n}} \overset{\text{近似}}{\sim} N(0,1)$ 或 $\overline{X} = \frac{1}{n}\sum_{i=1}^{n} X_i \overset{\text{近似}}{\sim} N\left(\mu, \frac{\sigma^2}{n}\right)$，所以定理1又可表述为另一种常见形式：当 n 充分大时，均值 μ，方差为 $\sigma^2>0$ 的独立同分布的随机变量 $X_1, X_2, \cdots, X_n, \cdots$ 的算术平均值 $\overline{X} = \frac{1}{n}\sum_{i=1}^{n} X_i$ 近

似地服从均值为 μ，方差为 σ^2/n 的正态分布. 这一结果是数理统计中大样本统计推断的基础.

特别地，如果定理 1 中的 $X_1, X_2, \cdots, X_n, \cdots$，独立同分布，且均服从参数为 p 的(0−1)分布，则 $\eta_n = \sum_{i=1}^{n} X_i \sim B(n,p)$，于是有如下定理.

定理 2(棣莫弗-拉普拉斯中心极限定理)　设随机变量 η_n 服从二项分布 $B(n, p)(n=1,2,\cdots$，且 $0<p<1)$，则对任意实数 x，有

$$\lim_{n\to\infty} P\left\{\frac{\eta_n - np}{\sqrt{np(1-p)}} \leqslant x\right\} = \int_{-\infty}^{x} \frac{1}{\sqrt{2\pi}} \mathrm{e}^{-\frac{t^2}{2}} \mathrm{d}t = \Phi(x). \tag{10-12}$$

定理 2 是定理 1 的特殊情况，它表明，正态分布是二项分布的极限分布，当 n 充分大时，由服从 $B(n,p)$ 随机变量 η_n 作出的标准化随机变量 $\frac{\eta_n - np}{\sqrt{np(1-p)}}$ 的分布，可用标准正态分布 $N(0,1)$ 近似代替，从而解决了二项分布 $B(n,p)$ 的计算问题.

例 1　设随机变量 $X_1, X_2, \cdots, X_{100}$ 相互独立，且都服从参数为 $\lambda=1$ 的泊松分布，记 $X = \sum_{i=1}^{100} X_i$，求 $P\{X>120\}$ 的近似值.

解　易知　　$E(X_i)=1, D(X_i)=1 \quad (i=1,2,\cdots,100)$，

由定理 1，随机变量 $Y = \dfrac{\sum_{i=1}^{100} X_i - 100 \times 1}{\sqrt{100 \times 1}} = \dfrac{X-100}{10} \overset{\text{近似}}{\sim} N(0,1)$.

于是

$$P\{X>120\} = P\left\{\frac{X-100}{10} > \frac{120-100}{10}\right\} = P\left\{\frac{X-100}{10} > 2\right\}$$

$$= 1 - P\left\{\frac{X-100}{10} \leqslant 2\right\} \approx 1 - \Phi(2) = 0.022\,8.$$

例 2　在一家保险公司有一万人参加保险，每年每人付 12 元保险费. 在一年内这些人死亡的概率都为 0.006，死亡后家属可向保险公司领取 1 000 元，试求：

(1) 保险公司一年的利润不少于 4 万元的概率；

(2) 保险公司亏本的概率有多大.

解　设参保的一万人中一年内死亡的人数为 X，则 $X \sim B(10\,000, 0.006)$，因 $E(X)=60, D(X)=59.64$. 由题设，公司一年收入保险费 12 万元，付给死者家属 $1\,000X$ 元，于是公司一年的利润为

$$120\,000 - 1\,000X = 1\,000(120 - X).$$

故仅当每年的死亡人数超过 120 人时，公司才会亏本，当每年的死亡人数不超过 80 人时公司获利不少于 4 万元. 由此可知所求概率分别为 $P\{0 \leqslant X \leqslant 80\}$ 与 $P\{X > 120\}$，由棣莫弗-拉普拉斯中心极限定理可知

(1) 保险公司一年的利润不少于 4 万元的概率为

$$P\{0\leqslant X\leqslant 80\}=P\left\{\frac{0-60}{\sqrt{59.64}}\leqslant\frac{X-60}{\sqrt{59.64}}\leqslant\frac{80-60}{\sqrt{59.64}}\right\}\approx\Phi\left(\frac{80-60}{7.72}\right)-\Phi\left(\frac{0-60}{7.72}\right)$$
$$=\Phi(2.5898)-\Phi(-7.7693)\approx 0.9552-0=0.9552.$$

(2) 保险公司亏本的概率为

$$P\{X>120\}=1-P\{X\leqslant 120\}=1-P\left\{\frac{X-60}{\sqrt{59.64}}\leqslant\frac{120-60}{\sqrt{59.64}}\right\}$$
$$\approx 1-\Phi(7.7693)\approx 1-1=0.$$

例 3 某生产车间有 200 台机器,在生产期间因各种原因,常需机器停工,设开工率为 0.6(即平均 60%的时间工作),每台机器的工作是独立的,且在开工时需电力 1 kW,问应供应多少 kW 电力就能以 99.9%的概率保证该车间不会因供电不足而影响生产.

解 对每台机器的观察作为一次试验,每次试验观察该台机器在某时刻是否工作,工作的概率为 0.6,共进行 200 次试验.用 X 表示在某时刻工作的机器数,则 $X\sim B(200,0.6)$,因此 $E(X)=np=200\times 0.6=120$,$D(X)=np(1-p)=200\times 0.6\times(1-0.6)=48$.由棣莫弗-拉普拉斯中心极限定理可知

$$P\{1\cdot X\leqslant N\}=P\left\{\frac{X-120}{\sqrt{48}}\leqslant\frac{N-120}{\sqrt{48}}\right\}\approx\Phi\left(\frac{N-120}{\sqrt{48}}\right).$$

由 $\Phi\left(\frac{N-120}{\sqrt{48}}\right)\geqslant 0.999$,且查标准正态分布表得 $\Phi(3.1)=0.999$,故 $\frac{N-120}{\sqrt{48}}\geqslant 3.1$,解得 $N\geqslant 141.5$,即所求 $N=142$,即供应 142 kW 电力就能以 99.9%的概率保证该车间不会因供电不足而影响生产.

注:用中心极限定理估计要比切比雪夫不等式估计准,事实上,切比雪夫不等式的估计只给出了这个概率的下限.

另外,正态分布和泊松分布都是二项分布的极限分布,一般说来,对于 n 很大,p 很小(通常 $p\leqslant 0.1$ 而 $np\leqslant 9$ 的情形)的二项分布,用泊松分布近似比用正态分布计算精确,用正态分布近似是以 $n\to\infty$ 为条件.

习 题 10

1. 已知正常男性成人血液中,每 1 mL 白细胞数平均是 7 300,均方差是 700,利用切比雪夫不等式估计每 mL 白细胞数在 5 200~9 400 之间的概率.

2. 独立地掷 6 颗骰子,点数之和记为 X,试用切比雪夫不等式估计 $P\{15\leqslant X\leqslant 27\}$.

3. 设随机变量 X 和 Y 的数学期望都是 2,方差分别为 1 和 4,而相关系数为 0.5,试根据切比雪夫不等式给出 $P\{|X-Y|\geqslant 6\}$ 的估计.

4. 独立地掷 10 颗骰子,求掷出的点数之和在 30~40 点之间的概率.

5. 独立地测量一个物理量，每次测量产生的误差都服从区间$(-1,1)$上的均匀分布.

(1) 如果取 n 次测量的算术平均值作为测量结果，求它与其真值的差小于一个小的正数 ε 的概率；

(2) 计算(1)中当 $n=36,\varepsilon=\frac{1}{6}$时概率的近似值；

(3) 取 $\varepsilon=\frac{1}{6}$，要使上述概率不小于 $\alpha=0.95$,应进行多少次测量?

6. 一加法器同时收到 20 个噪声电压 $V_k(k=1,2,\cdots,20)$，设它们是相互独立的随机变量，且都在区间$(0,10)$上服从均匀分布. 记 $V=\sum\limits_{k=1}^{20}V_k$，求 $P(V>105)$的近似值.

7. 对于一个学生而言，来参加家长会的家长人数是一个随机变量，设一个学生无家长、1 名家长、2 名家长来参加会议的概率分别为 0.05,0.8,0.15. 若学校共有 400 名学生，设各学生参加会议的家长数相互独立，且服从同一分布.

(1) 求参加会议的家长数 X 超过 450 的概率；

(2) 求有 1 名家长来参加会议的学生数不多于 340 的概率.

8. 一生产线生产的产品成箱包装，每箱的重量是随机的. 假设每箱平均重 50 kg，标准差为 5 kg，若用最大载重量为 5 t 的汽车承运，试利用中心极限定理说明每辆车最多可以装多少箱，才能保障不超载的概率大于 0.977.

9. 一本书共有一百万个印刷符号，排版时每个符号被排错的概率为 0.000 1，校对时每个排版错误被改正的概率为 0.9，求在校对后错误不多于 15 个的概率.

10. 据统计，某年龄段保险者中，一年内每个人死亡的概率为 0.005，现在有 10 000 个该年龄段的人参加人寿保险，试求未来一年内在这些保险者里面死亡人数不超过 70 个的概率.

11. 某单位内部有 260 架电话分机，每个分机有 4%的时间要用外线通话. 可以认为各个电话分机用不同外线是相互独立的. 问总机需备多少条外线才能以 95%的把握保证各个分机在使用外线时不必等候.

12. 有一批种子，其中良种占$\frac{1}{6}$，从中任取 6 000 粒，问能以 0.99 的概率保证其中良种的比例与$\frac{1}{6}$相差多少?

13. 若某产品的不合格率为 0.005，任取 10 000 件，不合格品不多于 70 件的概率等于多少?

14. 某螺钉厂的不合格品率为 0.01，一盒中应装多少只螺钉才能使其中含有 100 只合格品的概率不小于 0.95?

15. 某药厂断言，该厂生产的某种药品对于医治一种疑难的血液病的治愈率为 0.8. 医院检验员任意抽查 100 个服用此药品的病人,如果其中多于 75 人治愈,就接受这一断言,否则就拒绝这一断言.

(1) 若实际上此药品对这种疾病的治愈率是 0.8,问接受这一断言的概率是多少?

(2) 若实际上此药品对这种疾病的治愈率是 0.7,问接受这一断言的概率是多少?

16. 某保险公司多年统计资料表明,在索赔户中,被盗索赔户占 20%,以 X 表示在随机抽查的 100 个索赔户中,因被盗向保险公司索赔的户数.

(1) 写出 X 的概率分布;

(2) 利用中心极限定理,求被盗索赔户不少于 14 户且不多于 30 户的概率近似值.

第 11 章　复数与复变函数

§11.1　复数的概念与运算

复数最早是由于求解代数方程的需要而引入的. 形如方程 $x^2+1=0$,我们都知道在实数范围内没有解. 在历史上对待这类问题一种态度是无解,不去关注它;另一种态度则是扩充数的范围,使得这类方程在新的数域范围中有解,因此,人们引进了一个新的数 $\mathrm{i}=\sqrt{-1}$. 新引进的数 i 就是**虚数单位**,并且规定 $\mathrm{i}^2=-1$,这样方程 $x^2+1=0$ 就有解 $x_1=\mathrm{i}, x_2=-\mathrm{i}$.

11.1.1　复数的概念

定义　形如 $z=x+\mathrm{i}y$ 的数,称为**复数**,其中,x 称为复数 z 的**实部**,y 称为复数 z 的**虚部**,分别记为 $x=\mathrm{Re}(z)$, $y=\mathrm{Im}(z)$.

通过定义可以发现,当虚部 $y=0$ 时,复数 z 就是实数;当实部 $x=0, y\neq 0$ 时,称 $z=\mathrm{i}y$ 为**纯虚数**;两个复数相等当且仅当这两个复数的实部和虚部分别相等. 同时还应注意,任意的两个复数不能比较大小;对于两个复数,如果实部相等,虚部互为相反数,则称这两个复数互为**共轭复数**,复数 $z=x+\mathrm{i}y$ 的共轭复数记为 $\bar{z}=x-\mathrm{i}y$. 共轭复数是相互的,因此 $\bar{\bar{z}}=z$.

11.1.2　复数的表示方法

一个复数 $z=x+\mathrm{i}y$ 可以和平面上的有序实数对(x,y)相对应,从而复数可以用坐标为(x,y)的点来表示. 我们把 x 轴称为**实轴**,y 轴称为**虚轴**,这时候平面就称为**复平面**,此时所有的复数就可以和该平面上的点一一对应. 建立了复平面后,复数 $z=x+\mathrm{i}y$ 就可以与从原点指向(x,y)的向量相对应,这种表示方法称为复数的**几何表示**. 向量能用复数表示,这为复数的应用奠定了坚实的基础. 很多物理量(如方向、速度、电场强度等)都可以用复数来表示,这也让复数成为物理、电气等专业问题分析的有效工具.

复数的模与辐角:向量的长度称为复数的**模**,记作:$|z|=r=\sqrt{x^2+y^2}$.

如图 11-1 所示,可以用平行四边形法则得到下列常用的不等关系:

$$|z_1\pm z_2|\leqslant|z_1|+|z_2|,$$

$$|z_1-z_2|\geqslant\big||z_1|-|z_2|\big|.$$

如果复数 $z\neq 0$，则称向量$\overrightarrow{OP}$的终边与 x 轴正方向的夹角为复数 z 的**辐角**，记作 $\mathrm{Arg}\,z$，显然 $\tan(\mathrm{Arg}\,z)=\dfrac{y}{x}$，显然辐角不唯一，可以有无穷多个，每两个辐角之间相差 $2k\pi$，其中 k 为整数. 如果取 θ_1 为其中的一个辐角，则复数 $z=x+\mathrm{i}y$ 可表示为

$$|z|=\sqrt{x^2+y^2},\quad \mathrm{Arg}\,z=\theta_1+2k\pi.$$

我们称这种形式为复数的**极坐标表示**.

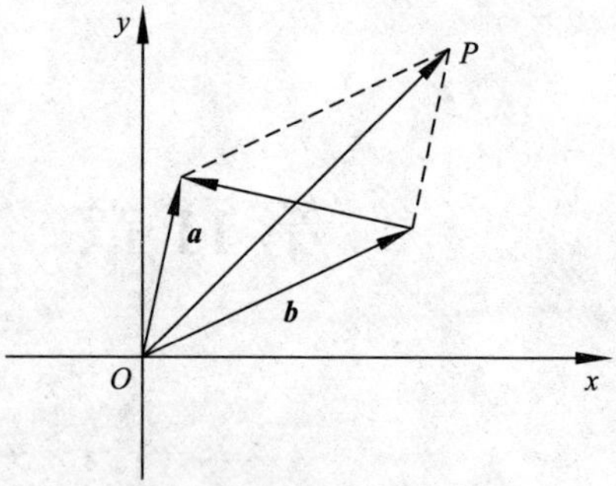

图 11-1

在所有的辐角中，如果辐角在$(-\pi,\pi]$这个范围中，则称这个辐角为**辐角主值**，记作 $\arg z$，并且有 $\mathrm{Arg}\,z=\arg z+2k\pi$，$k\in\mathbf{Z}$. 当复数 $z\neq 0$ 在不同象限时，辐角主值可按照如下形式给出：

$$\arg z=\begin{cases}\arctan\dfrac{y}{x} & 当\ x>0\\ \dfrac{\pi}{2} & 当\ x=0,y>0\\ \arctan\dfrac{y}{x}+\pi & 当\ x<0,y\geqslant 0.\\ \arctan\dfrac{y}{x}-\pi & 当\ x<0,y<0\\ -\dfrac{\pi}{2} & 当\ x=0,y<0\end{cases}$$

注意：如果 $z=0$，此时辐角不确定. 本书中后面凡涉及辐角均对非零复数而言.

例 1 求下列复数 $z=2\sqrt{3}+2\mathrm{i}$ 的模、辐角及辐角主值.

解

$$|z|=\sqrt{(2\sqrt{3})^2+2^2}=4;$$

$$\mathrm{Arg}\,z=\frac{\pi}{6}+2k\pi,\quad k\in\mathbf{Z};$$

$$\arg z=\frac{\pi}{6}.$$

如果考虑复数 $z=x+\mathrm{i}y$ 的实部、虚部、模、辐角，则有下列关系成立：

$$x=r\cos\theta,\quad y=r\sin\theta,\quad r=\sqrt{x^2+y^2}.$$

此时，复数 $z=x+\mathrm{i}y$ 可表示为

$$z=r(\cos\theta+\mathrm{i}\sin\theta).$$

这种形式称为复数的**三角形式**.

进一步，考虑欧拉公式 $\mathrm{e}^{\mathrm{i}\theta}=\cos\theta+\mathrm{i}\sin\theta$，则复数 $z=r(\cos\theta+\mathrm{i}\sin\theta)$ 可以转化成 $z=r\mathrm{e}^{\mathrm{i}\theta}$. 这种形式称为复数的**指数形式**.

以上给出了复数的各种不同表示形式，各种形式之间根据所讨论问题的不同

可以相互转化.

例 2 将复数 $z=1+\sqrt{3}\mathrm{i}$ 化为三角形式和指数形式.

解 $$z=2\left(\frac{1}{2}+\frac{\sqrt{3}}{2}\mathrm{i}\right)=2\left(\cos\frac{\pi}{3}+\mathrm{i}\sin\frac{\pi}{3}\right)=2\mathrm{e}^{\mathrm{i}\frac{\pi}{3}}.$$

11.1.3 复数的运算法则、乘幂与方根

因为复数的实部与虚部均为实数,因此复数的加减运算可以完全遵循实数的加减运算. 为了讨论方便,这里假设复数 $z_1=x_1+\mathrm{i}y_1$, $z_2=x_2+\mathrm{i}y_2$.

1. 复数的加法与减法

$$z_1\pm z_2=(x_1\pm x_2)+\mathrm{i}(y_1\pm y_2).$$

即两个复数相加减,实部与实部相加减,虚部与虚部相加减. 容易验证,复数的加法满足交换律与结合律

$$z_1+z_2=z_2+z_1;$$
$$(z_1+z_2)+z_3=z_1+(z_2+z_3).$$

可以验证,复数的减法也满足交换律与结合律.

特别地,对于共轭复数 $z=x+\mathrm{i}y$, $\overline{z}=x-\mathrm{i}y$, 有 $z+\overline{z}=2x$, $z-\overline{z}=\mathrm{i}2y$, 因此以下结论成立:

$$\mathrm{Re}(z)=\frac{z+\overline{z}}{2},\quad \mathrm{Im}(z)=\frac{z-\overline{z}}{2\mathrm{i}},\quad \overline{z_1\pm z_2}=\overline{z_1}\pm\overline{z_2}.$$

2. 复数的乘法与除法

对于复数的乘法、除法,利用复数的三角形式或指数形式来处理比较方便. 如果复数 $z_1=r_1\mathrm{e}^{\mathrm{i}\theta_1}=r_1(\cos\theta_1+\mathrm{i}\sin\theta_1)$, $z_2=r_2\mathrm{e}^{\mathrm{i}\theta_2}=r_2(\cos\theta_2+\mathrm{i}\sin\theta_2)$,容易验证对于乘法有

$$\begin{aligned}z_1\cdot z_2&=r_1\mathrm{e}^{\mathrm{i}\theta_1}\cdot r_2\mathrm{e}^{\mathrm{i}\theta_2}\\&=r_1r_2\mathrm{e}^{\mathrm{i}(\theta_1+\theta_2)}\\&=r_1r_2(\cos(\theta_1+\theta_2)+\mathrm{i}\sin(\theta_1+\theta_2)).\end{aligned}$$

特别地, $z\cdot\overline{z}=x^2+y^2$.

对于除法,可类似得到

$$\begin{aligned}\frac{z_1}{z_2}&=\frac{r_1\mathrm{c}^{\mathrm{i}\theta_1}}{r_2\mathrm{e}^{\mathrm{i}\theta_2}}=\frac{r_1}{r_2}\mathrm{e}^{\mathrm{i}(\theta_1-\theta_2)}\\&=\frac{r_1}{r_2}[\cos(\theta_1-\theta_2)+\mathrm{i}\sin(\theta_1-\theta_2)].\end{aligned}$$

从上述关系中,可以得到如下结论:

$$|z_1\cdot z_2|=|z_1|\cdot|z_2|,$$
$$\mathrm{Arg}(z_1\cdot z_2)=\mathrm{Arg}(z_1)+\mathrm{Arg}(z_2),$$
$$\left|\frac{z_1}{z_2}\right|=\frac{|z_1|}{|z_2|},$$
$$\mathrm{Arg}\left(\frac{z_1}{z_2}\right)=\mathrm{Arg}(z_1)-\mathrm{Arg}(z_2).$$

从上面的结论中,可以看出两个复数乘积的模等于模的乘积,辐角等于辐角的和.两个复数商的模等于它们的模的商,辐角等于被除数与除数的辐角之差.两个复数乘积 $z_1 \cdot z_2$ 的几何解释:复数 z_1 的模变化了 $|z_2|$ 倍;如果 z_2 的辐角 θ_2 大于零,表示复数 z_1 逆时针旋转 θ_2,如果 z_2 的辐角 θ_2 小于零,表示复数 z_1 顺时针旋转 θ_2.特别地,当 $|z_2|=1$ 时,$z_1 \cdot z_2$ 只是表示复数 z_1 角度的旋转,模并没有发生改变.

例 3 如果 $z_1=1+\sqrt{3}\mathrm{i}$,$z_2=2\sqrt{3}+2\mathrm{i}$,计算 z_1z_2 和 $\dfrac{z_1}{z_2}$.

解 $z_1=2\left(\cos\dfrac{\pi}{3}+\mathrm{i}\sin\dfrac{\pi}{3}\right)$, $z_2=4\left(\cos\dfrac{\pi}{6}+\mathrm{i}\sin\dfrac{\pi}{6}\right)$.

所以
$$z_1z_2=8\left[\cos\left(\frac{\pi}{3}+\frac{\pi}{6}\right)+\mathrm{i}\sin\left(\frac{\pi}{3}+\frac{\pi}{6}\right)\right]=8\mathrm{i},$$
$$\frac{z_1}{z_2}=\frac{2}{4}\left[\cos\left(\frac{\pi}{3}-\frac{\pi}{6}\right)+\mathrm{i}\sin\left(\frac{\pi}{3}-\frac{\pi}{6}\right)\right]=\frac{\sqrt{3}}{4}+\frac{1}{4}\mathrm{i}.$$

3. 复数的乘幂与方根

由复数的指数形式,可以得到
$$z^n=(r\mathrm{e}^{\mathrm{i}\theta})^n=r^n\mathrm{e}^{\mathrm{i}n\theta}=r^n(\cos n\theta+\mathrm{i}\sin n\theta).$$
特别地,当 $r=1$ 时,得到如下的**棣莫弗**(De Moivre)**公式**
$$(\cos\theta+\mathrm{i}\sin\theta)^n=\cos n\theta+\mathrm{i}\sin n\theta.$$

对于非零复数 z,对于满足 $w^n=z$ 的根 w 称为复数 z 的 **n 次方根**,记作 $w=\sqrt[n]{z}$.

设 $z=r(\cos\theta+\mathrm{i}\sin\theta)$,$w=\rho(\cos\varphi+\mathrm{i}\sin\varphi)$,由棣莫弗公式可知
$$r(\cos\theta+\mathrm{i}\sin\theta)=\rho^n(\cos n\varphi+\mathrm{i}\sin n\varphi),$$
所以
$$\rho^n=r,\quad \cos n\varphi=\cos\theta,\quad \sin n\varphi=\sin\theta.$$

显然,$\rho=\sqrt[n]{r}$, $n\varphi=\theta+2k\pi\quad(k\in\mathbf{Z})$,因此复数 z 的 n 次方根为
$$w=\sqrt[n]{r}\left(\cos\frac{\theta+2k\pi}{n}+\mathrm{i}\sin\frac{\theta+2k\pi}{n}\right),\quad k=0,1,2,\cdots,n-1.$$

从上面的关系可以看出,非零复数 z 的 n 次方根有 n 个不同的取值,这 n 个根的几何意义为以圆心为中心,以$\sqrt[n]{r}$为半径的内接正 n 边形的 n 个顶点.

最后,考虑将复数与复平面上的点对应,进而引入复数无穷大.首先,取一个与复平面相切于原点的单位球面,球面上的 S 点与原点重合,过 S 点做垂直于复平面的直线与球面相交于 N 点,如图 11-2 所示.我们称 S 为南极,N 为北极.这样对于复平面上的任意一点与北极 N 相连,都会在单位球面上有一个点与之对应,当复数 z 的模无限变大时,这个交点就与北极无限接近,引入

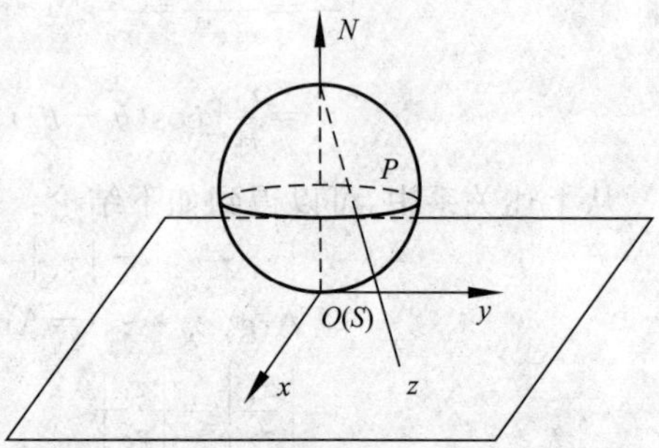

图 11-2

复平面上唯一的模为无穷大的点，称为**无穷远点**，使它与北极 N 相对应，这样的球面称为**复球面**，把包含无穷远点的复平面称为**扩充复平面**.

§11.2　复变函数及其极限与连续性

11.2.1　复平面上的区域

复平面 C 上的以 z_0 为中心，以 $\delta>0$ 为半径的圆的内部点构成的集合称为 z_0 的**邻域**，记为 $U(z_0,\delta)=\{z\in C|\ |z-z_0|<\delta\}$，如果不包含 z_0，则称之为 z_0 的**去心邻域**，记为 $\dot{U}(z_0,\delta)=\{z\in C|\ 0<|z-z_0|<\delta\}$. 定义好邻域后，就可以定义开集. 对于平面上的集合 E，对于 $\forall z_0\in E$，都存在 $\delta>0$，使得 $U(z_0,\delta)\subset E$，则称 z_0 为 E 的**内点**. 如果集合 E 的所有点都是内点，则称集合 E 为**开集**. 如果 z_0 的任何邻域内既有属于集合 E 的点，又有不属于 E 的点，则 z_0 称为集合 E 的**边界点**，集合 E 的所有边界点构成集合 E 的**边界**，记作 ∂E. 如果非空的开集 E 具有连通性，即如果 E 中的任意两点都可以用一条属于集合 E 的折线段连接起来，则称 E 为**开区域**，开区域连同边界点构成**闭区域**，记为 $\overline{E}$. 开区域、闭区域或者开区域连同一部分边界点构成的点集统称**区域**. 如果区域 E 的每一个点，都存在常数 $M>0$，满足 $|z|<M$，则称区域 E 为有**界区域**，反之则称为**无界区域**.

定义 1　在区间 $[a,b]$ 上的连续复值函数 $z(t)=x(t)+\mathrm{i}y(t)$，表示复平面上的连续曲线，其中，$x(t)$ 和 $y(t)$ 分别为定义在 $[a,b]$ 上的实变函数. $z(a)$ 和 $z(b)$ 分别表示曲线的起点和终点. 如果起点和终点重合，则称曲线为**闭曲线**. 如果 $x'(t)$ 和 $y'(t)$ 在 $[a,b]$ 上连续，且 $[x'(t)]^2+[y'(t)]^2\neq 0$，则称曲线为**光滑曲线**，由几条光滑曲线连接而成的曲线称为**分段光滑曲线**. 对于定义域上的任意两点 t_1,t_2，如果当 $t_1\neq t_2$ 时 $z(t_1)\neq z(t_2)$，即曲线没有重点，此时曲线称为**简单曲线**. 进一步，如果该曲线是封闭的，则称之为**简单闭曲线**.

定义 2　对于复平面上的区域 D 内的任一封闭曲线 L，其内部总属于 D，则称 D 为**单连通区域**，不是单连通的区域称为**多连通区域**. 或者更通俗一点讲，单连通区域就是没有"洞"的区域，多连通区域就是有"洞"的区域.

例如：$|z|<3$ 为单连通区域，$1<|z|<3$ 多连通区域.

11.2.2　复变函数的极限与连续性

复变函数可以看作实变函数的推广，因此复变函数的基本概念、极限、连续等概念都与实变函数的相关概念类似.

定义 3　设 D 为复数域上的一个集合，如果对集合 D 中的任意一个复数 $z=x+\mathrm{i}y$，按照一定的法则 f，总能找到一个或几个复数 $w\in G$ 与之对应，则称 f 为定义在 D 上的复变函数，记作 $f:D\rightarrow G$（或者 $w=f(z)$）. 其中，D 称为**定义域**，G 称为

值域,z 称为**自变量**,w 称为**因变量**.

若一个 z 对应一个 w,则称函数为**单值函数**;若一个 z 对应多个 w,则称函数为**多值函数**.本书中讨论的仅限于单值函数.

定义 4 设函数 $w=f(z)$ 定义在空心邻域 $\mathring{U}(z_0,r)$ 中,如果存在复数 A,对于 $\forall \varepsilon>0$,存在 $\delta>0$ 时,当 $z\in\mathring{U}(z_0,\delta)$ 时总有 $|f(z)-A|<\varepsilon$,则称当 $z\to z_0$ 时 $f(z)$ 的极限为 A,记为 $\lim\limits_{z\to z_0}f(z)=A$.

从定义的角度,复数的极限与二元函数的极限是类似的,主要是由于当考虑 $z=x+\mathrm{i}y$ 趋近于 $z_0=x_0+\mathrm{i}y_0$ 时,就相当于二元函数考虑 (x,y) 趋近于 (x_0,y_0) 时的极限.关于复变函数极限的存在性,我们不加证明地给出如下结论.

定理 1 如果 $f(z)=u(x,y)+\mathrm{i}v(x,y)$,$A=u_0+\mathrm{i}v_0$,$z_0=x_0+\mathrm{i}y_0$,则

$$\lim_{z\to z_0}f(z)=A\Leftrightarrow \lim_{(x,y)\to(x_0,y_0)}u(x,y)=u_0,\quad \lim_{(x,y)\to(x_0,y_0)}v(x,y)=v_0.$$

从定理 1 中可以清晰地看出复变函数极限的存在性等价于其实部与虚部两个二元实函数极限的存在性,因此对于二元函数极限的一些性质也可推广到复变函数中.

关于复变函数极限运算,有如下的法则:

定理 2 如果 $\lim\limits_{z\to z_0}f(z)=A$, $\lim\limits_{z\to z_0}g(z)=B$,则

(1) $\lim\limits_{z\to z_0}(f(z)\pm g(z))=A\pm B$;

(2) $\lim\limits_{z\to z_0}f(z)\cdot g(z)=A\cdot B$;

(3) $\lim\limits_{z\to z_0}\dfrac{f(z)}{g(z)}=\dfrac{A}{B}$,$B\neq 0$.

定义 5 设函数 $w=f(z)$ 定义在空心邻域 $\mathring{U}(z_0,r)$ 中,如果 $\lim\limits_{z\to z_0}f(z)=f(z_0)$,则称 $f(z)$ 在 z_0 **连续**.如果该函数在区域 D 内的每一点都连续,则称 $w=f(z)$ 在区域 D 上**连续**.对于连续函数的很多性质,如四则运算性质、复合函数的连续性、有界闭集上的连续函数的有界性等都成立.但是,介值性、最值性等实函数的性质不能推广到复变函数.

定理 3 函数 $f(z)=u(x,y)+\mathrm{i}v(x,y)$ 在 $z_0=x_0+\mathrm{i}y_0$ 连续的充要条件是 $u(x,y)$ 与 $v(x,y)$ 在 (x_0,y_0) 处连续性同时成立.

习 题 11

1. 求下列复数的实部与虚部、共轭复数、模、辐角、辐角主值:

(1) $1+\mathrm{i}$; (2) $\dfrac{3}{2-\mathrm{i}}$; (3) $\dfrac{(3+4\mathrm{i})(2-5\mathrm{i})}{2\mathrm{i}}$; (4) $\left(\dfrac{1-\mathrm{i}}{1+\mathrm{i}}\right)^4$.

2. 将下列复数化为三角形式和指数形式:

(1) $2i$；　(2) -5；　(3) $1+\sqrt{3}i$；　(4) $-1+i$.

3. 求下列根式的值：

(1) $\sqrt{-i}$；　(2) $\sqrt[3]{1+i}$；　(3) $\sqrt[5]{32}$.

4. 求下列各复数的值：

(1) $(\sqrt{3}+i)^4$；　(2) $(1+i)^6$；　(3) $(-i)^5$.

5. 解下列方程：

(1) $z^3-8=0$；　(2) $z^2-2z+3=0$；　(3) $z^2-4iz-(4-9i)=0$.

6. 证明：

(1) $\overline{z_1z_2}=\overline{z_1}\,\overline{z_2}$；　(2) $\overline{\left(\dfrac{z_1}{z_2}\right)}=\dfrac{\overline{z_1}}{\overline{z_2}}$, $z_2\neq0$.

7. 指出下列各点中 z 的轨迹,并做出图形：

(1) $|z-1|=2$；　(2) $|z-2i|\leqslant1$；　(3) $\mathrm{Re}(z+5)=-2$；

(4) $|z+2|+|z+1|=5$；　(5) $\mathrm{Im}(z)\leqslant1$；　(6) $0<\arg z<\dfrac{\pi}{4}$.

8. 判断下列说法的对错：

(1) 若 z 为实常数,则 $z=\bar{z}$；

(2) 若 z 为纯虚数,则 zi 为实数；

(3) $3i>i$；

(4) 零的辐角是零；

(5) $|z_1+z_2|=|z_1|+|z_2|$；

(6) $\dfrac{\bar{z}}{i}=\overline{zi}$.

9. 指出下列区域是有界还是无界的,单连通还是多连通的.

(1) $\mathrm{Im}(z)>0$；　(2) $0<\mathrm{Re}(z)<1$；　(3) $1<|z|<2$；

(4) $|z-1|\geqslant2$；　(5) $|z-2|+|z+2|>1$；

(6) $|z-3|+|z+2|\leqslant6$.

10. 判断下列函数的连续性：

(1) $f(z)=\begin{cases}\dfrac{xy}{x^2+y^2} & \text{当 } z\neq0\\ 0 & \text{当 } z=0\end{cases}$；　(2) $f(z)=\begin{cases}\dfrac{x^3y}{x^4+y^2} & \text{当 } z\neq0\\ 0 & \text{当 } z=0\end{cases}$.

第 12 章　解析函数

高等数学中学到实变函数的微分法，本章学习复变函数的微分法. 解析函数是复变函数这门课程研究的主要对象，是一类具有某种特性的可微函数.

§12.1　复变函数的导数

形式上和高等数学中实变函数的导数的定义一致，复变函数的导数也是一个极限.

定义　设函数 $w=f(z)$ 在包含 z_0 的区域 D 内有定义，当变量 z 在点 z_0 处取得增量 $\Delta z(z_0+\Delta z\in D)$ 时，相应地，函数 $f(z)$ 取得增量

$$\Delta w=f(z_0+\Delta z)-f(z_0),$$

若极限

$$\lim_{\Delta z\to 0}\frac{f(z_0+\Delta z)-f(z_0)}{\Delta z}$$

或者

$$\lim_{z\to z_0}\frac{f(z)-f(z_0)}{z-z_0}$$

存在，则称 $f(z)$ 在点 z_0 处**可导**.

若函数 $f(z)$ 在区域 D 内处处可导，则称 $f(z)$ 在 D 内**可导**.

由于复变函数的点在复平面上，极限存在要求 z 在复平面上按照任意方式趋于点 z_0，与路径无关. 对于这一个限制，要比实值函数 $y=f(x)$ 在实数 x_0 处可导的限制严格得多.

和导数的情形一样，复变函数微分的定义在形式上与实变函数微分的定义一致.

设函数 $w=f(z)$ 在点 z 可导，即

$$f'(z)=\lim_{\Delta z\to 0}\frac{\Delta w}{\Delta z},$$

得知

$$\Delta w=f(z_0+\Delta z)-f(z_0)=f'(z)\Delta z+\rho(\Delta z)\Delta z,$$

其中，$\lim\limits_{\Delta z\to 0}\rho(\Delta z)=0$，而且 $|\rho(\Delta z)\Delta z|$ 是 $|\Delta z|$ 的高阶无穷小量. $f'(z)\Delta z$ 是函数增量 Δw 的线性部分，称 $f'(z)\Delta z$ 为 $w=f(z)$ 在点 z 的**微分**，记为 $\mathrm{d}f(z)$，即

$$\mathrm{d}f(z)=f'(z)\Delta z,$$

如果 $f(z)$在点 z 的微分存在，则称 $f(z)$在点 z 处**可微**. 设 $dz=\Delta z$，有

$$dw=df(z)=f'(z)dz.$$

当 $\Delta z\neq 0$ 时，

$$\frac{\Delta w}{\Delta z}=f'(z)+\rho(\Delta z),$$

故有

$$\frac{dw}{dz}=\lim_{\Delta z\to 0}\frac{\Delta w}{\Delta z}=f'(z_0),$$

所以 $f(z)$在点 z_0 处可导. 由此可见，与实变函数相同，函数 $f(z)$在点 z_0 处可微与在点 z_0 处可导是等价的.

若函数 $f(z)$在区域 D 内处处可微，则称 $f(z)$在 D 内**可微**.

例 1 证明 $f(z)=z^n$(n 为自然数)在复平面内可导(可微)，且 $f'(z)=(z^n)'=nz^{n-1}$.

证明 对于复平面上任意一点 z_0，设 $w=f(z)$，则

$$\lim_{z\to z_0}\frac{\Delta w}{\Delta z}=\lim_{z\to z_0}\frac{z^n-z_0^n}{z-z_0}=\lim_{z\to z_0}\frac{(z-z_0)(z^{n-1}+z^{n-2}z_0+\cdots+z_0^{n-1})}{z-z_0}=nz_0^{n-1},$$

所以 $f(z)=z^n$(n 为自然数)在复平面内可导(可微).

例 2 证明 $f(z)=\mathrm{Re}(z)$在复平面上的任何点都不可导.

证明 设 $z=x+iy$，则

$$\frac{\Delta f}{\Delta z}=\frac{\mathrm{Re}(z+\Delta z)-\mathrm{Re}(z)}{\Delta z}=\frac{x+\Delta x-x}{\Delta x+i\Delta y}=\frac{\Delta x}{\Delta x+i\Delta y}.$$

当 Δz 取实数趋于 0 时，$\frac{\Delta f}{\Delta z}$趋于 1；当 Δz 取纯虚数趋于 0 时，$\frac{\Delta f}{\Delta z}$趋于 0；故$\lim\limits_{\Delta z\to 0}\frac{\Delta f}{\Delta z}$不存在，即 $f(z)$不可导.

例 3 讨论函数 $f(z)=x+2yi$ 在复平面 C 内的连续性和可导性.

解 因为二元函数 $u(x,y)=x$，$v(x,y)=2y$ 都在 C 内处处连续，所以 $f(z)=x+2yi$ 在复平面 C 内连续. 下面讨论它的可导性. 对于任意的 $z\in C$，

$$\lim_{\Delta z\to 0}\frac{f(z+\Delta z)-f(z)}{\Delta z}=\lim_{\Delta z\to 0}\frac{x+\Delta x+2(y+\Delta y)i-(x+2yi)}{\Delta x+i\Delta y}$$

$$=\lim_{\Delta z\to 0}\frac{\Delta x+2\Delta yi}{\Delta x+\Delta yi}=\begin{cases}1 & \text{当 } \Delta y=0,\Delta x\to 0\\ 2 & \text{当 } \Delta x=0,\Delta y\to 0\end{cases},$$

故导数不存在.

由上述例子可知，复变函数 $f(z)$在点 z_0 连续，但是在点 z_0 不一定可导(可微). 反之，若 $f(z)$在点 z_0 可导(可微)，则 $f(z)$在点 z_0 必连续. 实际上，$f(z)$在点 z_0 可导(可微)，那么，

$$\Delta w=f(z_0+\Delta z)-f(z_0)=f'(z)\Delta z+\rho(\Delta z)\Delta z,$$

则

$$\lim_{\Delta z\to 0}\Delta w=\lim_{\Delta z\to 0}[f(z_0+\Delta z)-f(z_0)]=0,$$

得

$$\lim_{\Delta z \to 0} f(z_0+\Delta z)=f(z_0),$$

即 $f(z)$在点 z_0 连续.

由于复变函数中导数与微分的定义形式上和一元实变函数导数与微分的定义完全一样,极限运算法则也一样,因此复变函数的求导法则可由实变函数中求导法则推广得到.

定理 (1) 设函数 $f(z)$,$g(z)$均可导,则

$$(f(z)\pm g(z))'=f'(z)\pm g'(z);$$

$$(f(z)g(z))'=f'(z)g(z)+f(z)g'(z);$$

$$\left(\frac{f(z)}{g(z)}\right)'=\frac{f'(z)g(z)-f(z)g'(z)}{g^2(z)} \quad (g(z)\neq 0).$$

(2) 复合函数的导数$(f(g(z)))'=f'(w)g'(z)$,其中 $w=g(z)$;

(3) 设 $w=f(z)$与 $z=g(w)$互为反函数,$g'(w)\neq 0$,则 $f'(z)=\dfrac{1}{g'(w)}$.

§12.2 解析函数

解析函数是一类具有某种特性的可导可微复变函数,它是复变函数理论研究的主要对象.

12.2.1 解析函数的概念

定义 如果函数 $w=f(z)$在 z_0 及 z_0 的某个邻域内处处可导,则称 $f(z)$在 z_0 **解析**;如果 $f(z)$在区域 D 内每一点都解析,则称 $f(z)$在 D 内**解析**,或称 $f(z)$是 D 内的**解析函数**(**全纯函数**或**正则函数**).

如果 $f(z)$在点 z_0 不解析,则称 z_0 是 $f(z)$的**奇点**.

由上述定义可知,函数 $w=f(z)$在区域 D 内可导和在区域 D 内解析是等价的. 但是,复变函数在一点处可导和在一点处解析却不是等价的. 由解析的定义,函数 $w=f(z)$在点 $z_0\in\mathbf{C}$ 解析,则它必在此点可导,反过来不一定成立. 因为函数 $w=f(z)$在点 $z_0\in\mathbf{C}$ 解析不但要求在 z_0 可导,还要求在 z_0 的某一邻域可导. 故函数 $w=f(z)$在点 $z_0\in\mathbf{C}$ 解析比在该点可导的要求高得多.

例 1 (1) $w=z^2$在整个复平面处处可导,故是整个复平面上的解析函数;

(2) $w=\dfrac{1}{z}$,除去 $z=0$ 点外,是整个复平面上的解析函数.

解 因为 $f(z)=z^n$(n 为自然数)在复平面内可导(可微),且 $f'(z)=(z^n)'=nz^{n-1}$,故 $w=z^2$在整个复平面处处可导,也就是整个复平面上的解析函数. 根据导数的运算法则可知,在除去 $z=0$ 的复平面内,$w=\dfrac{1}{z}$处处可导,且导数 $w'=-\dfrac{1}{z^2}$,所以 $w=\dfrac{1}{z}$在除去 $z=0$ 点外是整个复平面上的解析函数.

定理 1　设 $w=f(z)$ 及 $w=g(z)$ 是区域 D 内的解析函数，则 $f(z)\pm g(z)$，$f(z)g(z)$，$\dfrac{f(z)}{g(z)}(g(z)\neq 0)$ 均是 D 内的解析函数.

由以上结论可知，多项式函数 $p(z)=a_0+a_1z+a_2z^2+\cdots+a_nz^n$ 是整个复平面上的解析函数，有理分式函数 $R(z)=\dfrac{P(z)}{Q(z)}$ 是复平面上(除分母为 0 点外)的解析函数，使分母 $Q(z)$ 为 0 的点是函数 $R(z)=\dfrac{P(z)}{Q(z)}$ 的奇点.

对于复合复变函数，也有类似复合实变函数可导的性质.

定理 2　设 $w=f(h)$ 在 h 平面上的区域 G 内解析，$h=g(z)$ 在 z 平面上的区域 D 内解析，且 $f(D)\subset G$，则复合函数 $w=f(g(z))$ 在 D 内处处解析，且

$$(f(g(z)))'=f'(h)g'(z)=f'(g(z))g'(z).$$

12.2.2　复变函数解析的充要条件

根据复变函数解析的定义，要判定一个复变函数 $w=f(z)=u(x,y)+\mathrm{i}v(x,y)$ 在定义域 D 内解析，需要验证该函数在定义域内每一点处解析，而这个验证过程往往比较困难. 本节将从解析函数的定义出发，探求函数 $w=f(z)=u(x,y)+\mathrm{i}v(x,y)$ 的可导性，从而给出判别函数解析的一个充分必要条件，并给出解析函数的求导方法.

设函数 $w=f(z)=u(x,y)+\mathrm{i}v(x,y)$ 在点 $z=x+\mathrm{i}y$ 可导，根据定义有

$$\frac{f(z+\Delta z)-f(z)}{\Delta z}=\frac{[u(x+\Delta x,y+\Delta y)+\mathrm{i}v(x+\Delta x,y+\Delta y)]-[u(x,y)+\mathrm{i}v(x,y)]}{\Delta x+\mathrm{i}\Delta y}.$$

如果沿着平行于实轴的方式 $z+\Delta z\to z(\Delta y=0)$，则

$$\begin{aligned}
f'(z)&=\lim_{\Delta z\to 0}\frac{f(z+\Delta z)-f(z)}{\Delta z}\\
&=\lim_{\Delta x\to 0}\frac{[u(x+\Delta x,y)+\mathrm{i}v(x+\Delta x,y)]-[u(x,y)+\mathrm{i}v(x,y)]}{\Delta x}\\
&=\lim_{\Delta x\to 0}\frac{u(x+\Delta x,y)-u(x,y)}{\Delta x}+\mathrm{i}\lim_{\Delta x\to 0}\frac{v(x+\Delta x,y)-v(x,y)}{\Delta x}\\
&=\frac{\partial u}{\partial x}+\mathrm{i}\frac{\partial v}{\partial x}.
\end{aligned}$$

如果沿着平行于虚轴的方式 $z+\Delta z\to z(\Delta x=0)$，则

$$\begin{aligned}
f'(z)&=\lim_{\Delta z\to 0}\frac{f(z+\Delta z)-f(z)}{\Delta z}\\
&=\lim_{\Delta y\to 0}\frac{[u(x,y+\Delta y)+\mathrm{i}v(x,y+\Delta y)]-[u(x,y)+\mathrm{i}v(x,y)]}{\mathrm{i}\Delta y}\\
&=\lim_{\Delta y\to 0}\frac{u(x,y+\Delta y)-u(x,y)}{\mathrm{i}\Delta y}+\mathrm{i}\lim_{\Delta y\to 0}\frac{v(x,y+\Delta y)-v(x,y)}{\mathrm{i}\Delta y}\\
&=\frac{1}{\mathrm{i}}\frac{\partial u}{\partial y}+\frac{\partial v}{\partial y}.
\end{aligned}$$

函数 $w=f(z)=u(x,y)+\mathrm{i}v(x,y)$ 在点 $z=x+\mathrm{i}y$ 可导，沿着不同路径所得极限应该相等，因此

$$\frac{1}{\mathrm{i}}\cdot\frac{\partial u}{\partial y}+\frac{\partial v}{\partial y}=\frac{\partial v}{\partial y}-\mathrm{i}\frac{\partial u}{\partial y},$$

即

$$\frac{\partial u}{\partial x}=\frac{\partial v}{\partial y},\quad \frac{\partial v}{\partial x}=-\frac{\partial u}{\partial y}.$$

上述等式称为**柯西-黎曼**(Cauchy-Riemann)**方程**，简称 C-R **方程**. 由此方程，可得到复变函数解析的充要条件.

定理 3 设复变函数 $w=f(z)=u(x,y)+\mathrm{i}v(x,y)$ 在区域 D 内有定义，则 $f(z)$ 在点 $z=x+\mathrm{i}y\in D$ 处可导的充要条件是 $u(x,y)$ 和 $v(x,y)$ 在点 (x,y) 可微，且满足柯西-黎曼方程.

证明 必要性. 上面已证 $f(z)$ 在点 $z=x+\mathrm{i}y\in D$ 处可导可推导出柯西-黎曼方程. 只需证明 $f(z)$ 可导推出 $u(x,y)$ 和 $v(x,y)$ 在点 (x,y) 可微. 由于 $f(z)$ 在点 $z=x+\mathrm{i}y\in D$ 处可导，即

$$f'(z)=\lim_{\Delta z\to 0}\frac{f(z+\Delta z)-f(z)}{\Delta z}.$$

设 $\rho(\Delta z)=\dfrac{f(z+\Delta z)-f(z)}{\Delta z}-f'(z)$，则 $f(z+\Delta z)-f(z)=f'(z)\Delta z+\rho(\Delta z)\Delta z$，且 $\lim\limits_{\Delta z\to 0}\rho(\Delta z)=0$. 令

$$f(z+\Delta z)-f(z)=\Delta u+\mathrm{i}\Delta v,\quad f'(z)=a+\mathrm{i}b,\quad \rho(\Delta z)=\rho_1+\mathrm{i}\rho_2,$$

故 $f(z+\Delta z)-f(z)=f'(z)\Delta z+\rho(\Delta z)\Delta z$ 可化为

$$\begin{aligned}\Delta u+\mathrm{i}\Delta v&=(a+\mathrm{i}b)(\Delta x+\mathrm{i}\Delta y)+(\rho_1+\mathrm{i}\rho_2)(\Delta x+\mathrm{i}\Delta y)\\&=(a\Delta x-b\Delta y+\rho_1\Delta x-\rho_2\Delta y)+\mathrm{i}(b\Delta x+a\Delta y+\rho_2\Delta x+\rho_1\Delta y),\end{aligned}$$

因此

$$\begin{aligned}\Delta u&=a\Delta x-b\Delta y+\rho_1\Delta x-\rho_2\Delta y,\\\Delta v&=b\Delta x+a\Delta y+\rho_2\Delta x+\rho_1\Delta y.\end{aligned}$$

因为 $\lim\limits_{\Delta z\to 0}\rho(\Delta z)=0$，所以

$$\lim_{\substack{\Delta x\to 0\\\Delta y\to 0}}\rho_1=\lim_{\substack{\Delta x\to 0\\\Delta y\to 0}}\rho_2=0,$$

可得

$$\lim_{\substack{\Delta x\to 0\\\Delta y\to 0}}\frac{|\rho_1\Delta x-\rho_2\Delta y|}{\Delta z}=\lim_{\substack{\Delta x\to 0\\\Delta y\to 0}}\frac{|\rho_2\Delta x+\rho_1\Delta y|}{\Delta z}=0,$$

所以 $u(x,y)$ 和 $v(x,y)$ 在点 (x,y) 可微.

充分性. 因为 $u(x,y)$ 和 $v(x,y)$ 在点 (x,y) 可微，即

$$\Delta u=\frac{\partial u}{\partial x}\Delta x+\frac{\partial u}{\partial y}\Delta y+\varepsilon_1\Delta x+\varepsilon_2\Delta y,$$

$$\Delta v=\frac{\partial v}{\partial x}\Delta x+\frac{\partial v}{\partial y}\Delta y+\varepsilon_3\Delta x+\varepsilon_4\Delta y,$$

其中，$\lim\limits_{\substack{\Delta x\to 0\\ \Delta y\to 0}}\varepsilon_k=0(k=1,2,3,4)$，因此

$$f(z+\Delta z)-f(z)=\Delta u+\mathrm{i}\Delta v$$
$$=\left(\frac{\partial u}{\partial x}+\mathrm{i}\,\frac{\partial v}{\partial x}\right)\Delta x+\left(\frac{\partial u}{\partial y}+\mathrm{i}\,\frac{\partial v}{\partial y}\right)\Delta y+(\varepsilon_1+\mathrm{i}\varepsilon_3)\Delta x+(\varepsilon_2+\mathrm{i}\varepsilon_4)\Delta y.$$

由柯西-黎曼方程，

$$f(z+\Delta z)-f(z)=\left(\frac{\partial u}{\partial x}+\mathrm{i}\,\frac{\partial v}{\partial x}\right)\Delta z+(\varepsilon_1+\mathrm{i}\varepsilon_3)\Delta x+(\varepsilon_2+\mathrm{i}\varepsilon_4)\Delta y,$$

故

$$\frac{f(z+\Delta z)-f(z)}{\Delta z}=\frac{\partial u}{\partial x}+\mathrm{i}\,\frac{\partial v}{\partial x}+(\varepsilon_1+\mathrm{i}\varepsilon_3)\frac{\Delta x}{\Delta z}+(\varepsilon_2+\mathrm{i}\varepsilon_4)\frac{\Delta y}{\Delta z}.$$

由 $\left|\frac{\Delta x}{\Delta z}\right|\leqslant 1,\left|\frac{\Delta y}{\Delta z}\right|\leqslant 1$，可知 $(\varepsilon_1+\mathrm{i}\varepsilon_3)\frac{\Delta x}{\Delta z}\to 0,(\varepsilon_2+\mathrm{i}\varepsilon_4)\frac{\Delta y}{\Delta z}\to 0$，因此

$$f'(z)=\lim_{\Delta z\to 0}\frac{f(z+\Delta z)-f(z)}{\Delta z}=\frac{\partial u}{\partial x}+\mathrm{i}\,\frac{\partial v}{\partial x},$$

即 $f(z)$ 在点 $z\in D$ 处可导.

通过定理可知，当定理条件满足时，

$$f'(z)=u_x+\mathrm{i}v_x=u_x-\mathrm{i}u_y=v_y-\mathrm{i}u_y=v_y+\mathrm{i}v_x.$$

将在一点的解析性推广到区域中，可得如下定理：

定理 4　设复变函数 $w=f(z)=u(x,y)+\mathrm{i}v(x,y)$ 在区域 D 内有定义，则 $f(z)$ 在 D 内解析的充要条件是 $u(x,y)$ 和 $v(x,y)$ 在 D 内可微，且满足柯西-黎曼方程 $\frac{\partial u}{\partial x}=\frac{\partial v}{\partial y},\frac{\partial v}{\partial x}=-\frac{\partial u}{\partial y}$.

由以上定理可以看出，可导复变函数的实部与虚部有密切的联系. 当一个函数可导时，仅通过其实部或虚部就可以计算出导数. 同样，利用该定理可以判断哪些函数是不可导的.

例 2　讨论下列函数的可导性和解析性：

(1) $w=\bar{z}$；　　(2) $f(z)=\mathrm{e}^x(\cos y+\mathrm{i}\sin y)$；　　(3) $w=|z|^2$.

解　(1) 设 $z=x+\mathrm{i}y,w=x-\mathrm{i}y,u=x,v=-y$，则

$$\left.\begin{array}{ll}\dfrac{\partial u}{\partial x}=1, & \dfrac{\partial u}{\partial y}=0\\[2ex] \dfrac{\partial v}{\partial x}=0, & \dfrac{\partial v}{\partial y}=-1\end{array}\right\}\Rightarrow\frac{\partial u}{\partial x}\neq\frac{\partial v}{\partial y},$$

故 $w=\bar{z}$ 在复平面上不可导，也不解析.

(2) 由 $f(z)=\mathrm{e}^x(\cos y+\mathrm{i}\sin y)$，得

$$u=\mathrm{e}^x\cos y,\quad v=\mathrm{e}^x\sin y,$$

故

$$\left.\begin{aligned}&\frac{\partial u}{\partial x}=e^x\cos y,\quad \frac{\partial u}{\partial y}=-e^x\sin y\\&\frac{\partial v}{\partial x}=e^x\sin y,\quad \frac{\partial v}{\partial y}=e^x\cos y\end{aligned}\right.\Rightarrow\begin{aligned}&\frac{\partial u}{\partial x}=\frac{\partial v}{\partial y},\\&\frac{\partial v}{\partial x}=-\frac{\partial u}{\partial y}\end{aligned}$$

因此，$f(z)=e^x(\cos y+i\sin y)$在复平面上可导，也解析.

$$f'(z)=\frac{\partial u}{\partial x}+i\frac{\partial v}{\partial x}=e^x\cos y+ie^x\sin y=f(z).$$

(3) 设 $z=x+iy, w=x^2+y^2, u=x^2+y^2, v=0$，则

$$\frac{\partial u}{\partial x}=2x,\quad \frac{\partial u}{\partial y}=2y,\quad \frac{\partial v}{\partial x}=0,\quad \frac{\partial v}{\partial y}=0,$$

只在点 $z=0$ 处满足柯西-黎曼条件，故 $w=|z|^2$ 仅在 $z=0$ 处可导，但处处不解析.

例 3 已知 $f(z)=x^2-y^2+i2xy=u+iv$，求 $f'(z)$.

解 $$f'(z)=u_x+iv_x=2x+i2y=2(x+iy)=2z.$$

同样的，

$$f'(z)=v_y-iu_y=2x-i(-2y)=2(x+iy)=2z.$$

例 4 求证函数 $w=u(x,y)+iv(x,y)=\frac{x}{x^2+y^2}-i\frac{y}{x^2+y^2}$在 $z=x+iy\neq0$ 处解析，并求$\frac{dw}{dz}$.

证明 由于在 $z\neq0$ 处，$u(x,y)=\frac{x}{x^2+y^2}$，$v(x,y)=\frac{y}{x^2+y^2}$都是可微函数，且满足柯西-黎曼条件：

$$\frac{\partial u}{\partial x}=\frac{\partial v}{\partial y}=\frac{y^2-x^2}{(x^2+y^2)^2},\quad \frac{\partial u}{\partial y}=-\frac{\partial v}{\partial x}=\frac{-2xy}{(x^2+y^2)^2},$$

因此函数 $w=f(z)$在 $z\neq0$ 处解析，导数为

$$\begin{aligned}\frac{\partial w}{\partial z}&=\frac{\partial u}{\partial x}+i\frac{\partial v}{\partial x}=\frac{y^2-x^2}{(x^2+y^2)^2}+i\frac{2xy}{(x^2+y^2)^2}\\&=-\frac{(x-iy)^2}{(x^2+y^2)^2}=-\frac{1}{z^2}.\end{aligned}$$

例 5 证明：如果 $f'(z)\equiv0, z\in D$，则 $f(z)=C, z\in D$.

证明 由于 $f'(z)=u_x+iv_x=\frac{1}{i}u_y+v_y\equiv0$，故 $u_x=v_x=u_y=v_y=0$，因此，$u=C_1, v=C_2, f(z)=C_1+iC_2=C$，其中，$C_1, C_2$ 为实常数，C 为复常数.

§12.3 初等函数

在高等数学中，初等函数是重要的研究对象，本节将把实变中初等函数推广到复平面上，研究复变初等函数的基本性质，讨论它们的解析性.

12.3.1　指数函数

实变函数中的指数函数 e^x 是一类具有很多良好性质的函数，它处处可导，而且它的导数和积分都是其本身. 为了将其推广到复变数的情形，应满足上述基本性质，即复变指数函数应定义为在复平面上满足如下三个条件的函数 $f(z)$：

(1) $f(z)$在复平面上处处可导，即处处解析；

(2) $f'(z)=f(z)$；

(3) 当 $\mathrm{Im}(z)=0$ 时，$f(z)=e^x$，其中 $x=\mathrm{Re}(z)$.

根据上述三个条件，我们给出如下定义：

定义 1　对于任意 $z=x+iy\in\mathbf{C}$，复变数 z 的指数函数为

$$f(z)=e^z=e^x(\cos y+i\sin y),$$

记作

$$e^z=e^x(\cos y+i\sin y).$$

此处的 e^z 只是一个符号，不具有乘幂的意义.

复指数函数 e^z 具有如下性质：

(1) 当 z 取实数 x 时，$y=0$，复指数函数与实指数函数一致，故可看成实指数函数的扩展. 当 z 取虚数时，$x=0$，得到欧拉公式 $e^{iy}=\cos y+i\sin y$；

(2) $|e^z|=e^x>0$，$\arg e^z=y$，在整个 z 平面内，e^z 无零点；

(3) 在整个 z 平面内，e^z 处处解析，导函数正是本身；

(4) $e^{z_1+z_2}=e^{z_1}\cdot e^{z_2}$；

(5) e^z 是一个以 $2\pi i$ 为周期的周期函数，$e^{2\pi i}=1$；

(6) 极限$\lim\limits_{z\to\infty}e^z$ 不存在.

12.3.2　对数函数

和实变对数函数一样，复变对数函数也定义为复变指数函数的反函数，即满足方程 $e^w=z(z\neq0)$的函数 $w=f(z)$为复变对数函数，记为 $w=\mathrm{Ln}\,z$.

假设 $w=u+iv$，$z=re^{i\theta}$，其中，u,v,r,θ 均为实数，则

$$e^{u+iv}=e^u e^{iv}=re^{i\theta},$$

得到

$$\begin{cases}e^u=r\Rightarrow u=\ln r=\ln|z|\\ v=\theta=\mathrm{Arg}\,z=\arg z+2k\pi\end{cases},$$

所以

$$w=\mathrm{Ln}\,z=\ln|z|+i\mathrm{Arg}\,z.$$

因为辐角 $\mathrm{Arg}\,z=\arg z+2k\pi$($k$ 为整数)的多值性，复变对数函数也是多值函数，即一个自变量对应不止一个因变量，其中任意两个因变量相差 $2\pi i$ 的整数倍.

例 1　计算 $\mathrm{Ln}(-1)$的值.

解 $\mathrm{Ln}(-1)=\ln|-1|+\mathrm{i}\arg(-1)+2k\pi\mathrm{i}=(2k+1)\pi\mathrm{i}, k\in\mathbf{Z}$.

当 $\mathrm{Arg}\, z$ 取辐角主值 $\arg z$ 时，$w=\mathrm{Ln}\, z$ 为一个单值函数，记作 $\ln z$，称为 $\mathrm{Ln}\, z$ 的**主值**，因此

$$\ln z=\ln|z|+\mathrm{i}\arg z,$$

通过上式，当 $z=x>0$ 时，$\ln z=\ln x$，即为实变对数函数.

$\mathrm{Ln}\, z$ 的其余各值为

$$\mathrm{Ln}\, z=\ln z+2k\pi\mathrm{i} \quad (k=\pm1,\pm2,\cdots),$$

称它们为 $\mathrm{Ln}\, z$ 的**分支**.

复变对数函数的性质和实变对数函数类似：

(1) $\mathrm{Ln}\, z$ 的定义域为 $\{z: 0<|z|<+\infty\}$；

(2) $\mathrm{Ln}\, z$ 为无穷多值函数，每两个值相差 $2\pi\mathrm{i}$ 的整数倍；

(3) $\forall z_1, z_2\neq 0,\infty$：$\mathrm{Ln}(z_1z_2)=\mathrm{Ln}z_1+\mathrm{Ln}z_2$，$\mathrm{Ln}\left(\dfrac{z_1}{z_2}\right)=\mathrm{Ln}\, z_1-\mathrm{Ln}\, z_2$.

证明 只证明第一个式子，第二个式子可用同样方法证明. 根据对数函数的定义，

$$\mathrm{Ln}(z_1z_2)=\ln|z_1z_2|+\mathrm{i}\mathrm{Arg}(z_1z_2),$$

且

$$\ln|z_1z_2|=\ln(|z_1|\cdot|z_2|)=\ln|z_1|+\ln|z_2|,$$
$$\mathrm{Arg}(z_1z_2)=\mathrm{Arg}\, z_1+\mathrm{Arg}\, z_2,$$

故

$$\mathrm{Ln}(z_1z_2)=\ln|z_1|+\ln|z_2|+\mathrm{i}[\mathrm{Arg}(z_1)+\mathrm{Arg}(z_2)]=\mathrm{Ln}\, z_1+\mathrm{Ln}\, z_2.$$

(4) 除去原点与负实轴，$\mathrm{Ln}\, z$ 在复平面内处处连续，处处解析，而且

$$(\ln z)'=\frac{1}{z}, \quad (\mathrm{Ln}\, z)'=\frac{1}{z}.$$

证明 因为 $\ln z=\ln|z|+\mathrm{i}\arg z$，我们要讨论 $\ln|z|$ 和 $\arg z$ 的连续性. 事实上，$\ln|z|$ 在原点不连续，在其他各点都连续. 设 $z=x+\mathrm{i}y$，当 $x<0$ 时，$\lim\limits_{y\to0^-}\arg z=-\pi$，$\lim\limits_{y\to0^+}\arg z=\pi$，故 $\arg z$ 在原点和负实轴上不连续，因此，$\ln z$ 在除原点和负实轴的复平面内处处连续. 综上所述，$z=\mathrm{e}^w$ 在区域 $-\pi<v=\arg z<\pi$ 内反函数 $w=\ln z$ 是单值的. 由反函数的求导法则，可知

$$\frac{\mathrm{d}\ln z}{\mathrm{d}z}=\frac{1}{\dfrac{\mathrm{d}z}{\mathrm{d}w}}=\frac{1}{\dfrac{\mathrm{d}\mathrm{e}^w}{\mathrm{d}w}}=\frac{1}{\mathrm{e}^w}=\frac{1}{z},$$

所以 $\ln z$ 在除原点和负实轴的复平面内处处解析. $\mathrm{Ln}\, z$ 在除去原点及负实轴的平面内也解析，并且有相同的导数值.

注意：$\mathrm{Ln}\, z^n=n\mathrm{Ln}\, z$ 和 $\mathrm{Ln}\sqrt[n]{z}=\dfrac{1}{n}\mathrm{Ln}\, z$ 并不成立. 假设 $z=r\mathrm{e}^{\mathrm{i}\theta}$，则有

$$\mathrm{Ln}\, z^n=\mathrm{Ln}(r^n\mathrm{e}^{\mathrm{i}n\theta})=\ln r^n+\mathrm{i}(n\theta+2k\pi)$$

$$=n\ln r+\mathrm{i}(n\theta+2k\pi)\quad (k=0,\pm1,\pm2,\cdots),$$

而右端为

$$n\mathrm{Ln}\, z=n\ln r+\mathrm{i}n(\theta+2m\pi)$$
$$=n\ln r+\mathrm{i}(n\theta+2nm\pi)\quad (m=0,\pm1,\pm2,\cdots).$$

两者实部相同,但是虚部可能取的值却不尽相同,故 $\mathrm{Ln}\, z^n=n\mathrm{Ln}\, z$ 不正确. 同理可证 $\mathrm{Ln}\sqrt[n]{z}$ 不等于 $\frac{1}{n}\mathrm{Ln}\, z$.

例 2　计算 $\mathrm{Ln}(-1)$, $\mathrm{Ln}\,\mathrm{i}$, $\mathrm{Ln}\,(3+4\mathrm{i})$的值以及它们相应的主值.

解　$\mathrm{Ln}(-1)=\ln 1+\mathrm{i}(\arg(-1)+2k\pi)=(2k+1)\pi\mathrm{i}$,主值为 $\ln(-1)=\pi\mathrm{i}$;

$\mathrm{Ln}\,\mathrm{i}=\mathrm{i}(\arg(\mathrm{i})+2k\pi)=\left(2k+\frac{1}{2}\right)\pi\mathrm{i}$,主值为 $\ln\mathrm{i}=\frac{\pi}{2}\mathrm{i}$;

$\mathrm{Ln}(3+4\mathrm{i})=\ln|3+4\mathrm{i}|+\mathrm{i}\mathrm{Arg}(3+4\mathrm{i})=\ln 5+\left(\arctan\frac{4}{3}+2k\pi\right)\mathrm{i}$,主值为 $\ln(3+4\mathrm{i})=\ln 5+\arctan\frac{4}{3}\mathrm{i}$.

12.3.3　幂函数

在复变函数中,可以利用指数函数和对数函数定义幂函数:设 a 是任何复数,则定义 z 的 a 次**幂函数**为

$$w=z^a=\mathrm{e}^{a\mathrm{Ln}\, z}\quad (z\neq0).$$

当 a 为正实数,且 $z=0$ 时,规定 $z^a=0$. 当 z 为正实数,且 a 为整数时,上式与实变中的幂函数定义一致;当 z 为复变数,a 为复数时,

$$z^a=\mathrm{e}^{a\mathrm{Ln}\, z}=\mathrm{e}^{a[\ln|z|+\mathrm{i}\arg z+\mathrm{i}2k\pi]}=\mathrm{e}^{a[\ln z+\mathrm{i}2k\pi]}=\mathrm{e}^{a\ln z}\mathrm{e}^{\mathrm{i}a2k\pi}\quad k=0,\pm1,\cdots.$$

可以看出,当 a 为整数时,$z^a=\mathrm{e}^{a\ln z}$ 是单值函数,根据复合函数求导法则,$w=z^a$ 的这个单值连续分支在 G 内解析,并且

$$\frac{\mathrm{d}w}{\mathrm{d}z}=a\cdot\frac{1}{z}\mathrm{e}^{a\ln z}=a\cdot\frac{z^a}{z}=a\cdot z^{a-1}.$$

当 a 为有理数 $\frac{p}{q}$(p 与 q 为互素整数,$q>0$)时,

$$z^a=\mathrm{e}^{\frac{p}{q}\ln|z|}\mathrm{e}^{\frac{p}{q}\mathrm{i}(\arg z+2k\pi)}$$
$$=\mathrm{e}^{\frac{p}{q}\ln|z|}\left\{\cos\left[\frac{p}{q}(\arg z+2k\pi)\right]+\mathrm{i}\sin\left[\frac{p}{q}(\arg z+2k\pi)\right]\right\}$$
$$(k=0,1,2,\cdots,q-1),$$

所以 $z^a=\mathrm{e}^{a\ln z}$ 有 q 个值. 由于对数函数 $\mathrm{Ln}\, z$ 的各分支在除去原点和负实轴的复平面内解析,所以 $w=z^{\frac{p}{q}}$ 的各分支在除去原点和负实轴的复平面内解析,且

$$w'=(\sqrt[n]{z})'=(\mathrm{e}^{\frac{1}{n}\ln z}\mathrm{e}^{\frac{1}{n}2k\pi\mathrm{i}})'=\frac{1}{n}z^{\frac{1}{n}-1}.$$

当 a 为无理数或复数时,$z^a=\mathrm{e}^{a\ln z}$ 有无穷多个值. 同样,它的各分支在除去原点

和负实轴的复平面内解析，且$(z^a)'=az^{a-1}$.

例 3 求乘幂 i^i 和 $1^{\sqrt{2}}$ 的值.

解 $i^i=e^{i\mathrm{Ln}\,i}=e^{i(\ln i+i2k\pi)}=e^{i\left(i\frac{\pi}{2}+i2k\pi\right)}=e^{-\left(\frac{\pi}{2}+2k\pi\right)}\quad(k=0,\pm1,\cdots)$,

$$1^{\sqrt{2}}=e^{\sqrt{2}\mathrm{Ln}\,1}=e^{\sqrt{2}(\ln 1+i2k\pi)}=e^{i2\sqrt{2}k\pi}\quad(k=0,\pm1,\cdots).$$

由此可见，i^i 是正实数，主值为 $e^{-\frac{\pi}{2}}$；而 $1^{\sqrt{2}}$ 是复数，主值为 1.

例 4 解下列方程：

(1) $\ln z=\frac{\pi}{2}i$； (2) $\ln z=1+\pi i$； (3) $\ln z=2-\frac{\pi}{6}i$.

解 (1) $z=e^{\frac{\pi}{2}i}=e^0\left(\cos\frac{\pi}{2}+i\sin\frac{\pi}{2}\right)=i$；

(2) $z=e^{1+\pi i}=e(\cos\pi+i\sin\pi)=-e$；

(3) $z=e^{2-\frac{\pi}{6}i}=e^2\left(\cos\frac{\pi}{6}-i\sin\frac{\pi}{6}\right)=e^2\,\frac{\sqrt{3}-i}{2}$.

12.3.4 三角函数和双曲函数

对于任意的实数 x，由 Euler 公式，有

$$e^{ix}=\cos x+i\sin x,\quad e^{-ix}=\cos x-i\sin x,$$

通过简单运算，可以得到

$$\cos x=\frac{e^{ix}+e^{-ix}}{2},\quad \sin x=\frac{e^{ix}-e^{-ix}}{2i}.$$

利用指数函数和三角函数的上述关系，定义复变余弦函数和正弦函数如下：

$$\cos z=\frac{e^{iz}+e^{-iz}}{2},\quad \sin z=\frac{e^{iz}-e^{-iz}}{2i},$$

其中，z 为任意复数. 由此定义，关于复数的 Euler 公式也成立，即

$$e^{iz}=\cos z+i\sin z.$$

通过上述定义得到的复变余弦函数和正弦函数有类似实变余弦函数和正弦函数的性质：

(1) $\cos z$ 和 $\sin z$ 都是单值函数.

(2) $\cos z$ 和 $\sin z$ 都是以 2π 为周期的周期函数，

$$\cos(z+2\pi)=\frac{e^{i(z+2\pi)}+e^{-i(z+2\pi)}}{2}=\cos z,$$

$$\sin(z+2\pi)=\frac{e^{i(z+2\pi)}-e^{-i(z+2\pi)}}{2}=\sin z.$$

(3) $\cos z$ 是偶函数，$\sin z$ 是奇函数，

$$\cos(-z)=\frac{e^{i(-z)}+e^{-i(-z)}}{2}=\frac{e^{-iz}+e^{iz}}{2}=\cos z,$$

$$\sin(-z)=\frac{e^{i(-z)}-e^{-i(-z)}}{2}=\frac{e^{-iz}-e^{iz}}{2}=-\sin z.$$

(4) 关于 $\cos z$ 和 $\sin z$ 的一些公式仍然成立，

$$\sin^2 z+\cos^2 z=1,$$

$$\sin(z_1\pm z_2)=\sin z_1\cos z_2\pm\cos z_1\sin z_2,$$

$$\cos(z_1\pm z_2)=\cos z_1\cos z_2\mp\sin z_1\sin z_2.$$

但是，$|\cos z|\leqslant 1$ 和 $|\sin z|\leqslant 1$ 不再成立，例如，设 $z=\mathrm{i}y$，

$$\cos(\mathrm{i}y)=\frac{\mathrm{e}^{\mathrm{i}(\mathrm{i}y)}+\mathrm{e}^{-\mathrm{i}(\mathrm{i}y)}}{2}=\frac{\mathrm{e}^{-y}+\mathrm{e}^{y}}{2},$$

$$\sin(\mathrm{i}y)=\frac{\mathrm{e}^{-y}-\mathrm{e}^{y}}{2}.$$

当 $y\to\infty$ 时，$|\cos z|\to\infty$，$|\sin z|\to\infty$.

(5) $\cos z$ 和 $\sin z$ 在整个复平面上解析，且

$$(\cos z)'=-\sin z,\quad (\sin z)'=\cos z.$$

(6) $\cos z$ 和 $\sin z$ 在复平面的零点：$\cos z$ 在复平面的零点是 $z=\frac{\pi}{2}+k\pi(k\in\mathbf{Z})$；$\sin z$ 在复平面的零点是 $z=k\pi(k\in\mathbf{Z})$.

(7) 可以定义其他三角函数：

$$\tan z=\frac{\sin z}{\cos z},\quad \cot z=\frac{\cos z}{\sin z},$$

$$\sec z=\frac{1}{\cos z},\quad \csc z=\frac{1}{\sin z},$$

它们的周期性、奇偶性和解析性等性质可由 $\cos z$ 和 $\sin z$ 的相应性质推导出来.

同样，可以利用复变函数和指数函数定义双曲函数：

$$\mathrm{sh}\, z=\frac{\mathrm{e}^{z}-\mathrm{e}^{-z}}{2},\quad \mathrm{ch}\, z=\frac{\mathrm{e}^{z}+\mathrm{e}^{-z}}{2},$$

$$\mathrm{th}\, z=\frac{\mathrm{sh}\, z}{\mathrm{ch}\, z},\quad \mathrm{cth}\, z=\frac{\mathrm{ch}\, z}{\mathrm{sh}\, z},$$

$$\mathrm{sech}\, z=\frac{1}{\mathrm{ch}\, z},\quad \mathrm{csch}\, z=\frac{1}{\mathrm{sh}\, z},$$

并分别称为 z 的**双曲正弦**、**双曲余弦**、**双曲正切**、**双曲余切**、**双曲正割**及**双曲余割**. 由上述定义，可以简单推出如下性质：

(1) $\mathrm{ch}\, z$ 和 $\mathrm{sh}\, z$ 都是以 $2\pi\mathrm{i}$ 为周期的函数；

(2) $\mathrm{ch}\, z$ 是偶函数，$\mathrm{sh}\, z$ 是奇函数；

(3) $\mathrm{ch}\, z$ 和 $\mathrm{sh}\, z$ 在整个复平面内处处解析，且

$$(\mathrm{ch}\, z)'=\mathrm{sh}\, z,\quad (\mathrm{sh}\, z)'=\mathrm{ch}\, z;$$

因为 $\cos(\mathrm{i}y)=\frac{\mathrm{e}^{-y}+\mathrm{e}^{y}}{2}$，$\sin(\mathrm{i}y)=\frac{\mathrm{e}^{-y}-\mathrm{e}^{y}}{2}$，易得

$$\cos(\mathrm{i}y)=\mathrm{ch}\, y,\quad \sin(\mathrm{i}y)=\mathrm{i}\,\mathrm{sh}\, y,\quad \cos y=\mathrm{ch}(\mathrm{i}y),\quad \mathrm{i}\sin y=\mathrm{sh}(\mathrm{i}y).$$

再利用正余弦函数的基本性质，可得

$$\cos(x+\mathrm{i}y)=\cos x\,\mathrm{ch}\, y-\mathrm{i}\sin x\,\mathrm{sh}\, y,$$

$$\sin(x+\mathrm{i}y)=\sin x\operatorname{ch} y+\mathrm{i}\cos x\operatorname{sh} y,$$
$$\operatorname{ch}(x+\mathrm{i}y)=\operatorname{ch} x\cos y+\mathrm{i}\operatorname{sh} x\sin y,$$
$$\operatorname{sh}(x+\mathrm{i}y)=\operatorname{sh} x\cos y+\mathrm{i}\operatorname{ch} x\sin y.$$

12.3.5 反三角函数和反双曲函数

因为复变三角函数和复变双曲函数都是由复变指数函数定义的，复变指数函数的反函数是复变对数函数，因此，可以用复变对数函数定义复变三角函数和复变双曲函数的反函数，即复变反三角函数和反双曲函数.

定义 2 称方程 $z=\cos w$ 的所有根 w 为 z 的**复变反余弦函数**，记作 $w=\operatorname{Arccos} z$.

通过指数函数定义，改写为

$$z=\frac{1}{2}(\mathrm{e}^{\mathrm{i}w}+\mathrm{e}^{-\mathrm{i}w}),$$

得到一元二次方程

$$\mathrm{e}^{2\mathrm{i}w}-2z\mathrm{e}^{\mathrm{i}w}+1=0,$$

根为

$$\mathrm{e}^{\mathrm{i}w}=z+\sqrt{z^2-1},$$

其中，$\sqrt{z^2-1}$为双值函数. 将上式两端取对数即得复变反余弦函数的表达式

$$w=\operatorname{Arccos} z=-\mathrm{i}\operatorname{Ln}(z+\sqrt{z^2-1}).$$

同样，可以得到复变反正弦函数和反正切函数的表达式：

$$\operatorname{Arcsin} z=-\mathrm{i}\operatorname{Ln}(\mathrm{i}z+\sqrt{1-z^2}),$$
$$\operatorname{Arctan} z=-\frac{\mathrm{i}}{2}\operatorname{Ln}\frac{1+\mathrm{i}z}{1-\mathrm{i}z}.$$

用类似的方法，可以推导出复变反双曲正弦、反双曲余弦和反双曲正切函数的定义式：

$$\operatorname{Arsh} z=\operatorname{Ln}(z+\sqrt{z^2+1}),$$
$$\operatorname{Arch} z=\operatorname{Ln}(z+\sqrt{z^2-1}),$$
$$\operatorname{Arth} z=\frac{1}{2}\operatorname{Ln}\frac{1+z}{1-z}.$$

三角函数和双曲函数都是由复指数函数定义的，且是周期函数，故它们的反函数一定是多值函数.

习 题 12

1. 判断下列命题的真假. 若真，请证明；若假，请举反例.

(1) 若 $f'(z)$在区域 D 内处处为零，则 $f(z)$在 D 内必恒为常数.

(2) 若 $f(z)$ 在 z_0 点不解析，则 $f(z)$ 在 z_0 点必不可导.

(3) 函数 $f(z)=u(x,y)+\mathrm{i}v(x,y)$ 在点 $z_0=x_0+\mathrm{i}y_0$ 可微等价于 $u(x,y)$ 和 $v(x,y)$ 在点 (x_0,y_0) 可微.

(4) $|\sin z|\leqslant 1$.

(5) 函数 e^z 是周期函数.

(6) 设函数 $f(z)$ 在点 z_0 处可导，则 $f(z)$ 在点 z_0 处解析.

(7) 对于任意的复数 z_1,z_2，等式 $\mathrm{Ln}(z_1z_2)=\mathrm{Ln}\,z_1+\mathrm{Ln}\,z_2$ 恒成立.

(8) 不等式 $\mathrm{Re}(z)\leqslant 2$ 表示的是有界闭区域.

(9) 对于任意的复数 z，整数 n，等式 $\mathrm{Ln}\,z^n=n\mathrm{Ln}\,z$ 恒成立.

2. 填空题：

(1) $\mathrm{Ln}(1+\mathrm{i})$ 的主值为________________.

(2) $\mathrm{Ln}(-\mathrm{i})=$____________，主值为____________.

(3) 设 $\mathrm{e}^z=-3+4\mathrm{i}$，则 $\mathrm{Re}(\mathrm{i}z)=$____________.

(4) $3^{\mathrm{i}}=$____________.

(5) $(1+\mathrm{i})^{\mathrm{i}}=$____________.

(6) $\mathrm{i}^{1+\mathrm{i}}=$____________.

(7) 指数函数 e^z 的周期是____________.

(8) 设 $f(z)=(1-z)\mathrm{e}^{-z}$，则 $f'(z)=$____________.

(9) 设 $f(z)=x^3+y^3+\mathrm{i}x^2y^2$，则 $f'(1+\mathrm{i})=$____________.

(10) 已知函数 $f(z)=(2x+1)y+v(x,y)\mathrm{i}$ 解析，则 $f'(\mathrm{i})=$____________.

(11) 函数 $f(z)=u+\mathrm{i}v$ 在 $z_0=x_0+\mathrm{i}y_0$ 点连续是 $f(z)$ 在该点解析的________条件.

(12) $(-3)^{\sqrt{5}}=$____________.

(13) $\left(\dfrac{1-\mathrm{i}}{\sqrt{2}}\right)^{1+\mathrm{i}}=$____________.

(14) $1^{-\mathrm{i}}=$____________.

(15) 设 $f(z)=(2z^2+\mathrm{i})^5$，则 $f'(z)=$____________.

(16) 设 $f(z)=\dfrac{(1+z^2)^4}{z^2}(z\neq 0)$，则 $f'(z)=$____________.

(17) 已知函数 $f(z)=(z^2-2z+4)^2$ 解析，则 $f'(-\mathrm{i})=$____________.

3. 单项选择题：

(1) 以下说法中，错误的是(　　).

A. 复指数函数 e^z 具有周期

B. 幂函数 z^a(a 为非零的复常数)是多值函数

C. 对数函数 $\mathrm{Ln}\,z$ 为多值函数

D. 在复数域内 $\sin z$ 和 $\cos z$ 都是有界函数

(2) 设 $f(z)=\sin z$，则下列命题中错误的是(　　).

A. $f(z)$在复平面内处处解析　　B. $f(z)$以 2π 为周期

C. $f(z)=\dfrac{e^{iz}-e^{-iz}}{2}$　　D. $|f(z)|$是无界的

(3) 函数 $f(z)$在点 z 可导是 $f(z)$在点 z 解析的(　　).

A. 充分不必要条件　　B. 必要不充分条件

C. 充分必要条件　　D. 既不充分又不必要条件

(4) 下列说法正确的是(　　).

A. $f(z)$在 z_0 可导的充要条件是 $f(z)$ 在 z_0 处解析.

B. $f(z)$在 z_0 可导的充要条件是 u,v 在 z_0 处偏导数连续且满足 C-R 条件

C. $f(z)$在 z_0 可导的充要条件是 $f(z)$在 z_0 处连续.

D. $f(z)$在 z_0 可导的充要条件是 u,v 在 z_0 处可微且满足 C-R 条件

(5) 在复平面上,下列关于正弦函数 $\sin z$ 的命题中,错误的是(　　).

A. $\sin z$ 是周期函数　　B. $\sin z$ 是解析函数

C. $|\sin z|\leqslant 1$　　D. $(\sin z)'=\cos z$

4. 判断下列函数在何处可导,以及在何处解析:

(1) $f(z)=2x^3+3y^3 i$;　　(2) $f(z)=(x-y)^2+2(x+y)i$;

(3) $f(z)=xy^2+ix^2 y$;　　(4) $f(z)=\bar{z}z^2$;

(5) $f(z)=(x^2-y^2-x)+i(2xy-y^2)$;(6) $f(z)=z\operatorname{Re} z$.

5. 计算下列各值:

(1) $\cos(\pi+2i)$;　　(2) $\sin(1-2i)$;

(3) $\tan(3-i)$;　　(4) $\arctan(1+2i)$.

6. 设 $f(z)=my^3+nx^2 y+i(x^3+txy^2)$在复平面上解析,求 m,n,t 的值.

7. 求解下列方程:

(1) $\sin z=2$;　　(2) $\sin z=0$;

(3) $\ln z=\dfrac{\pi}{2}i$;　　(4) $z-\ln(1+i)=0$;

(5) $e^z-1-\sqrt{3}i=0$.

第 13 章　复变函数的积分

复变函数的积分(简称复积分)是研究解析函数的有力工具,解析函数涉及的许多性质都要用复积分来处理,本章主要讨论复积分的定义、性质、计算方法、柯西积分公式等内容.

§13.1　复变函数积分的概念

13.1.1　有向曲线

设 $C:\begin{cases}x=x(t)\\ y=y(t)\end{cases}(\alpha\leqslant t\leqslant\beta)$,$x'(t)$与 $y'(t)$在$[\alpha,\beta]$上连续且$[x'(t)]^2+[y'(t)]^2\neq 0$,$C:z(t)=x(t)+\mathrm{i}y(t)(\alpha\leqslant t\leqslant\beta)$. $z'(t)$连续且$z'(t)\neq 0$. C 为平面上的一条光滑曲线.

注:今后所说的曲线总是指光滑或逐段光滑曲线,特别说明的例外.

曲线方向的说明:一般情形下曲线 C 的正方向总是指从起点到终点的方向. 那么终点到起点的方向就是曲线 C 的负向,记为C^-.

闭曲线正向的规定:正方向观察者顺此方向沿 C 前进一周,C 的内部一直在观察者的左边(见图 13-1). 与曲线正方向相反的方向就是曲线的负方向. 对周线而言,逆时针方向为正方向,顺时针方向为负方向(见图 13-2).

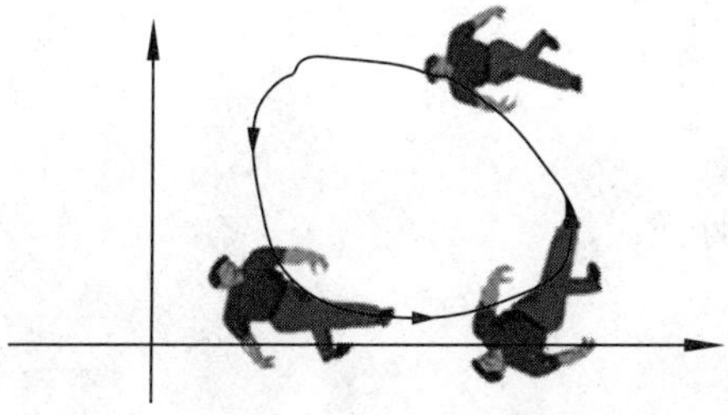

图　13-1

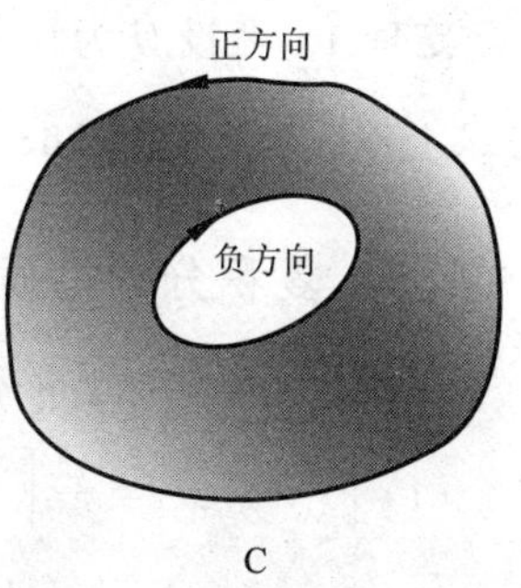

图　13-2

13.1.2　积分的定义及积分存在的条件

定义　设 $w=f(z)$在C 上有定义. C 为从 $A\to B$ 的一条光滑有向曲线. 将$\widehat{AB}$任意分划成 n 个小弧段 $A=Z_0,Z_1,\cdots,Z_n=B$. 取 $\forall\,\tau_k\in z_{k-1}z_k$,作乘积

$f(\tau_k)\Delta z_k$，这里 $\Delta z_k = z_k - z_{k-1}$. 并作和式 $S_n = \sum_{k=1}^{n} f(\tau_k)\Delta z_k$. 记 ΔS_k 为 $\overset{\frown}{z_{k-1}z_k}$ 的长度，$\lambda = \max_{1\leqslant k\leqslant n}\{\Delta S_k\}$. 若 $\lim_{\lambda\to 0}\sum_{k=1}^{n} f(\tau_k)\Delta z_k$ 存在（无论对 C 如何分割，以及点 τ_k 如何取），则称 $f(z)$ 在 C 上可积，上述极限值为 $f(z)$ 沿曲线 C 从 $A\to B$ 的积分，记作 $\int_C f(z)\mathrm{d}z$.（见图 13-3）

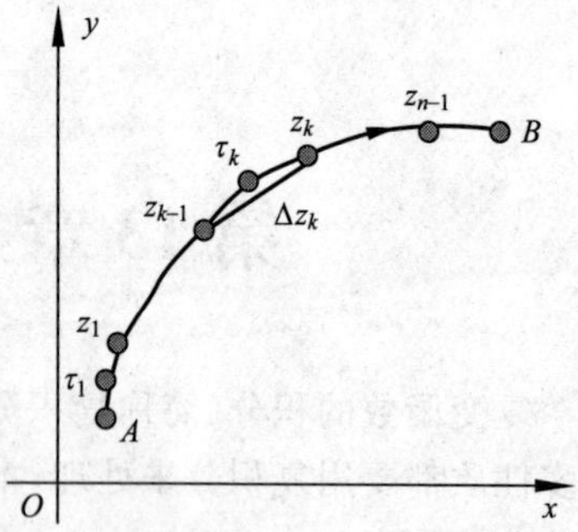

图 13-3

注：(1) 若 C 是闭曲线，记作 $\oint_C f(z)\mathrm{d}z$；

(2) 如果 $\int_C f(z)\mathrm{d}z$ 存在，一般不能写成 $\int_a^b f(z)\mathrm{d}z$.

(3) 用 $\int_{C^-} f(z)\mathrm{d}z$ 表示 $f(z)$ 沿着曲线 C 的负向的积分.

下面考虑复平面上积分存在的条件. 假设 C 为复平面上光滑（逐段光滑）的曲线，$f(z)=u(x,y)+\mathrm{i}v(x,y)(z=x+\mathrm{i}y)$ 在 C 上连续，显然 $u(x,y)$，$v(x,y)$ 均在 C 上连续，则

$$\begin{aligned}\int_C f(z)\mathrm{d}z &= \int_C u(x,y)+v(x,y)\mathrm{d}(x+\mathrm{i}y)\\ &= \int_C u(x,y)\mathrm{d}x - v(x,y)\mathrm{d}y + \mathrm{i}\int_C v(x,y)\mathrm{d}x + u(x,y)\mathrm{d}y.\end{aligned}$$

因此，将积分存在的条件问题，归结为右端两个第二类曲线积分存在的问题. 由微积分的知识可知，当 $u(x,y)$，$v(x,y)$ 均在 C 上连续时，两个第二类曲线积分均存在，因此 $\int_C f(z)\mathrm{d}z$ 存在. 由此给出如下的积分存在定理.

定理 1　假设 C 为复平面上光滑（逐段光滑）的曲线，$f(z)=u(x,y)+\mathrm{i}v(x,y)$ 在 C 上连续，则 $\int_C f(z)\mathrm{d}z$ 存在.

13.1.3　复积分的性质

复积分与实变函数的定积分有类似的性质.

(1) $\int_C f(z)\mathrm{d}z = -\int_{C^-} f(z)\mathrm{d}z$；

(2) $\int_C kf(z)\mathrm{d}z = k\int_C f(z)\mathrm{d}z$　（k 为常数）；

(3) $\int_C [f(z)\pm g(z)\mathrm{d}z] = \int_C f(z)\mathrm{d}z \pm \int_C g(z)\mathrm{d}z$；

(4) 设：$C=C_1+C_2+C_3+\cdots+C_n$，

$$\int_C f(z)\mathrm{d}z = \int_{C_1} f(z)\mathrm{d}z + \int_{C_2} f(z)\mathrm{d}z + \cdots + \int_{C_n} f(z)\mathrm{d}z;$$

(5) 设曲线 C 的长度为 L，函数 $f(z)$ 在 C 上满足 $|f(z)|\leqslant M$，那么

$$\left|\int_C f(z)\mathrm{d}z\right|\leqslant\int_C |f(z)|\mathrm{d}s\leqslant ML.$$

这里我们只给出性质(5)的证明

证明　因为 $|\Delta z_k|$ 是 z_k 与 z_{k-1} 两点之间的距离，Δs_k 为这两点之间弧段的长度，所以

$$\left|\sum_{k=1}^{n} f(\zeta_k)\cdot\Delta z_k\right|\leqslant\sum_{k=1}^{n}|f(\zeta_k)\Delta z_k|\leqslant\sum_{k=1}^{n}|f(\zeta_k)|\Delta s_k,$$

两端取极限得 $\left|\int_C f(z)\mathrm{d}z\right|\leqslant\int_C|f(z)|\mathrm{d}s$. 因为 $\sum_{k=1}^{n}|f(\zeta_k)|\Delta s_k\leqslant M\sum_{k=1}^{n}\Delta s_k=ML$，所以 $\left|\int_C f(z)\mathrm{d}z\right|\leqslant\int_C|f(z)|\mathrm{d}s\leqslant ML$.

13.1.4　复积分计算的参数方程法

在前面讨论积分存在条件的时候，我们其实已经给出了计算复积分的一种方法：将复积分转化为两个第二类曲线积分的计算，

$$\int_C f(z)\mathrm{d}z=\int_C u\mathrm{d}x-v\mathrm{d}y+\mathrm{i}\int_C v\mathrm{d}x+u\mathrm{d}y.$$

但是，曲线积分计算并不方便. 下面介绍计算复积分的另一种方法：参数方程法.

这里给出 C 的参数方程为 $\begin{cases}x=x(t)\\ y=y(t)\end{cases}$，$\alpha\leqslant t\leqslant\beta$，复方程 C：$z(t)=x(t)+\mathrm{i}y(t)$，$\alpha\leqslant t\leqslant\beta$.

$$\int_C u\mathrm{d}x-v\mathrm{d}y=\int_\alpha^\beta[u(x(t),y(t))\,x'(t)-v(x(t),y(t))y'(t)]\mathrm{d}t,$$

$$\int_C v\mathrm{d}x+u\mathrm{d}y=\int_\alpha^\beta[u(x(t),y(t))\,y'(t)+v(x(t),y(t))x'(t)]\mathrm{d}t,$$

$$\begin{aligned}\int_C f(z)\mathrm{d}z&=\int_\alpha^\beta[u(x(t),y(t))x'(t)-v(x(t),y(t))y'(t)]\mathrm{d}t+\\&\quad\mathrm{i}\int_\alpha^\beta[v(x(t),y(t))\,x'(t)+u(x(t),y(t))y'(t)]\mathrm{d}t\\&=\int_\alpha^\beta[u(x(t),y(t))+\mathrm{i}v(x(t),y(t))][x'(t)+\mathrm{i}y'(t)]\mathrm{d}t\\&=\int_\alpha^\beta f(z(t))z'(t)\mathrm{d}t.\end{aligned}$$

事实上，$z'(t)=x'(t)+\mathrm{i}y'(t)$.

综上所述，我们得到如下定理：

定理 2　设曲线 C 的参数方程为：$z=z(t)=x(t)+\mathrm{i}y(t)$，$\alpha\leqslant t\leqslant\beta$. 当 $f(z)$ 沿曲线 C 连续时，$f(z)\mathrm{d}z=\int_\alpha^\beta f(z(t))z'(t)\mathrm{d}t$.

下面给出几类常见曲线的复数方程.

(1) 连接z_1和z_2两点的线段的参数方程为 $z=z_1+t(z_2-z_1)$, $0\leqslant t\leqslant 1$.

(2) 过两点z_1和z_2的直线 L 的参数方程为 $z=z_1+t(z_2-z_1)$, $-\infty<t<+\infty$.

(3) 以z_0为中心、R 为半径的正向圆周的参数方程为 $z=z_0+r\mathrm{e}^{\mathrm{i}\theta}$, $0\leqslant\theta\leqslant 2\pi$.

例 1 计算 $I=\int_C z^2\mathrm{d}z$，其中 C 为抛物线 $y=x^2$ 上从 $O(0,0)$ 到 $A(1,1)$ 的一段弧(见图 13-4).

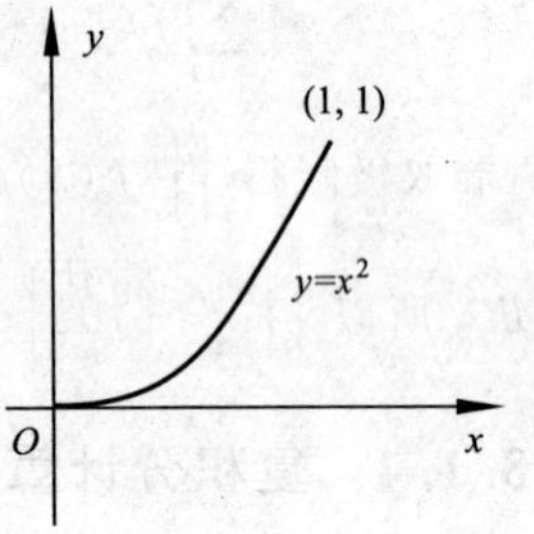

图 13-4

解 曲线 C 的参数方程可以写为下列形式

$$C:\begin{cases}x=t\\ y=t^2\end{cases},0\leqslant t\leqslant 1,$$

代入得

$$z(t)=x+\mathrm{i}y=t+\mathrm{i}\,t^2,\quad 0\leqslant t\leqslant 1.$$

$$\mathrm{d}z=(1+\mathrm{i}2t)\mathrm{d}t.$$

所以
$$I=\int_0^1 z^2(t)z'(t)\mathrm{d}t$$
$$=\int_0^1(t+\mathrm{i}\,t^2)^2(1+\mathrm{i}2t)\mathrm{d}t=\cdots=-\frac{2}{3}+\frac{2}{3}\mathrm{i}.$$

例 2 计算 $I=\int_C\bar{z}\mathrm{d}z$，其中积分路径 C 为

(1) C 为从 $O(0,0)$ 到 $A(3,4)$ 的直线段；

(2) C 为从 $O(0,0)$ 先到 $A(3,0)$ 再到 $B(3,4)$ 的折线段.

解 (1) C 的参数方程为

$$z(t)=z_0+t(z_1-z_0)=(3+4\mathrm{i})t,\quad 0<t<1,$$

于是

$$I=\int_0^1\overline{z(t)}\,z'(t)\mathrm{d}t=\int_0^1(3t-\mathrm{i}4t)(3+4\mathrm{i})\mathrm{d}t$$
$$=(3-4\mathrm{i})(3+4\mathrm{i})\int_0^1 t\mathrm{d}t=\frac{25}{2}.$$

(2) 从 $O(0,0)$ 到 $A(3,0)$ 的线段为

$$C_1:z=t,0\leqslant t\leqslant 3;$$

从 $A(3,0)$ 到 $B(3,4)$ 的线段为

$$C_2:z=3+\mathrm{i}t,\quad 0\leqslant t\leqslant 4.$$

$$I=\int_0^3 t\mathrm{d}t+\int_0^4(3-\mathrm{i}t)\mathrm{d}(3+\mathrm{i}t)=\frac{19}{2}+12\mathrm{i}+8.$$

可以看出，沿着不同的积分路径，该积分有不同的值.

例 3 计算$\oint_C\frac{\mathrm{d}z}{(z-z_0)^{n+1}}$，其中，$C$ 为以z_0为中心．r 为半径的正向圆周，n 为整数(见图 13-5).

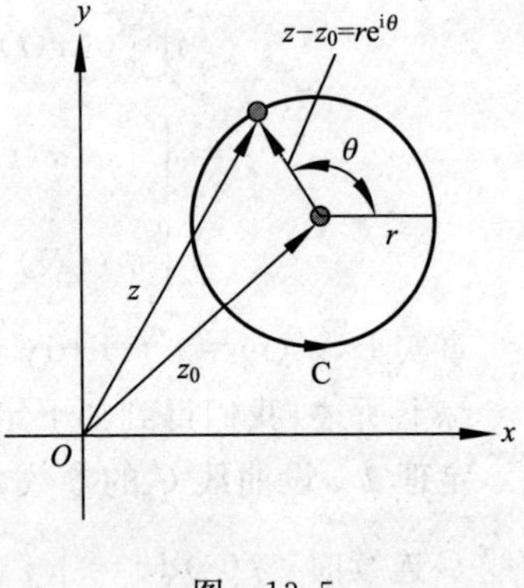

图 13-5

解　$C: z = z_0 + r\,e^{i\theta},\quad 0 \leqslant \theta \leqslant 2\pi.$

所以 $\oint_C \dfrac{dz}{(z-z_0)^{n+1}} = \int_0^{2\pi} \dfrac{ir\,e^{i\theta}}{r^{n+1}\,e^{i(n+1)\theta}} d\theta$

$$= \int_0^{2\pi} \frac{i}{r^n\,e^{in\theta}} d\theta = \begin{cases} i\int_0^{2\pi} d\theta = 2\pi i & 当\ n = 0 \\ \dfrac{i}{r^n}\int_0^{2\pi} (\cos n\theta - i\sin n\theta) d\theta = 0 & 当\ n \neq 0 \end{cases}.$$

综上所述，有

$$\oint_{|z-z_0|=r} \frac{dz}{(z-z_0)^n} = \begin{cases} 2\pi i & 当\ n = 1 \\ 0 & 当\ n \neq 1 \end{cases}.$$

这一结果后面经常用到，且该结果与圆心、圆的半径没有关系.

对于整数 n，c 为包含z_0的一条简单闭曲线，则

$$\oint_c \frac{dz}{(z-z_0)^n} = \begin{cases} 2\pi i & 当\ n = 1 \\ 0 & 当\ n \neq 1 \end{cases}$$

例 4　$\int_{|z-1|=1} \dfrac{z}{z-1} dz.$

解　$C: z(\theta) = 1 + e^{i\theta},\quad 0 \leqslant \theta \leqslant 2\pi.$

$$\int_{|z-1|=1} \frac{z}{z-1} dz = \int_0^{2\pi} \frac{1+e^{i\theta}}{e^{i\theta}} ie^{i\theta} d\theta = \int_0^{2\pi} i d\theta + \int_0^{2\pi} ie^{i\theta} d\theta = 2\pi i.$$

§13.2　柯西-古萨积分定理

13.2.1　引言

复变函数的积分实际上等同于对坐标的曲线积分. 事实上，从上一节中我们知道：有的积分与积分路径无关；有的积分与积分路径有关.

一个自然的问题是：在什么条件下复变函数的积分与积分路径无关？此问题等价于沿任意的闭曲线积分是否等于零的问题. 为此进行如下探究：

(1) 被积函数 $f(z) = z$. 在复平面处处解析；复平面是单连通区域.

结论：积分与积分路径无关.

(2) 被积函数 $f(z) = \bar{z}$. 在复平面处处不解析；复平面是单连通区域.

结论：积分与积分路径有关.

(3) $\oint_{|z-z_0|=r} \dfrac{1}{z-z_0} dz = 2\pi i \neq 0$. 在 $|z-z_0| = r$ 内不处处解析，$|z-z_0| < r$ 是单连通区域.

结论：积分与积分路径有关.

(4) 还是上一个积分 $\oint_{|z-z_0|=r} \dfrac{1}{z-z_0} dz = 2\pi i \neq 0$. 在去掉 $z = z_0$ 的区域内处

处解析;此时的区域不是单连通区域.

结论:积分与积分路径有关.

由此猜想:复积分的值与路径无关或沿闭路的积分值等于零的条件可能与被积函数的解析性及解析区域的连通性有关.于是得到柯西积分定理.

13.2.2 柯西积分定理

定理 1 若 $f(z)$在单连通区域 D 内解析,则对于 D 内任一条闭曲线 C,都有 $\oint_C f(z)\mathrm{d}z=0$.

本定理的证明实际是计算积分的问题,其中一种方法为:

$$\oint_C f(z)\mathrm{d}z \xlongequal{f(z)=u+\mathrm{i}v} \oint_C u\mathrm{d}x-v\mathrm{d}y+\mathrm{i}\oint_C v\mathrm{d}x+u\mathrm{d}y$$

$$\xlongequal{\text{格林公式}} \iint_D(-v_x-u_y)\mathrm{d}x\mathrm{d}y+\mathrm{i}\iint_D(u_x-v_y)\mathrm{d}x\mathrm{d}y$$

$$=0(u_x=v_y,u_y=-v_x).$$

若以上各步骤均成立,则定理的证明方法已找到.但是,格林公式要求补充条件 $f'(z)$在 D 内连续,则证明成立.值得注意的是,1825 年柯西提出定理 1,当时解析的定义为 $f'(z)$存在,且在 D 内连续.1851 年黎曼给出了上述定理的简单证明.1900 年古萨(Goursat)给出了柯西定理的新证明,且将"$f'(z)$连续"这一条件去掉了.这就产生了著名的柯西-古萨定理,从此解析函数的定义修改为:"$f'(z)$在 D 内存在".

人们对此定理的评价是很高的,有人称之为**积分的基本定理**或**函数论的基本定理**.还有人认为它是研究复变函数论的一把钥匙.

推论 1 设 $f(z)$在单连通区域 D 内解析,则在 D 内 $f(z)$的积分与路径无关.

这时
$$\int_C f(z)\mathrm{d}z=\int_{z_0}^{z_1} f(z)\mathrm{d}z.$$

推论 2 若 $f(z)$在在闭合曲线 C 上及 C 内无奇点,则 $\int_C f(z)\mathrm{d}z=0$.

13.2.3 原函数

当 $f(z)$在单连通区域 D 内解析,则在 D 内积分与路径无关,即以 z_0 为起点、z 为终点的 D 内任何路径上的积分值都相等,可记为 $\int_{z_0}^{z} f(z)\mathrm{d}z$.

当 z 在区域 D 内变化时,积分值也变化,并且该积分在 D 内确定了一个单值函数(变上限的单值函数),记作

$$F(z)=\int_{z_0}^{z} f(z)\mathrm{d}z=\int_{z_0}^{z} f(\xi)\mathrm{d}\xi.$$

定理 2 设 $f(z)$在单连通区域 D 内解析,则 $F(z)$在 D 内解析,且 $F'(z)=f(z)$.

证明　取 $z+\Delta z$ 并使 $z+\Delta z\in D$, $z_0\in D$(见图 13-6). C:为起点在 z_0 终点在 z 的一逐段光滑曲线;C_1:连接 z 与 $z+\Delta z$ 的直线段. 则

$$\frac{F(z+\Delta z)-F(z)}{\Delta z}=\frac{1}{\Delta z}\left[\int_{z_0}^{z+\Delta z}f(\zeta)\mathrm{d}\zeta-\int_{z_0}^{z}f(\zeta)\mathrm{d}\zeta\right]=\frac{1}{\Delta z}\int_{z}^{z+\Delta z}f(\zeta)\mathrm{d}\zeta.$$

又

$$\frac{1}{\Delta z}\int_{z}^{z+\Delta z}\mathrm{d}\zeta=1\Rightarrow\frac{1}{\Delta z}\int_{z}^{z+\Delta z}f(z)\mathrm{d}\zeta=f(z),$$

则

$$\frac{F(z+\Delta z)-F(z)}{\Delta z}-f(z)=\frac{1}{\Delta z}\int_{z}^{z+\Delta z}[f(\zeta)-f(z)]\mathrm{d}\zeta.$$

又因 $f(\zeta)$ 在 z 连续,当 $|\zeta-z|<\delta$ 时,有 $|f(\zeta)-f(z)|<\varepsilon$.

取 $|\Delta z|<\delta$,有

$$\left|\frac{F(z+\Delta z)-F(z)}{\Delta z}-f(z)\right|=\frac{1}{|\Delta z|}\left|\int_{z}^{z+\Delta z}[f(\zeta)-f(z)]\mathrm{d}\zeta\right|$$
$$\leqslant\frac{1}{|\Delta z|}\cdot\varepsilon\cdot|\Delta z|=\varepsilon,$$

即

$$\lim_{\Delta z\to 0}\frac{F(z+\Delta z)-F(z)}{\Delta z}-f(z)=0,$$
$$F'(z)=f(z).$$

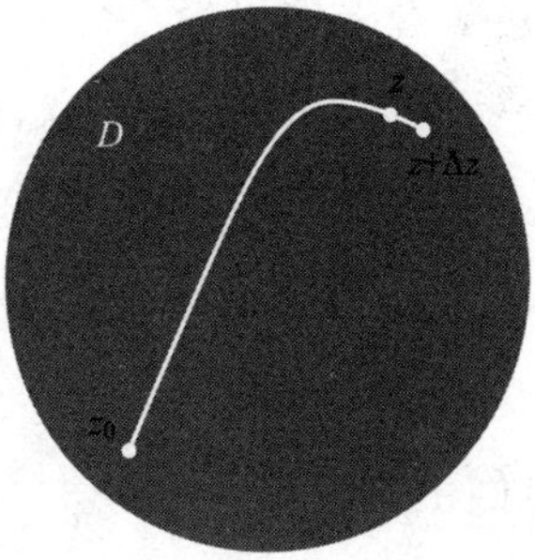

图　13-6

定义　若函数 $F(z)$ 在区域 D 内的导数等于 $f(z)$,即 $F'(z)=f(z)$,则称 $F(z)$ 为 $f(z)$ 在 D 内的**原函数**.

定理 3　任何两个原函数相差一个常数.

定理 4　设 $f(z)$ 在单连通区域 D 内解析,$F(z)$ 是 $f(z)$ 的一个原函数,则

$$\int_{z_0}^{z_1}f(z)\mathrm{d}z=F(z_1)-F(z_0)\quad(z_0,z_1\in D).$$

这就是复积分的牛顿-莱布尼茨公式.

注:在区域单连通而函数解析的情况下,可用此公式求复变函数的积分,特别是处处解析的函数的积分.

§ 13.3　复合闭路定理

接下来把 13.2 节中的定理 1 推广多连通域上,我们称之为**闭路变形原理**.

定理　设 D 是由 $\Gamma=C+C_1^-+C_2^-+\cdots+C_n^-$ 所围成的有界多连通区域. 若 $f(z)$ 在 D 内及其边界 Γ 上解析,则

$$\oint_{\Gamma} f(z)\mathrm{d}z = 0 \quad 或 \quad \oint_{C} f(z)\mathrm{d}z = \sum_{i=1}^{n}\oint_{C_i} f(z)\mathrm{d}z.$$

其中,C_1,C_2,…,C_n是在C的内部的简单闭曲线(互不包含也不相交),每一条曲线C及C_i是逆时针,C_i^-表示顺时针.

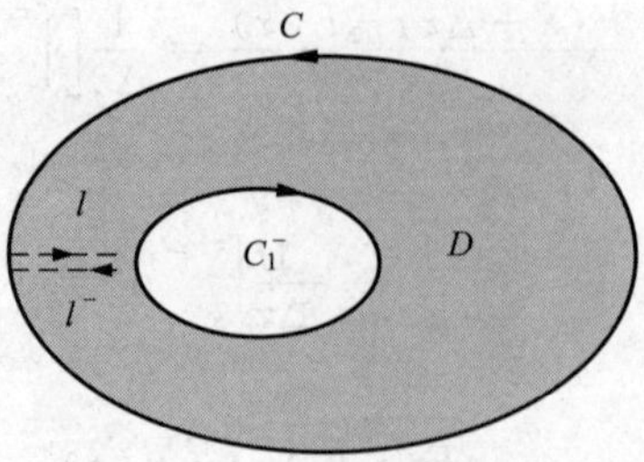

图 13-7

证明 仅以$n=1$为例证明.设$\Gamma=C+C_1^-$,今做一辅助线l(除端点外全在D内)将C与C_1连接,然后沿l将D割破(见图13-7),这样割破后的区域D'变为一单连通区域,由对D的假设知13.2节中推论2对于D'是有效的,所以

$$\int_C f(z)\mathrm{d}z + \int_l f(z)\mathrm{d}z + \int_{C_1^-} f(z)\mathrm{d}z + \int_{l^-} f(z)\mathrm{d}z = 0,$$

$$\oint_{\Gamma} f(z)\mathrm{d}z = 0,$$

$$\oint_C f(z)\mathrm{d}z = \oint_{C_1} f(z)\mathrm{d}z.$$

此式说明一个解析函数沿闭曲线的积分,不因闭曲线在区域内作连续变形而它的积分值,只要在改变变形过程中曲线不经过$f(z)$的不解析点(见图13-8).

例 计算$\oint_{\Gamma}\dfrac{2z-1}{z^2-z}\mathrm{d}z$,其中$\Gamma$:包含圆周$|z|=1$在内的任意正向简单闭曲线.(见图13-9)

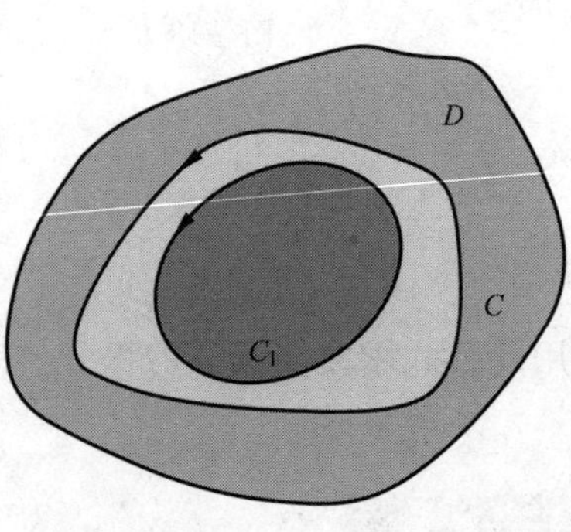

图 13-8

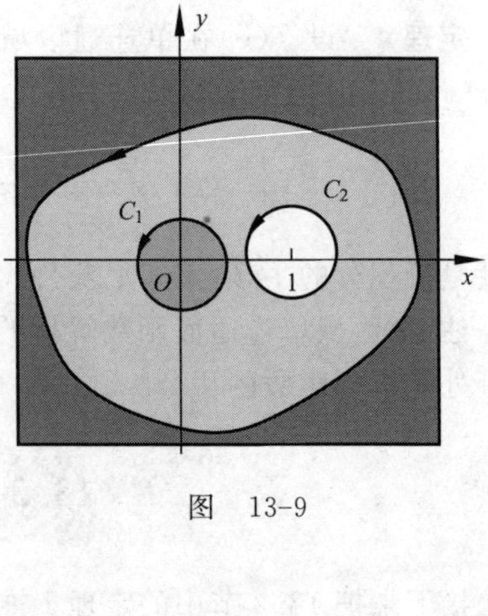

图 13-9

解
$$原式 = \oint_{\Gamma}\left(\frac{1}{z-1}+\frac{1}{z}\right)\mathrm{d}z$$
$$= \oint_{C_1+C_2}\frac{1}{z-1}\mathrm{d}z + \oint_{C_1+C_2}\frac{1}{z}\mathrm{d}z$$

$$= \oint_{C_2} \frac{1}{z-1}\mathrm{d}z + \oint_{C_1} \frac{1}{z}\mathrm{d}z$$
$$= 2\pi\mathrm{i} + 2\pi\mathrm{i} = 4\pi\mathrm{i}.$$
$$\left(\oint_{C_1} \frac{1}{z-1}\mathrm{d}z = 0, \oint_{C_2} \frac{1}{z}\mathrm{d}z = 0\right)$$

§13.4　柯西积分公式

13.4.1　问题的提出

我们继续分析上一节的两个结果.(见图 13-10)

$$\oint_{C_1} \frac{\frac{2z-1}{z-1}}{z}\mathrm{d}z = 2\pi\mathrm{i}, \quad \oint_{C_2} \frac{\frac{2z-1}{z}}{z-1}\mathrm{d}z = 2\pi\mathrm{i},$$

其中,C_1,C_2分别是以 0,1 为圆心的两个相互外离的正向圆周.

这两个结果的相同点:(1)均是沿围线的积分,且围线内只有一个奇点;(2) 被积函数均为分式;(3) 积分值均与 $2\pi\mathrm{i}$ 有关. 积分值等于被积函数中的分子在使分母为零的点处的函数值与 $2\pi\mathrm{i}$ 的乘积.

我们假设 D 为单连通区域,$f(z)$在 D 内解析,$z_0 \in D$,C 是 D 内围绕z_0的一条闭曲线,则$\frac{f(z)}{z-z_0}$在z_0不解析(见图 13-11). 所以$\oint_C \frac{f(z)}{z-z_0}\mathrm{d}z$ 一般不为 0.

$$\oint_C \frac{f(z)}{z-z_0}\mathrm{d}z = f(z_0) \times 2\pi\mathrm{i},$$
$$C: |z-z_0| = \delta.$$

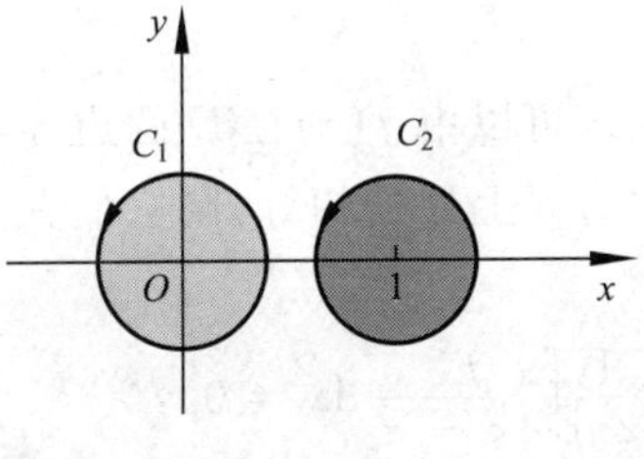

图　13-10

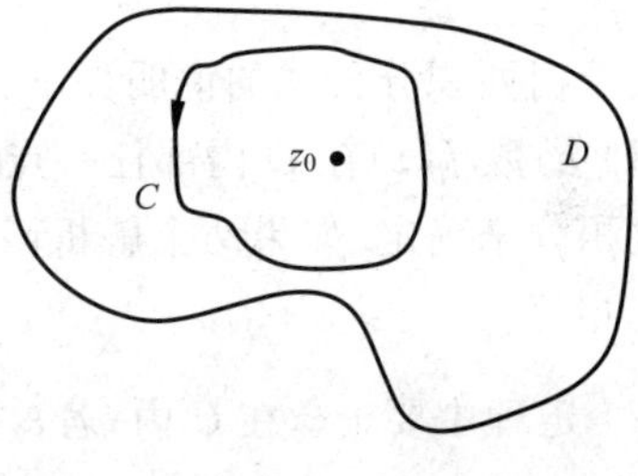

图　13-11

由于$f(z)$的连续性,函数$f(z)$在 C 上的值将随着 δ 的缩小而逐渐接. 近于它在圆心z_0处的值,(见图 13-12)$\oint_C \frac{f(z)}{z-z_0}\mathrm{d}z$ 将接近于$\oint_C \frac{f(z_0)}{z-z_0}\mathrm{d}z$($\delta$ 减小),

$$\oint_C \frac{f(z_0)}{z-z_0}\mathrm{d}z = f(z_0)\oint_C \frac{1}{z-z_0}\mathrm{d}z = 2\pi\mathrm{i}f(z_0).$$

13.4.2 柯西积分公式

定理 1 设 $f(z)$在简单(或复合)闭曲线 C 上及所围区域 D 内解析,则对任意 $z_0 \in D$(见图 13-13),皆有

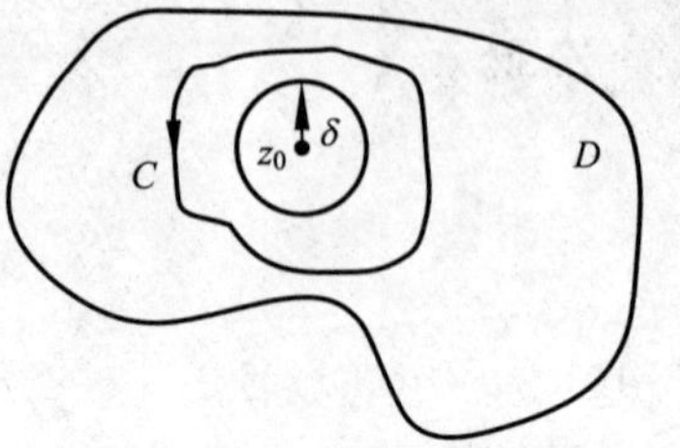

图 13-12

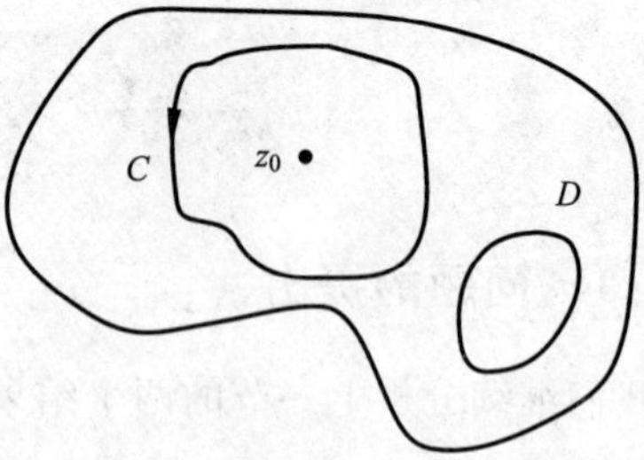

图 13-13

$$f(z_0) = \frac{1}{2\pi \mathrm{i}}\oint_C \frac{f(z)}{z-z_0}\mathrm{d}z.$$

证明 因为 $f(z)$在 z_0 连续,则 $\forall \varepsilon > 0$, $\exists \delta(\varepsilon) > 0$,当 $|z-z_0| < \delta$ 时, $|f(z)-f(z_0)| < \varepsilon$.

设以z_0为中心、$R(R<\delta)$为半径的正向圆周 K:$|z-z_0|=R$ 全在C 的内部,则

$$\oint_C \frac{f(z)}{z-z_0}\mathrm{d}z = \oint_K \frac{f(z)}{z-z_0}\mathrm{d}z = \oint_K \frac{f(z_0)}{z-z_0}\mathrm{d}z + \oint_K \frac{f(z)-f(z_0)}{z-z_0}\mathrm{d}z$$

$$= 2\pi \mathrm{i} f(z_0) + \oint_K \frac{f(z)-f(z_0)}{z-z_0}\mathrm{d}z,$$

$$\left|\oint_K \frac{f(z)-f(z_0)}{z-z_0}\mathrm{d}z\right| \leqslant \oint_K \frac{|f(z)-f(z_0)|}{|z-z_0|}\mathrm{d}s < \frac{\varepsilon}{R}\oint_K \mathrm{d}s = 2\pi\varepsilon.$$

关于柯西积分公式的说明如下:

(1) 函数 $f(z)$在 D 内部任一点z_0的值 $f(z_0)$,可以由 $f(z)$在 D 的边界C 上的值通过积分来确定.如果两个解析函数在区域的边界上处处相等,则它们在整个区域上也相等.

(2) 定理中要求z_0在 C 内;若z_0在 C 外,则 $\frac{1}{2\pi \mathrm{i}}\oint_C \frac{f(z)}{z-z_0}\mathrm{d}z = 0$.

(3) 解析函数可用复积分表示:$f(z) = \frac{1}{2\pi \mathrm{i}}\oint_C \frac{f(\xi)}{\xi - z}\mathrm{d}\xi$,其中$\xi$在$C$上,$z$在$C$内.

(4) 一个解析函数在圆心处的值等于它在圆周 C 上的平均值,C:$Z=z_0+R\,\mathrm{e}^{\mathrm{i}\theta}$,$f(z_0) = \frac{1}{2\pi \mathrm{i}}\int_C \frac{f(z)}{z-z_0}\mathrm{d}z = \frac{1}{2\pi}\int_0^{2\pi} f(z_0+R\,\mathrm{e}^{\mathrm{i}\theta})\mathrm{d}\theta$.

(5) 通过柯西积分公式,可以得到$\oint_C \frac{f(z)}{z-z_0}\mathrm{d}z = 2\pi \mathrm{i} f(z_0)$.

例 1　计算 $I=\oint_C \frac{e^z}{z+\frac{\pi}{2}i}dz$，其中，$C$ 为(1) $|z|=1$；(2) $|z|=2$.

解　e^z在复平面上处处解析(见图 13-14).

(1) $I=0$；

(2) $I=2\pi i\, e^{-\frac{\pi}{2}i}=2\pi i(-i)=2\pi$.

例 2　计算 $I=\oint_C \frac{\sin z}{z^2+1}dz$，其中，$C$ 为$|z|=r>1$.

解　被积函数有奇点 i 和－i.（见图 13-15）

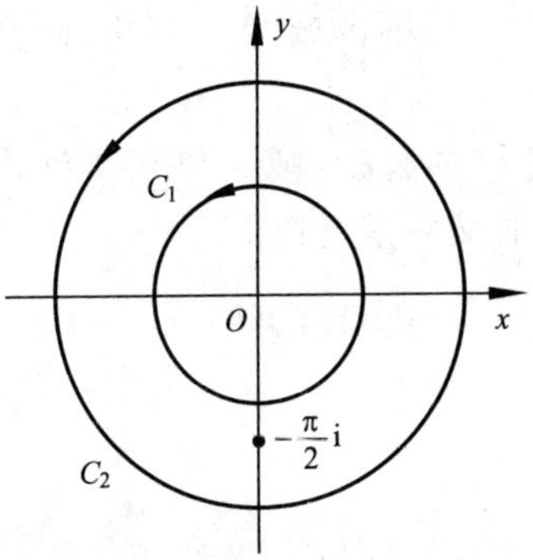

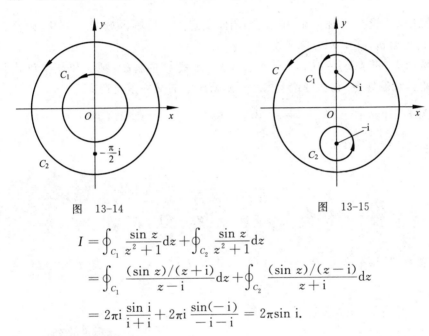

图　13-14

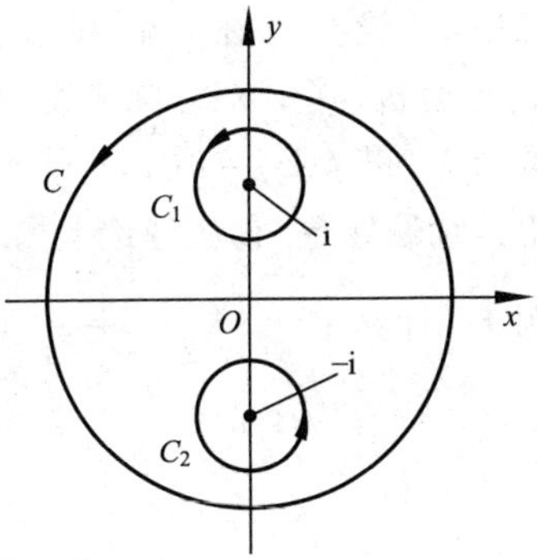

图　13-15

$$
\begin{aligned}
I &= \oint_{C_1} \frac{\sin z}{z^2+1}dz+\oint_{C_2} \frac{\sin z}{z^2+1}dz \\
&= \oint_{C_1} \frac{(\sin z)/(z+i)}{z-i}dz+\oint_{C_2} \frac{(\sin z)/(z-i)}{z+i}dz \\
&= 2\pi i\frac{\sin i}{i+i}+2\pi i\frac{\sin(-i)}{-i-i}=2\pi \sin i.
\end{aligned}
$$

13.4.3　高阶导数公式

在复变函数中，如果一个函数在某一区域内解析，那么根据柯西积分公式可知，该解析函数是无穷次可微的. 接下来讨论解析函数的高阶导数问题. 我们知道

$$(z^2)'=2z,\quad (\sin z)'=\cos z,\quad (\cos z)'=-\sin z.$$

同时我们也知道解析函数的导数仍是解析函数. 由于 $\int_{|z-2|=1} \frac{z^2}{(z-2)^3}dz=2\pi i$，经观察，它可写成 $\int_{|z-2|=1} \frac{z^2}{(z-2)^3}dz=2\pi i\times\frac{[(z^2)'']_{z=2}}{2!}$. 所以当 $f(z)$满足一定条件时，会有 $\int_{|z-z_0|=R} \frac{f(z)}{(z-z_0)^{n+1}}dz=2\pi i\times\frac{f^{(n)}(z_0)}{n!}$.

定理 2　设 $f(z)$在简单(或复合)闭曲线 C 上及所围区域 D 内解析，则它在 D 内具有任意阶导数，且对任意$z_0\in D$，都有

$$f^{(n)}(z_0)=\frac{n!}{2\pi i}\oint_C \frac{f(z)}{(z-z_0)^{n+1}}dz \quad (n=1,2,\cdots).$$

证明 略.

我们可由柯西积分公式 $f(z_0)=\frac{1}{2\pi i}\oint_c \frac{f(z)}{z-z_0}dz$，两端同时对 z_0 求 n 阶导数，得

$$f^{(n)}(z_0)=\frac{n!}{2\pi i}\oint_C \frac{f(z)}{(z-z_0)^{n+1}}dz \quad (n=1,2,\cdots).$$

这样便于记住这个公式.

注：也可计算积分 $\oint_C \frac{f(z)}{(z-z_0)^{n+1}}dz=\frac{2\pi i}{n!}f^{(n)}(z_0)$.

推论 1 设 $f(z)$ 在简单(或复合)闭曲线 C 上及所围区域 D 内解析，则 $f^{(n)}(z)$ 在 D 内也解析，其中 n 为自然数.

推论 2 若 $f(z)=u(x,y)+iv(x,y)$ 在区域 D 内解析，则 u 和 v 在 D 内具有任意阶连续偏导数. 它从理论上揭示了解析函数的又一重要特征.

例 1 计算 $I=\oint_C \frac{1}{z^3(z+1)}dz$，其中 C 为 $|z|=r>1$.（见图 13-16）

解 C 内有两个奇点 $0,-1$.

$$I=\oint_{C_1}\frac{\frac{1}{z^3}}{z+1}dz+\oint_{C_2}\frac{\frac{1}{z+1}}{z^3}dz$$

$$=2\pi i\left.\frac{1}{z^3}\right|_{z=-1}+\frac{2\pi i}{2!}\left.\left(\frac{1}{z+1}\right)''\right|_{z=0}=\cdots=0.$$

例 2 计算 $I=\oint_C \frac{e^z}{(z^2+1)^2}dz$，其中 C 为 $|z|=r>1$.（见图 13-17）

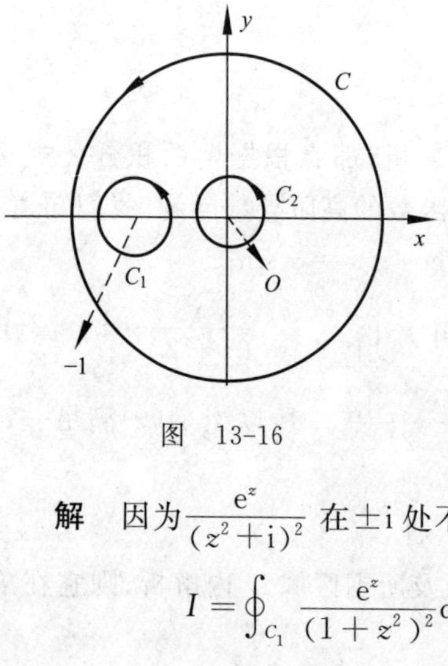

图 13-16

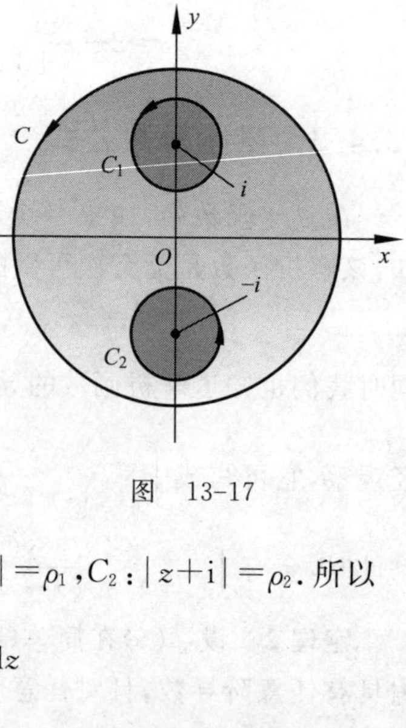

图 13-17

解 因为 $\frac{e^z}{(z^2+i)^2}$ 在 $\pm i$ 处不解析. 取 $C_1:|z-i|=\rho_1$，$C_2:|z+i|=\rho_2$. 所以

$$I=\oint_{C_1}\frac{e^z}{(1+z^2)^2}dz+\oint_{C_2}\frac{e^z}{(1+z^2)^2}dz$$

$$= \oint_{C_1} \frac{\frac{e^z}{(z+i)^2}}{(z-i)^2} dz + \oint_{C_2} \frac{\frac{e^z}{(z+i)^2}}{(z+i)^2} dz$$

$$= \frac{2\pi i}{(2-1)!} \left[\frac{e^z}{(z+i)^2} \right]' \Bigg|_{z=i} + \frac{2\pi i}{(2-1)!} \left[\frac{e^z}{(z-i)^2} \right]^2 \Bigg|_{z=-i}$$

$$= \frac{\pi}{2}(1-i)(e^i - i\,e^{-i}).$$

§ 13.5　解析函数与调和函数的关系

13.5.1　调和函数的定义

我们前面已经知道：解析函数的实部和虚部不是互相独立的；解析函数有任意阶导数.

定义 1　若二元实变函数 $u(x,y)$ 在 D 内具有二阶连续偏导数且满足 Laplace 方程：

$$u_{xx} + u_{yy} = 0,$$

则称 $u(x,y)$ 为 D 内的一个**调和函数**，或者说 $u(x,y)$ 在 D 内**调和**.

例 1　验证 $u(x,y) = x^3 - 3xy^2 + 9$ 是 z 平面上的调和函数.

解　显然 $u(x,y) = x^3 - 3xy^2 + 9$ 在 z 平面上有二阶连续偏导数.

又
$$u_x = 3x^2 - 3y^2, \quad u_y = -6xy,$$
$$u_{xx} = 6x, \quad u_{yy} = -6x;$$

所以 $u(x,y)$ 是 z 平面上的调和函数.

下面的定理说明的是解析函数与调和函数的关系.

定理 1　若 $f(z) = u(x,y) + iv(x,y)$ 在区域 D 内解析，则 $u(x,y)$ 和 $v(x,y)$ 皆在 D 内调和.

证明　设 $f(z) = u(x,y) + iv(x,y)$ 在区域 D 内解析，则

$$u_x = v_y, \quad u_y = -v_x,$$

由于 $f(z)$ 有各阶导数，故有

$$u_{xx} = v_{yx}, \quad u_{yy} = -v_{xy}$$

由解析函数高阶导数定理，$u(x,y)$，$v(x,y)$ 具有任意阶的连续导数，从而 $v_{xy} = v_{yx}$，由此可得

$$u_{xx} + u_{yy} = 0,$$

同理有 $v_{xx} + v_{yy} = 0$，因此 u，v 是 D 内的调和函数.

例如：令 $u = x$，$v = -y$，它们是 Z 平面上的调和函数，但是 $f(z) = u + iv$ 在 Z 平面上处处不解析.

解析函数的实部与虚部均为调和函数，并且满足 C-R 方程，即解析函数的实部与虚部并不是不相干的调和函数.

定义 2 设 $u(x,y)$ 为 D 内的调和函数,称使得 $u+\mathrm{i}v$ 在 D 内构成解析函数的调和函数 $v(x,y)$ 为 $u(x,y)$ 的**共轭调和函数**.

定理 2 若 $f(x)=u+\mathrm{i}v$ 在 D 内解析,则 v 为 u 的共轭调和函数.

定理 3 设 $f(z)=u+\mathrm{i}v$,若在区域 D 内 v 为 u 的共轭调和函数,则 $f(z)$ 在 D 内解析.

定理 2 和定理 3 的证明这里省略.

13.5.2 构造解析函数

已知一个调和函数 $u(x,y)$,利用 C-R 方程可求得共轭调和函数 $v(x,y)$,从而构成解析函数 $f(z)=u+\mathrm{i}v$.

由调和函数,构造解析函数的方法如下:

(1) 不定积分法;

(2) 利用导数公式;

(3) 曲线积分法;

(4) 全微分法.

注意:解此类题时,首先一定要验证给定的函数是否是调和函数.

例 2 设 $u=x^2+2xy-y^2$,求以 u 为实部的解析函数 $f(z)$.

解法一 不定积分法.

因为
$$v_y=2x+2y\Rightarrow v=2xy+y^2+\varphi(x),$$
又
$$v_x=2y+\varphi'(x)=2y-2x,$$
$$\varphi'(x)=-2x,\varphi(x)=-x^2+c.$$
所以
$$v(x,y)=-x^2+2xy+y^2+c.$$
$$f(z)=u+\mathrm{i}v=(1-\mathrm{i})z^2+c.$$

解法二 求导法.

$$f'(z)=u_x+\mathrm{i}\,v_x=u_x-\mathrm{i}\,u_y=(2x+2y)-\mathrm{i}(2x-2y)=2(1-\mathrm{i})z.$$
所以
$$f(z)=(1-\mathrm{i})z^2+c.$$

解法三 曲线积分法.

$$v(x,y)=\int_{(x_0,y_0)}^{(x,y)}-u_y\mathrm{d}x+u_x\mathrm{d}y+c.$$

设 D 为一单连通区域,$u(x,y)$ 是区域 D 内的调和函数,则 $u_{xx}+u_{yy}=0$,即 $-u_y,u_x$ 在 D 内有连续一阶偏导数.且

$$\frac{\partial}{\partial y}\left(-\frac{\partial u}{\partial y}\right)=\frac{\partial}{\partial x}\left(\frac{\partial u}{\partial x}\right),\quad v(x,y)=\int_{(x_0,y_0)}^{(x,y)}-\frac{\partial u}{\partial y}\mathrm{d}x+\frac{\partial u}{\partial x}\mathrm{d}y+c.\tag{13-1}$$

因为 $v_x=-u_y,v_y=u_x$ 满足 C-R 方程,所以 $u+\mathrm{i}v$ 在 D 内解析.

这样,已知调和函数 u,可以利用公式(13-1)求 v,使得 $f(z)=u+\mathrm{i}v$ 在 D 内解析.类似地,已知调和函数 v,可用式(13-2)求 u,使得 $f(z)=u+\mathrm{i}v$ 在 D 内解析.

$$u(x,y)=\int_{(x_0,y_0)}^{(x,y)}\frac{\partial v}{\partial y}\mathrm{d}x-\frac{\partial v}{\partial x}\mathrm{d}y+c. \tag{13-2}$$

设 $u=x^2+2xy-y^2$，求以 u 为实部的解析函数 $f(z)$.

因为 $\quad v_x=-u_y=-2x+2y,\quad v_y=u_x=2x+2y,$

所以 $\quad \mathrm{d}v=v_x\mathrm{d}x+v_y\mathrm{d}y=(2y-2x)\mathrm{d}x+(2x+2y)\mathrm{d}y,$

$$v(x,y)=\int_{(0,0)}^{(x,y)}(2y-2x)\mathrm{d}x+(2x+2y)\mathrm{d}y+c$$

$$=\int_0^x-2x\mathrm{d}x+\int_0^y(2x+2y)\mathrm{d}y+c$$

$$=-x^2+2xy+y^2+c.$$

故 $\quad f(z)=(x^2-y^2+2xy)+\mathrm{i}(-x^2+2xy+y^2+c)$

$$=(1-\mathrm{i})z^2+\mathrm{i}c.$$

解法四　全微分法.

因为 $\quad v_x=-u_y=-2x+2y,\quad v_y=u_x=2x+2y,$

所以 $\quad \mathrm{d}v=v_x\mathrm{d}x+v_y\mathrm{d}y=(2y-2x)\mathrm{d}x+(2x+2y)\mathrm{d}y,$

$$=2y\mathrm{d}x+2x\mathrm{d}y-2x\mathrm{d}x+2y\mathrm{d}y$$

$$=2(y\mathrm{d}x+x\mathrm{d}y)-\mathrm{d}\,x^2+\mathrm{d}\,y^2$$

$$=\mathrm{d}(2xy-x^2+y^2),$$

$$v=-x^2+2xy+y^2+c$$

故

$$f(z)=(x^2-y^2+2xy)+\mathrm{i}(-x^2+2xy+y^2+c)$$

$$=(1-\mathrm{i})z^2+\mathrm{i}c.$$

注：如果不附加其他条件，这种由已知解析函数的实部和虚部中的一个求另一个的问题，结果都不唯一，而是相差一任意常数.

习　题　13

1. 计算积分 $\int_C(x-y+\mathrm{i}\,x^2)\mathrm{d}z$，积分路径 C 是连接由 0 到 $1+\mathrm{i}$ 的直线段.

2. 计算积分 $\int_{-1}^{1}|z|\mathrm{d}z$，积分路径是：(1) 直线段；(2) 上半单位圆周；(3) 下半单位圆周.

3. 利用积分估值，证明：

(1) $\left|\int_C(x^2+\mathrm{i}\,y^2)\mathrm{d}z\right|\leqslant 2$，其中 C 是连接 $-\mathrm{i}$ 到 i 的直线段；

(2) $\left|\int_C(x^2+\mathrm{i}\,y^2)\mathrm{d}z\right|\leqslant \pi$，其中 C 是连接 $-\mathrm{i}$ 到 i 的右半圆周；

4. 不用计算，验证下列积分之值为零，其中 C 均为单位圆周 $|z|=1$.

(1) $\int_C \frac{dz}{\cos z}$；　　(2) $\int_C \frac{dz}{z^2+2z+2}$；

(3) $\int_C \frac{e^z dz}{z^2+5z+6}$；　　(4) $\int_C z\cos z^2 dz$.

5. 计算：

(1) $\int_{-2}^{-2+i}(z+2)^2 dz$；　　(2) $\int_0^{\pi+2i}\cos\frac{z}{2}dz$.

6. 求积分 $\int_0^{2\pi a}(2z^2+8z+1)dz$ 之值，其中几分路径是连接 0 到 $2\pi a$ 的摆线：$x=a(\theta-\sin\theta)$，$y=a(1-\cos\theta)$.

7. (分部积分法)设函数 $f(z)$，$g(z)$ 在单连通区域 D 内解析，α，β 是 D 内两点，试证

$$\int_\alpha^\beta f(z)\,g'(z)dz=[f(z)g(z)]_\alpha^\beta-\int_\alpha^\beta f'(z)g(z)dz.$$

8. 由积分 $\int_C \frac{dz}{z+2}$ 之值证明 $\int_0^\pi \frac{1+2\cos\theta}{5+4\cos\theta}d\theta=0$，其中 C 取单位圆周 $|z|=1$.

9. 计算(C：$|z|=2$)：

(1) $\int_C \frac{2z^2-z+1}{z-1}dz$；　　(2) $\int_C \frac{2z^2-z+1}{(z-1)^2}dz$.

10. 计算积分：$\int_{C_j}\frac{\sin\frac{\pi}{4}z}{z^2-1}dz\quad(j=1,2,3)$

(1) C_1：$|z+1|=\frac{1}{2}$；　　(2) C_2：$|z-1|=\frac{1}{2}$；　　(3) C_3：$|z|=2$.

11. 求积分 $\int_C \frac{e^z dz}{z}$ (C：$|z|=1$)，从而证明 $\int_0^\pi e^{\cos\theta}\cos(\sin\theta)d\theta=\pi$.

12. 设 C 表示圆周 $x^2+y^2=3$，$f(z)=\int_C \frac{3\theta^2+7\theta+1}{\theta-z}d\theta$，求 $f'(1+i)$.

13. 设 C：$z=z(t)$ ($\alpha\leqslant t\leqslant\beta$) 为区域 D 内的光滑曲线，$f(z)$ 于区域 D 内单叶解析且 $f'(z)\neq0$，$\omega=f(z)$ 将 C 映成曲线 Γ，求证 Γ 为光滑曲线.

14. 同前题的假设，证明积分换元公式 $\int_\Gamma \Phi(\omega)d\omega=\int_\Gamma \Phi[f(z)]f'(z)dz$，其中 $\Phi(\omega)$ 沿 Γ 连续.

15. 设函数 $f(z)$ 在 z 平面上解析，且 $|f(z)|$ 恒大于一个正的常数，证明 $f(z)$ 必为常数.

16. 分别由下列条件求解析函数 $f(z)=u+iv$：

(1) $u=x^2+xy-y^2$，$f(i)=-1+i$；

(2) $u=e^x(x\cos y-y\sin y)$，$f(0)=0$；

(3) $v=\frac{y}{x^2+y^2}$，$f(2)=0$.

17. 设函数 $f(z)$ 在区域 D 内解析，试证 $\left(\frac{\partial^2}{\partial x^2}+\frac{\partial^2}{\partial y^2}\right)|f(z)|^2=4|f'(z)|^2$.

18. 设函数 $f(z)$ 在区域 D 内解析，且 $f'(z)\neq 0$，试证明 $\ln|f'(z)|$ 为区域 D 内的调和函数.

19. 设函数 $f(z)$ 在 $0<|z|<1$ 内解析，且沿任何圆周 C：$|z|=r$，$0<r<1$ 的积分值为零. 问 $f(z)$ 是否必须在 $z=0$ 处解析. 试举例说明.

第 14 章　拉普拉斯变换

在本科阶段,常见的积分变换主要有拉普拉斯变换和傅里叶变换. 相比傅里叶变换,拉普拉斯变换对原像函数要求条件要弱一点(傅里叶变换要求被积函数绝对可积,绝对可积要求较高,很多简单函数都不满足这个要求). 因此在某些问题上,拉普拉斯变换比傅里叶变换有着更广泛的应用. 目前拉普拉斯变换已经被广泛应用于电学、力学、控制论等领域. 下面就拉普拉斯变换的一些基本概念、性质、应用做一些探讨.

§14.1　拉普拉斯变换的概念

定义　设函数 $f(t)$ 当 $t \geqslant 0$ 时有定义，而且积分

$$\int_0^{+\infty} f(t)\, \mathrm{e}^{-st} \mathrm{d}t \text{ ,(}s\text{ 是一个复参量)}$$

在 s 的某一域内收敛，则由此积分所确定的函数

$$F(s) = \int_0^{+\infty} \mathrm{e}^{-st} \mathrm{d}t \text{ ,} \tag{14-1}$$

称为函数 $f(t)$ 的**拉普拉斯变换**(简称**拉氏变换**)，记为

$$F(s)=L[f(t)].$$

注:(1) $F(s)$ 称为 $f(t)$ 的**拉氏变换**(或称为**像函数**). 而 $f(t)$ 为 $F(s)$ 的**拉普拉斯逆变换**(或**原像函数**),记为 $f(t)=L^{-1}[F(s)]$.

(2) $f(t)$ 的拉普拉斯变换,即为 $f(t)u(t)\mathrm{e}^{-\beta t}$ 的傅里叶变换.

虽然拉普拉斯变换要求条件比傅里叶变换要弱一些,但是求一个函数的拉普拉斯变换还是需要满足一定条件的,接下来给出拉普拉斯变换的存在定理.

定理(拉普拉斯变换存在定理)　若函数 $f(t)$ 满足:(1)在 $t \geqslant 0$ 的任一有限区间上分段连续;(2)当 $t \to \infty$ 时,$f(t)$ 的增长速度不超过某一指数函数，即存在常数 $M>0$ 及 $c \geqslant 0$，使得 $|f(t)| \leqslant M\,\mathrm{e}^{ct}\ (0 \leqslant t < \infty)$,则 $f(t)$ 的拉普拉斯变换 $F(s) = \int_0^{+\infty} f(t)\, \mathrm{e}^{-st} \mathrm{d}t$ 在半平面 $\mathrm{Re}(s) > c$ 上一定存在，并且在 $\mathrm{Re}(s) > c$ 的半平面内，$F(s)$ 为解析函数.

注:定理的条件仅是充分的,不是必要的,如果不满足定理的条件,拉普拉斯变换仍有可能存在.

在一些具体问题中,我们经常会遇到求一些函数的拉普拉斯变换,这些函数通

常可以拆分成一些常见的简单函数的线性组合形式.下面就给出一些常见函数的拉普拉斯变换.我们掌握了这些基本函数的拉普拉斯变换后,以后遇到求基本函数的拉普拉斯变换,把这些结论可以直接拿过来用.建议记住一些常见函数的拉普拉斯变换的结果.

例 1　求单位阶跃函数 $u(t)=\begin{cases}0 & 当\ t<0\\ 1 & 当\ t>0\end{cases}$ 的拉普拉斯变换.

解　根据拉普拉斯变换的定义，有

$$F(s)=\int_0^{+\infty}\mathrm{e}^{-st}\,\mathrm{d}t,$$

这个积分在 $\mathrm{Re}(s)>0$ 时收敛,且有

$$\int_0^{+\infty}\mathrm{e}^{-st}\,\mathrm{d}t=-\frac{1}{s}\mathrm{e}^{-st}\Big|_0^{+\infty}=\frac{1}{s}.$$

所以 $L[u(t)]=\dfrac{1}{s}(\mathrm{Re}(s)>0)$.

例 2　求指数函数 $f(t)=\mathrm{e}^{kt}$ 的拉普拉斯变换($k\in\mathbf{R}$).

解　根据拉普拉斯变换的定义,有

$$F(s)=\int_0^{+\infty}\mathrm{e}^{kt}\,\mathrm{e}^{-st}\,\mathrm{d}t=\int_0^{+\infty}\mathrm{e}^{(k-s)t}\,\mathrm{d}t.$$

这个积分在 $\mathrm{Re}(s)>k$ 时收敛，且有

$$\int_0^{+\infty}\mathrm{e}^{kt}\,\mathrm{e}^{-st}\,\mathrm{d}t=\frac{1}{k-s}\mathrm{e}^{(k-s)t}\Big|_0^{+\infty}=\frac{1}{s-k},$$

所以,$L[\mathrm{e}^{kt}]=\dfrac{1}{s-k}(\mathrm{Re}(s)>k)$. k 为复数时上式也成立,只是收敛区间为 $\mathrm{Re}(s)>\mathrm{Re}(k)$.

例 3　求幂函数 $f(t)=t^m$(m 为正整数)的拉普拉斯变换.

解

$$\begin{aligned}L[t^m]&=\int_0^{+\infty}t^m\cdot\mathrm{e}^{-st}\,\mathrm{d}t=-\frac{1}{s}\int_0^{+\infty}t^m\,\mathrm{d}\,\mathrm{e}^{-st}\\&=\frac{-1}{s}t^m\,\mathrm{e}^{-st}\Big|_0^{+\infty}+\frac{1}{s}\int_0^{+\infty}m\,t^{m-1}\,\mathrm{e}^{-st}\,\mathrm{d}t\\&=\frac{m}{s}\int_0^{+\infty}t^{m-1}\,\mathrm{e}^{-st}\,\mathrm{d}t=\frac{m}{s}L[t^{m-1}](\mathrm{Re}(s)>0).\end{aligned}$$

注意到 $L[1]=\dfrac{1}{s}$,所以 $L[t^m]=\dfrac{m!}{s^{m+1}}$.

例 4　求 $f(t)=\sin kt$(k 为实数)的拉普拉斯变换.

解　根据拉普拉斯变换的定义，有

$$\begin{aligned}L[\sin kt]&=\int_0^{+\infty}\sin kt\,\mathrm{e}^{-st}\,\mathrm{d}t=\frac{1}{2\mathrm{i}}\int_0^{+\infty}(\mathrm{e}^{\mathrm{i}kt}-\mathrm{e}^{-\mathrm{i}kt})\,\mathrm{e}^{-st}\,\mathrm{d}t\\&=\frac{-\mathrm{i}}{2}\Big\{\int_0^{+\infty}\mathrm{e}^{-(s-\mathrm{i}k)t}\,\mathrm{d}t-\int_0^{+\infty}\mathrm{e}^{-(s+\mathrm{i}k)t}\,\mathrm{d}t\end{aligned}$$

$$= \frac{-\mathrm{i}}{2}\left(\frac{-1}{s-\mathrm{i}k}\,\mathrm{e}^{-(s-\mathrm{i}k)t}\Big|_0^{+\infty} - \frac{-1}{s+\mathrm{i}k}\,\mathrm{e}^{-(s+\mathrm{i}k)t}\Big|_0^{+\infty}\right)$$

$$= \frac{-\mathrm{i}}{2}\left(\frac{1}{s-\mathrm{i}k} - \frac{1}{s+\mathrm{i}k}\right) = \frac{k}{s^2+k^2}, \quad (\mathrm{Re}(s)>0)$$

所以 $L[\sin kt]=\frac{k}{s^2+k^2}$. 同理可得 $L[\cos kt]=\frac{s}{s^2+k^2}$.

例 5 求单位脉冲函数 $\delta(t)$的拉普拉斯变换.

解 脉冲函数 $\delta(t)$是著名物理学家狄拉克首先引入的，它是一个广义函数，它在工科中非常重要，应用非常广泛，在给出脉冲函数的拉普拉斯变换前，需要做一些基本的讨论. 当 $f(t)$在 $t=0$ 有界时，积分

$$L[f(t)] = \int_0^{+\infty} f(t)\,\mathrm{e}^{-st}\,\mathrm{d}t = \int_{0^+}^{+\infty} f(t)\,\mathrm{e}^{-st}\,\mathrm{d}t = \int_{0^-}^{+\infty} f(t)\,\mathrm{e}^{-st}\,\mathrm{d}t.$$

这是因为 $\int_{0^-}^{0^+} f(t)\,\mathrm{e}^{-st}\,\mathrm{d}t = 0$.

但是，当 $f(t)$在 $t=0$ 处包含脉冲函数时，则 $\int_{0^-}^{0^+} f(t)\,\mathrm{e}^{-st}\,\mathrm{d}t \neq 0$.

为了考虑这一情况，需将进行拉普拉斯变换的函数 $t=0$ 在 $t\geqslant 0$ 时有定义扩大为当 $t>0$ 及 $t=0$ 的任意一个邻域内有定义. 这样，原来的拉普拉斯变换的定义 $L[f(t)]=\int_0^{+\infty} f(t)\,\mathrm{e}^{-st}\,\mathrm{d}t$ 应为 $L[f(t)]=\int_{0^-}^{+\infty} f(t)\,\mathrm{e}^{-st}\,\mathrm{d}t$. 但为了书写方便起见，仍写成式(14-1)的形式. 因此对于单位脉冲函数的拉普拉斯变换有

$$L[\delta(t)] = \int_0^{+\infty} \delta(t)\,\mathrm{e}^{-st}\,\mathrm{d}t = \int_{0^-}^{+\infty} \delta(t)\,\mathrm{e}^{-st}\,\mathrm{d}t = \mathrm{e}^{-st}\big|_{t=0} = 1.$$

周期函数也是一类常见的函数，下面探讨周期函数的拉普拉斯变换. 若 $f(t)$是周期为 T 的函数，则

$$F(s) = \frac{1}{1-\mathrm{e}^{-st}}\int_0^T f(t)\,\mathrm{e}^{-st}\,\mathrm{d}t,$$

由定义有 $L[f(t)] = \int_0^{+\infty} f(t)\mathrm{e}^{-st}\,\mathrm{d}t = \sum_{k=0}^{\infty}\int_{kT}^{(k+1)T} f(t)\mathrm{e}^{-st}\,\mathrm{d}t$. 令 $t=\tau+kt$ 则

$$\int_{kT}^{(k+1)T} f(t)\mathrm{e}^{-st}\,\mathrm{d}t = \int_0^T f(\tau+kT)\mathrm{e}^{-s(\tau+kT)}\,\mathrm{d}\tau = \mathrm{e}^{-kTs}\int_0^T f(\tau)\mathrm{e}^{-s\tau}\,\mathrm{d}\tau,$$

因此

$$L[f(t)] = \sum_{k=0}^{\infty}\int_{kT}^{(k+1)T} f(t)\mathrm{e}^{-st}\,\mathrm{d}t = \sum_{k=0}^{\infty}\mathrm{e}^{-kTs}\int_0^T f(t)\mathrm{e}^{-st}\,\mathrm{d}t$$

$$= \frac{1}{1-\mathrm{e}^{-sT}}\int_0^T f(t)\mathrm{e}^{-st}\,\mathrm{d}t.$$

例 6　求周期性三角波 $f(t)=\begin{cases} t & \text{当 } 1\leqslant t<b \\ 2b-t & \text{当 } b\leqslant t<2b \end{cases}$（见图 14-1）的拉普拉斯变换.

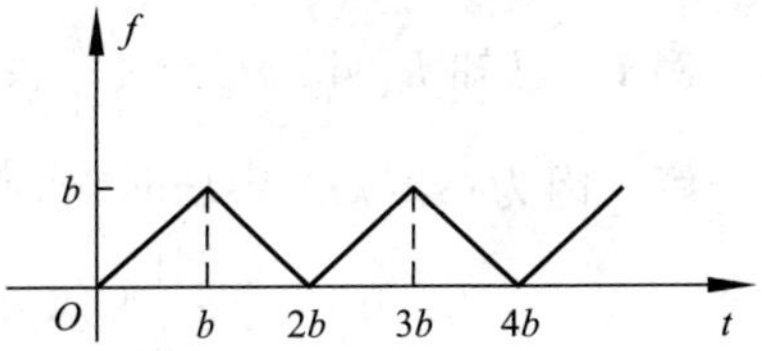

图　14-1

解　$$F(s)=\frac{1}{1-e^{-2bs}}\int_0^{2b} f(t)\,e^{-st}\,dt$$

$$=\frac{1}{1-e^{-2bs}}\left[\int_0^b t\,e^{-st}\,dt+\int_b^{2b}(2b-t)\,e^{-st}\,dt\right]$$

$$=\frac{1}{1-e^{-2bs}}\left[\frac{-1}{s}\int_0^b t\,d\,e^{-st}-\frac{1}{s}\int_b^{2b}(2b-t)\,d\,e^{-st}\right]$$

$$=\frac{1}{1-e^{-2bs}}\frac{1}{s^2}(1-e^{-bs})^2$$

$$=\frac{1}{s^2}\frac{1-e^{-bs}}{1+e^{-bs}}.$$

§14.2　拉普拉斯变换的性质

14.1 节讨论了用定义求相对简单函数的拉普拉斯变换，但是对于较为复杂的函数，直接用定义求其像函数并不方便，有时甚至求不出，如果利用拉普拉斯变换就可以计算出其像函数. 本节介绍拉普拉斯变换的基本性质，在本节讨论中统一把函数的增长指数取为 c.

1. 线性性质

定理 1　若 α,β 为常数，则 $L[\alpha f_1(t)+\beta f_2(t)]=\alpha L[f_1(t)]+\beta L[f_2(t)]$.

2. 微分性质

(1) 原像函数的微分性质

定理 2　若 $L[f(t)]=F(s)$，则 $L[f'(t)]=sF(s)-f(0)$.

证明　根据定义，有 $L[f'(t)]=\int_0^{+\infty} f'(t)\,e^{-st}\,dt=\int_0^{+\infty} e^{-st}\,df(t)$

$$=f(t)\,e^{-st}\Big|_0^{+\infty}+s\int_0^{+\infty} f(t)\,e^{-st}\,dt$$

$$=sF(s)-f(0),\quad \mathrm{Re}(s)>c.$$

推论　若 $L[f(t)]=F(s)$，则

$$L[f^{(n)}(t)]=s^nF(s)-s^{n-1}f(0)-s^{n-2}f'(0)-\cdots-f^{(n-1)}(0).$$

特别地，若 $f(0)=f'(0)=\cdots=f^{(n-1)}(0)=0$，则 $L[f^{(n)}(t)]=s^nF(s)$.

这个性质非常重要，利用这个性质可以将 $f(t)$ 的高阶微分方程转化为 $F(s)$ 的代数方程，而代数方程容易求解，将所求得的解再做逆变换，即可求出原方程的解. 因此，拉普拉斯变换在求解微分方程特别是含有高阶导数的微分方程方面，有着广泛的应用.

例 1 已知 $L[\sin kt]=\dfrac{k}{s^2+k^2}$，求 $L[\cos kt]$.

解 因为 $(\sin kt)'=k\cos kt$，所以

$$L[\cos kt]=\frac{1}{k}L[(\sin kt)']=\frac{1}{k}\{sL[\sin kt]-\sin 0\}$$

$$=\frac{s}{s^2+k^2},\quad \mathrm{Re}(s)>0.$$

例 2 利用微分性质求 $f(t)=t^m$ 的拉普拉斯变换，其中 m 为正整数.

解 因为 $f^{(m)}(t)=m!$，所以

$$L[f^{(m)}(t)]=s^mF(s)-s^{m-1}f(0)-s^{m-2}f'(0)-\cdots-f^{(m-1)}(0)=s^mF(s),$$

于是 $$s^mL[f(t)]=L[m!]=m!\ L[1]=m!\ \frac{1}{s},\quad L[t^m]=\frac{m!}{s^{m+1}}.$$

(2) 像函数的微分性质

定理 3 若 $L[f(t)]=F(s)$，则 $F'(s)=L[-tf(t)]$，$\mathrm{Re}(s)>c$.

一般地，有 $F^{(n)}(s)=L[(-t)^nf(t)]=(-1)^nL[t^nf(t)]$，$\mathrm{Re}(s)>c$.

证明 由 $F(s)=\int_0^{+\infty}f(t)\,\mathrm{e}^{-st}\,\mathrm{d}t$，有

$$F'(s)=\frac{\mathrm{d}}{\mathrm{d}s}\int_0^{+\infty}f(t)\,\mathrm{e}^{-st}\,\mathrm{d}t=\int_0^{+\infty}\frac{\partial}{\partial s}[f(t)\,\mathrm{e}^{-st}]\mathrm{d}t$$

$$=-\int_0^{+\infty}tf(t)\,\mathrm{e}^{-st}\,\mathrm{d}t=L[-tf(t)].$$

例 3 求 $f(t)=t\sin kt$ 的拉普拉斯变换.

解 因为 $L[\sin kt]=\dfrac{k}{s^2+k^2}$，所以

$$L[t\sin kt]=-\frac{\mathrm{d}}{\mathrm{d}s}\left(\frac{k}{s^2+k^2}\right)=\frac{2ks}{(s^2+k^2)^2}.$$

3. 积分性质

定理 4 若 $L[f(t)]=F(s)$，则 $L\left[\int_0^t f(t)\mathrm{d}t\right]=\dfrac{1}{s}F(s)$.

证明 设 $h(t)=\int_0^t f(t)\mathrm{d}t$，则 $h'(t)=f(t)$，$h(0)=0$. 于是

$$L[h'(t)]=sL[h(t)]-h(0)=sL[h(t)],$$

即 $$L\left[\int_0^t f(t)\mathrm{d}t\right]=\frac{1}{s}L[f(t)]=\frac{1}{s}F(s).$$

重复应用上式，可以得到

$$L\left[\int_0^t\mathrm{d}t\int_0^t\mathrm{d}t\cdots\int_0^t f(t)\mathrm{d}t\right]=\frac{1}{s^n}F(s).$$

另外，关于像函数的积分，有如下公式：

若 $L[f(t)]=F(s)$，则 $$L\left[\frac{f(t)}{t}\right]=\int_s^{\infty}F(s)\mathrm{d}s. \qquad (14\text{-}2)$$

$$L\left[\frac{f(t)}{t^n}\right]=\int_s^{\infty}\mathrm{d}s\int_s^{\infty}\mathrm{d}s\cdots\int_s^{\infty}F(s)\mathrm{d}s.$$

特别地，在式(14-2)中令 $s=0$，则 $\int_0^{+\infty}\frac{f(t)}{t}\mathrm{d}t=\int_0^{+\infty}F(s)\mathrm{d}s.$

例 4　求 $f(t)=\frac{\sin t}{t}$ 的拉普拉斯变换.

解　因为 $L[\sin t]=\frac{1}{s^2+1}$，所以

$$L\left[\frac{\sin t}{t}\right]=\int_0^{+\infty}\frac{1}{s^2+1}\mathrm{d}s=\arctan s\Big|_s^{\infty}=\frac{\pi}{2}-\arctan s.$$

于是
$$\int_0^{+\infty}\frac{\sin t}{t}\mathrm{d}t=\int_0^{\infty}\frac{1}{s^{2+1}}\mathrm{d}s=\arctan s\Big|_0^{\infty}=\frac{\pi}{2}.$$

4. 平移性质

定理 5　若 $L[f(t)]=F(s)$，则

$$L[\mathrm{e}^{s_0t}f(t)]=F(s-s_0),\quad \mathrm{Re}(s-s_0)>c.$$

或者
$$L^{-1}[F(s-s_0)]=\mathrm{e}^{s_0t}L^{-1}[F(s)]=\mathrm{e}^{s_0t}f(t).$$

证明　根据定义，得

$$\begin{aligned}L[\mathrm{e}^{s_0t}f(t)]&=\int_0^{+\infty}\mathrm{e}^{s_0t}f(t)\,\mathrm{e}^{-st}\mathrm{d}t=\int_0^{+\infty}f(t)\,\mathrm{e}^{-(s-s_0)t}\mathrm{d}t\\&=F(s-s_0),\quad \mathrm{Re}(s-s_0)>c.\end{aligned}$$

这个性质表明了一个原像函数乘以 e^{s_0t} 的拉普拉斯变换等于其像函数作位移 s_0.

例 5　求 $f(t)=\mathrm{e}^{-at}\sin kt$ 的拉普拉斯变换.

解　因为 $L[\sin kt]=\frac{k}{s^2+k^2}$，所以 $L[\mathrm{e}^{-at}\sin kt]=\frac{k}{(s+a)^2+k^2}$.

例 6　求 $f(t)=\mathrm{e}^{at}t^m$（m 为正整数）的拉普拉斯变换.

解　因为 $L[t^m]=\frac{m!}{s^{m+1}}$，所以 $L[\mathrm{e}^{at}t^m]=\frac{m!}{(s-a)^{m+1}}$.

5. 延迟性质

定理 6　若 $L[f(t)]=F(s)$，又 $t<0$ 时 $f(t)=0$，则对于任一非负实数 τ，有 $L[f(t-\tau)]=\mathrm{e}^{-s\tau}F(s)$.　或者 $L^{-1}[\mathrm{e}^{-s\tau}F(s)]=f(t-\tau)$.

证明　根据定义，得

$$\begin{aligned}L[f(t-\tau)]&=\int_0^{+\infty}f(t-\tau)\,\mathrm{e}^{-st}\mathrm{d}t\\&=\int_0^{\tau}f(t-\tau)\,\mathrm{e}^{-st}\mathrm{d}t+\int_{\tau}^{+\infty}f(t-\tau)\,\mathrm{e}^{-st}\mathrm{d}t\\&=\int_{\tau}^{+\infty}f(t-\tau)\,\mathrm{e}^{-st}\mathrm{d}t.\end{aligned}$$

因 $t<\tau$ 时 $f(t-\tau)=0$，令 $t-\tau=u$，则

$$L[f(t-\tau)]=\int_0^{+\infty} f(u)\,\mathrm{e}^{-s(u+\tau)}\,\mathrm{d}u = \mathrm{e}^{-s\tau}\int_0^{+\infty} f(u)\,\mathrm{e}^{-su}\,\mathrm{d}u$$
$$= \mathrm{e}^{-s\tau}F(s),\quad \mathrm{Re}(s) > c.$$

注:(1) 对 $f(t)$的要求:$t<0$ 时,$f(t)=0$.

(2) $f(t-\tau)$的拉普拉斯变换实际上是 $f(t-\tau)u(t-\tau)$的拉普拉斯变换.

(3) $\mathrm{e}^{-s\tau}F(s)$的拉普拉斯逆变换实际应为 $f(t-\tau)u(t-\tau)$.

例 7 设 $f(t)=\sin t$,求 $L\left[f\left(t-\dfrac{\pi}{2}\right)\right]$.

解 由于 $L[\sin t]=\dfrac{1}{s^2+1}$,所以由延迟性质知

$$L\left[f\left(t-\frac{\pi}{2}\right)\right]=L\left[\sin\left(t-\frac{\pi}{2}\right)\right]=\mathrm{e}^{\frac{\pi}{2}s}L[\sin t]=\frac{1}{s^2+1}\mathrm{e}^{\frac{\pi}{2}s}.$$

由前面的注可知

$$L^{-1}\left[\frac{1}{s^2+1}\mathrm{e}^{\frac{-\pi}{2}s}\right]=\sin\left(t-\frac{\pi}{2}\right)u\left(t-\frac{\pi}{2}\right)=\begin{cases}-\cos t & 当\ t>\dfrac{\pi}{2}\\ 0 & 当\ t<\dfrac{\pi}{2}\end{cases}.$$

6. 相似性质

定理 7 若 $L[f(t)]=F(s)$,$a>0$,则 $L[f(at)]=\dfrac{1}{a}F\left(\dfrac{s}{a}\right)$.

证明 由拉普拉斯变换的定义知

$$L[f(at)]=\int_0^{+\infty} f(at)\,\mathrm{e}^{-st}\,\mathrm{d}t \xlongequal{at=u} \int_0^{+\infty} f(u)\,\mathrm{e}^{\frac{su}{a}}\,\mathrm{d}u=\frac{1}{a}F\left(\frac{s}{a}\right).$$

本节中详细讨论了拉普拉斯变换的性质,利用这些性质,可以方便地求出一些复杂函数的拉普拉斯变换.

§ 14.3 拉普拉斯变换的卷积

为什么要引入卷积呢?在信号与系统中,系统在某一时刻的响应,不仅与系统当前的输入有关,而且与之前系统的输入有关.具体来说,系统当前的输出,是现在时刻的信号输入的响应,与若干之前的信号输入的响应的叠加效果,而描述这种叠加效果的数学工具,就是卷积(卷积在数学上可以理解为累积求值).这一部分主要讨论卷积、卷积的性质,以及占有重要地位的卷积定理.首先给出卷积的定义.

定义 设函数 $f_1(t)$,$f_2(t)$ 在整个数轴上有定义,则

$$\int_{-\infty}^{+\infty} f_1(\tau)f_2(t-\tau)\,\mathrm{d}\tau,$$

称为这两个函数的**卷积**,记为$f_1(t)*f_2(t)$,即

$$f_1(t)*f_2(t)=\int_{-\infty}^{+\infty} f_1(\tau)f_2(t-\tau)\,\mathrm{d}\tau.$$

若当自变量为负时，函数值为 0，则上式可表示为：

$$f_1(t) * f_2(t) = \int_0^t f_1(\tau) f_2(t-\tau)\mathrm{d}\tau.$$

注：不同变换下的卷积定义不同.

卷积的性质：

(1) 交换律：$f_1(t) * f_2(t) = f_2(t) * f_1(t)$.

(2) 结合律：$f_1(t) * [f_2(t) * f_3(t)] = [f_1(t) * f_2(t)] * f_3(t)$.

(3) 分配律：$f_1(t) * [f_2(t) + f_3(t)] = f_1(t) * f_2(t) + f_1(t) * f_3(t)$.

(4) 卷积满足如下不等式：$|f_1(t) * f_2(t)| \leqslant |f_1(t)| * |f_2(t)|$.

上述性质的证明从略，有兴趣的读者可以参考相应的文献.

例 1　求函数 $f_1(t)=t, f_2(t)=\sin t$ 的拉普拉斯卷积.

解　根据卷积的定义，得

$$\begin{aligned} f_1(t) * f_2(t) &= \int_0^t \tau\sin(t-\tau)\mathrm{d}\tau \\ &= \tau\cos(t-\tau)\Big|_0^t - \int_0^t \cos(t-\tau)\mathrm{d}\tau \\ &= t - \sin t. \end{aligned}$$

于是

$$t * \sin t = t - \sin t.$$

例 2　求函数 $f_1(t)=t, f_2(t)=\cos t$ 的拉普拉斯卷积.

提示　$t * \cos t = 1 - \cos t$.

卷积在积分变换中有着十分重要的应用，主要体现在卷积定理上，接下来给出卷积定理.

定理　设 $f_1(t)$ 和 $f_2(t)$ 满足拉普拉斯变换存在定理中的条件，记 $L[f_1(t)] = F_1(s)$，$L[f_2(t)] = F_2(s)$，则 $L[f_1(t) * f_2(t)] = F_1(s) \cdot F_2(s)$，或者 $L^{-1}[F_1(s) \cdot F_2(s)] = f_1(t) * f_2(t)$.

证明　根据定义，有

$$\begin{aligned} L[f_1(t) * f_2(t)] &= \int_0^{+\infty} [f_1(t) * f_2(t)]\mathrm{e}^{-st}\mathrm{d}t \\ &= \int_0^{+\infty} \left[\int_0^t f_1(\tau) f_2(t-\tau)\mathrm{d}\tau\right]\mathrm{e}^{-st}\mathrm{d}t. \end{aligned}$$

上面的积分可以看成是 t-τ 平面上的二重积分，交换积分次序得

$$\begin{aligned} L[f_1(t) * f_2(t)] &= \int_0^{+\infty} f_1(\tau)\left[\int_\tau^{+\infty} f_2(t-\tau)\,\mathrm{e}^{-st}\mathrm{d}t\right]\mathrm{d}\tau, \\ &\xlongequal{t-\tau=u} \int_0^{+\infty} f_1(\tau)\left[\int_0^{+\infty} f_2(u)\,\mathrm{e}^{-s(u+\tau)}\mathrm{d}u\right]\mathrm{d}\tau \\ &= \int_0^{+\infty} f_1(\tau)\,\mathrm{e}^{-s\tau} F_2(s)\mathrm{d}\tau = F_2(s)\int_0^{+\infty} f_1(\tau)\mathrm{e}^{-s\tau}\mathrm{d}\tau \\ &= F_1(s)\,F_2(s). \end{aligned}$$

注：卷积定理可以推广到多个函数. 即若 $f_k(t)(k=1,2,\cdots n)$ 满足拉普拉斯变换

定理存在的条件，则 $L[f_1(t)*f_2(t)*\cdots*f_n(t)]=F_1(s)\cdot F_2(s)\cdot\cdots\cdot F_n(s)$.

例 3 求 $F(s)=\dfrac{1}{(s-1)^2}$的逆变换.

解 令$F_1(s)=F_2(s)=\dfrac{1}{s-1}$，则

$$L^{-1}[F_1(s)]=L^{-1}[F_2(s)]=f_1(t)=f_2(t)=e^t,$$

$$L^{-1}\left[\frac{1}{(s-1)^2}\right]=e^t*e^t=\int_0^t e^\tau e^{t-\tau}d\tau=t\,e^t.$$

例 4 求 $F(s)=\dfrac{1}{s^2(s^2+1)}$的逆变换.

解 令$F_1(s)=\dfrac{1}{s^2}$，$F_2(s)=\dfrac{1}{s^2+1}$，则 $F(s)=F_1(s)\cdot F_2(s)$.

又因为$f_1(t)=L^{-1}[F_1(s)]=t$，$f_2(t)=L^{-1}[F_2(s)]=\sin t$，根据卷积定理，有

$$f(t)=L^{-1}\left[\frac{1}{s^2(s^2+1)}\right]=t*\sin t=t-\sin t.$$

§ 14.4 拉普拉斯逆变换

运用拉普拉斯变换求解具体问题时，经常需要由像函数 $F(s)$求原像函数 $f(t)$. 由前面的讨论可知，利用拉普拉斯变换的性质和一些已知的变换可求出原像函数，在有些情况下，这种方法较简单有效，但是不能满足实际应用的需要. 下面介绍一种更一般性的方法，可直接由像函数 $F(s)$的积分表示原像函数 $f(t)$.

函数 $f(t)$的拉氏变换，实际上就是 $f(t)u(t)e^{-\beta t}$的傅里叶变换，即

$$F(s)=F(\beta+i\omega)=\int_{-\infty}^{+\infty}f(t)u(t)\,e^{-\beta t}\,e^{-i\omega t}\,dt.$$

因此，当 $f(t)u(t)e^{-\beta t}$满足傅里叶积分定理的条件时，在 $f(t)$的连续点处，有

$$f(t)u(t)\,e^{-\beta t}=\frac{1}{2\pi}\int_{-\infty}^{+\infty}F(\beta+i\omega)\,e^{i\omega t}\,d\omega.$$

只要 β 在 $F(s)$的存在域内即可. 这样当 $t>0$ 时，注意到 $u(t)\equiv 1$，因而得到

$$\begin{aligned}f(t)&=\frac{1}{2\pi}e^{\beta t}\int_{-\infty}^{+\infty}F(\beta+i\omega)e^{i\omega t}\,d\omega\\&=\frac{1}{2\pi}\int_{-\infty}^{+\infty}F(\beta+i\omega)\,e^{(\beta+i\omega)t}\,d\omega\\&\xlongequal{s=\beta+i\omega}\frac{1}{2\pi i}\int_{\beta-i\infty}^{\beta+i\infty}F(s)\,e^{st}\,ds.\end{aligned}$$

即

$$f(t)=\frac{1}{2\pi i}\int_{\beta-i\infty}^{\beta+i\infty}F(s)\,e^{st}\,ds. \tag{14-3}$$

式(14-3)就是从像函数 $F(s)$求原像函数 $f(t)$的一般公式，称为反演积分公式. 它

的积分路径是 s 平面上的一条竖直直线 $\mathrm{Re}(s)=\beta$，该直线位于 $F(s)$ 的存在域中.

注： 由于 $F(s)$ 在其存在域中是解析的，因而此直线的右边不包含 $F(s)$ 的奇点.

由于式(14-3)是一个复变函数积分，其计算通常比较困难，只有当 $F(s)$ 满足一定的条件时，才可以用留数来求解. 下面的定理提供了计算这种反演积分的一种方法.

定理　设 $s_1, s_2, \cdots, s_n$ 是函数 $F(s)$ 的所有奇点(适当选取 β 使得这些奇点都在半平面 $\mathrm{Re}(s)<\beta$ 内)，且当 $s\to\infty$ 时，$F(s)\to 0$，则有

$$f(t)=\frac{1}{2\pi \mathrm{i}}\int_{\beta-\mathrm{i}\infty}^{\beta+\mathrm{i}\infty}F(s)\mathrm{e}^{st}\mathrm{d}s=\sum_{k=1}^{n}\mathrm{Res}[F(s)\mathrm{e}^{st},s_k] \tag{14-4}$$

证明　由图 14-2 所示，设闭曲线 $C=L+C_R$，L 在平面 $\mathrm{Re}(s)>\beta$ 内，C_R 是半径为 R 的半圆弧，当 R 充分大时，可使得所有的奇点全在 C 内. 由留数定理可得

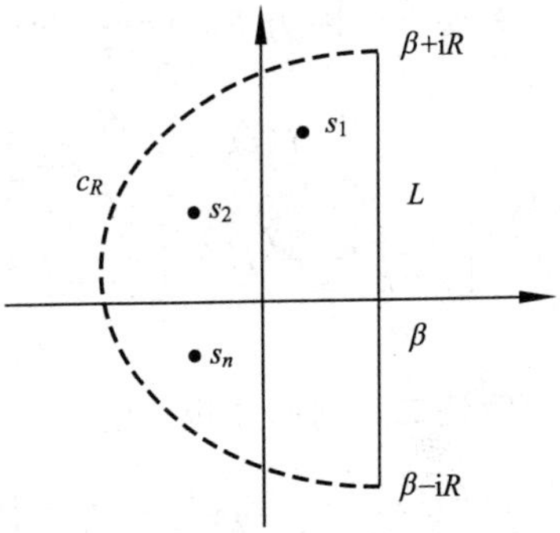

图　14-2

$$\oint_C F(s)\,\mathrm{e}^{st}\mathrm{d}s=2\pi \mathrm{i}\sum_{k=1}^{n}\mathrm{Res}[F(s)\,\mathrm{e}^{st},s_k],$$

即

$$\frac{1}{2\pi \mathrm{i}}\left[\int_{\beta-\mathrm{i}\infty}^{\beta+\mathrm{i}\infty}F(s)\,\mathrm{e}^{st}\mathrm{d}s+\lim_{R\to\infty}\int_{C_R}F(s)\,\mathrm{e}^{st}\mathrm{d}s\right]$$

$$=\sum_{k=1}^{n}\mathrm{Res}[F(s)\,\mathrm{e}^{st},s_k].$$

利用前面的知识，可以证明当 $t>0$ 时，$\lim\limits_{R\to+\infty}\int_{C_R}F(s)\mathrm{e}^{st}\mathrm{d}s=0$. 因此，

$$f(t)=\frac{1}{2\pi \mathrm{i}}\int_{\beta-\mathrm{i}\infty}^{\beta+\mathrm{i}\infty}F(s)\mathrm{e}^{st}\mathrm{d}s=\sum_{k=1}^{n}\mathrm{Res}[F(s)\mathrm{e}^{st},s_k].$$

注： 若 $F(s)=\dfrac{A(s)}{B(s)}$ 为不可约真有理分式，则有如下简单的方法来求留数.

情形 1　若 $B(s)$ 有 n 个单零点 $s_1, s_2, \cdots, s_n$，则

$$f(t)=L^{-1}\left[\frac{A(s)}{B(s)}\right]=\sum_{k=1}^{n}\frac{A(s_k)\mathrm{e}^{s_k t}}{B'(s_k)};$$

情形 2　若 $B(s)$ 有 m 级零点 s_k，则

$$\mathrm{Res}\left[\frac{A(s)}{B(s)}\mathrm{e}^{st},s_k\right]=\frac{1}{(m-1)!}\lim_{s\to s_k}\left[(s-s_k)^m\frac{A(s)}{B(s)}\mathrm{e}^{st}\right]^{(m-1)}.$$

例 1　求下列有理分式的拉普拉斯逆变换：

(1) $\dfrac{k}{s^2-k^2}$；　(2) $\dfrac{1}{s(s-1)^2}$；　(3) $\dfrac{s^2}{s^2+2s+1}$.

解　(1) 显然 k 和 $-k$ 为分母的一级零点，则

$$f(t)=\sum_{k=1}^{n}\frac{A(s_k)\mathrm{e}^{s_k t}}{B'(s_k)}=\frac{k\mathrm{e}^{kt}}{2k}+\frac{k\mathrm{e}^{-kt}}{-2k}=\mathrm{sh}\,kt;$$

(2) 0 和 1 分别为分母的一级和二级零点，则

$$f(t)=\lim_{s\to 0}\frac{e^{st}}{(s-1)^2}+\lim_{s\to 1}\left[\frac{e^{st}}{s}\right]'=1+\lim_{s\to 1}\frac{te^{st}s-e^{st}}{s^2}=1+te^t-e^t;$$

(3) $F(s)=\frac{s^2}{s^2+2s+1}$为假有理分式，于是分解 $F(s)=1-\frac{2s+1}{s^2+2s+1}$，注意到 $s=-1$为 $F(s)$的二阶极点，故

$$f(t)=L^{-1}[1]-L^{-1}\left[\frac{2s+1}{s^2+2s+1}\right]=\delta(t)-\lim_{s\to -1}[(2s+1)e^{st}]'$$
$$=\delta(t)-(2-t)e^{-t}.$$

例 2 求 $F(s)=\frac{1}{(s-2)(s-1)^2}$的逆变换.

解法一 因为 $F(s)=\frac{1}{s-2}-\frac{1}{s-1}-\frac{1}{(s-1)^2}$，于是

$$f(t)=L^{-1}\left[\frac{1}{s-2}\right]-L^{-1}\left[\frac{1}{s-1}\right]-L^{-1}\left[\frac{1}{(s-1)^2}\right],$$

且 $L^{-1}\left[\frac{1}{s-k}\right]=e^{kt}$；$L^{-1}\left[\frac{1}{(s-1)^2}\right]=te^t$，所以

$$f(t)=e^{2t}-e^t-te^t.$$

解法二 利用卷积求解.

设$F_1(s)=\frac{1}{s-2}$，$F_2(s)=\frac{1}{(s-1)^2}$，则 $F(s)=F_1(s)\cdot F_2(s)$，而 $f_1(t)=L^{-1}[F_1(s)]=e^{2t}$，$f_2(t)=L^{-1}[F_2(s)]=t\,e^t$. 由卷积定理，

$$f(t)=f_1(t)*f_2(t)=\int_0^t \tau e^{\tau}e^{2(t-\tau)}d\tau=e^{2t}\int_0^t \tau e^{-\tau}d\tau$$
$$=e^{2t}(1-e^{-t}-te^{-t})=e^{2t}-e^t-te^t$$

解法三 利用留数求解.

易知$s_1=2$ 和$s_2=1$ 分别是 $F(s)e^{st}$的一级极点和二级极点，知：

$$f(t)=\text{Res}[F(s)e^{st},2]+\text{Res}[F(s)e^{st},1]$$
$$=\frac{e^{st}}{(s-1)^2}\bigg|_{s=2}+\left(\frac{e^{st}}{s-2}\right)'\bigg|_{s=1}$$
$$=e^{2t}-e^t-te^t.$$

§14.5 拉普拉斯变换的应用

拉普拉斯变换应用范围非常广泛，可以应用到力学、电学、控制论、信号系统和随机系统等相关学科中. 这些学科所对应的数学模型大多数是常微分方程、偏微分方程、积分方程或微分积分方程，通过拉普拉斯变换及其逆变换，可以解出上述方程的解. 下面举例说明它在工程和物理系统数学建模后的应用：用拉普拉斯变换求解微分(常微分、偏微分)方程和积分方程.

此方法的原理：对方程两边进行拉普拉斯变换，应用变换的线性、微分和积分

公式,将未知函数的微积分方程化为其像函数的代数方程,求解像函数,最后取拉普拉斯逆变换便得到原方程的解.

例 1　求解方程 $y''+2y'-3y=\mathrm{e}^{-t}$,满足条件 $y(0)=0,y'(0)=1$.

解　微分方程两端取拉普拉斯变换,记 $L[y(t)]=Y(s)$,得

$$s^2Y(s)-1+2sY(s)-3Y(s)=\frac{1}{s+1},$$

即

$$Y(s)=\frac{s+2}{(s+1)(s-1)(s+3)}$$

$$=-\frac{1}{4}\frac{1}{s+1}+\frac{3}{8}\frac{1}{s-1}-\frac{1}{8}\frac{1}{s+3},$$

从而

$$y(t)=L^{-1}[Y(s)]=-\frac{1}{4}\mathrm{e}^{-t}+\frac{3}{8}\mathrm{e}^{t}-\frac{1}{8}\mathrm{e}^{-3t}.$$

例 2　求解方程 $y''+y=t$ 且满足条件 $y(0)=1,y'(0)=-2$.

解　微分方程两端取拉普拉斯变换,记 $L[y(t)]=Y(s)$,得

$$s^2Y(s)-sy(0)-y'(0)+Y(s)=\frac{1}{s^2},$$

即

$$s^2Y(s)-s+2+Y(s)=\frac{1}{s^2},$$

于是

$$Y(s)=\frac{1}{s^2}+\frac{s}{s^2+1}-\frac{3}{s^2+1},$$

从而

$$y(t)=L^{-1}[Y(s)]=t+\cos t-3\sin t.$$

例 3　求解微分方程组 $\begin{cases}x'(t)+x(t)-y(t)=\mathrm{e}^t\\y'(t)+3x(t)-2y(t)=2\,\mathrm{e}^t\end{cases}$,初始条件为 $x(0)=y(0)=1$.

解　设 $L[x(t)]=X(s),L[y(t)]=Y(s)$,对方程组的每个方程两边分别取拉普拉斯变换,并考虑到初始条件,得

$$\begin{cases}sX(s)-1+X(s)-Y(s)=\dfrac{1}{s-1}\\sY(s)-1+3X(s)-2Y(s)=\dfrac{2}{s-1}\end{cases},$$

求解该方程组得

$$X(s)=\frac{1}{s-1},\quad Y(s)=\frac{1}{s-1},$$

取拉普拉斯逆变换得原方程组的解为

$$x(t)=\mathrm{e}^t,\quad y(t)=\mathrm{e}^t.$$

例 4　解积分方程 $\sin t+2\int_0^t\cos(t-u)\varphi(u)\mathrm{d}u=\varphi(t)\quad(t\geqslant 0)$.

解　本题的方程为卷积型的,即可表示为 $\sin t+2\varphi(t)*\cos t=\varphi(t)$,因此,两端取拉普拉斯变换,记 $L[\varphi(t)]=F(s)$,那么由卷积定理,得

$$L[\sin t]+2L[\varphi(t)]L[\cos t]=L[\varphi(t)],$$

即

$$\frac{1}{s^2+1}+2\frac{s}{s^2+1}F(s)=F(s),$$

进而得到像函数表达式为

$$F(s)=\frac{1}{(s-1)^2},$$

取拉普拉斯逆变换得

$$\varphi(t)=L^{-1}[F(s)]=L^{-1}\left[\frac{1}{(s-1)^2}\right]=te^t,\quad t\geqslant 0.$$

习 题 14

1. 求下列函数的拉普拉斯变换,并给出其收敛域,再用查表的方法来验证结果.

(1) $f(t)=\sin\frac{t}{2}$; (2) $f(t)=e^{-2t}$; (3) $f(t)=t^2$; (4) $f(t)=\sin t\cos t$.

2. 求下列函数的拉普拉斯变换:

(1) $f(t)=\sinh kt$(k 为实数); (2) $f(t)=\cosh kt$(k 为复数).

3. 设 $f(t)$ 是以 2π 为周期的函数,且在一个周期内的表达式为 $f(t)=\begin{cases}\sin t & \text{当 } 0<t\leqslant\pi \\ 0 & \text{当 } \pi<t<2\pi\end{cases}$,求 $L[f(t)]$.

4. 求下列函数的拉普拉斯变换:

(1) $f(t)=t^2+3t+2$; (2) $f(t)=1-t\,e^t$;

(3) $f(t)=(t-1)^2e^2$; (4) $f(t)=t^n-e^{at}$.

5. 若 $L[f(t)]=F(s)$,a 为正实数,证明(相似定理)$L[f(at)]=\frac{1}{a}F\left(\frac{s}{a}\right)$.

6. 求 $L\left[e^{-\frac{t}{a}}f\left(\frac{t}{a}\right)\right]$.

7. 若 $L[f(t)]=F(s)$,证明(像函数的微分性质)$F^n(s)=(-1)^n[t^nf(t)]$,$\mathrm{Re}(s)>c$.

8. 已知 $f(t)=t\{e^{\{-3t\}}\}\sin 2t\mathrm{d}t$,求 $F(s)$.

9. 若 $L[f(t)]=F(s)$,证明(像函数的积分性质)$L\left[\frac{f(t)}{t}\right]=\int_s^{\infty}F(s)\mathrm{d}s$.

10. 计算 $f(t)=\frac{\sin kt}{t}$,求 $F(s)$.

11. 计算下列积分:

(1) $\int_0^{+\infty}\frac{e^{-t}-e^{-2t}}{t}\mathrm{d}t$; (2) $\int_0^{+\infty}\frac{1-\cos t}{t}e^{-t}\mathrm{d}t$;

(3) $\int_0^{+\infty} e^{-3t}\cos 2t dt$；　(4) $\int_0^{+\infty} e^{-3t}\cos 2t dt$.

12. 求下列函数的拉普拉斯逆变换：

(1) $F(s)=\frac{1}{s^2+4}$；　(2) $F(s)=\frac{1}{s^4}$；

(3) $F(s)=\frac{1}{(s+1)^4}$；　(4) $F(s)=\frac{1}{s+3}$.

13. 证明下列各式：

(1) $f_1(t)*f_2(t)=f_2(t)*f_1(t)$；

(2) $f_1(t)*[f_2(t)*f_3(t)]=[f_1(t)*f_2(t)]*f_3(t)$.

14. 求下列卷积：

(1) $1*1$；　(2) $t*t$；　(3) t^m*t^n；　(4) $t*e^t$.

15. 求下列函数的拉普拉斯逆变换：

(1) $F(s)=\frac{1}{s^2+a^2}$；　(2) $F(s)=\frac{s}{(s-a)(s-b)}$；

(3) $F(s)=\frac{s^2+2s-1}{s(s-1)^2}$；　(4) $F(s)=\frac{s}{(s^2+1)(s^2+4)}$.

16. 设原点处质量为 m 的一质点当 $t=0$ 时在 x 方向上受到冲击力 $k\delta(t)$ 的作用，其中 k 为常数，假定质点的初速度为零，求其运动规律.

附录

附录 A　常用的概率分布表

分布名称	参数	分布律或概率密度	期望	方差
(0−1)分布	$0<p<1$ $p+q=1$	$P(X=k)=p^k q^{n-k},\quad k=0,1$	p	pq
二项分布	$n\geqslant 1$ $0<p<1$	$P(X=k)=C_n^k p^k q^{n-k},\quad k=0,1,2,\cdots,n$	np	npq
负二项分布	$r\geqslant 1$ $0<p<1$	$P(X=k)=C_{k-1}^{r-1} p^r q^{k-r},\quad k=r,r+1,\cdots$	$\dfrac{r}{p}$	$\dfrac{rq}{p^2}$
几何分布	$0<p<1$	$P(X=k)=pq^{k-1},\quad k=1,2,\cdots$	$\dfrac{1}{p}$	$\dfrac{q}{p^2}$
超几何分布	$M\leqslant n$ $n\leqslant N$	$P(X=k)=\dfrac{C_M^k C_{N-M}^{n-k}}{C_N^n},\quad k=0,1,2,\cdots,n$	$\dfrac{nM}{N}$	$\dfrac{nM(N-M)(N-n)}{N^2(N-1)}$
泊松分布	$\lambda>0$	$P(X=k)=\dfrac{\lambda^k e^{-\lambda}}{k!},\quad k=0,1,2,\cdots$	λ	λ
均匀分布	$a<b$	$f(x)=\begin{cases}\dfrac{1}{b-a} & 当\ a<x<b\\ 0 & 其他\end{cases}$	$\dfrac{a+b}{2}$	$\dfrac{(a-b)^2}{12}$
正态分布	$\mu\in\mathbf{R}$ $\sigma>0$	$f(x)=\dfrac{1}{\sqrt{2\pi}\sigma}e^{-\frac{(x-\mu)^2}{2\sigma^2}},\quad -\infty<x<\infty$	μ	σ^2
指数分布	$\lambda>0$	$f(x)=\begin{cases}\lambda e^{-\lambda x} & 当\ x>0\\ 0 & 当\ x\leqslant 0\end{cases}$	$\dfrac{1}{\lambda}$	$\dfrac{1}{\lambda^2}$
Γ 分布	$\alpha>0$ $\beta>0$	$f(x)=\begin{cases}\dfrac{1}{\beta^\alpha\Gamma(\alpha)}x^{\alpha-1}e^{-x/\beta} & 当\ x>0\\ 0 & 当\ x\leqslant 0\end{cases}$	$\alpha\beta$	$\alpha\beta^2$
χ^2 分布	$n\geqslant 1$	$f(x)=\begin{cases}\dfrac{1}{2^{\frac{n}{2}}\Gamma\left(\frac{n}{2}\right)}x^{\frac{n}{2}-1}e^{-\frac{x}{2}} & 当\ x>0\\ 0 & 当\ x\leqslant 0\end{cases}$	n	$2n$

续表

分布名称	参数	分布律或概率密度	期望	方差
t 分布	$n\geqslant 1$	$f(x)=\dfrac{\Gamma\left(\frac{n+1}{2}\right)}{\sqrt{n\pi}\Gamma\left(\frac{n}{2}\right)}\left(1+\dfrac{x^2}{n}\right)^{-\frac{n+1}{2}}$	$0(n>1)$	$\dfrac{n}{n-2}(n>2)$
F 分布	n_1, n_2	$f(x)=\begin{cases}\dfrac{\Gamma[(n_1+n_2)/2](n_1/n_2)^{n_1/2}x^{(n_1/2)-1}}{\Gamma(n_1/2)\Gamma(n_2/2)[1+(n_1x/n_2)]^{(n_1+n_2)/2}} & 当 x>0 \\ 0 & 当 x\leqslant 0\end{cases}$	$\dfrac{n_2}{n_2-2}$ $(n_2>2)$	$\dfrac{2n_2{}^2(n_1+n_2-2)}{n_1(n_2-2)^2(n_2-4)}$ $(n_2>4)$
β 分布	$\alpha>0$ $\beta>0$	$f(x)=\begin{cases}\dfrac{\Gamma(\alpha+\beta)}{\Gamma(\alpha)\Gamma(\beta)}x^{\alpha-1}(1-x)^{\beta-1} & 当 0<x<1 \\ 0 & 其他\end{cases}$	$\dfrac{\alpha}{\alpha+\beta}$	$\dfrac{\alpha\beta}{(\alpha+\beta)^2(\alpha+\beta+1)}$
柯西分布	$\alpha\in\mathbf{R}$, $\lambda>0$	$f(x)=\dfrac{1}{\pi}\dfrac{\lambda}{\lambda^2+(x-\alpha)^2}$	不存在	不存在
瑞利分布	$\sigma>0$	$f(x)=\begin{cases}\dfrac{x}{\sigma^2}e^{-\frac{x^2}{2\sigma^2}} & 当 x>0 \\ 0 & 当 x\leqslant 0\end{cases}$	$\sqrt{\dfrac{\pi}{2}}\sigma$	$\left(2-\dfrac{\pi}{2}\right)\sigma^2$
对数正态分布	$\mu\in\mathbf{R}$ $\sigma>0$	$f(x)=\begin{cases}\dfrac{1}{\sqrt{2\pi}\sigma x}e^{-\frac{(\ln x-\mu)^2}{2\sigma^2}} & 当 x>0 \\ 0 & 当 x\leqslant 0\end{cases}$	$e^{\mu+\frac{\sigma^2}{2}}$	$e^{2\mu+\sigma^2}(e^{\sigma^2}-1)$
威布尔分布	$\eta>0$ $\beta>0$	$f(x)=\begin{cases}\dfrac{\beta}{\eta}\left(\dfrac{x}{\eta}\right)^{\beta-1}e^{-\left(\frac{x}{\eta}\right)^{\beta}} & 当 x>0 \\ 0 & 当 x\leqslant 0\end{cases}$	$\eta\Gamma\left(\dfrac{1}{\beta}+1\right)$	$\eta^2\left\{\Gamma\left(\dfrac{2}{\beta}+1\right)-\left[\Gamma\left(\dfrac{1}{\beta}+1\right)\right]^2\right\}$

附录B 泊松分布表

$$P(X \leqslant x) = \sum_{k=0}^{x} \frac{\lambda^k e^{-\lambda}}{k!}$$

x \ λ	0.1	0.2	0.3	0.4	0.5	0.6	0.7	0.8	0.9	1.0
0	0.9048	0.8187	0.7408	0.6703	0.6065	0.5488	0.4966	0.4493	0.4066	0.3679
1	0.9953	0.9825	0.9631	0.9385	0.9098	0.8781	0.8442	0.8088	0.7725	0.7358
2	0.9998	0.9989	0.9964	0.9921	0.9856	0.9769	0.9659	0.9526	0.9371	0.9197
3	1.0000	0.9999	0.9997	0.9992	0.9983	0.9967	0.9943	0.9909	0.9865	0.9810
4		1.0000	1.0000	0.9999	0.9998	0.9996	0.9992	0.9986	0.9977	0.9963
5				1.0000	1.0000	1.0000	0.9999	0.9998	0.9997	0.9994
6							1.0000	1.0000	1.0000	0.9999
7										1.0000

x \ λ	1.1	1.2	1.3	1.4	1.5	1.6	1.7	1.8	1.9	2
0	0.3329	0.3012	0.2725	0.2466	0.2231	0.2019	0.1827	0.1653	0.1496	0.1353
1	0.6990	0.6626	0.6268	0.5918	0.5578	0.5249	0.4932	0.4628	0.4338	0.4060
2	0.9004	0.8795	0.8571	0.8335	0.8089	0.7834	0.7572	0.7306	0.7037	0.6767
3	0.9743	0.9662	0.9569	0.9463	0.9344	0.9212	0.9068	0.8913	0.8747	0.8571
4	0.9946	0.9922	0.9893	0.9858	0.9814	0.9763	0.9704	0.9636	0.9559	0.9474
5	0.9990	0.9985	0.9978	0.9968	0.9956	0.9940	0.9920	0.9896	0.9868	0.9834
6	0.9999	0.9997	0.9996	0.9994	0.9991	0.9987	0.9981	0.9974	0.9966	0.9955
7	1.0000	1.0000	0.9999	0.9999	0.9998	0.9997	0.9996	0.9994	0.9992	0.9989
8			1.0000	1.0000	1.0000	1.0000	0.9999	0.9999	0.9998	0.9998
9							1.0000	1.0000	1.0000	1.0000

续表

x \ λ	2.1	2.2	2.3	2.4	2.5	2.6	2.7	2.8	2.9	3
0	0.1225	0.1108	0.1003	0.0907	0.0821	0.0743	0.0672	0.0608	0.0550	0.0498
1	0.3796	0.3546	0.3309	0.3084	0.2873	0.2674	0.2487	0.2311	0.2146	0.1992
2	0.6496	0.6227	0.5960	0.5697	0.5438	0.5184	0.4936	0.4695	0.4460	0.4232
3	0.8387	0.8194	0.7994	0.7787	0.7576	0.7360	0.7141	0.6919	0.6696	0.6472
4	0.9379	0.9275	0.9163	0.9041	0.8912	0.8774	0.8629	0.8477	0.8318	0.8153
5	0.9796	0.9751	0.9700	0.9643	0.9580	0.9510	0.9433	0.9349	0.9258	0.9161
6	0.9942	0.9925	0.9906	0.9884	0.9858	0.9828	0.9794	0.9756	0.9713	0.9665
7	0.9985	0.9980	0.9974	0.9967	0.9957	0.9947	0.9934	0.9919	0.9901	0.9881
8	0.9997	0.9995	0.9994	0.9992	0.9989	0.9985	0.9981	0.9976	0.9969	0.9962
9	1.0000	0.9999	0.9999	0.9998	0.9997	0.9996	0.9995	0.9993	0.9991	0.9989
10		1.0000	1.0000	1.0000	0.9999	0.9999	0.9999	0.9998	0.9998	0.9997
11					1.0000	1.0000	1.0000	1.0000	1.0000	0.9999
12										1.0000

x \ λ	3.1	3.2	3.3	3.4	3.5	3.6	3.7	3.8	3.9	4
0	0.0451	0.0408	0.0369	0.0334	0.0302	0.0273	0.0247	0.0224	0.0202	0.0183
1	0.1847	0.1712	0.1586	0.1468	0.1359	0.1257	0.1162	0.1074	0.0992	0.0916
2	0.4012	0.3799	0.3594	0.3397	0.3209	0.3028	0.2854	0.2689	0.2531	0.2381
3	0.6248	0.6025	0.5803	0.5584	0.5366	0.5152	0.4942	0.4735	0.4532	0.4335
4	0.7982	0.7806	0.7626	0.7442	0.7255	0.7064	0.6872	0.6679	0.6484	0.6289
5	0.9057	0.8946	0.8829	0.8705	0.8576	0.8441	0.8301	0.8156	0.8006	0.7851
6	0.9612	0.9554	0.9490	0.9421	0.9347	0.9267	0.9182	0.9091	0.8995	0.8893
7	0.9858	0.9832	0.9802	0.9769	0.9733	0.9692	0.9648	0.9599	0.9546	0.9489
8	0.9953	0.9943	0.9931	0.9917	0.9901	0.9883	0.9863	0.9840	0.9815	0.9787
9	0.9986	0.9982	0.9978	0.9973	0.9967	0.9960	0.9952	0.9942	0.9931	0.9919
10	0.9996	0.9995	0.9994	0.9992	0.9990	0.9987	0.9984	0.9981	0.9977	0.9972
11	0.9999	0.9999	0.9998	0.9998	0.9997	0.9996	0.9995	0.9994	0.9993	0.9991
12	1.0000	1.0000	1.0000	0.9999	0.9999	0.9999	0.9999	0.9998	0.9998	0.9997
13				1.0000	1.0000	1.0000	1.0000	1.0000	0.9999	0.9999
14									1.0000	1.0000

续表

x \ λ	4.1	4.2	4.3	4.4	4.5	4.6	4.7	4.8	4.9	5
0	0.0166	0.0150	0.0136	0.0123	0.0111	0.0101	0.0091	0.0082	0.0075	0.0067
1	0.0845	0.0780	0.0719	0.0663	0.0611	0.0563	0.0519	0.0477	0.0439	0.0404
2	0.2238	0.2102	0.1974	0.1851	0.1736	0.1626	0.1523	0.1425	0.1333	0.1247
3	0.4142	0.3954	0.3772	0.3595	0.3423	0.3257	0.3097	0.2942	0.2794	0.2650
4	0.6093	0.5898	0.5704	0.5512	0.5321	0.5132	0.4946	0.4763	0.4582	0.4405
5	0.7693	0.7532	0.7367	0.7199	0.7029	0.6858	0.6685	0.6510	0.6335	0.6160
6	0.8787	0.8675	0.8558	0.8437	0.8311	0.8180	0.8046	0.7908	0.7767	0.7622
7	0.9427	0.9361	0.9290	0.9214	0.9134	0.9050	0.8961	0.8867	0.8769	0.8666
8	0.9755	0.9721	0.9683	0.9642	0.9598	0.9549	0.9498	0.9442	0.9383	0.9319
9	0.9905	0.9889	0.9871	0.9851	0.9829	0.9805	0.9778	0.9749	0.9717	0.9682
10	0.9966	0.9959	0.9952	0.9943	0.9933	0.9922	0.9910	0.9896	0.9880	0.9863
11	0.9989	0.9986	0.9983	0.9980	0.9976	0.9971	0.9966	0.9960	0.9953	0.9945
12	0.9997	0.9996	0.9995	0.9994	0.9992	0.9990	0.9988	0.9986	0.9983	0.9980
13	0.9999	0.9999	0.9998	0.9998	0.9997	0.9997	0.9996	0.9995	0.9994	0.9993
14	1.0000	1.0000	1.0000	1.0000	0.9999	0.9999	0.9999	0.9999	0.9998	0.9998
15					1.0000	1.0000	1.0000	1.0000	1.0000	0.9999
16										1.0000

x \ λ	5.5	6	6.5	7	7.5	8	8.5	9	9.5
0	0.0041	0.0025	0.0015	0.0009	0.0006	0.0003	0.0002	0.0001	0.0001
1	0.0266	0.0174	0.0113	0.0073	0.0047	0.0030	0.0019	0.0012	0.0008
2	0.0884	0.0620	0.0430	0.0296	0.0203	0.0138	0.0093	0.0062	0.0042
3	0.2017	0.1512	0.1118	0.0818	0.0592	0.0424	0.0301	0.0212	0.0149
4	0.3575	0.2851	0.2237	0.1730	0.1321	0.0996	0.0744	0.0550	0.0403
5	0.5289	0.4457	0.3690	0.3007	0.2414	0.1912	0.1496	0.1157	0.0885
6	0.6860	0.6063	0.5265	0.4497	0.3782	0.3134	0.2562	0.2068	0.1650
7	0.8095	0.7440	0.6727	0.5987	0.5246	0.4530	0.3856	0.3239	0.2687
8	0.8944	0.8472	0.7916	0.7291	0.6620	0.5926	0.5231	0.4557	0.3918

续表

x \ λ	5.5	6	6.5	7	7.5	8	8.5	9	9.5
9	0.9462	0.9161	0.8774	0.8305	0.7764	0.7166	0.6530	0.5874	0.5218
10	0.9748	0.9574	0.9332	0.9015	0.8622	0.8159	0.7634	0.7060	0.6453
11	0.9890	0.9799	0.9661	0.9466	0.9208	0.8881	0.8487	0.8030	0.7520
12	0.9956	0.9912	0.9840	0.9730	0.9573	0.9362	0.9091	0.8758	0.8364
13	0.9983	0.9964	0.9929	0.9872	0.9784	0.9658	0.9486	0.9262	0.8981
14	0.9994	0.9986	0.9970	0.9943	0.9897	0.9828	0.9726	0.9586	0.9400
15	0.9998	0.9995	0.9988	0.9976	0.9954	0.9918	0.9862	0.9780	0.9665
16	0.9999	0.9998	0.9996	0.9990	0.9980	0.9963	0.9934	0.9889	0.9823
17	1.0000	0.9999	0.9998	0.9996	0.9992	0.9984	0.9970	0.9947	0.9911
18		1.0000	0.9999	0.9999	0.9997	0.9994	0.9987	0.9976	0.9957
19			1.0000	1.0000	0.9999	0.9998	0.9995	0.9990	0.9980
20					1.000 00	0.9999	0.9998	0.9996	0.9991
21						1.0000	1.0000	1.0000	1.0000

x \ λ	10.0	11.0	12.0	13.0	14.0	15.0	16.0	17.0	18.0
0	0.0001	0.0000	0.0000						
1	0.0005	0.0002	0.0001	0.0000	0.0000				
2	0.0028	0.0012	0.0005	0.0002	0.0010	0.0000	0.0000		
3	0.0103	0.0049	0.0023	0.0010	0.0005	0.0002	0.0001	0.0000	0.0000
4	0.0293	0.0151	0.0076	0.0037	0.0018	0.0009	0.0004	0.0002	0.0001
5	0.0671	0.0375	0.0203	0.0107	0.0055	0.0028	0.0014	0.0007	0.0003
6	0.1302	0.0786	0.0458	0.0259	0.0142	0.0076	0.0040	0.0021	0.0010
7	0.2202	0.1432	0.0895	0.0540	0.0316	0.0180	0.0100	0.0054	0.0029
8	0.3328	0.2320	0.1150	0.0998	0.0621	0.0374	0.0220	0.0126	0.0071
9	0.4579	0.3405	0.2424	0.1658	0.1094	0.0699	0.0433	0.261	0.0154
10	0.5831	0.4599	0.3472	0.2517	0.1757	0.1185	0.0774	0.0491	0.0304
11	0.6968	0.5793	0.4616	0.3532	0.2600	0.1848	0.1270	0.0847	0.0549
12	0.7916	0.6887	0.5760	0.4631	0.3585	0.2676	0.1931	0.1350	0.0917

续表

x \ λ	10.0	11.0	12.0	13.0	14.0	15.0	16.0	17.0	18.0
13	0.8645	0.7813	0.6815	0.5730	0.4644	0.3632	0.2745	0.2009	0.1426
14	0.9166	0.8540	0.7720	0.6751	0.5704	0.4657	0.3675	0.2808	0.2081
15	0.9513	0.9074	0.84444	0.7636	0.6694	0.5681	0.4667	0.3715	0.2867
16	0.9730	0.9441	0.8987	0.8355	0.7559	0.6641	0.5660	0.4677	0.3750
17	0.9857	0.9678	0.9370	0.8905	0.8272	0.7489	0.6593	0.5640	0.4686
18	0.9928	0.9823	0.9626	0.9302	0.8826	0.8195	0.7423	0.6550	0.5622
19	0.9965	0.9907	0.9787	0.9573	0.9235	0.8752	0.8122	0.7363	0.6509
20	0.99844	0.9953	0.9884	0.9750	0.9521	0.9170	0.8682	0.8055	0.7307
21	0.9993	0.9977	0.9939	0.9859	0.9712	0.9469	0.9108	0.8615	0.7991
22	0.9997	0.9990	0.9970	0.9924	0.9833	0.9673	0.9418	0.9047	0.8551
23	0.9999	0.9995	0.9985	0.9960	0.9907	0.9805	0.9633	0.9367	0.8989
24	1.0000	0.9998	0.9993	0.9980	0.9950	0.9888	0.9777	0.9594	0.9317
25		0.9999	0.9997	0.9990	0.9974	0.9938	0.9869	0.9748	0.9554
26		1.0000	0.9999	0.9995	0.9987	0.9967	0.9925	0.9848	0.9718
27			0.9999	0.9998	0.9994	0.9983	0.9959	0.9912	0.9827
28			1.0000	0.9999	0.9997	0.9991	0.9978	0.9950	0.9897
29				1.0000	0.9999	0.9996	0.9989	0.9973	0.9941
30					0.9999	0.9998	0.9994	0.9986	0.9967
31					1.0000	0.9999	0.9997	0.9993	0.9982
32						1.0000	0.9999	0.9996	0.9990
33							0.9999	0.9998	0.9995
34							1.0000	0.9999	0.9998
35								1.0000	0.9999
36									0.9999
37									1.0000

附录 C　标准正态分布表

$$\Phi(x)=P\{X\leqslant x\}=\int_{-\infty}^{x}\frac{1}{\sqrt{2\pi}}\mathrm{e}^{-\frac{t^2}{2}}\mathrm{d}t$$

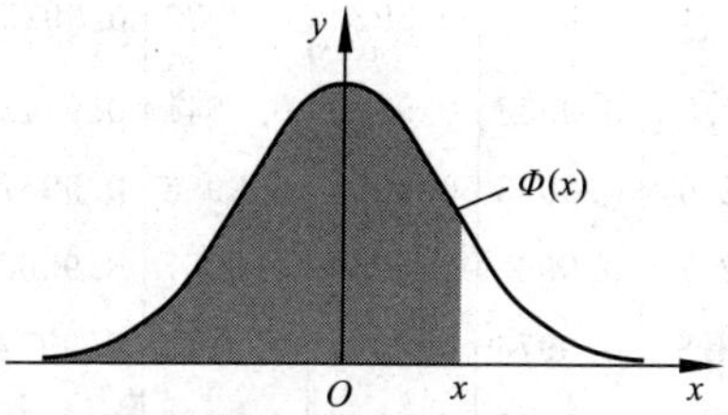

x	0.00	0.01	0.02	0.03	0.04	0.05	0.06	0.07	0.08	0.09
0.0	0.5000	0.5040	0.5080	0.5120	0.5160	0.5199	0.5239	0.5279	0.5319	0.5359
0.1	0.5398	0.5438	0.5478	0.5517	0.5557	0.5596	0.5636	0.5675	0.5714	0.5753
0.2	0.5793	0.5832	0.5871	0.5910	0.5948	0.5987	0.6026	0.6064	0.6103	0.6141
0.3	0.6179	0.6217	0.6255	0.6293	0.6331	0.6368	0.6406	0.6443	0.6480	0.6517
0.4	0.6554	0.6591	0.6628	0.6664	0.6700	0.6736	0.6772	0.6808	0.6844	0.6879
0.5	0.6915	0.6950	0.6985	0.7019	0.7054	0.7088	0.7123	0.7157	0.7190	0.7224
0.6	0.7257	0.7291	0.7324	0.7357	0.7389	0.7422	0.7454	0.7486	0.7517	0.7549
0.7	0.7580	0.7611	0.7642	0.7673	0.7703	0.7734	0.7764	0.7794	0.7823	0.7582
0.8	0.7881	0.7910	0.7939	0.7967	0.7995	0.8023	0.8051	0.8078	0.8106	0.8133
0.9	0.8159	0.8186	0.8212	0.8238	0.8264	0.8289	0.8315	0.8340	0.8365	0.8389
1.0	0.8413	0.8438	0.8461	0.8485	0.8508	0.8531	0.8554	0.8577	0.8599	0.8621
1.1	0.8643	0.8665	0.8686	0.8708	0.8729	0.8749	0.8770	0.8790	0.8810	0.8830
1.2	0.8849	0.8869	0.8888	0.8907	0.8925	0.8944	0.8962	0.8980	0.8997	0.9015
1.3	0.9032	0.9049	0.9066	0.9082	0.9099	0.9115	0.9131	0.9147	0.9162	0.9177
1.4	0.9192	0.9207	0.9222	0.9236	0.9251	0.9265	0.9278	0.9292	0.9306	0.9319
1.5	0.9332	0.9345	0.9357	0.9370	0.9382	0.9394	0.9406	0.9418	0.9430	0.9441
1.6	0.9452	0.9463	0.9474	0.9484	0.9495	0.9505	0.9515	0.9525	0.9535	0.9545
1.7	0.9554	0.9564	0.9573	0.9582	0.9591	0.9599	0.9608	0.9616	0.9625	0.9633
1.8	0.9641	0.9648	0.9656	0.9664	0.9671	0.9678	0.9686	0.9693	0.9700	0.9706
1.9	0.9713	0.9719	0.9726	0.9732	0.9738	0.9744	0.9750	0.9756	0.9762	0.9767

续表

x	0.00	0.01	0.02	0.03	0.04	0.05	0.06	0.07	0.08	0.09
2.0	0.9772	0.9778	0.9783	0.9788	0.9793	0.9798	0.9803	0.9808	0.9812	0.9817
2.1	0.9821	0.9826	0.9830	0.9834	0.9838	0.9842	0.9846	0.9850	0.9854	0.9857
2.2	0.9861	0.9864	0.9868	0.9871	0.9874	0.9878	0.9881	0.9884	0.9887	0.9890
2.3	0.9893	0.9896	0.9898	0.9901	0.9904	0.9906	0.9909	0.9911	0.9913	0.9916
2.4	0.9918	0.9920	0.9922	0.9925	0.9927	0.9929	0.9931	0.9932	0.9934	0.9936
2.5	0.9938	0.9940	0.9941	0.9943	0.9945	0.9946	0.9948	0.9949	0.9951	0.9952
2.6	0.9953	0.9955	0.9956	0.9957	0.9959	0.9960	0.9961	0.9962	0.9963	0.9964
2.7	0.9965	0.9966	0.9967	0.9968	0.9969	0.9970	0.9971	0.9972	0.9973	0.9974
2.8	0.9974	0.9975	0.9976	0.9977	0.9977	0.9978	0.9979	0.9979	0.9980	0.9981
2.9	0.9981	0.9982	0.9982	0.9983	0.9984	0.9984	0.9985	0.9985	0.9986	0.9986
3.0	0.9987	0.9990	0.9993	0.9995	0.9997	0.9998	0.9998	0.9999	0.9999	1.0000

附录 D　常用拉普拉斯变换表

序号	$f(t)$	$F(s)$
1	$\delta(t)$	1
2	$u(t)$	$\dfrac{1}{s}$
3	e^{at}	$\dfrac{1}{s-a}$
4	$t^m \quad (m>-1)$	$\dfrac{\Gamma(m+1)}{s^{m+1}}$
5	$t^m e^{at} \quad (m>-1)$	$\dfrac{\Gamma(m+1)}{(s-a)^{m+1}}$
6	$\sin at$	$\dfrac{a}{s^2+a^2}$
7	$\cos at$	$\dfrac{s}{s^2+a^2}$
8	$\mathrm{sh}\, at$	$\dfrac{a}{s^2-a^2}$
9	$\mathrm{ch}\, at$	$\dfrac{s}{s^2-a^2}$
10	$t\sin at$	$\dfrac{2as}{(s^2+a^2)^2}$
11	$t\cos at$	$\dfrac{s^2-a^2}{(s^2+a^2)^2}$
12	$t^m \sin at \quad (m>-1)$	$\dfrac{\Gamma(m+1)}{2i(s^2+a^2)^{m+1}}[(s+ai)^{m+1}-(s-ai)^{m+1}]$
13	$t^m \cos at \quad (m>-1)$	$\dfrac{\Gamma(m+1)}{2(s^2+a^2)^{m+1}}[(s+ai)^{m+1}+(s-ai)^{m+1}]$
14	$e^{-bt}\sin at$	$\dfrac{a}{(s+b)^2+a^2}$
15	$e^{-bt}\cos at$	$\dfrac{s+b}{(s+b)^2+a^2}$
16	$\sin^2 t$	$\dfrac{1}{2}\left(\dfrac{1}{s}-\dfrac{s}{s^2+4}\right)$
17	$\cos^2 t$	$\dfrac{1}{2}\left(\dfrac{1}{s}+\dfrac{s}{s^2+4}\right)$

续表

序号	$f(t)$	$F(s)$
18	$\sin at\sin bt$	$\dfrac{2abs}{[s^2+(a+b)^2][s^2+(a-b)^2]}$
19	$e^{at}-e^{bt}$	$\dfrac{a-b}{(s-a)(s-b)}$
20	$\cos at-\cos bt$	$\dfrac{(b^2-a^2)s}{(s^2+a^2)(s^2+b^2)}$
21	$\dfrac{1}{a^2}(1-\cos at)$	$\dfrac{1}{s(s^2+a^2)}$
22	$\dfrac{1}{a^3}(at-\sin at)$	$\dfrac{1}{s^2(s^2+a^2)}$
23	$\dfrac{1}{a^4}(\cos at-1)+\dfrac{1}{2a^2}t^2$	$\dfrac{1}{s^3(s^2+a^2)}$
24	$\dfrac{1}{2a^3}(\sin at-at\cos at)$	$\dfrac{1}{(s^2+a^2)^2}$
25	$\dfrac{1}{a^4}(1-\cos at)-\dfrac{1}{2a^3}t\sin at$	$\dfrac{1}{s(s^2+a^2)^2}$
26	$(1-at)e^{-at}$	$\dfrac{s}{(s+a)^2}$
27	$t\left(1-\dfrac{a}{2}t\right)e^{-at}$	$\dfrac{s}{(s+a)^3}$
28	$\dfrac{1}{a}(1-e^{-at})$	$\dfrac{1}{s(s+a)}$
29	$\dfrac{1}{\sqrt{\pi t}}$	$\dfrac{1}{\sqrt{s}}$
30	$2\sqrt{\dfrac{t}{\pi}}$	$\dfrac{1}{s\sqrt{s}}$

习题参考答案

习题 1

1. (1) 1； (2) 5； (3) $ab(b-a)$.

2. (1) -48； (2) 9； (3) $(y-x)(z-x)(z-y)$.

3. $x=0$ 或 $x=2$.

4. 2 的代数余子式 $A_{31}=0$，-2 的代数余子式 $A_{32}=29$.

5. $a_{23}=-1$ 的代数余子式为$(-1)^{2+3}\begin{vmatrix}5 & -3 & 1\\1 & 0 & 7\\0 & 3 & 2\end{vmatrix}=96$；

$a_{33}=4$ 的代数余子式为$(-1)^{3+3}\begin{vmatrix}5 & -3 & 1\\0 & -2 & 0\\0 & 3 & 2\end{vmatrix}=-20$.

6. $D=-1\times5+2\times(-3)+0\times(-7)+1\times(-4)=-15$.

7. $a+b+d$.

8. (1) 6 123 000； (2) 2 000； (3) $4abcdef$； (4) $abcd+ad+cd+ad+1$； (5)0； (6) 8.

9. 略

10. (1) -270； (2) 160； (3) 6.

11. 12.

12. (1) 0； (2) 0； (3) -74.

13. $\begin{cases}x=3\\y=-1\end{cases}$； (2) $\begin{cases}x=-a\\y=b\\z=c\end{cases}$； (3) $\begin{cases}x_1=1\\x_2=2\\x_3=3\\x_4=-1\end{cases}$.

14. 当 a,b,c 满足两两不相等时，方程组有唯一解，唯一解为$\begin{cases}x=a\\y=b\\z=c\end{cases}$.

15. 当 $\mu=0$ 或问 $\lambda=1$ 时，齐次线性方程组有唯一解.

16. $\lambda=1$ 时，齐次线性方程组有非零解.

17. $k=1$ 或 $k=3$ 或 $k=5$ 时，齐次线性方程组有非零解.

习题 2

1\.

	石头	剪刀	布
石头	0	1	−1
剪刀	−1	0	1
布	1	−1	0

2\. (1) $\begin{pmatrix} 7 & 12 \\ 11 & 7 \\ 3 & 2 \end{pmatrix}$；(2) $\begin{pmatrix} 0 & 0 & 0 \\ 0 & 0 & 0 \\ 0 & 0 & 0 \end{pmatrix}$；

(3) $a_{11}x_1^2+a_{22}x_2^2+a_{33}x_3^2+2a_{12}x_1x_2+2a_{13}x_1x_3+2a_{23}x_2x_3$.

3\. (1) $3\boldsymbol{A}-\boldsymbol{B}=\begin{pmatrix} -1 & 3 & 1 & 5 \\ 8 & 2 & 8 & 2 \\ 3 & 7 & 9 & 13 \end{pmatrix}$；(2) $2\boldsymbol{A}+3\boldsymbol{B}=\begin{pmatrix} 14 & 13 & 8 & 7 \\ -2 & 5 & -2 & 5 \\ 2 & 1 & 6 & 5 \end{pmatrix}$；

(3) $\boldsymbol{X}=\frac{1}{2}(\boldsymbol{B}-\boldsymbol{A})=\begin{pmatrix} \frac{3}{2} & \frac{1}{2} & \frac{1}{2} & -\frac{1}{2} \\ -2 & 0 & -2 & 0 \\ -\frac{1}{2} & -\frac{3}{2} & -\frac{3}{2} & -\frac{5}{2} \end{pmatrix}$.

4\. $\boldsymbol{A}^{\mathrm{T}}=\begin{pmatrix} 1 & 2 & 1 \\ 2 & 1 & 2 \\ 1 & 2 & 3 \\ 2 & 1 & 4 \end{pmatrix}$，$\boldsymbol{B}^{\mathrm{T}}=\begin{pmatrix} 4 & -2 & 0 \\ 3 & 1 & -1 \\ 2 & -2 & 0 \\ 1 & 1 & -1 \end{pmatrix}$，

$(\boldsymbol{A}+\boldsymbol{B})^{\mathrm{T}}=\begin{pmatrix} 5 & 0 & 1 \\ 5 & 2 & 1 \\ 3 & 0 & 3 \\ 3 & 2 & 3 \end{pmatrix}$，$(2\boldsymbol{B})^{\mathrm{T}}=\begin{pmatrix} 8 & -4 & 0 \\ 6 & 2 & -2 \\ 4 & -4 & 0 \\ 2 & 2 & -2 \end{pmatrix}$.

5\. (1) $\boldsymbol{A}^n=\begin{pmatrix} 3 & -12 & 18 \\ 2 & -8 & 12 \\ 1 & -4 & 6 \end{pmatrix}$；(2) $\boldsymbol{A}^n=\begin{pmatrix} a^n & 0 & 0 \\ 0 & b^n & 0 \\ 0 & 0 & c^n \end{pmatrix}$；

(3) $\boldsymbol{B}^n=\begin{pmatrix} \lambda^n & n\lambda^{n-1} & \frac{n(n-1)}{2}\lambda^{n-2} \\ 0 & \lambda^n & n\lambda^{n-1} \\ 0 & 0 & \lambda^n \end{pmatrix}$.

6\. 略.

7\. 略.

8\. $|-m\boldsymbol{A}|=-m^4$.

9\. (1) $\begin{pmatrix} 5 & -2 \\ -2 & 1 \end{pmatrix}$；(2) $\begin{pmatrix} -2 & 1 & 0 \\ -\frac{13}{2} & 3 & -\frac{1}{2} \\ -16 & 7 & -1 \end{pmatrix}$；

(3) $\begin{pmatrix}1 & -2 & 1 & 0\\ 0 & 1 & -2 & 1\\ 0 & 0 & 1 & -2\\ 0 & 0 & 0 & 1\end{pmatrix}$.

10. (1) $\boldsymbol{X}=\begin{pmatrix}2 & 5\\ 1 & 3\end{pmatrix}^{-1}\begin{pmatrix}4 & -6\\ 2 & 1\end{pmatrix}=\begin{pmatrix}2 & -23\\ 0 & 8\end{pmatrix}$;

(2) $\boldsymbol{X}=\begin{pmatrix}3 & 2\\ 1 & 4\end{pmatrix}\begin{pmatrix}1 & 2\\ 2 & 5\end{pmatrix}^{-1}=\begin{pmatrix}11 & -4\\ -3 & 2\end{pmatrix}$;

(3) $\mathrm{X}=\begin{pmatrix}1 & 4\\ -1 & 2\end{pmatrix}^{-1}\begin{pmatrix}3 & 1\\ 0 & -1\end{pmatrix}\begin{pmatrix}2 & 0\\ -1 & 1\end{pmatrix}^{-1}=\begin{pmatrix}1 & 1\\ \frac{1}{4} & 0\end{pmatrix}$.

11. $\boldsymbol{B}=\begin{pmatrix}0 & 3 & 3\\ -1 & 2 & 3\\ 1 & 1 & 0\end{pmatrix}$.

12. (1) $|3\boldsymbol{A}^{-1}|=9$; (2) $|\boldsymbol{A}^*|=9$; (3) $|3\boldsymbol{A}^*-7\boldsymbol{A}^{-1}|=\frac{8}{3}$.

13. (1) $\boldsymbol{A}^{-1}=\frac{2\boldsymbol{A}+\boldsymbol{E}}{3}$; (2) $(3\boldsymbol{E}-\boldsymbol{A})^{-1}=\frac{2\boldsymbol{A}+\boldsymbol{E}}{18}$.

14. 略.

15. 略.

16. $\boldsymbol{A}^{11}=\frac{1}{3}\begin{pmatrix}1+2^{13} & 4+2^{13}\\ -1-2^{11} & 4-2^{11}\end{pmatrix}$.

17. (1) 略; (2) 略.

18. (1) $\begin{pmatrix}-3 & 2 & 0 & 0\\ -5 & 3 & 0 & 0\\ 0 & 0 & -1 & 4\\ 0 & 0 & 1 & -3\end{pmatrix}$; (2) $\begin{pmatrix}0 & 0 & \frac{1}{2}\\ 3 & -2 & 0\\ -1 & 1 & 0\end{pmatrix}$.

19. (1) $\begin{pmatrix}3 & 0 & -2\\ 5 & -1 & -2\\ 0 & 3 & 2\end{pmatrix}$; (2) $\begin{pmatrix}a & 0 & ac & 0\\ 0 & a & 0 & ac\\ 1 & 0 & c+bd & 0\\ 0 & 1 & 0 & c+bd\end{pmatrix}$

习题 3

1. (1) $\begin{pmatrix}1 & 0 & 0 & 0\\ 0 & 0 & 1 & 0\\ 0 & 0 & 0 & 1\end{pmatrix}$; (2) $\begin{pmatrix}0 & 1 & 0 & 5\\ 0 & 0 & 1 & 3\\ 0 & 0 & 0 & 0\end{pmatrix}$; (3) $\begin{pmatrix}1 & -1 & 0 & 2 & -3\\ 0 & 0 & 1 & -2 & 2\\ 0 & 0 & 0 & 0 & 0\\ 0 & 0 & 0 & 0 & 0\end{pmatrix}$.

2. (1) $\begin{pmatrix}1 & 0 & 0\\ 0 & 1 & 0\\ 0 & 0 & 0\end{pmatrix}$; (2) $\begin{pmatrix}1 & 0 & 0\\ 0 & 1 & 0\\ 0 & 0 & 1\end{pmatrix}$; (3) $\begin{pmatrix}1 & 0 & 0 & 0 & 0\\ 0 & 1 & 0 & 0 & 0\\ 0 & 0 & 0 & 0 & 0\\ 0 & 0 & 0 & 0 & 0\end{pmatrix}$.

3. $\boldsymbol{P}_1=\begin{pmatrix}0&1&0\\1&0&0\\0&0&1\end{pmatrix}$， $\boldsymbol{P}_2=\begin{pmatrix}1&0&0\\0&1&0\\0&1&1\end{pmatrix}$.

4. $\boldsymbol{A}^{-1}$的第 i 列与第 j 列对换变为 $\boldsymbol{B}^{-1}$.

5. (1) $\begin{pmatrix}1&0&0\\-\frac{2}{3}&\frac{1}{3}&0\\-\frac{1}{9}&-\frac{5}{18}&\frac{1}{6}\end{pmatrix}$； (2) $\begin{pmatrix}1&-1&0\\0&1&-1\\0&0&1\end{pmatrix}$； (3) $\begin{pmatrix}\frac{1}{2}&0&-\frac{1}{2}\\-\frac{1}{2}&1&\frac{1}{2}\\\frac{3}{2}&-2&-\frac{1}{2}\end{pmatrix}$.

6. (1) $\begin{pmatrix}\frac{7}{6}&\frac{2}{3}&-\frac{3}{2}\\-1&-1&2\\-\frac{1}{2}&0&\frac{1}{2}\end{pmatrix}$； (2) $\begin{pmatrix}1&1&-2&-4\\0&1&0&-1\\-1&-1&3&6\\2&1&-6&-10\end{pmatrix}$.

7. (1) $\boldsymbol{X}=\boldsymbol{A}^{-1}\boldsymbol{B}=\begin{pmatrix}10&2\\-15&-3\\12&4\end{pmatrix}$； (2) $\boldsymbol{X}=\boldsymbol{B}\boldsymbol{A}^{-1}=\begin{pmatrix}2&-1&-1\\-4&7&4\end{pmatrix}$.

8. $\boldsymbol{X}=(\boldsymbol{A}-2\boldsymbol{E})^{-1}\boldsymbol{A}=\begin{pmatrix}0&1&-1\\-1&0&1\\1&-1&0\end{pmatrix}$.

9. $\begin{pmatrix}1&0&1&0&0\\1&-1&0&0&0\\0&0&0&1&0\\0&0&0&0&1\\0&0&0&0&0\end{pmatrix}$

10. (1) 秩为 2，最高阶非零子式为：$\begin{vmatrix}3&1\\1&-1\end{vmatrix}=-4$；

(2) 秩为 2，最高阶非零子式为：$\begin{vmatrix}3&2\\2&-1\end{vmatrix}=-7$；

(3) 秩为 3，最高阶非零子式为：$\begin{vmatrix}0&7&-5\\5&8&0\\3&2&0\end{vmatrix}=70$.

11. 当 $\lambda=1$ 时，$R(\boldsymbol{A})=2$；当 $\lambda\neq1$ 时，$R(\boldsymbol{A})=4$.

12. (1) 当 $k=1$ 时，$R(\boldsymbol{A})=1$； (2) 当 $k=-2$ 时，$R(\boldsymbol{A})=2$； (3) 当 $k\neq1$ 且 $k\neq-2$ 时，$R(\boldsymbol{A})=3$.

13. (1) 2； (2) $t=5$.

14. 略.

15. 当 $\lambda\neq0$，且 $\lambda\neq-3$ 时，$R(\boldsymbol{A})=3$，方程组有唯一解；

当 $\lambda=0$ 时，$R(\boldsymbol{A})\neq R(\boldsymbol{A},\boldsymbol{b})$，方程组无解；

当 $\lambda=-3$ 时，$R(\boldsymbol{A})=R(\boldsymbol{A},\boldsymbol{b})=2$，有无穷多个解，其通解为 $x=k(1,1,1)^{\mathrm{T}}+(-1,-2,0)^{\mathrm{T}}$.

16. (1) 当 $\lambda\neq1$，且 $\lambda\neq-2$ 时，$R(\boldsymbol{A})=3$，方程组有唯一解；

(2) 当 $\lambda=-2$ 时，$R(\boldsymbol{A})\neq R(\boldsymbol{A},\boldsymbol{b})$，方程组无解；

(3) 当 $\lambda=1$ 时，$R(\boldsymbol{A})=R(\boldsymbol{A},\boldsymbol{b})=2$，方程组有无穷多个解.

17. (1) $\begin{pmatrix}x_1\\x_2\\x_3\\x_4\end{pmatrix}=k\begin{pmatrix}\frac{4}{3}\\-3\\\frac{4}{3}\\1\end{pmatrix}$； (2) $\begin{pmatrix}x_1\\x_2\\x_3\\x_4\end{pmatrix}=k_1\begin{pmatrix}-2\\1\\0\\0\end{pmatrix}+k_2\begin{pmatrix}1\\0\\0\\1\end{pmatrix}$； (3) $\begin{cases}x_1=0\\x_2=0\\x_3=0\\x_4=0\end{cases}$；

(4) $\begin{pmatrix}x_1\\x_2\\x_3\\x_4\end{pmatrix}=k_1\begin{pmatrix}\frac{3}{17}\\\frac{19}{17}\\1\\0\end{pmatrix}+k_2\begin{pmatrix}-\frac{13}{17}\\-\frac{20}{17}\\0\\1\end{pmatrix}$.

18. (1) $R(\boldsymbol{A})=2$ 而 $R(\boldsymbol{B})=3$，故方程组无解；

(2) $\begin{pmatrix}x\\y\\z\end{pmatrix}=k\begin{pmatrix}-2\\1\\1\end{pmatrix}+\begin{pmatrix}-1\\2\\0\end{pmatrix}$； (3) $\begin{pmatrix}x\\y\\z\\w\end{pmatrix}=k_1\begin{pmatrix}-\frac{1}{2}\\1\\0\\0\end{pmatrix}+k_2\begin{pmatrix}\frac{1}{2}\\0\\1\\0\end{pmatrix}+\begin{pmatrix}\frac{1}{2}\\0\\0\\0\end{pmatrix}$；

(4) $\begin{pmatrix}x\\y\\z\\w\end{pmatrix}=k_1\begin{pmatrix}\frac{1}{7}\\\frac{5}{7}\\1\\0\end{pmatrix}+k_2\begin{pmatrix}-\frac{1}{7}\\-\frac{9}{7}\\0\\1\end{pmatrix}+\begin{pmatrix}\frac{6}{7}\\-\frac{5}{7}\\0\\0\end{pmatrix}$.

19. $\begin{cases}x_1-2x_3+2x_4=0\\x_2+3x_3-4x_4=0\end{cases}$.

习题 4

1. $(1,0,-1)^{\mathrm{T}},(0,1,2)^{\mathrm{T}}$ 2. $(1,2,3,4)^{\mathrm{T}}$. 3. (1) $\frac{1}{3}(0,1,-2)^{\mathrm{T}}$； (2) $(3,-1,4)^{\mathrm{T}}$.

4. (1) 线性相关； (2) 线性无关.

5. (1) $\boldsymbol{\beta}$ 可由向量组 $\boldsymbol{\alpha}_1,\boldsymbol{\alpha}_2,\boldsymbol{\alpha}_3,\boldsymbol{\alpha}_4$ 线性表示，且表达式为 $\boldsymbol{\beta}=\frac{1}{4}(5\boldsymbol{\alpha}_1+\boldsymbol{\alpha}_2-\boldsymbol{\alpha}_3-\boldsymbol{\alpha}_4)$；

(2) $\boldsymbol{\beta}$ 可由向量组 $\boldsymbol{\alpha}_1,\boldsymbol{\alpha}_2,\boldsymbol{\alpha}_3,\boldsymbol{\alpha}_4$ 线性表示，且表达式为 $\boldsymbol{\beta}=-\boldsymbol{\alpha}_1+\boldsymbol{\alpha}_2+2\boldsymbol{\alpha}_3-2\boldsymbol{\alpha}_4$.

6. (1) 向量组所含向量个数大于向量的维数，所以该向量组线性相关；

(2) $\boldsymbol{\alpha}_1,\boldsymbol{\alpha}_2$ 对应的分量成比例，则 $\boldsymbol{\alpha}_1,\boldsymbol{\alpha}_2$ 线性相关，所以该向量组线性相关；

(3) 因为 $R(\boldsymbol{\alpha}_1,\boldsymbol{\alpha}_2,\boldsymbol{\alpha}_3)=3$，所以该向量组线性无关；

(4) 因为 $R(\boldsymbol{\alpha}_1,\boldsymbol{\alpha}_2,\boldsymbol{\alpha}_3,\boldsymbol{\alpha}_4)=3<4$，所以该向量组线性相关.

7. $t=5$ 或 $t=-2$.

8. 略.

9. $R(\boldsymbol{\alpha}_1,\boldsymbol{\alpha}_2,\boldsymbol{\alpha}_3)=2$，$\boldsymbol{\alpha}_1,\boldsymbol{\alpha}_2$ 是一个最大线性无关组.

10. (1) 第1、2、3列构成一个最大线性无关组；

(2) 第1、2、3列构成一个最大线性无关组.

11. $a=2, b=5$.

12. 该向量组的秩为3，$\boldsymbol{\alpha}_1,\boldsymbol{\alpha}_2,\boldsymbol{\alpha}_3$ 是该向量组的一个最大线性无关组，并且 $\boldsymbol{\alpha}_4=\boldsymbol{\alpha}_2+\boldsymbol{\alpha}_3$.

13. (1) $\boldsymbol{\xi}_1=\begin{pmatrix}-4\\0\\1\\-3\end{pmatrix},\boldsymbol{\xi}_2=\begin{pmatrix}0\\1\\0\\4\end{pmatrix}$； (2) $\boldsymbol{\xi}_1=\begin{pmatrix}0\\0\\1\\2\end{pmatrix},\boldsymbol{\xi}_2=\begin{pmatrix}1\\7\\0\\19\end{pmatrix}$；

(3) $\boldsymbol{\xi}_1=\begin{pmatrix}1\\0\\\vdots\\0\\-n\end{pmatrix},\boldsymbol{\xi}_2=\begin{pmatrix}0\\1\\\vdots\\0\\-n+1\end{pmatrix},\cdots,\boldsymbol{\xi}_{n-1}=\begin{pmatrix}0\\0\\\vdots\\1\\-2\end{pmatrix}$.

14. $\begin{cases}2x_1-3x_2+x_4=0\\x_1-3x_3+2x_4=0\end{cases}$.

15. $\boldsymbol{x}=k\begin{pmatrix}3\\4\\5\\6\end{pmatrix}+\begin{pmatrix}2\\3\\4\\5\end{pmatrix}\quad(k\in\mathbf{R})$.

16. (1) 非齐次线性方程组的一个解为 $\boldsymbol{\eta}=\begin{pmatrix}-8\\13\\0\\2\end{pmatrix}$，对应的齐次线性方程组的基础解系

$\boldsymbol{\xi}=\begin{pmatrix}-1\\1\\1\\0\end{pmatrix}$，非齐次线性方程组通解为 $\boldsymbol{x}=k\boldsymbol{\xi}+\boldsymbol{\eta}=k\begin{pmatrix}-1\\1\\1\\0\end{pmatrix}+\begin{pmatrix}-8\\13\\0\\2\end{pmatrix}\quad(k\in\mathbf{R})$.

(2) 非齐次线性方程组的一个解为 $\boldsymbol{\eta}=\begin{pmatrix}1\\-2\\0\\0\end{pmatrix}$，对应的齐次线性方程组的基础解系 $\boldsymbol{\xi}_1=\begin{pmatrix}-9\\1\\7\\0\end{pmatrix}$，

$\boldsymbol{\xi}_2=\begin{pmatrix}1\\-1\\0\\2\end{pmatrix}$，非齐次线性方程组通解为 $\boldsymbol{x}=k_1\begin{pmatrix}-9\\1\\7\\0\end{pmatrix}+k_2\begin{pmatrix}1\\-1\\0\\2\end{pmatrix}+\begin{pmatrix}1\\-2\\0\\0\end{pmatrix}\quad(k_1,k_2\in\mathbf{R})$.

17. 略.

习题 5

1. 特征值为2和4，对应的全部特征向量分别为 $k_1(1,1)^{\mathrm{T}}$，$k_2(1,-1)^{\mathrm{T}}$，其中常数 $k_1\neq0$，

$k_2 \neq 0$.

2. 特征值为 $\lambda_1=-1, \lambda_2=\lambda_3=2$(二重根)，$\lambda_1=-1$ 对应的全部特征向量为 $k_1(1,0,1)^T$，$\lambda_2=\lambda_3=2$ 对应的全部特征向量为 $k_2(0,1,-1)^T+k_3(1,0,4)^T$，其中常数 $k_1\neq 0, k_2\neq 0, k_3\neq 0$.

3. (1) 特征值分别为 2 和 3，对应的全部特征向量分别为 $k_1(-1,1)^T, k_2(-1/2,1)^T$，不正交；

(2) 特征值分别为 $0,-1$ 和 9，对应的全部特征向量分别为 $k_1(-1,-1,1)^T, k_2(-1,1,0)^T, k_3(1/2,1/2,1)^T$，正交.

4. $a=-3, b=0$.

5. $x=4, y=5$.

6. $\boldsymbol{A}=\frac{1}{3}\begin{pmatrix}-1 & 0 & 2\\ 0 & 1 & 2\\ 2 & 2 & 0\end{pmatrix}$.

7. $\boldsymbol{A}^n=\begin{pmatrix}3+(-2)^{n+1} & -2-(-2)^n\\ 3-3(-2)^n & -2+3(-2)^n\end{pmatrix}$.

8. (1) 可以对角化，相似变化矩阵为 $\begin{pmatrix}1 & 1 & 1\\ 0 & -1 & 2\\ -1 & 1 & 1\end{pmatrix}$； (2) 不能对角化.

9. $\boldsymbol{P}=\begin{pmatrix}1 & 1 & 1\\ 0 & 1 & 2\\ 0 & 0 & 2\end{pmatrix}, \boldsymbol{\Lambda}=\begin{pmatrix}1 & 0 & 0\\ 0 & 2 & 0\\ 0 & 0 & 3\end{pmatrix}$.

10. $a=-1$.

11. 正交阵 $\boldsymbol{P}=\frac{1}{3}\begin{pmatrix}1 & 2 & 2\\ 2 & 1 & -2\\ 2 & -2 & 1\end{pmatrix}, \boldsymbol{P}^{-1}\boldsymbol{A}\boldsymbol{P}=\begin{pmatrix}-2 & 0 & 0\\ 0 & 1 & 0\\ 0 & 0 & 4\end{pmatrix}$.

12. $\boldsymbol{\alpha}_3=\begin{pmatrix}1\\ -1\\ 0\end{pmatrix}$.

13. $\boldsymbol{\alpha}_3=\begin{pmatrix}-1\\ 0\\ 1\end{pmatrix}$.

14. $a=3, \boldsymbol{P}=\begin{pmatrix}1 & 0 & 0\\ 0 & 1/\sqrt{2} & 1/\sqrt{2}\\ 0 & -1/\sqrt{2} & 1/\sqrt{2}\end{pmatrix}, \boldsymbol{P}^{-1}\boldsymbol{A}\boldsymbol{P}=\begin{pmatrix}2 & 0 & 0\\ 0 & 1 & 0\\ 0 & 0 & 5\end{pmatrix}$.

15. $\begin{pmatrix}-1\\ 1\\ 0\\ 0\end{pmatrix}, \begin{pmatrix}-1/2\\ -1/2\\ 1\\ 0\end{pmatrix}, \begin{pmatrix}-1/3\\ -1/3\\ -1/3\\ 1\end{pmatrix}$.

16. $\frac{1}{\sqrt{6}}\begin{pmatrix}1\\ 2\\ -1\end{pmatrix}, \frac{1}{\sqrt{3}}\begin{pmatrix}-1\\ 1\\ 1\end{pmatrix}, \frac{1}{\sqrt{2}}\begin{pmatrix}1\\ 0\\ 1\end{pmatrix}$.

17. $\begin{pmatrix}-2 & -2\\ -2 & -2\end{pmatrix}$.

18. (1) $f=(x,y,z)\begin{pmatrix}1 & 2 & 1\\ 2 & 4 & 2\\ 1 & 2 & 1\end{pmatrix}\begin{pmatrix}x\\ y\\ z\end{pmatrix}$; (2) $f=(x,y,z)\begin{pmatrix}1 & -1 & -2\\ -1 & 1 & -2\\ -2 & -2 & -7\end{pmatrix}\begin{pmatrix}x\\ y\\ z\end{pmatrix}$;

(3) $f=(x_1,x_2,x_3,x_4)\begin{pmatrix}1 & -1 & 2 & -1\\ -1 & 1 & 3 & -2\\ 2 & 3 & 1 & 0\\ -1 & -2 & 0 & 1\end{pmatrix}\begin{pmatrix}x_1\\ x_2\\ x_3\\ x_4\end{pmatrix}$.

19. (1) $4x_1^2+3x_2^2$; (2) $3x_1^2-4x_1x_2+7x_2^2$; (3) $x_1^2+3x_2^2-4x_2x_3+7x_3^2$.

20. $\begin{pmatrix}x_1\\ x_2\\ x_3\end{pmatrix}=\begin{pmatrix}1 & 0 & 0\\ 0 & 1/\sqrt{2} & -1/\sqrt{2}\\ 0 & 1/\sqrt{2} & 1/\sqrt{2}\end{pmatrix}\begin{pmatrix}y_1\\ y_2\\ y_3\end{pmatrix}$,且有 $f=2y_1^2+5y_2^2+y_3^2$.

21. 标准形 $f=2z_1^2-2z_2^2+6z_3^2$,所用变换矩阵为 $\boldsymbol{C}=\begin{pmatrix}1 & 1 & 3\\ 1 & -1 & -1\\ 0 & 0 & 1\end{pmatrix}$($|\boldsymbol{C}|=-2\neq 0$).

22. $\boldsymbol{C}=\begin{pmatrix}1 & 0 & -2\\ 0 & 1 & -\frac{1}{2}\\ 0 & 1 & \frac{1}{2}\end{pmatrix}$,则所求的满秩线性变换为 $\boldsymbol{x}=\boldsymbol{C}\boldsymbol{y}$ 将原二次型化为 $f=y_1^2+4y_2^2-7y_3^2$.

23. $c=3$.

24. 正交变换为 $\begin{pmatrix}x_1\\ x_2\\ x_3\end{pmatrix}=\begin{pmatrix}1/3 & -2/\sqrt{5} & -2/\sqrt{45}\\ 2/3 & 1/\sqrt{5} & -4/\sqrt{45}\\ 2/3 & 0 & 5/\sqrt{45}\end{pmatrix}\begin{pmatrix}y_1\\ y_2\\ y_3\end{pmatrix}$,在此变换下原二次型化为标准形:$f=9y_1^2+18y_2^2+18y_3^2$.

25. 正交变换为 $\begin{pmatrix}x_1\\ x_2\\ x_3\\ x_4\end{pmatrix}=\begin{pmatrix}1/2 & 1/\sqrt{2} & 0 & 1/2\\ -1/2 & 1/\sqrt{2} & 0 & -1/2\\ -1/2 & 0 & 1/\sqrt{2} & 1/2\\ 1/2 & 0 & 1/\sqrt{2} & -1/2\end{pmatrix}\begin{pmatrix}y_1\\ y_2\\ y_3\\ y_4\end{pmatrix}$,在此变换下原二次型化为标准形:$f=-3y_1^2+y_2^2+y_3^2+y_4^2$

26. (1) 负定; (2) 正定.

27. 正定.

28. 标准形 $f=y_1^2+y_2^2$,所用变换矩阵为 $\boldsymbol{C}=\begin{pmatrix}1 & -1 & 1\\ 0 & 1 & -2\\ 0 & 0 & 1\end{pmatrix}$($|\boldsymbol{C}|=1\neq 0$).

习题 6

1. (1) C; (2) A; (3) A; (4) D; (5) C; (6) A; (7) C; (8) B.

2. (1) $\{1,2,3,4,5,6\}$；$\{1,3,5\}$.

(2) $\{0,1,2,\cdots,n,\cdots\}$；$\{0,1\}$.

(3) 0.7.

(4) 0.52；0.12.

(5) $\frac{3}{7}$.　(6) $\frac{54}{105}$.

(7) $\frac{99}{392}$.　(8) $\frac{223}{343}$.

3. (1) ABC；(2) $\overline{A}\,\overline{B}\overline{C}$；(3) $A\overline{B}\overline{C}$；(4) $A\cup B\cup C$；(5) $AB\cup BC\cup AC$；

(6) $A\overline{B}\overline{C}\cup\overline{A}B\overline{C}\cup\overline{A}\,\overline{B}C$.

4. $A=B$ 不成立；

反例：设 $A=\{1,2\}$，$B=\{3\}$，$C=\{1,2,3\}$，则有 $A\cup C=B\cup C$，但 $A\neq B$.

5. $\frac{5^n-4^n}{6^n}$.

6. $\frac{5\times 8\times 8\times 7}{10\times 9\times 8\times 7}=\frac{4}{9}$.

7. $\frac{C_2^1C_6^3C_3^3}{C_8^4C_4^4}=\frac{4}{7}$.

8. $\frac{6\times 5!}{8\times 7\times 6\times 5\times 4}=\frac{3}{28}$.

9. $\frac{2}{9}$.

10. 略.

11. $\frac{\mathbf{A}_9^7}{9^7}$.

12. $\frac{1}{4}$.

13. $\frac{24^2-\frac{1}{2}\times 23^2-\frac{1}{2}\times 22^2}{24^2}=\frac{139}{1152}$.

14. 设 A:"有女孩"，B:"有男孩"，则 $P(B|A)=\frac{P(AB)}{P(A)}=\frac{6/8}{7/8}=\frac{6}{7}$.

15. (1) 0.988；(2) 0.829.

16. 略.

17. 略.

18. $1-0.4^2=0.84$；$1-P\left(\bigcap_{k=1}^{n}\overline{A}_k\right)=1-0.4^n>0.99$，得 $n=6$.

19. $p+2p^2-2p^3-p^4+p^5$.

20. 设 A:"迟到"，B_1:"乘火车"，B_2:"乘汽车"，B_3:"乘飞机"，则 $P(A)=0.4\times 0.1+0.2\times 0.5+0.1\times 0=0.14$.

21. 设 $B_i=\{$第一次取出的 3 个球中有 i 个新球$\}(i=0,1,2,3)$，$A=\{$第二次取出的 3 球均为新球$\}$，则

$$P(A)=\sum_{i=0}^{3}P(A|B_i)P(B_i)=\frac{C_6^3}{C_{15}^3}\times\frac{C_9^3}{C_{15}^3}+\frac{C_9^1C_6^2}{C_{15}^3}\times\frac{C_8^3}{C_{15}^3}+\frac{C_9^2C_6^1}{C_{15}^3}\times\frac{C_7^3}{C_{15}^3}+\frac{C_9^3}{C_{15}^3}\times\frac{C_6^3}{C_{15}^3}$$

$= 0.089.$

22. 设 A:“及格”,B:“努力”,则

$$P(\overline{B}|A)=\frac{P(\overline{B})P(A|\overline{B})}{P(\overline{B})P(A|\overline{B})+P(B)P(A|B)}=\frac{0.2\times0.1}{0.2\times0.1+0.8\times0.9}=\frac{1}{37}.$$

23. 设 A:该客户在一年内出了事故,B_1:该客户是“谨慎的”,B_2:该客户是“一般的”,B_3:该客户是“冒失的”,则

$$P(B_1|A)=\frac{P(B_1A)}{P(A)}=\frac{P(B_1)P(A|B_1)}{P(B_1)P(A|B_1)+P(B_2)P(A|B_2)+P(B_3)P(A|B_3)}$$

$$=0.057.$$

24. (1) $\frac{17}{30}$; (2) $\frac{6}{51}$.

25. (1) 0.9726; (2) 0.029.

习题 7

1. (1) B; (2) C; (3) A; (4) D; (5) C; (6) A; (7) C; (8) C; (9) B; (10) C.

2. 填空题

(1) 2. (2) 6. (3) 0.0081. (4) ln 2. (5) 1,1/2. (6) 11.32. (7) 0.8664. (8) 0.6. (9) 10.

(10)

Y	-3	-1	1	7
p	0.4	0.1	0.2	0.3

Z	3	6	11
p	0.2	0.4	0.4

3.

X	3	4	5
p_k	0.1	0.3	0.6

4. (1)

X	0	1	2
p_k	$\frac{22}{35}$	$\frac{12}{35}$	$\frac{1}{35}$

(2) $F(x)=\begin{cases}0 & 当\ x<0\\ \frac{22}{35} & 当\ 0\leqslant x<1\\ \frac{34}{35} & 当\ 1\leqslant x<2\\ 1 & 当\ x\geqslant2\end{cases}$; (3) $\frac{12}{35}$.

5. $a=\mathrm{e}^{-\lambda}$.

6. 机场至少应配备 9 条跑道.

7. $1-\mathrm{e}^{-0.1}-0.1\times\mathrm{e}^{-0.1}$.

8. (1) $A=\dfrac{1}{2}$； (2) $\dfrac{1}{2}(1-\mathrm{e}^{-1})$； (3) $F(x)=\begin{cases}\dfrac{1}{2}\mathrm{e}^{x} & \text{当 } x<0\\ 1-\dfrac{1}{2}\mathrm{e}^{-x} & \text{当 } x\geqslant 0\end{cases}$；

9. (1) $A=1$, $B=-1$； (2) $1-\mathrm{e}^{-2\lambda}$, $\mathrm{e}^{-3\lambda}$； (3) $f(x)=\begin{cases}\lambda\mathrm{e}^{-\lambda x} & \text{当 } x\geqslant 0\\ 0 & \text{当 } x<0\end{cases}$；

10. (1) $\dfrac{8}{27}$； (2) $\dfrac{4}{9}$； (3) $F(x)=\begin{cases}1-\dfrac{100}{x} & \text{当 } x\geqslant 100\\ 0 & \text{当 } x<0\end{cases}$.

11. $F(x)=\begin{cases}0 & \text{当 } x<0\\ \dfrac{x}{a} & \text{当 } 0\leqslant x\leqslant a\\ 1 & \text{当 } x>a\end{cases}$；

12. $\dfrac{20}{27}$.

13. (1) 走第二条路乘上火车的把握大些； (2) 走第一条路乘上火车的把握大些.

14. (1) 0.5328;0.6977;0.5； (2) 3.

15. 0.0456.

16. 31.25.

17. $F(x)=\begin{cases}0 & \text{当 } x<0\\ \dfrac{x^2}{2} & \text{当 } 0\leqslant x<1\\ -\dfrac{x^2}{2}+2x-1 & \text{当 } 1\leqslant x<2\\ 1 & \text{当 } x\geqslant 2\end{cases}$.

18. $\dfrac{2}{\sqrt{\ln 3}}$.

19. $\dfrac{1}{3}$.

20. 略.

习题 8

1. (1) B； (2) D； (3) A； (4) A； (5) C； (6) B； (7) B； (8) D； (9) C； (10) B.

2. (1) $1-F(1,+\infty)-F(+\infty,0)+F(1,0)$. (2) e^{-1}.

(3) $f(x,y)=\begin{cases}1/2 & \text{当}(x,y)\in D\\ 0 & \text{当}(x,y)\notin D\end{cases}$. (4) 0. (5) $P\{z=0\}=\dfrac{1}{4}$, $P\{z=1\}=\dfrac{3}{4}$.

(6) 二项分布 $B(3,0.2)$. (7) 5/7. (8) $C_n^m p^m(1-p)^{n-m}$,其中 $0\leqslant m\leqslant n$, $n=0,1,2,\cdots$.

(9) $F(y)=\begin{cases}0 & \text{当 } y<0 \\ 1-\mathrm{e} & \text{当 } 0\leqslant y<2 \\ 1 & \text{当 } y\geqslant 2\end{cases}$.　(10) 1/2.

3.

X / Y	0	1	2	3
1	0	$\frac{3}{8}$	$\frac{3}{8}$	0
3	$\frac{1}{8}$	0	0	$\frac{1}{8}$

4.

X / Y	0	1	2	3
0	0	0	$\frac{3}{35}$	$\frac{2}{35}$
1	0	$\frac{6}{35}$	$\frac{12}{35}$	$\frac{2}{35}$
2	$\frac{1}{35}$	$\frac{6}{35}$	$\frac{3}{35}$	0

5. $\frac{\sqrt{2}}{4}(\sqrt{3}-1)$.

6. (1) $A=12$； (2) $F(x,y)=\begin{cases}(1-\mathrm{e}^{-3x})(1-\mathrm{e}^{-4y}) & \text{当 } y>0, x>0 \\ 0 & \text{其他}\end{cases}$；

(3) $(1-\mathrm{e}^{-3})(1-\mathrm{e}^{-8})\approx 0.9499$.

7. (1) $k=\frac{1}{8}$； (2) $\frac{3}{8}$； (3) $\frac{27}{32}$； (4) $\frac{2}{3}$.

8. (1) $f(x,y)=\begin{cases}25\mathrm{e}^{-5y} & \text{当 } 0<x<0.2, y>0 \\ 0 & \text{其他}\end{cases}$； (2) $\mathrm{e}^{-1}\approx 0.3679$.

9. $f_X(x)=\begin{cases}2.4x^2(2-x) & \text{当 } 0\leqslant x\leqslant 1 \\ 0 & \text{其他}\end{cases}$；

$f_Y(y)=\begin{cases}2.4y(3-4y+y^2) & \text{当 } 0\leqslant y\leqslant 1 \\ 0 & \text{其他}\end{cases}$.

10. $f_X(x)=\begin{cases}\mathrm{e}^{-x} & \text{当 } x>0 \\ 0 & \text{其他}\end{cases}$；$f_Y(y)=\begin{cases}y\mathrm{e}^{-y} & \text{当 } y>0 \\ 0 & \text{其他}\end{cases}$.

11. (1) $\frac{21}{4}$;

(2) $f_X(x)=\begin{cases}\frac{21}{8}x^2(1-x^4) & 当-1\leqslant x\leqslant 1\\ 0 & 其他\end{cases}$; $f_Y(y)=\begin{cases}\frac{7}{2}y^{\frac{5}{2}} & 当 0\leqslant y\leqslant 1\\ 0 & 其他\end{cases}$.

12. 当 $0<x<1$ 时, $f_{Y|X}(y|x)=\begin{cases}\frac{1}{2x} & 当|y|<x<1\\ 0 & 其他\end{cases}$;

当 $-1<y<1$ 时, $f_{X|Y}(x|y)=\begin{cases}\frac{1}{1-y} & 当 y<x<1\\ \frac{1}{1+y} & 当-y<x<1\\ 0 & 其他\end{cases}$.

13.

X \ Y	−0.5	1	3
−2	$\frac{1}{8}$	$\frac{1}{16}$	$\frac{1}{16}$
−1	$\frac{1}{6}$	$\frac{1}{12}$	$\frac{1}{12}$
0	$\frac{1}{24}$	$\frac{1}{48}$	$\frac{1}{48}$
0.5	$\frac{1}{6}$	$\frac{1}{12}$	$\frac{1}{12}$

14. (1)

X \ Y	3	4	5	$P\{X=x_i\}$
1	$\frac{1}{10}$	$\frac{2}{10}$	$\frac{3}{10}$	$\frac{6}{10}$
2	0	$\frac{1}{10}$	$\frac{2}{10}$	$\frac{3}{10}$
3	0	0	$\frac{1}{10}$	$\frac{1}{10}$
$P\{Y=y_i\}$	$\frac{1}{10}$	$\frac{3}{10}$	$\frac{6}{10}$	

(2) X 与 Y 不独立.

15. (1) $a=\frac{14}{25},b=\frac{3}{25}$; (2) X 与 Y 不独立;

16. (1) $f(x,y)=\begin{cases}\frac{1}{2}e^{-y/2} & 当 0<x<1,y>0\\ 0 & 其他\end{cases}$;

(2) $1-\sqrt{2\pi}[\Phi(1)-\Phi(0)]=0.1445$.

17. (1) $k=24$；

(2) $f_X(x)=\begin{cases}12x^2(1-x) & 当\ 0<x<1 \\ 0 & 其他\end{cases}$；$f_Y(y)=\begin{cases}12y(1-y)^2 & 当\ 0<y<1 \\ 0 & 其他\end{cases}$

(3) X 与 Y 不独立.

18. $f_Z(z)=\begin{cases}\dfrac{3z^2}{4} & 当\ 0\leqslant z\leqslant 1 \\ -\dfrac{9z^2}{4}+6z-3 & 当\ 1<z<2 \\ 0 & 其他\end{cases}$.

19. (1) e^{-1}； (2) $f_Z(z)=\begin{cases}0 & 当\ z\leqslant 0 \\ 1-e^{-z} & 当\ 0<z<1 \\ e^{1-z}-e^{-z} & 当\ z\geqslant 1\end{cases}$.

20. (1) $\frac{3}{4}$； (2) $\frac{3}{4}$.

习题 9

1. $E(X)=4.5$.
2. $p_1=0.4, p_2=0.1, p_3=0.5$.
3. $E(X)=\frac{1}{3}$.
4. $300e^{-\frac{1}{4}}-200\approx 33.64$.
5. X 的分布律为：

X	0	1	2	3
p_i	$\frac{1}{2}$	$\frac{1}{4}$	$\frac{1}{8}$	$\frac{1}{8}$

，$E(X)=\frac{7}{8}$.

6. $F(x)=\begin{cases}0 & 当\ x<0 \\ \dfrac{1}{2}(x^2+x) & 当\ 0\leqslant x<1 \\ 1 & 当\ x\geqslant 1\end{cases}$.
7. 圆盘的面积 $\frac{1}{4}\pi X^2$，$E(Y)=\frac{\pi}{12}(a^2+ab+b^2)$.
8. $E(X)=\frac{11}{8}$， $E(X^2)=\frac{31}{8}$， $E(-2X+1)=-\frac{7}{4}$.
9. (1) $E(X)=2, E(Y)=0$； (2) $E(Z)=-1/15$.
10. (1) $E(Y_1)=\frac{1}{3}$； (2) $E(Y_2)=2+e^{-2}$； (3) $E(Y_3)=1-e^{-2}$.
11. (1) $E(Y)=2$； (2) $E(Y)=\frac{1}{2}$.
12. $E(XY)=4$.
13. (1) $E(X_1+X_2)=\frac{3}{4}, E(2X_1-3X_2^2)=\frac{5}{8}$； (2) $E(X_1X_2)=\frac{1}{8}$.
14. $E(X)=-\frac{1}{3}, E(-3X+2Y)=\frac{1}{3}, E(XY)=\frac{1}{12}$.

15. $D(X)=\frac{1}{18}$.

16. $D(X)=\frac{1}{6}$.

17. $E(Y)=2.8, D(Y)=1.96$.

18. $E(X)=1, D(X)=\frac{1}{6}$.

19. (1) $a=\frac{1}{4}, b=-\frac{1}{4}, c=1$； (2) $D(X)=\frac{2}{3}$；

(3) $E(Y)=\frac{1}{4}(e^2-1)^2, D(Y)=\frac{1}{4}e^2(e^2-1)^2$.

20. $E(XY)=0$， $D(X+Y)=\frac{16}{3}$， $D(2X-3Y)=28$.

21. (1) 1200,1225； (2) 1282.

22. 10.9 mm.

23. 39 袋.

24. 略.

25. 略.

26. $\mathrm{Cov}(X,Y)=\frac{4}{225}, D(X+Y)=\frac{1}{9}$.

27. $\rho_{XY}=-1$.

28. $\mathrm{Cov}(X,Y)=-\left(\frac{\pi-4}{4}\right)^2, \rho_{XY}=-\frac{\pi^2-8\pi+16}{\pi^2+8\pi-32}$.

29. $\rho_{X_1X_2}=0$.

30. $\rho_{XY}=-\frac{1}{2}$.

31. $D(X+Y)=85,, D(X-Y)=37$.

32. (1) $E(Z)=\frac{1}{3}, D(Z)=3$； (2) $\rho_{XZ}=0$；

(3) 由 $\rho_{XZ}=0$,得 X 与 Z 不相关. 又因 $Z\sim N\left(\frac{1}{3},3\right)$, $X\sim N(1,9)$,所以 X 与 Z 也相互独立.

习题 10

1. 0.8889.

2. $\frac{9}{14}$.

3. $\frac{1}{12}$.

4. 0.65.

5. (1) $2\Phi(\sqrt{3n}\varepsilon)-1$； (2) 0.92； (3) 46.

6. 0.348

7. (1) 0.1357； (2) 0.9938.

8. 98.

9. 0.94.

10. 0.9977.

11. 16.

12. 1.25×10^{-4}.

13. 0.998.

14. 103.

15. (1) 0.8944;　(2) 0.1379.

16. (1) $P\{X=k\}=C_{100}^{k}0.2^{k}0.8^{100-k},k=1,2,\cdots,100$;　(2) 0.927.

习题 11

1. (1) $\mathrm{Re}(z)=1,\mathrm{Im}(z)=1,\bar{z}=1-\mathrm{i},|z|=\sqrt{2},\mathrm{Arg}\,z=\frac{\pi}{4}+2k\pi,\arg z=\frac{\pi}{4}$;

(2) $\mathrm{Re}(z)=\frac{6}{5},\mathrm{Im}(z)=\frac{3}{5},\bar{z}=\frac{6}{5}-\frac{3}{5}\mathrm{i},|z|=\frac{3\sqrt{5}}{5},\mathrm{Arg}\,z=\arctan\frac{1}{2}+2k\pi,\arg z=\arctan\frac{1}{2}$;

(3) $\mathrm{Re}(z)=-\frac{7}{2},\mathrm{Im}(z)=-13,\bar{z}=-\frac{7}{2}-13\mathrm{i},|z|=\frac{5\sqrt{29}}{2}$, $\mathrm{Arg}\,z=\pi+\arctan\frac{7}{26}+2k\pi,\arg z=\pi+\arctan\frac{7}{26}$;

(4) $\mathrm{Re}(z)=1,\mathrm{Im}(z)=0,\bar{z}=1,|z|=1,\mathrm{Arg}\,z=0+2k\pi,\arg z=0$.

2. (1) $2\left(\cos\frac{\pi}{2}+\mathrm{i}\sin\frac{\pi}{2}\right)$, $2\mathrm{e}^{\mathrm{i}\frac{\pi}{2}}$;　(2) $5(\cos\pi+\mathrm{i}\sin\pi)$, $5\mathrm{e}^{\mathrm{i}\pi}$;

(3) $2\left(\cos\frac{\pi}{3}+\mathrm{i}\sin\frac{\pi}{3}\right)$, $2\mathrm{e}^{\mathrm{i}\frac{\pi}{3}}$;　(4) $\sqrt{2}\left(\cos\frac{3\pi}{4}+\mathrm{i}\sin\frac{3\pi}{4}\right)$, $\sqrt{2}\mathrm{e}^{\mathrm{i}\frac{3\pi}{4}}$.

3. (1) $\cos\frac{-\frac{\pi}{2}+2k\pi}{2}+\mathrm{i}\sin\frac{-\frac{\pi}{2}+2k\pi}{2},k=0,1$;

(2) $\sqrt[6]{2}\left(\cos\frac{\frac{\pi}{4}+2k\pi}{3}+\mathrm{i}\sin\frac{\frac{\pi}{4}+2k\pi}{3}\right),k=0,1,2$;

(3) $2\left(\cos\frac{0+2k\pi}{5}+\mathrm{i}\sin\frac{0+2k\pi}{5}\right),k=0,1,2,3,4$.

4. (1) $-8+8\sqrt{3}\mathrm{i}$;　(2) $-8\mathrm{i}$;　(3) $-\mathrm{i}$.

5. (1) $z=2\left(\cos\frac{0+2k\pi}{3}+\mathrm{i}\sin\frac{0+2k\pi}{3}\right),k=0,1,2$;

(2) $z=1\pm\sqrt{2}\mathrm{i}$; (3) $z=2\mathrm{i}\pm3\left(\frac{\sqrt{2}}{2}-\frac{\sqrt{2}}{2}\mathrm{i}\right)$.

6. 略.

7. (1) 圆;　(2) 圆面;　(3) $x=-7$,直线;　(4) 椭圆;　(5) $y\leqslant1$ 的平面;　(6) 实轴正半轴与 $y=x$ 所夹的区域. 图略.

8. (1) 对;　(2) 对;　(3) 错;　(4) 错;　(5) 错;　(6) 对.

9. (1) 无界单连通;　(2) 无界单连通;　(3) 有界单连通;　(4) 无界多连通;

(5) 无界多连通； (6) 有界单连通.

10. (1) 在 $z=0$ 不连续,其余点均连续； (2) 连续.

习题 12

1. (1) 真； (2) 假； (3) 假； (4) 假； (5) 真； (6) 假； (7) 假； (8) 假； (9) 假.

2. (1) $\ln\sqrt{2}+\frac{\pi}{4}\mathrm{i}$. (2) $\left(2k\pi-\frac{1}{2}\pi\right)\mathrm{i}$； $-\frac{\pi}{2}\mathrm{i}$. (3) $-\mathrm{Arg}(-3+4\mathrm{i})$. (4) $\mathrm{e}^{\mathrm{i}\ln 3-2k\pi}$.
(5) $\mathrm{e}^{\mathrm{i}\ln\sqrt{2}-\left(\frac{\pi}{4}+2k\pi\right)}$. (6) $\mathrm{e}^{\left(\frac{\pi}{2}+2k\pi\right)\{-1+\mathrm{i}\}}$. (7) $2\pi\mathrm{i}$. (8) $\mathrm{e}^{-z}(z-2)$. (9) $3+2\mathrm{i}$.
(10) $2-\mathrm{i}$. (11) 必要条件. (12) $3^{\sqrt{5}}\left[\cos(2k+1)\pi\cdot\sqrt{5}+\mathrm{i}\sin(2k+1)\pi\sqrt{5}\right]$.
(13) $\mathrm{e}^{\frac{\pi}{4}-2k\pi}\left(\frac{\sqrt{2}}{2}-\frac{\sqrt{2}}{2}\mathrm{i}\right)$. (14) $\mathrm{e}^{2k\pi}$. (15) $20z(2z^2+\mathrm{i})^4$. (16) $\frac{2}{z^3}(1+z^2)^3(3z^2-1)$.
(17) $-4-20\mathrm{i}$.

3. (1) D； (2) C； (3) B； (4) D； (5) C.

4. (1) 仅在直线 $y=\pm\frac{\sqrt{6}}{3}x$ 上可导,函数在复平面上处处不解析；

(2) 仅在直线 $y=x-1$ 上的点处可导,函数在复平面上处处不解析,对于直线 $y=x-1$ 上任意点 z；

(3) 仅在(0,0)点处可导,函数在复平面上处处不解析；

(4) 仅在(0,0)点处可导,函数在复平面上处处不解析；

(5) 在直线 $y=\frac{1}{2}$ 上可导,函数在复平面上处处不解析；

(6) 仅在(0,0)点处可导,函数在复平面上处处不解析.

5. (1) $-\mathrm{ch}\,2$； (2) $\frac{\mathrm{e}^2+\mathrm{e}^{-2}}{2}\sin 1-\mathrm{i}\frac{\mathrm{e}^2+\mathrm{e}^{-2}}{2}\cos 1$； (3) $\frac{\sin 6-\mathrm{i}\sin 2}{2(\mathrm{ch}^2 1-\sin^2 3)}$；
(4) $k\pi+\frac{1}{2}\arctan 2+\frac{\mathrm{i}}{4}\ln 5$.

6. $m=1, n=-3, t=-3$.

7. (1) $z=\arcsin 2=\left(2k+\frac{1}{2}\right)\pi\pm\mathrm{i}\ln(2+\sqrt{3})$, $k=0,\pm1,\cdots$；

(2) $z=k\pi$, $k=0,\pm1,\pm2,\cdots$；

(3) $z=\mathrm{e}^{\frac{\pi}{2}\mathrm{i}}=\mathrm{i}$；

(4) $z-\ln(1+\mathrm{i})=\ln\sqrt{2}+\mathrm{i}\cdot\frac{\pi}{4}+2k\pi\mathrm{i}=\ln\sqrt{2}+\left(2k+\frac{1}{4}\right)\pi\mathrm{i}$；

(5) $z=\ln(1+\sqrt{3}\mathrm{i})=\ln 2+\mathrm{i}\frac{\pi}{3}+2k\pi\mathrm{i}=\ln 2+\left(2k+\frac{1}{3}\right)\pi\mathrm{i}$.

习题 13

1. $-\frac{1}{3}(1-\mathrm{i})$.

2. (1) 1； (2) 2； (3) 2.

3. 略.

4. 略.

5. (1) $-\frac{1}{3}$; (2) $2\cosh 1$.

6. 略.

7. 略.

8. 略.

9. (1) $4\pi i$; (2) $6\pi i$.

10. (1) $\frac{\sqrt{2}}{2}\pi i$; (2) $\frac{\sqrt{2}}{2}\pi i$; (3) $\sqrt{2}\pi i$.

11. 2π,证明略.

12. $2\pi(-6+13i)$. 提示:令 $\varphi(\theta)=3\theta^2+7\theta+1$.

13. 提示:光滑曲线 C 的特点是:C 是诺尔当曲线且 $z'(t)\neq 0$ 连续于 $\alpha\leqslant t\leqslant\beta$. 先要证 $\Gamma:\omega=f(z(t))$亦具有类似的性质.

14. 略.

15. 略.

16. (1) $f(z)=\left(1-\frac{i}{2}\right)z^2+\frac{i}{2}$; (2) $f(z)=ze^z$; (3) $f(z)=\frac{1}{2}-\frac{1}{z}$. 17. 略.

18. 略.

19. 略.

习题 14

1. (1) $F(s)=\frac{2}{4s^2+1}(\mathrm{Re}(s)>0)$; (2) $F(s)=\frac{1}{s+2}(\mathrm{Re}(s)>-2)$;

(3) $F(s)=\frac{2}{s^2}(\mathrm{Re}(s)>0)$; (4) $F(s)=\frac{1}{s^2+4}(\mathrm{Re}(s)>0)$.

2. (1) $F(s)=\frac{k}{s^2-k^2}$; (2) $F(s)=\frac{s}{s^2-k^2}$.

3. $L[f(t)]=\frac{1}{(1-e^{\pi z})(s^2+1)}$.

4. (1) $F(s)=\frac{1}{s^2}(2s^2+3s+2)$; (2) $F(s)=\frac{1}{s}-\frac{1}{(s-1)^2}$;

(3) $F(s)=\frac{s^2-4s+5}{(s-1)^2}$; (4) $F(s)=\frac{n!}{(s-a)^{n+1}}$.

5. 略.

6. $aF(as+1)$.

7. 略.

8. $F(s)=\frac{4(s+3)}{[(s+3)^2+4]^2}$.

9. 略.

10. $F(s)=\operatorname{arccot}\frac{s}{k}$.

11. (1) $\ln 2$; (2) $\frac{1}{2}\ln 2$; (3) $\frac{3}{13}$; (4) $\frac{1}{4}$.

12. (1) $f(t)=\frac{1}{2}\sin 2t$; (2) $f(t)=\frac{1}{2}t^3$; (3) $f(t)=\frac{1}{6}t^3e^{-t}$; (4) $f(t)=e^{-3t}$.

13. 略.

14. (1) t； (2) $\frac{1}{6}t^3$； (3) $\frac{m!\ n!}{(m+n+1)!}t^{m+n+1}$； (4) e^t-t-1.

15. (1) $f(t)=\frac{1}{a}\sin at$； (2) $f(t)=\frac{ae^{at}-be^{bt}}{a-b}$； (3) $f(t)=2te^t+2e^t-1$； (4) $f(t)=\frac{1}{3}\cos t-\frac{1}{3}\cos 2t$.

16. $x(t)=\frac{k}{m}t$.

参考文献

[1] 刘三明.线性代数及其应用[M].南京:南京大学出版社,2012.

[2] 吴传生.经济数学:线性代数[M].2版.北京:高等教育出版社,2011.

[3] 张有方,黄柏琴,张继昌.工程数学:线性代数、概率论、数理统计[M].3版.杭州:浙江大学出版社,2012.

[4] 同济大学数学系.工程数学:线性代数[M].5版.北京:高等教育出版社,2007.

[5] 朱泰英,周钢.概率论与数理统计[M].北京:中国铁道出版社, 2015.

[6] 黄文旭.概率论与数理统计[M].北京:清华大学出版社,2011.

[7] 盛骤,谢式千,潘承毅.概率论与数理统计[M].4版.北京:高等教育出版社,2012.

[8] 吴赣昌.概率论与数理统计[M].3版.北京:中国人民大学出版社,2009.

[9] 吴传生.经济数学:概率论与数理统计[M].2版,北京:高等教育出版社,2009.

[10] 钟玉泉.复变函数论[M].3版.北京:高等教育出版社,2004.

[11] 西安交通大学高等数学教研室.工程数学:复变函数[M].4版.北京:高等教育出版社,2011.

[12] 东南大学数学系,张元林.工程数学:积分变换[M].5版.北京:高等教育出版社,2012.